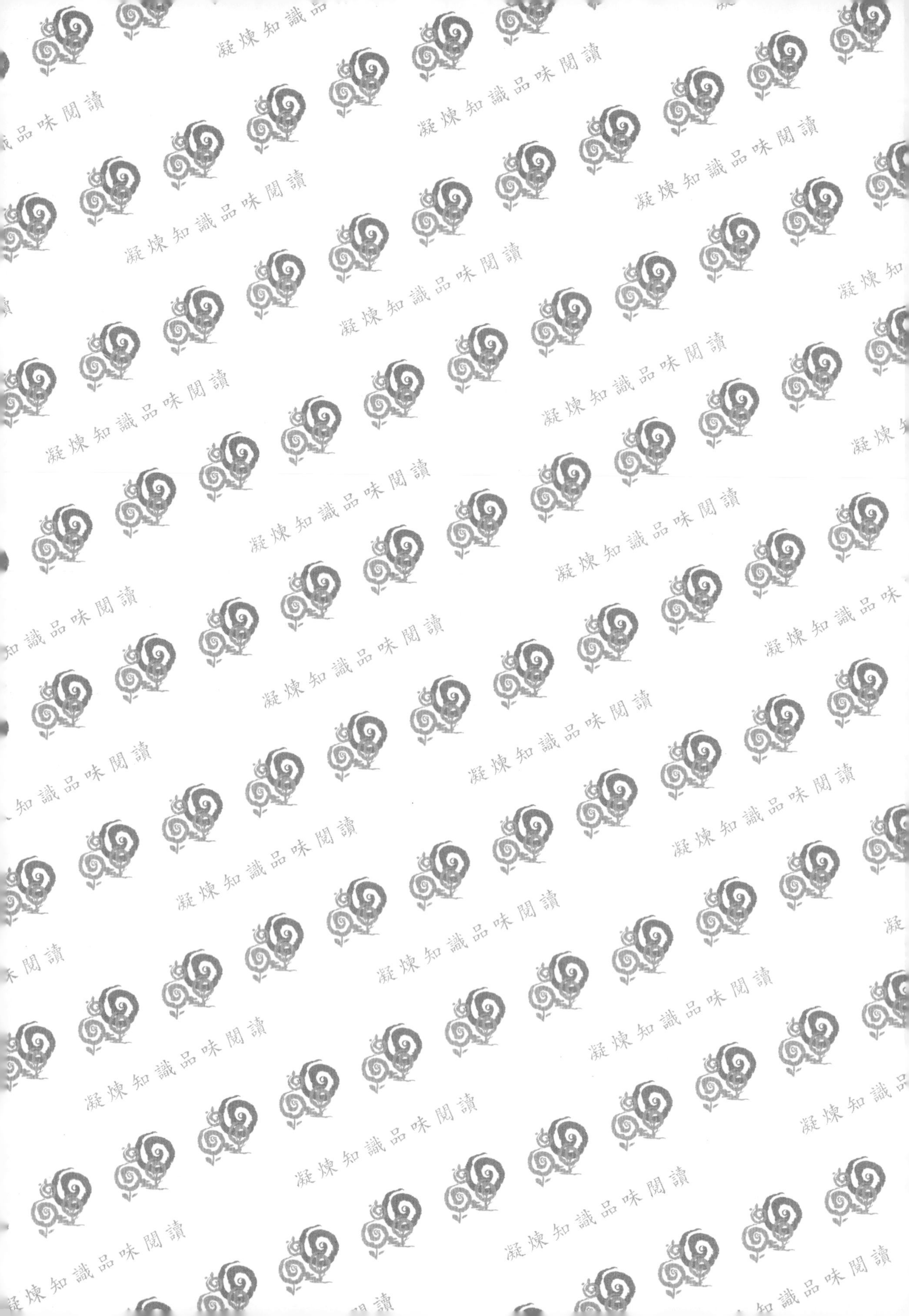

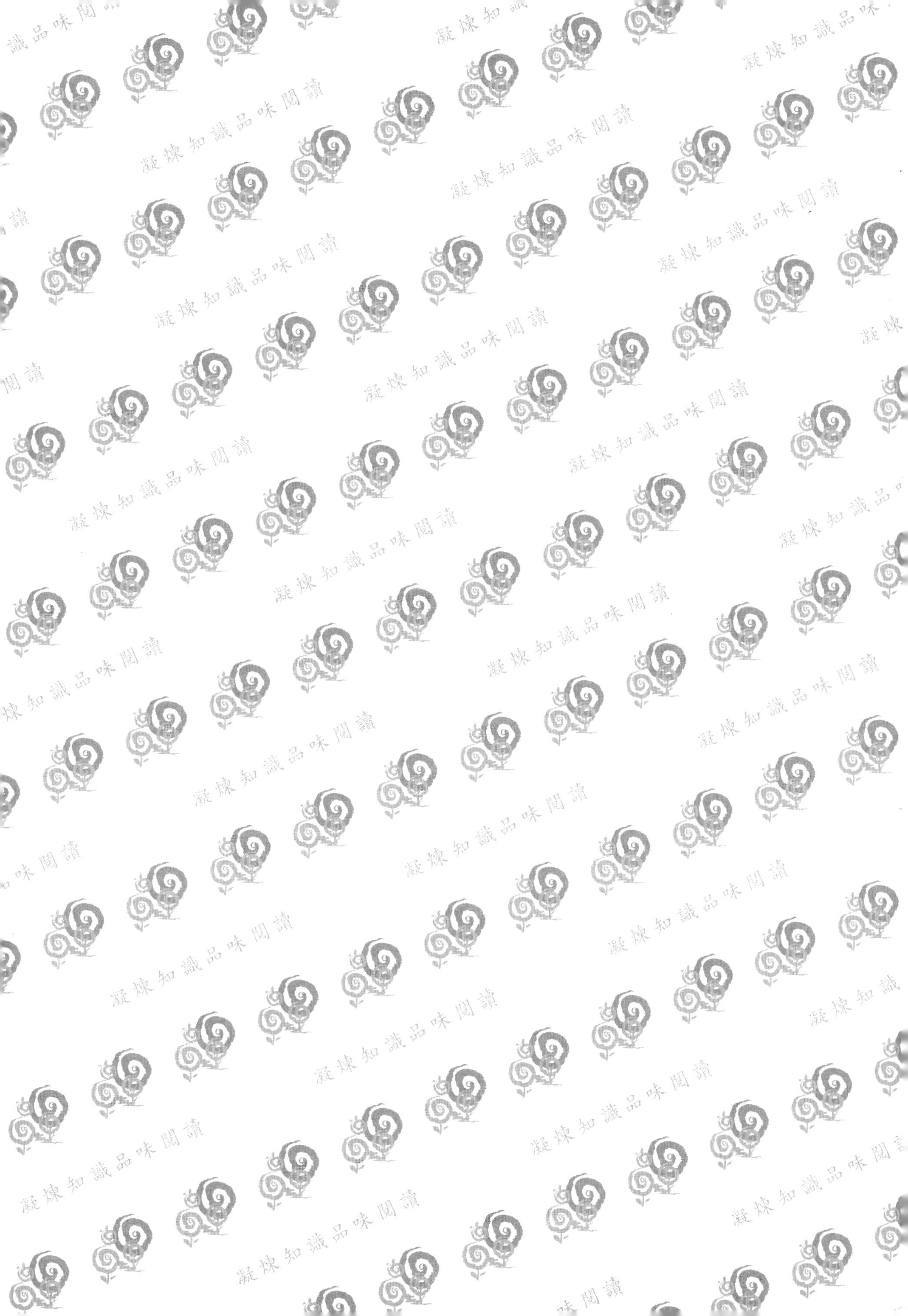
凝煉知識品味閱讀

人工智慧決策的顧客關係管理

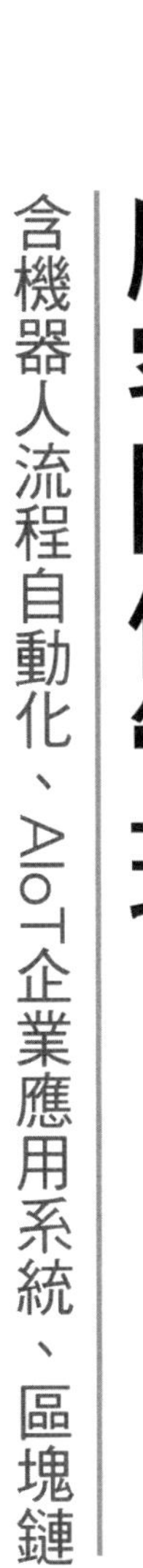

含機器人流程自動化、AIoT企業應用系統、區塊鏈

陳瑞陽 著

五南圖書出版公司 印行

序言

第一本探討 AIoT 企業應用系統書籍，在目前全球化跨越競爭趨勢不斷演進的過程中，企業應用系統也將朝向破壞式創新的再造前進，它所影響的不僅是軟硬體資訊科技，更是有關企業營運的智慧化。在現今物聯網、金融科技、人工智慧、大數據、雲端運算等資訊科技衝擊下，企業競爭已經從知識營運轉向智慧營運，故各大學也開始創造新的課程科目，尤其是跨領域課程，其中智慧營運管理的新課程應運而生。即將走入智慧時代的你，如何確保自己的工作和未來發展？還是懵昧無知直到「工作被 AI 取代」的當頭棒喝，才糊里糊塗走向街道抗議？不被淘汰的人都知道，現在就須為未來努力準備！

本書探討創新企業應用系統的趨勢議題，著重在結合人工智慧和物聯網 (artificial intelligence and Internet of thing, AIoT) 的應用系統，同時也是 AIoT 數位轉型的資訊化輔導工具，並以顧客關係管理 (customer relationship management, CRM) 為範圍主軸，綜觀企業應用系統是包羅萬象，包括企業資源規劃 (enterprise resource planning, ERP)、供應鏈管理 (supply chain management, SCM)、客戶關係管理 (customer relationship management, CRM)、知識管理 (knowledge management, KM)、電子商務 (electronic commerce, EC)、製造執行系統 (manufacture execution system, MES)、產品資料管理 (product data management, PDM)、協同產品商務 (collaborative product commerce, CPC) 等項目。而這些應用系統歷經資訊科技演變，從早期 DOS，到 Windows，再到 internet，到現在物聯網等技術突破創新，其應用系統也隨之不斷改善，目前已走向 AIoT 的技術應用，但尚未成熟普遍，正值萌芽期。筆者有幸在這些演變過程中，切身參與，可說是深浸其中的經歷。

下筆至此，各位讀者應知得先機者得天下，AIoT 企業應用系統是現在及未來的趨勢。而本書的架構設計，主要分成五大模組：顧客關係管理之知識議題、決策型商業智慧方案、AIoT 的 CRM 知識議題、CRM 資訊系統（SuiteCRM 系統、KNIME）、機器人流程自動化。

陳瑞陽

目錄

本書導論

AIoT 企業應用系統

AIoT 企業應用系統和目前 Web-based 應用系統最大差異在於下列三點：

1. 資料原生和擷取

以往資料擷取主要來自虛擬數位軟體系統，可運用程式設計／軟體運算來加值更多應用功能，也因為如此，對於一開始就沒有資料的作業，必須從無到有產生第一次資料。目前做法是用人工登錄，但這種做法非常無效率，因為第一次資料產生的延遲，造成後續作業連鎖性延宕。上述現象最常發生於實體物品的運作作業過程，例如：商品入庫作業，往往須人工登錄，其中商品就是實體物品，因為實體物品不會主動、自動地產生其作業資料。反之，若商品入庫資料能主動、自動地產生資料，是否更有效率和智慧？這正是 AIoT 企業應用系統精髓之一。上述物品自動產生第一次資料，就是利用物聯網技術。

2. 程序和運算處理

以往運用企業應用系統的好處之一，是利用此系統的自動化程序和快速運算能力，雖然如此，但仍須人為憑經驗做確認，如此應用系統才能繼續往下發展。例如：會計傳票過帳作業，一般首是輸入傳票，再經人為經驗確認資料無誤和借貸平衡後，最後產生過帳行為。上述這種資訊系統做法，若在以往是有其競爭力，但現今極致競爭的情勢下，已不具競爭力。因為所謂競爭力是站在相對比較的局面上，也就是當別人比你更有創新能力時，你以往的能力就被淘汰了。目前正是從傳統資訊應用系統走向具有 AIoT 能力的資訊應用系統，這兩者差異在哪裡？前者是注重自動化運算程序和決策能力，而後者不僅有前者能力，更加上資訊系統本身自主學習而創造自主決策能力，也就是人工智慧，包括機器學習和深度學習，如此能力就是模擬人類智慧，講得更直接，就是取代人類工作。例如：上述會計傳票過帳作業，將完全由 AIoT 企業應用系統全權負責，屆時人為確認和審核工作，完全被取代，這是知識時代開始走向智慧時代。

3. 嵌入式智慧營運

人工智慧理論和應用其實很早就已經發展，但並沒有普遍化和商業化，這不是人工智慧本身問題，而是這種商業模式尚未興起。由此可得知一個觀念：智慧科技（即人工智慧）並不是客戶需求，唯有能解決問題才是需求。此刻人工智慧的興起，是它解決一些問題，例如：人臉辨識、語音溝通等，但這些問題解決也不能沒有智慧科技，原因是無法達到解決問題的成效，故透過具競爭力的智慧科技來解決客戶問題需求，才有成為商業模式的可能性。商業模式是需要整體性的，也就是須有其他配套的智慧科技，在此人工智慧的興起，是搭配了物聯網、大數據和雲端平台等，其中 AI 晶片化和物品自主擷取資料這二項是關鍵性因素。人工智慧本身關鍵因素在於機器學習和深度學習，其呈現系統或物品能不斷自我學習，從頭到尾都不需要人為運作。深度學習是屬於機器學習的子領域，而機器學習是屬於人工智慧的子領域。若只有人工智慧本身的演算方法論，是無法成為商業模式。上述提到 AI 晶片化，是指將 AI 演算法寫入晶片內，讓晶片有演算、運算機制，因晶片具有嵌入式能力，例如：個人數位助理手持裝置 (PDA)，是將整合式晶片嵌入此裝置內，此裝置即具有電腦運算功能，這就是嵌入式技術。而將 AI 智慧寫入晶片，進而嵌入裝置，成為嵌入式智慧。

AIoT 企業應用資訊系統強調的是營運功能的整合，不只是局部功能智慧化，例如：預測消費者行為模式，主要在於行銷的消費者洞察功能。當了解此行為後，接下來是促銷、乃至出貨，再到售後服務等其他一連串作業，若這些作業處理不當，就算預測再精準，也會影響整體績效。另外一個強調的是經營管理智慧嵌入實體物品，以往智慧運算都是在雲端計算，但目前及未來已有霧端運算 (fog computing)、邊緣運算 (edge computing) 和裝置 (on-devices) 運算等接近實體物品的運算，好處是更即時呈現物品狀況的智慧能力，因此嵌入式智慧將創造新一代的企業應用系統。

綜合上述，可知程式化、嵌入式的運作將改變現在及未來的商業模式，也是將企業營運轉換為人工智慧程式、晶片化嵌入的機制。此機制可將有限的邏輯學習轉為無限的需求，這是 AIoT 企業應用系統的殺手級應用 (killer application)。

本書特色

本書主要是以實務、實作、趨勢、open source、認證，以及個案為導向來撰寫。

- 在實務面，是指內容符合業界所需的技能，例如：介紹國內外專注在機器人流程自動化，以及人工智慧 CRM 的公司。
- 在實作面，說明 CRM 資訊系統操作功能、智慧商品行銷軟體功能實作。
- 在趨勢面，探討區塊鏈和 AIoT 應用 CRM 系統、機器人流程自動化、智慧客戶供需媒合平台。
- 在 open source 面，包括 SuiteCRM/KNIME 系統。
- 在認證面，整個課程內容和題庫設計，都可作為「AIoT 企業應用系統」領域的認證，其中包含 AIoT 顧客關係管理系統的認證，在目前破壞式創新的衝擊下，傳統 CRM 或其他企業應用系統認證，也應隨著全球化趨勢為之改變，故本書認證就是朝此新的「AIoT 企業應用系統」領域發展。
- 在個案面，有兩種案例型式，第一種是 PSIS (Problem-Solving Innovation Solution) 個案，第二種是最新產業實務個案。

筆者針對企業應用於人工智慧決策之顧客關係管理的情境為個案背景，由介紹各種企業決策、顧客關係管理和 AIoT 應用開始，逐步引領讀者進入 AIoT 企業應用資訊系統的顧客關係管理之知識議題、決策型商業智慧方案、AIoT 的 CRM 知識議題、CRM 資訊系統（SuiteCRM 系統、KNIME）、機器人流程自動化等殿堂。在書中也提出 AIoT 數位轉型的發展，以使企業能從以往作業面和管理面進化到決策面的優勢競爭，並運用業界的豐富實例，說明 AIoT 的 CRM 系統如何應用於各產業管理，創造競爭優勢。內容不僅包含區塊鏈 CRM 系統，也涵蓋數據挖掘、過程挖掘檢測欺詐、客戶流失分析、智慧消費行為分析、產品推薦、客戶分類、KYC 之管理與應用，更進一步探討經營決策和智慧商業實務，例如：本體論的決策支援系統、主管資訊系統與專家系統、機器學習的 CRM 應用等實務議題，最後提出新興議題內容，例如：機器人流程自動化、AIoT-based 機器學習等殺手級應用系統，非常適合作為各大專院校「顧客關係管理課程」和

「AIoT 企業應用系統課程」相關教學讀本、專題實作及實務界進修之用。

1. 主題式案例演練

本書以書中主題和其內容，搭配產業實務背景特性為案例，引導學員在研習應用過程中，循序漸進從主題構面、場景故事、企業個案、問題探討、解決思考而貫穿文中，以便了解企業產業知識、故事觀察解讀能力、問題剖析能力、解決方案知識、領域知識、問題解決應用能力等達成企業人才的需求目標，並可供學生分組討論。

2. 行業探討

本書以製造業、服務業、金融業等各行業為案例，引導這些企業在資訊應用過程中，循序漸進從概念、規劃、系統、實務到整合而貫穿文中，以便能快速且有效和案例演練結合。

3. 教學學習導向

以教學為導向，因此在編排設計上以每學期 18 週，安排有 16 章，共 5 篇模組〔顧客關係管理之知識議題、決策型商業智慧方案、AIoT 的 CRM 知識議題、CRM 資訊系統（SuiteCRM 系統、KNIME）、機器人流程自動化〕，每章平均約 17~20 頁，符合教師每週約 3 小時的授課所需，另有習題和問題探討。

4. 理論和實務結合導向

筆者融合其過去業界與學界的實務經驗和理論架構，對教材整合實務和理論，包含實務議題、導入方法、系統規劃和案例解說。

5. 整合導向

企業講究整體最佳化和整合各資訊系統的綜效，故本書談到區塊鏈、CRM 和機器人流程自動化的整合，以及企業營運的資訊應用，例如：整合型決策支援系統、智慧商業分析、AIoT 數位轉型，以及數位分身。

Chapter 1

顧客關係管理概論

「在企業風口浪潮中，任何不可能都有變成可能的一天，
因為『不可能』是在心中，而『無限可能』盡在實踐中。」

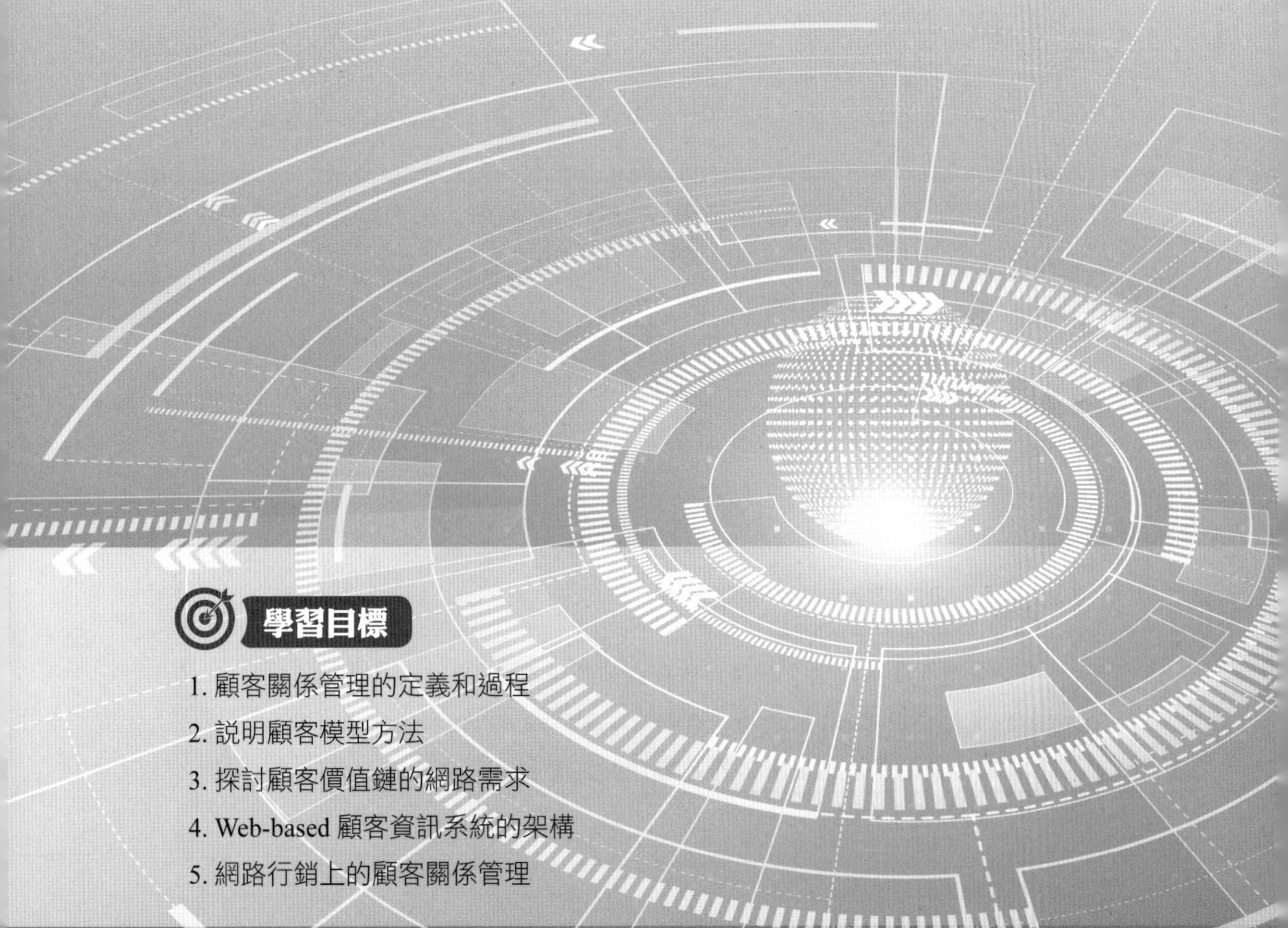

學習目標

1. 顧客關係管理的定義和過程
2. 說明顧客模型方法
3. 探討顧客價值鏈的網路需求
4. Web-based 顧客資訊系統的架構
5. 網路行銷上的顧客關係管理

案例情景故事

企業一定要全功能的顧客關係管理系統嗎？

一家專門做 LCD Monitor 的 OEM 代工廠商，由於採取和客戶成為策略夥伴 (strategy partner) 的客戶關係，因此客戶數量並不多，約 5~6 家，但每家營業額貢獻都很大，占公司整體營收約 15%，因此如何找尋客戶和促銷產品等業務活動並不重要，比較重要的是如何為客戶服務，也就是服務 (service) 活動，至於行銷 (market) 活動也不常見，因為公司產品並沒有自有品牌，只是幫客戶製造代工。

根據上述說明分析，這家公司的管理資訊系統經理，想為公司購買一套資訊系統，主要功能在於客戶服務活動，包含下單作業、出貨作業、售後服務作業等。然而，該資訊經理看過所有目前業界上市的資訊系統（CRM 系統），都須購買整個軟體產品；也就是說，一般 CRM 系統都是全部包含行銷、業務、服務等三大模組功能，但就該公司而言，只需要客戶服務功能，其他功能並不需要。

這樣的情況，造成購買價格相對昂貴、不用的功能如何切割、系統功能操作複雜等問題，這些問題使得管理資訊系統在導入和成效方面造成很大的困擾。

管理資訊系統經理將上述情況報告給 CEO 後，經過跨部門的開會討論，決議不購買套裝軟體，而採取程式客製化的方法，當然，客製化方法的好處是可完全依照公司產業特性、作業需求來開發，但也會有程式錯誤和品質等風險，然而相對而言，採取客製化方法仍是較佳的方法。

問題 Issue 思考

1. 企業應先從本身需求和條件，探討如何規劃出 CRM 的方法論。
2. 企業在使用 CRM 系統時，應考量本身特性，以便和企業績效結合。
3. CRM 系統牽涉到無所不在的客戶和消費者，因此如何以 Web-based 方式來運作 CRM 呢？

前言

顧客關係管理 (customer relationship management, CRM) 是一種整合顧客的架構與經營的策略，以建立顧客模型方法來推動的流程再造方法。CRM 系統來自於對知識的掌握，進而加強服務品質、推展行銷業務、提升公司形象、提高經營績效。顧客關係管理是整合行銷、銷售與服務策略，及全面性的企業協同運作。

閱讀地圖（以地圖方式來引導學員系統性閱讀）

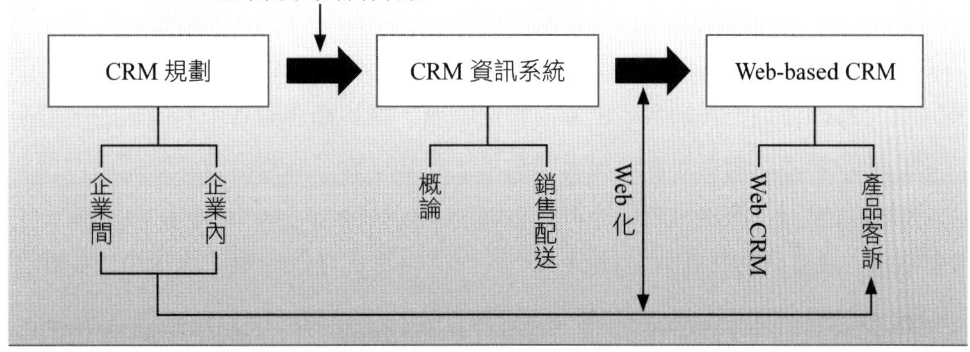

1-1 顧客關係管理簡介

顧客關係管理 (customer relationship management, CRM) 是一種整合顧客的架構與經營的策略，Khirallah (1999) 認為顧客關係管理是一種銷售和服務的商業策略，指企業能掌握顧客，透過互動關係，適當地來和顧客產生互動。[1] Tiwana (2001) 認為顧客關係管理是企業由各種不同的角度來了解及分析客戶，以便發展出適合顧客個別需要的產品或服務，它是一種企業程序與資訊科技的整合，其

1 Kalakota, Ravi and Robinson Marcia (2001). e-Business 2.0, Roadmap for Success. Addison Wisley.

目的在於用管理與顧客的關係，使他們達到最高的忠誠度、留住率及利潤貢獻度。[2] 顧客關係管理是將銷售行為從以往由公司主導轉變為由顧客需求主導，也就是從「推」(push) 的模式到「拉」(pull) 的模式，使得企業廣泛運用顧客關係行銷觀念，以維持並增加企業利潤。

以建立顧客模型的方法來推動的流程再造，是顧客關係管理的一種創新運用：企業流程再造是以企業目標為導向，而企業目標是以顧客滿意為導向，因此如何以顧客滿意為導向的流程設計，就變成是一種常用的推動方法。企業流程再造是以方法論為主，輔以工具設計，並移轉成資訊系統，若只有方法論，沒有工具架構設計，則無法完整且快速運作。但若無方法論的主導，則會流於紙上談兵。最後，一定要移轉成資訊系統，進行自動化的運作，否則難以執行和持續。建立顧客模型的方法是先分析顧客的程序，亦即顧客由從未訂購成交，一直到成為老顧客的過程，一般有潛在顧客、交易顧客、忠誠顧客、流失顧客、從潛在顧客到交易顧客，是運用行銷手法，並使顧客所買的產品、服務達到符合標準的品質；從交易顧客到忠誠顧客，是運用售後服務，達到顧客滿意市場觀點的價值；從潛在顧客到忠誠顧客，是運用主動服務，達到以顧客品質為核心的價值管理。企業應將之視為一種企業流程再造 (business process reengineering, BPR) 的程序。CRM 並不是單純的套裝軟體建構，故對企業而言，有效的運用資訊科技和顧客流程，是發展顧客關係管理最重要的關鍵基礎。

企業導入 CRM 的重點，來自於對知識的掌握，進而加強服務品質、推展行銷業務、提升公司形象、提高經營績效。網際網路不僅可以應用於行銷溝通活動，對於回饋資訊的收集也甚為重要。因為對顧客資料的收集與處理，以及資料分析應用，可產生有效的知識，進而了解顧客的需求。透過顧客價值衡量，可改變消費者的態度和直接刺激其採取購買行動。

Strauss (2001) 認為顧客價值是指消費者對於所持有產品的信仰、態度與體驗，也就是說顧客價值對顧客而言，產生了提高利益或是減少成本的效益。[3] Prahalad (2000) 指出顧客價值在於企業事先分析顧客的需求，然後設計出符合消費者需求的產品，若應用在網路上，就是客製化的功能，以便消費者能自行

---

2 Tiwana, A. (2001). *The Essential Guide to Knowledge Management*. Prentice Hall PTR, Upper Saddle River, NJ, 2001.

3 Strauss, Judy and Raymond Frost (2001). *E-Marketing*. Upper Saddle River, NJ: Prentice Hall.

從定義一系列的商品種類參數中，設定出符合自己需求的產品和服務。[4] Henard and Szymanski (2001) 認為，以產品的利益 (product advantage)、是否符合顧客需求、技術複雜度 (product technological sophistication) 與產品的創新 (product innovativeness) 等產品屬性構面來衡量功能性價值。[5]

每個企業因本身產業和條件不同，故應規劃企業本身的顧客關係管理定義與需求，並以顧客為主導的處理流程來建置，以便能讓顧客覺得滿意，為企業帶來利潤與營收。它可運用在企業內和企業間電子化系統，茲分別說明如下。

一、在企業間電子化顧客關係管理方面的規劃

須以該產業產品之特性所影響的重點來看，若顧客對於產品、附件的選擇性非常之多，則在企業之間電子化作業實施前，就必須先建立出產品組合資料，訂定明確之價格制度，如此顧客對產品之機能、附件之功能，有管道機制可了解，才能做出適合客戶本身之選擇。它可分成 B2C（亦即企業對消費者）和 B2B（亦即企業對企業），故有了以顧客滿意為導向的流程再造設計後，就可將這些收集到的顧客資料，分類成不同顧客型態，並對應到不同業務運作型態，再對應到不同資訊科技解決方案。這裡牽涉到產品特性，不同的產品特性會有不同的業務運作型態，其產品特性分為有形／無形產品、昂貴／便宜產品、一次／持續產品、附屬／主要產品、實用／感覺產品、消費／投資產品等。因此在目標展開功能上，應以提供顧客產品資訊、維修資料查詢、強化服務效率為目標，並對顧客、代理商維修備品，提供庫存查詢、下單之功能，以降低服務成本，縮短因時差造成之時間延誤等作業成效來進行規劃。例如：美髮工作可將美髮設計型錄化和網路預約等非人力作業，轉換成在網路行銷平台上運作，以使受到人力資源的影響能降到最低，如此才可突破以往營業額。

(一) 顧客端電子下單

客戶、代理商的維修作業可透過電子下單方式，對零件之備料提供規格、庫存之查詢作業，繼而以網路下單做客戶服務，補強傳統以傳真、電話溝通之營運

---

4 Prahalad, C. K. and Ramaswamy Venkatram (2000). "Co-opting Customer Competence," *Harvard Business Review*, Vol. 78, No. 1, pp. 79-87.

5 Henard, David H. and Szymanski David M. (2001). "Why Some New Products Are More Successful Than Others," *Journal of Marketing Research*, Vol. 38 (August), pp. 362-375.

模式，並縮短國外客戶、代理商因時差和地點差異所造成之延遲和不便，24 小時和不分地點營運，以增加銷售產品的商機，提高服務客戶之效率。

(二) 允諾交期功能

以往客戶詢問訂單交期時，都是單一訂單的資訊了解。若企業和客戶之間建立所謂的允諾交期 (ATP available to promise) 功能，即可使顧客在下單時便可得知所有相關訂單資訊，例如：預計交貨時間。故顧客端電子下單系統如何和供應鏈管理系統、客戶關係管理等其他系統整合，也是一個重點，其效益展現在兩方面，一方面能提供準確的訂單資料，立即回饋給供應鏈，配合供應鏈管理系統，生產為顧客量身訂作的產品；另一方面顧客可隨時上網查詢所訂產品的生產狀態，同時確認正確的交貨時間，以提升顧客滿意度。

(三) 建立產品維修資料庫

針對產品維護保養之技術資料，建立知識資料庫，提供顧客採購及日後維修之相關資料。

二、在企業內電子化顧客關係管理方面的規劃

須考慮企業的產品特性和作業流程，不同的企業特性，所規劃的顧客關係管理功能就會不一樣。另外，顧客關係管理的重點在於結合銷售 (sales)、行銷 (marketing)、客戶服務 (customer service) 的應用整合軟體，它和企業資源規劃系統中的訂單管理功能是不一樣的。訂單管理功能是訂單交易程序作業，而顧客關係管理是整個顧客相關的管理和策略，它包含顧客獲得、促銷作業、行銷企劃等。Stanton (1984) 提出對於顧客關係管理在行銷應用的定義：「行銷是一個整合之企業活動系統，用於規劃、定價、促銷和配送等活動，以便滿足需求的產品和服務給予現存及潛在的顧客」。Kotler (1992) 認為行銷資訊系統係由人員、設備及程序所構成的一種持續且相互作用的架構，其目的在於收集、整理、分析、評估資訊，以提供行銷決策者使用。[6] Swift Ronald (2001) 認為顧客關係管理是企業透過資訊科技來了解和影響顧客行為，並從策略觀點，以達到增加新顧客，防止既有顧客流失，提高顧客忠誠度和獲利的一種策略。他提出顧客關係管理功能應包括知識發掘 (knowledge discovery)、市場企劃 (market planning)、顧客互

6 Kotler, Philip (1992). *Marketing Management*, 7th Edition.

動 (customer interaction)、分析與修正 (analysis & refinement) 的循環流程。Swift (2001) 將行銷與顧客關係整合資訊演進分為四個階段，如圖 1-1：

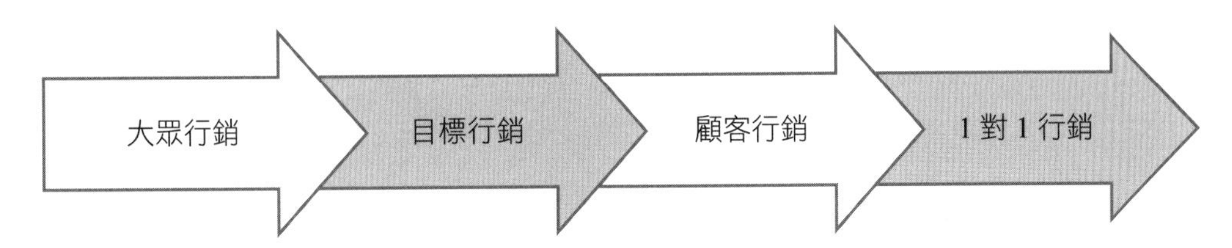

圖 1-1 顧客行銷演進

〔資料來源：Swift, Ronald S. (2001). *Accelerating Customer Relationship*, 1st ed., Prentice Hall, Upper Saddle River, N. J.〕

Kalakota 與 Robinson (2001) 認為顧客關係管理可分成三階段：獲取、加值及維持，企業會隨著顧客消費週期每一階段之不同，配合提供不同的功能，以使企業能為顧客解決問題，進而增強顧客關係。此三階段及解決方案為：

(一) 獲取新顧客

藉由具備功能性與新穎性的產品和服務，來提供顧客較高的價值，以便作為獲取新顧客的方式之一。

(二) 現有顧客的加值

就現有顧客而言，在再次購物的成功性與不須再發生獲取成本之下，運用交叉銷售 (cross-selling) 與向上銷售 (up-selling) 來增加顧客的優惠，進而更穩固與顧客之間的關係，即為加值的效益。

(三) 維持顧客的再消費

對現有顧客和新顧客而言，顧客的再消費來自於企業主動提供消費者感興趣之產品。有一個販賣 3C 消費性產品的企業，會有一個或連鎖的實體通路店面在運作，但該企業可以把有關 3C 的產品促銷資訊，予以產品資訊數位化，並設計於網路上，進而做顧客管理的網路行銷。Kalakota 與 Robinson (2001) 認為顧客關係管理是整合行銷、銷售與服務策略，以及全面性的企業協同運作。它結合業務流程與資訊技術，以獲取、加值及維持顧客價值，如圖 1-2 所示。

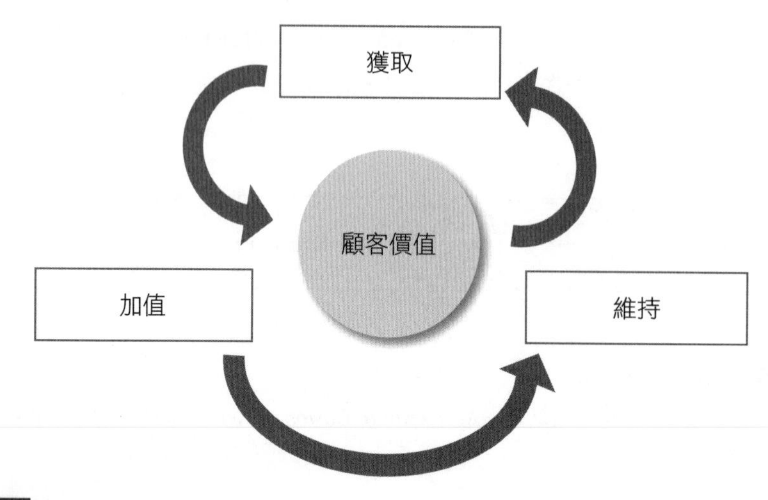

圖 1-2 顧客關係管理階段

〔資料來源：Kalakota, Ravi and Robinson Marcia (2001). *e-Business 2.0: Roadmap for Success*. Addison-Wesley.〕

1-2 顧客關係管理系統

一、顧客關係管理系統概論

顧客關係管理系統主要可分成作業型和分析型系統功能。作業型顧客關係管理系統主要包含業務、行銷和售後服務等作業。Cronin (1997) 認為顧客的需求有三個關係的重點：行銷、業務及支援。

1. 行銷：當客戶在尋找有關產品的服務資訊時，網路行銷就具有將產品資訊傳遞給眾多潛在客戶的功能。
2. 業務：客戶利用網路行銷的作業系統，能夠自己主導整個業務作業過程。
3. 支援：在網路行銷的客戶支援服務，包括線上服務、新聞群組、電子布告欄及討論群組等。[7]

分析型顧客關係管理系統主要包含整合式報表、顧客行為分析、智慧型顧客關係方法。為了智慧型分析，在 CRM 系統建構過程時，有關資訊發展會有五個

7 Cronin, M. J. (1997). *Banking and Finance on the Internet*, Wiley, John & Sons Incorporated, Hoboken, .

程序：

1. 資訊收集 (data collection)
2. 資訊儲存 (data storage)
3. 資訊分析 (data analysis)
4. 資訊應用 (data application)
5. 資訊再使用 (data re-use)

顧客關係管理系統的經營發展，和軟體技術演進是有相關的。在軟體技術經過 DOS、Windows、Internet 三個時代階段的洗禮之下，它的技術架構和經營模式也因而產生不同的改變和影響。以目前而言，自由軟體的盛行是一個重要模式，因為網路快速傳播和軟體複製成本低的特性，使得近乎免費和免費成為消費者的認知。目前有愈來愈多軟體產品是近乎免費或免費，例如：Google 搜尋、Skype 等。不過這些產品是比較偏向工具功能的軟體，是否會延燒到一些企業應用軟體產品，可能性也是有的，或者雖然非近乎免費，但也可能因而降低這些軟體產品的價格。也就是說，以往利用軟體產品權利金當作營收基礎來源，可能會被近乎免費軟體模式衝擊到，但請注意，自由軟體不是近乎免費軟體。那麼，這些近乎免費的軟體如何生存呢？它用的是截然不同的營收基礎模式，目前最常用的是靠網路廣告商的付費方式。也就是網路上軟體產品愈多消費者使用，就愈吸引廣告商來登錄廣告。軟體產品本身並不是商機價值，其透過軟體產品的服務 (service) 才是營收來源。

受限於各企業的人力有限，在為顧客服務時，無法同時照顧到很多顧客，但因為這些顧客對企業會有不同的貢獻程度，其所直接影響的就是顧客人數相對的少，當然也造成營業額不多。以人力員工方式來為顧客服務，就會受到人力資源影響。若以資訊系統平台方式來為顧客服務，就不會受到人力資源影響。當然有一些服務是一定需要人力服務，以同樣服務方式來為顧客服務，就會容易使得貢獻高的顧客，沒有得到相當的服務，故可利用資訊系統自動將貢獻程度不同的顧客分類出來，以便依照不同貢獻程度給予不同服務方式，使得每位顧客都有賓至如歸的感受。但請注意這裡指的是不同服務方式，而非不同工作態度，對每位顧客仍須以顧客至上的態度來對待，如此才可突破以往營業額。

目前提供 CRM 系統軟體的廠商很多，例如：Siebel 是提供 CRM 系統軟體產品和服務的國際性公司；SAP.com 是提供 ERP/CRM 系統軟體產品和服務的國際性公司；Salesforce 公司提供隨選需求 (on demand) CRM 企業應用服務，已在中小企業市場獲得極大成功，目前已有數萬家企業客戶。顧客關係管理系統著重於顧客導向的流程和分析，顧客導向企業經營模式是目前因應資訊氾濫和消費者意識抬頭下，逐漸發展的重要趨勢。顧客導向再加上網路資訊技術，使得在顧客管理層面的網路行銷更加重要。這裡所謂的顧客管理，不是指單方面顧客，而是指和顧客有關的所有方面，例如：供應方面、配銷方面、售後服務方面等。也就是說，它是一個顧客價值鏈的管理，同樣的，以顧客管理層面的網路行銷，就不是只指訂單交易、客戶詢價等單方面的顧客管理作業。它包含從準顧客挖掘、現有顧客保持、消費行為獲得、訂單後續服務、產品零組件供應、產品設計功能需求等顧客價值鏈管理作業。透過顧客關係管理系統，可有效增加顧客交易的自主性和參與性，也就是所謂的顧客自我服務 (customer self-service)，例如：線上詢報價功能。故企業在導入顧客關係管理時，應思考如何獲取顧客、顧客加值及維持顧客，以達到提高顧客滿意度及增進顧客忠誠度。

在開發顧客關係管理系統的規劃過程，應重視顧客使用的介面系統，除了要考量顧客在選購上的需求與服務外，也要注重開發系統的規劃。以往在開發系統時，每推出一種新的行銷方式，系統就必須要進行費時費力的大改寫，因此當系統改寫完成之後，也許此種行銷方式又已經不適用於當時的情況了。並且以往是由業務部門制定行銷方式，再交由資訊部門進行系統的改寫，但這樣就有可能會產生資訊撰寫內容和業務需求內容的差異，故在規劃前應思考下列三個方向：

1. 系統評估方面
   (1) 評估時間應提前
   (2) 將公司需求依重要性和功能面分別整理出評估項目
   (3) 將上述評估項目和欲評估 CRM 系統功能做比較
2. 系統導入方面
   (1) 導入前做好種子顧問的系統化訓練
   (2) 擬定導入模組功能的里程碑
   (3) 準備導入文件化的表單
3. 企業和資訊整合方面
   (1) 以企業策略經營角度和方法來探討 CRM
   (2) 同時考慮 ERP、B2B、PDM、SCM、CRM 的整合，但可漸進式導入

(3) 不應只從以前作業方式和個人習慣模式來規劃 CRM，應加入外界的新觀念和方法

二、銷售訂單配送模組功能

在銷售訂單配送模組功能中，最主要的是指「銷售訂單」模組功能，其銷售訂單模組功能是指有關詢報價，以及客戶訂單管理。茲以詢報價、客戶訂單管理流程圖說明如下。

(一) 詢報價

詢報價包含客戶對新產品的詢價，以及對促銷產品的詢問。若對詢價的數量和價格沒問題，就會轉成報價單。對於報價單資料，經客戶同意和確認客戶資料無誤後，可將其轉成銷售訂單。從以上說明，我們可知詢報價作業是為了銷售訂單的後續作業，但在詢報價過程中，最重要的是三個重點：第一是詢報價的產品價格組合定義，它牽涉到產品成本計算，也牽涉到產品利潤的計算，這是不容易的事；第二是詢報價的統計記錄，可作為產品種類的選擇和下一次價格的定義參考；第三是詢報價作業會花費很多人力、時間，而且不一定會轉成真正的銷售訂單。故應該多運用資訊系統來自動化產生詢報價作業，一般都是用 Web 連線的線上詢報價功能來達成。其詢報價作業流程，如圖 1-3 所示。

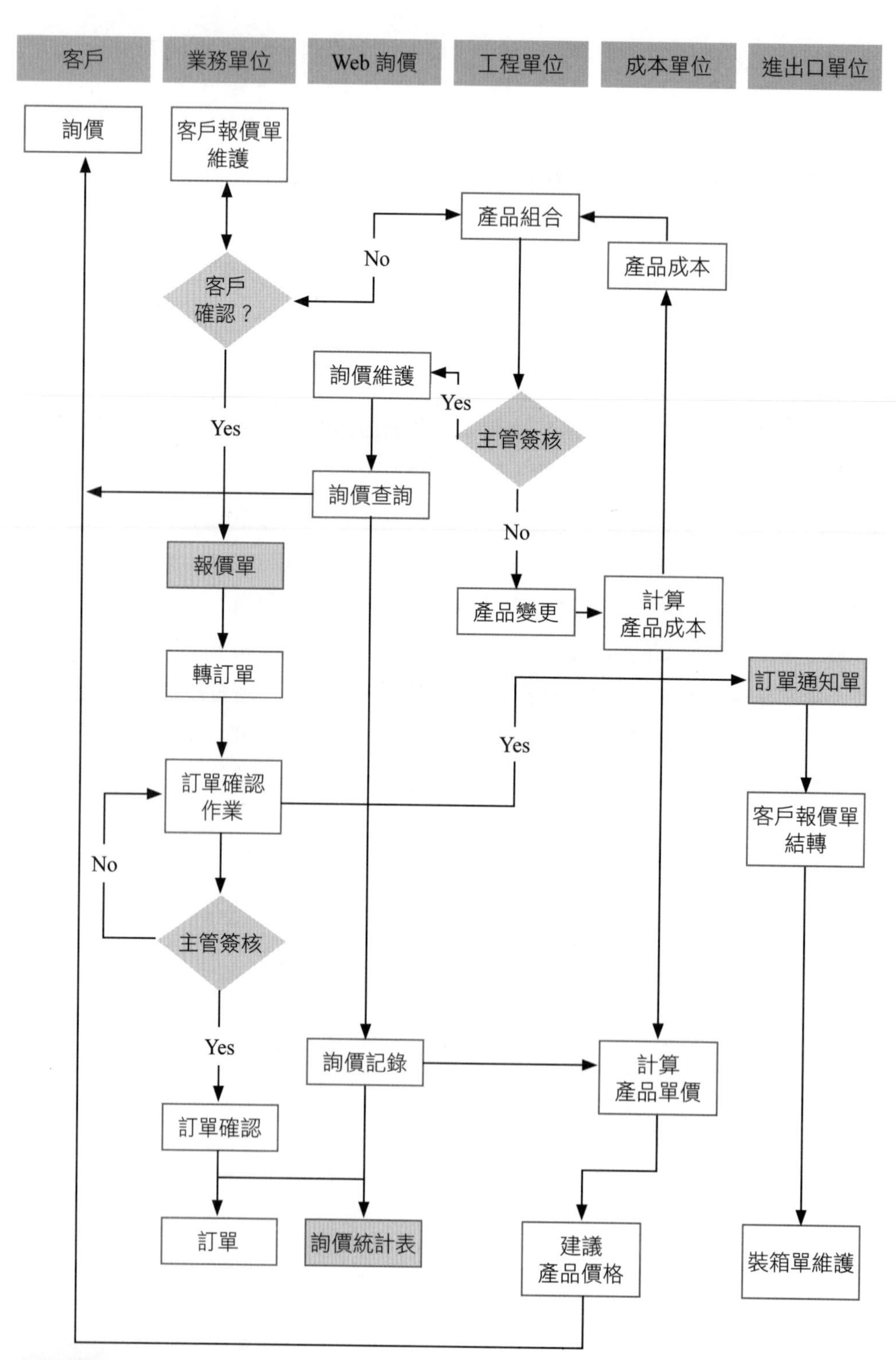

圖 1-3 詢報價作業流程圖

(二) 客戶訂單管理

客戶訂單管理包含客戶訂單資料維護，是提供營業部門處理客戶訂單資料之增修建檔作業，其中以客戶信用控制相關資料作為信用額度控管的依據，是客戶訂單確認重點；這會牽涉到後續收款維護的成效，亦即公司往來客戶之應收帳款、預收款、暫收款、代收款等款項，是否能安全無誤的收款完成。當客戶訂單產生時，業務單位須按訂單審查程序了解相關規程、價格、交期、信用等事項之確認作業。客戶訂單管理主要是在於管理客戶訂單的資料，目的是對客戶所下訂單的正確性和選擇性，希望透過管理客戶訂單的資料，從中得出何種產品對何種客戶是有利潤的，以及何種客戶對企業是忠誠的。當然，最重要的是客戶信用，若接收了信用不佳的客戶訂單，不只是白忙一場，更無法收款，對於公司的財務狀況會有很大的影響。因此，事先的客戶信用確認是非常重要的。另外可從客戶訂單統計表的歷史記錄，了解分析客戶對產品種類的偏好度、客戶信用狀況，以及客戶的營業額貢獻度。該客戶訂單管理，在資訊系統的功能內，會將這些資料儲存建立在客戶資料庫內，這是公司非常重要的資產。其客戶訂單管理的作業流程圖，如圖 1-4。

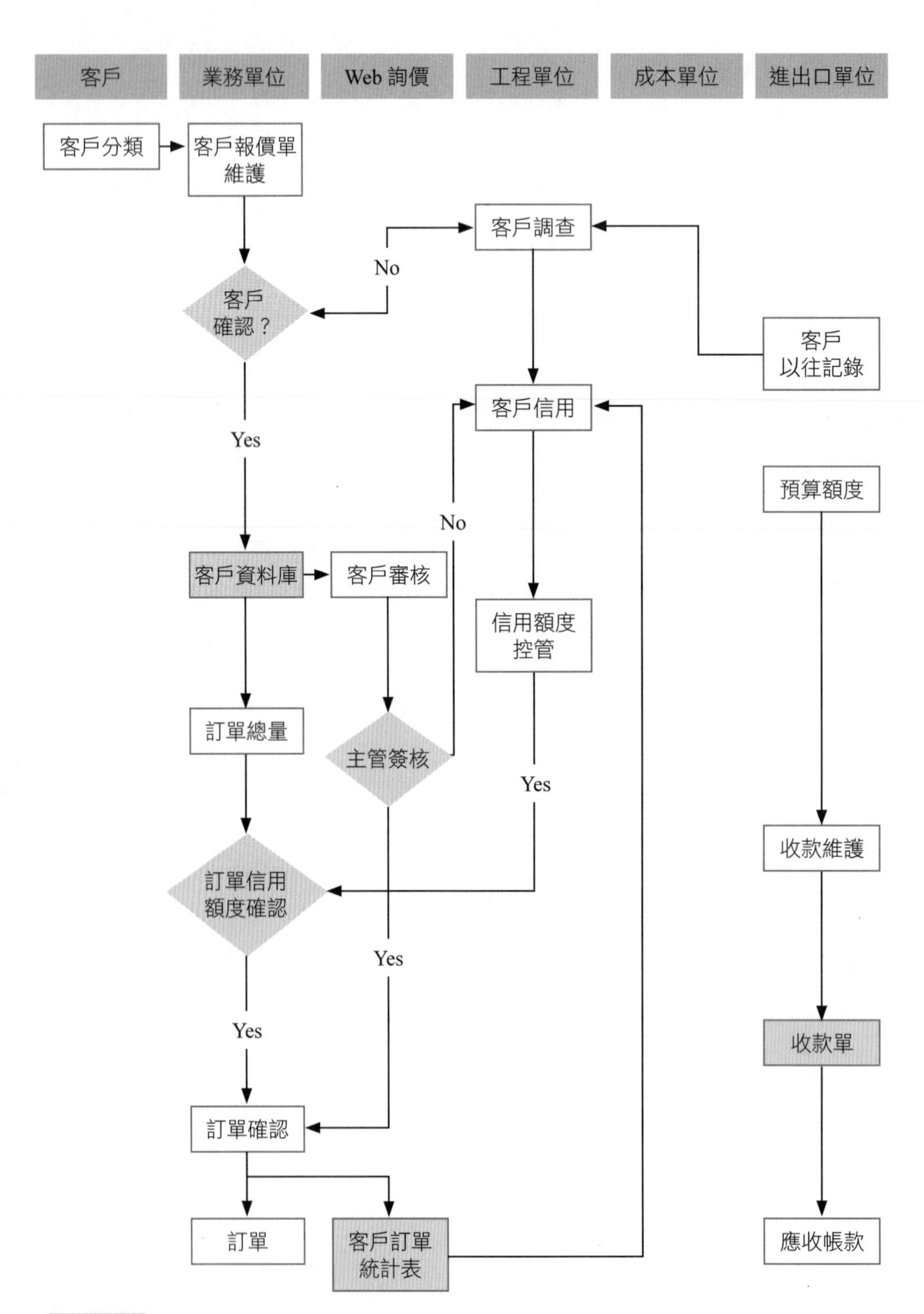

圖 1-4 客戶訂單管理流程圖

 1-3 Web-based 顧客關係管理

一、Web CRM 系統

由於網際網路的內容廣大和技術快速蛻變，使得社會生活型態和企業應用模式不斷隨之變化，其中的重大影響就是網路深入人類生活中，和網路化商品不斷被創造，這兩個影響又互為因果，因為網路化商品出現，而應用於人類生活中，例如：網路電話，造成傳統電話使用減少，改於網路上溝通。同樣地，人類應用網路在生活中的需求，也促發了網路新商品的產生，例如：人類對電視節目的豐富化和行動化生活需求，進而產生網路電視的新構想。

顧客關係管理若應用在網路的環境平台中，其顧客應用的效益會更大。在網路上，其顧客應用的功能分成三種：

1. 基本性價值：提供一般消費者所需訂單的基本功能需求，例如：下訂單功能。
2. 作業性價值：提供在交易過程中的作業性利益，例如：顧客的喜好。
3. 關係性價值：創造出與消費者之間緊密的關係，例如：購物籃分析。

顧客在網路上的需求，須能增加對顧客之潛在需要的認知，故在網路行銷上的顧客關係管理，是強調尋找對企業最有價值的顧客，並定義出不同價值的顧客群，以便企業運用客製化的產品，滿足區隔顧客價值的個別需求，且隨著顧客消費行為改變，調整網路行銷策略。Cronin (1997) 也提出利用網際網路來建立與客戶的互動關係，如圖 1-5，其內容有：

1. 客戶的期待需求：從討論內容中了解到符合客戶需要的定位。
2. 企業員工互動：企業各部門可以利用網路取得客戶相關資訊。
3. 網路行銷內容：網站的內容必須是正確且隨時更新，資訊的內容也必須能根據客戶反應做彈性調整，因為資訊內容的品質會影響到網路行銷的成效。
4. 溝通回饋管道：經由網路行銷對於公司的產品、服務和支援做討論區的溝通，例如：技術論壇、產品使用回饋等機制。
5. 回應客戶和參與：針對客戶提供意見，企業必須能對客戶的意見做出回應和解決方案。
6. 追蹤客戶使用：在客戶使用網際網路行銷時，追蹤客戶產品使用狀況，可幫

助增加網路溝通的成效，改進所提供的資訊品質與客戶服務。

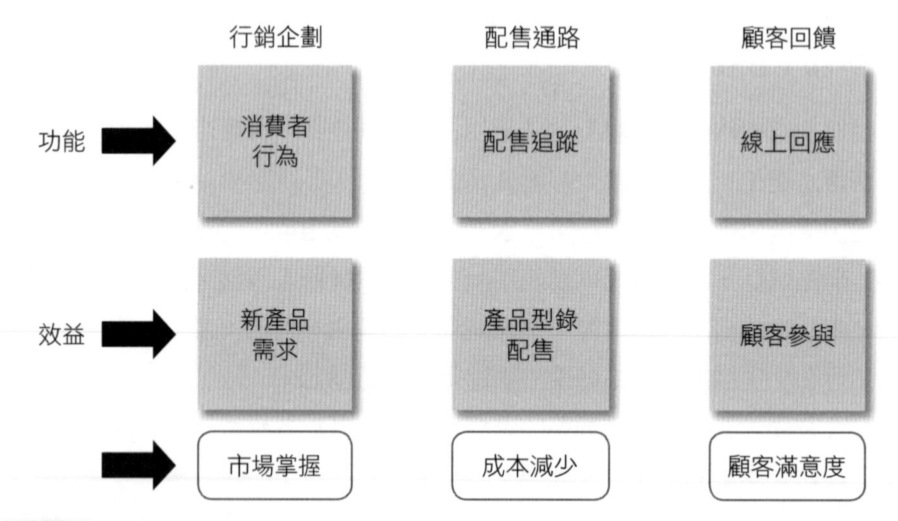

圖 1-5 客戶互動關係

（資料來源：Cronin, M. J. (1997). *Banking and Finance on the Internet*, Wiley, John & Sons Incorporated, Hoboken.）

顧客關係管理應用在網路上，必須了解顧客的需要，包含注意顧客對產品品質的不滿感，以及建立顧客知識和持續對現有顧客之聯繫，如此才能維繫與顧客之間的長期關係，是顧客關係管理的關鍵之處。故透過顧客網路行銷系統，將行銷、顧客服務等工作項目加以整合，如此企業才能獲得新顧客、保有舊顧客，以及增進顧客利潤貢獻度，以更精確且即時的方式，預測顧客行為與回應顧客，並透過客製化的介面溝通來提供顧客量身訂作的服務，以便增加顧客滿意度與忠誠度，提升服務品質，達成企業經營績效的目標。Eighmey (1997) 認為，對於網路使用者的反應有三大類，包括娛樂性價值、容易使用及信用。[8] Berry (1995) 認為，企業與顧客的關係結合程度，可以依照其緊密度劃分為三種等級：財務性組合 (financial bond)、社交性組合 (social bond) 與結構性組合 (structural bond) 等。[9]

網際網路不再只是商務工具平台，更不是軟體程式產業，而是人類的另一世界。透過該空間世界，直接衝擊到現有實體世界，它不只可造就一個虛擬世界

8 Eighmey, J. (1997). "Profiling User Reponses to Commercial Web Sites," *Journal of Advertising Research*, pp. 21-35.

9 Berry, L. L. (1995). "Relationship Marketing of Services-Growing Interest, Emerging Perspectives," *Journal of the Academy of Marketing Science*, Vol. 23 (4), pp. 69-82.

（例如：虛擬房地產），更會轉換成現有世界的實體產品（例如：網路遠距醫療）。Smith (2001) 認為衡量真正的顧客網路需求在於再次登入的顧客，以及這些顧客的互動深度，並不是以註冊顧客來衡量。Smith 提出五個問題來衡量顧客網路需求的程度：

(1) 顧客上網站的頻率？
(2) 顧客瀏覽網站的時間？
(3) 再次上相同網站的比率？
(4) 顧客真正交易的比率？
(5) 推薦網站的比率？[10]

二、Web 化產品客訴系統

電腦零售業面對的是大眾消費者，一般消費者購買電腦都是在 3C 店面。筆記型電腦產品在銷售上，其價格、規格的競爭已經逐漸轉向售後與維修服務的提供。對顧客需求的快速回應 (quick response, QR)，已為必然的競爭要素。過去新產品導入的進行多由設計單位主導，根據設計單位所設計之產品進行製程上的修正，但現今已朝向藉由顧客的回應觀點來作為新產品開發的設計參考，以期推出能符合客戶需求的新產品。

(一) 客訴作業的問題現象

產品發生問題時，是由使用者提出問題，交至產品的來源單位處理，一般直接送到原購買的經銷商處及全國有銷售電腦的經銷商處，經銷商再送回代理商處維修。若代理商無合格維修認證人員，須再送回原廠維修中心進行維修，過程繁瑣無效率。

(二) 顧客回應延伸至產業上、下游之影響

各家廠商在垂直專業分工上，與上游和下游，或者上上游和下下游間產生了「需求差異」(gap of demand)，使得整個產業運作受到阻礙。企業之間的客訴可能來自於顧客，亦可能來自於上游供應商，而顧客層級或供應商層級 (layer) 可

10 Smith, Ellen Reid (2001). "Seven steps to building e-loyalty," *Medical marketing and Media, Boca Raton*, Vol. 36 (Mar), pp. 94-102.

能已經跨越了單一層級；也就是說，有些客訴問題是直到企業之下游或下下游。

目前問題產品客訴的退回維修，有以下情形：

第一：在問題產品客訴的整個作業過程中：

- 所經過的工作程序太多及所耗時間太長，以致無法即時反映給相關單位處理狀況。
- 上、下游的責任單位，互不清楚上上游或下下游單位的工作內容。
- 整個作業過程無法成為緊密且一連串的流程。
- 沒有建立問題客訴解決回報的機制，及責任單位等相關資訊。

第二：在跨地域的分散式環境，如何讓不同供應鏈上、下游的責任單位資訊共享及跨異質性的資訊平台、語言、應用程式整合等。

第三：在網際網路資訊的分散性下，如何使其具有彼此溝通、關聯、自主、衝突解決、行動力等特性，能取代人工來完成如問題產品客訴這類繁雜的工作，並正確、快速、有效率地主動執行指定的工作。

第四：在跨地區維修服務作業流程中（以資訊硬體產業的產品為例，像是筆記型電腦），往往都是：

- 具合格維修認證家數極少且集中於大城市內，其他縣市送至維修中心路途遙遠。
- 消費者習慣將筆記型電腦送至經銷商處，經銷商無法維修更換零件，須後送至代理商或原廠合格維修中心，運送耗時、耗成本，維修時間冗長。
- 門市與維修站資訊系統各自獨立，備品庫存資料無法共用。
- 送修查詢均透過人工電話與現場詢問聯繫，花費較多時間。
- 使用者提出的產品客訴問題定義不清，無法即時了解原因所在，以致無法快速回應客戶。

案例研讀

問題解決創新方案→以上述案例為基礎

問題診斷

依據 PSIS (problem-solving innovation solution) 方法論中的問題形成診斷手法（過程省略），可得出以下問題項目：

問題 1. CRM 的售後服務功能沒有強化

以本案例公司的客戶型態而言，是屬於中長期策略性夥伴的合作，因此在銷售、行銷的業務推廣就變得不是這家公司在 CRM 的軟體功能重心，反而是如何做好接單產能規劃和出貨產品等客戶服務型的功能。因此在客戶服務 (service) 和前兩者功能是不一樣的，它比較著重在售後、保固維修、回饋滿意度等功能，也就是訂單履行的執行力。所以，在購買 CRM 系統時，就須考量兩個重點：(1) CRM 的服務軟體功能是否完整和強化？(2) CRM 和 ERP 的結合是否有資料和流程上的連接功能？因為客戶服務是來自於 ERP 訂單後續的作業發展，因此它的目的在於維持客戶忠誠度和回饋效率，包含產品使用、作業服務等意見回饋，也就是要強化上述的軟體功能。

問題 2. CRM 系統不需要所有軟體產品功能

根據上述問題 1. 說明，可知此公司在購買 CRM 產品時，只會用到伺服器模組功能，但大部分 CRM 軟體產品都是給予銷售 (sale)、行銷 (marketing)、服務 (service) 等完整三大功能模組，是無法切割的，而且它是以授權人數來計價，如此對於此公司在購買 CRM 產品條件上，是不利於投資成本的計價結果。當然，此公司可和軟體廠商 CRM 找出符合自己有利的模式，然而由於當初 CRM 軟體產品在設計時，就沒有把軟體功能可依客戶需求來做模組化分割，因此，這對於即使軟體廠商願意只以服務功能模組來計價，但技術上執行卻有相對性困難。況且，對於使用者不需要用到那麼多功能，但卻呈現給使用者，如此也會造成使用者在訓練和使用上的困擾。雖然有上述問題存在，但在較新的軟體產品，已可運用模組設計化觀點，來分開各種模組功能計價和使用，這是一種趨勢。

問題 3. 客製化和套裝軟體的取捨

企業一般在選擇資訊系統時，都會考量導入開發時間短和成本等因素，來作為是否採取客製化或套裝軟體的依據。然而在實務上，這兩者的差異會表現在其軟體功能是否專屬某企業或其他企業是否有共通性。此因素會受到程式重新開發或修改所帶來的風險和成本所影響，風險是在於程式品質控制，因為只要有動到程式撰寫，就須做測試，以便控制程式正確品質的穩定。而成本是在於如何發展一套系統和讓企業作業流程能融入此系統，以及使用者（員工）能適用於此系統的習慣操作。所以，從上述說明可知，若企業的功能大部分都和其他企業有共通性之特性，則應採用業界好的資訊系統；若較屬於某企業專屬的軟體功能，則建議以客製化方式。當然，套裝軟體和客製化是可併行運作的。

創新解決方案

根據上述問題診斷，接下來探討其如何解決的創新方案。它包含方法論論述和依此方法論（指內文）所規劃的實務解決方案兩大部分。

顧客價值鏈

顧客導向企業經營模式是目前因應資訊氾濫和消費者意識抬頭下，逐漸發展的重要趨勢。顧客導向再加上網路資訊技術，使得在顧客管理層面的網路行銷顯得更加重要。這裡所謂的顧客管理，不是指單方面顧客，而是指和顧客有關的所有方面，例如：供應方面、配銷方面、售後服務方面等。也就是說，它是一個顧客價值鏈的管理；同樣的，以顧客管理層面的網路行銷，就不是單指訂單交易、客戶詢價等單方面顧客管理作業。它包含從準顧客挖掘、現有顧客保持、消費行為獲得、訂單後續服務、產品零組件供應、產品設計功能需求等顧客價值鏈管理作業。在服務業的產業中，因為其產品的種類非常繁多，導致其服務作業型態差異也很大。一般可分成無形產品的服務，例如：理髮業或顧問業等；另一個為有形產品的服務，例如：漢堡食品或油品加油等。由於服務業的重心是在服務，故以顧客導向服務，更是重要。而對於其在網路行銷應用上，更可以運用顧客管理服務。在服務業，不管是有形或無形產品，都需要在一個實體服務環境中運作，但對於虛擬網路環境中，卻可以搭配成更好的顧客服務組合，進而整合成顧客價值鏈。例如：有一個資訊顧問公司，會到客戶企業內實際執行資訊系統診斷和輔導的運作，但它可以把診斷運作階段的無形產品，以程式系統化的方式數位化，進而將該數位化產品設計於網路內，進而利用網路做行銷。例如：有一個販賣 3C 消費性產品的企業，會有一個或連鎖的實體通路店面在運作，但該企業可以把有關 3C 的產品促銷資訊，予以數位化，並設計於網路上，進而做顧客管理的 CRM。

從上述的應用說明，針對本案例問題形成診斷後的問題項目，提出如何解決的方法。玆說明如下：

解決 1. 調適性 CRM 軟體系統

所謂調適性的資訊系統，是指會隨企業需求所必須進行調整適用的軟體功能，因此此資訊系統會依軟體功能模組和規格自發式改變。就本案例中，此 CRM 軟體系統，可依此企業的需求，例如：服務功能模組，以及適用此行業作業需求而客製化設定的專屬規格，如此就可避免不同企業用業界同一個軟體系統，導致在適用上的不方便。這種調適性軟體系統是軟體開發的一種趨勢，因此，對於企業使用者，也須相對的規劃出調適性企業作業流程的需求，如此才可搭配調適性軟體系統。因為設置軟體系統目的是在於呈現企業作業流程，也就是應以彈性可自發改變的企業流程來改變調適性軟體系統的功能。

解決 2. 模組化設計的 CRM 軟體架構

軟體的形成在以往觀點上是以產品 (product) 型態完成，所謂產品型態，是指有相對完整功能規格和不可分離特性，而這樣的特性對於需要調適性、彈性、專屬性的需求時，其產品組成觀點就難以符合這些需求。因此，軟體形成應改變以模組化設計方式做思考設計的軟體系統架構，所謂模組化設計，是指將整個軟體系統功能切割成可自成獨立主體的各模組，如此，一個軟體系統就不會太過龐大而不可切割，且能有彈性的切割和重組，如此可使各模組依照企業需求，透過介面上接合的組成來客製化完成。這種模組化設計是一項可解決軟體架構從產品到服務型態之方案。

解決 3. 以專屬和通用的參數組合觀點

在客製化和套裝軟體的選擇依據上，可依照其專屬和通用的特性來發展其資訊系統。所謂「專屬」，是指對某一主體內的組成內涵。它是專門屬於在此主體特性和條件下所形成的要素，所以，若以企業主體來看，在此企業範圍內所需的要素，就是專屬性的需求，但若和其他企業主體做需求比較，則有可能某需求內涵會同時屬於兩個企業。當共同需求內容的現象產生時，則原本專屬內容就會變成通用現象，而且愈多企業需求內容一樣，則通用特性的強度就愈強。因此，須以企業專屬和通用特性彼此之間強度來看，若通用強度大於專屬強度，則選擇套裝軟體方式會較佳。

管理意涵

限於 SOHO 的人力有限，使得在為顧客服務時，就無法同時照顧很多顧客，其直接所影響的就是顧客人數相對較少，當然也造成營業額不多。以人力員工方式來為顧客服務，就會受到人力資源影響，而在網路行銷的環境中，是以網路平台方式來為顧客服務，則不會受到人力資源影響。當然有一些服務是一定需要人力，例如：美髮工作，但它可將美髮設計型錄化和使用網路預約等非人力作業，轉換成在網路行銷平台上運作，使受到人力資源之影響降到最低，如此才可突破以往營業額。相對於 SOHO 而言，中小企業的人力是比較多，使得在為顧客服務時，就可同時照顧很多顧客，但因為這些顧客對企業會有不同的貢獻程度，因此雖然人力員工多，但卻可能得到不同的成績，其直接所影響的，就造成營業額不多。以同樣服務方式來為顧客服務，就會容易使得貢獻高的顧客，沒有得到相當的服務。而在網路行銷的環境中，可自動將貢獻程度不同的顧客分類出來，以便依照不同貢獻程度，給予不同服務方式，每位顧客都有賓至如歸的感受。但請注意，這裡指的是不同服務方式，而非不同工作態度，對每位顧客仍須以顧客至上的態度來對待，如此才可突破以往營業額。大企業的人力員工是非常多的，當然顧客也很多，正因為如此，使得有些顧客會疏於照顧，這些顧客有可能是忠誠顧客，此現象一直存在的話，就可能造成營業額的流失。大企業應利用網路行銷工具和顧客的關係做結合，如此可發揮對所有顧客行銷的整合綜效。

個案問題探討

請探討為何該公司不採取購買套裝軟體的方法？

實務專欄（讓學員了解業界實務現況）

構面一、不同行業特性對 CRM 功能需求不同

1. 在製造業裡，因其客戶都是以合約或長期合作，所以，訂單早就談好了，因此，它在 CRM 系統功能中的重點是在於如何做好客戶服務。
2. 在服務業裡，因其客戶在於消費者的短期交易作業，所以它必須不斷去接洽訂單，如何做好銷售推銷和行銷工作，則是 CRM 軟體功能的重點。

構面二、CRM 系統在企業選擇資訊系統的排行

因為一般 CRM 較多應用在業務部門的銷售及行銷的作業上，但在業務主管和人員都是以銷售和客戶講交情的經驗下，對於資訊系統很難運用在工作上，主要有兩個因素：(1) 不擅於資訊系統應用。(2) 舊有工作習慣使然。

習題

1. 何謂顧客關係管理？
2. 說明顧客的網路需求為何？
3. 在顧客關係管理的系統規劃上須考量到什麼？

補充個案

從疆界組織探討超市顧客資訊系統

1. 故事場景引導

QQ 超市在超市開發策略上，利用通路業態的管理來導入超市經營，它分成產品策略、市場策略、顧客資訊系統策略。在產品策略上，採取引進各地名產、季節性、獨特的產品，以及有機認證的蔬菜、最新少量多樣的國際食材、現撈海產以及進口零食、鮮食、熱食等產品，並透過價格差異化，來促銷其有時間性的產品。

在市場策略上，提供地區差異化、送貨到府、社區會員經營等服務，以及提供舒適購買的環境，進而切入傳統市場、百貨超市、量販店和便利商店等利基，並布局銀髮族市場、外食市場，和國外知名合作夥伴交流，包含國際採購，進而降低成本和建立自己的通路。

在顧客資訊系統策略上，採取從計畫性購買變成享受購物樂趣，希望改變消費者行為模式，以便提高忠誠度，帶動關聯性商品銷售。另外，在顧客服務上結合縣市農會系統的資源，以及後勤支援，包含麵包、生鮮處理、乾貨儲藏、配送等作業，即時掌握超市銷售狀況，以期降低庫存和成本，並且滿足顧客即時需求。

2. 企業背景說明

利用疆界組織來分析通路，其疆界組織的種類如表 1-1 所示。

表 1-1 疆界組織表

疆界	內容	缺點	做法	組織角色	組織模式	組織設計
水平	專業分工/部門劃分	分工太細，不易溝通	跨功能整體流程	部門	機械式	矩陣式
垂直	組織層次階級（產品別）	太多階層，溝通效率差	跨階級扁平化	職稱		矩陣式
外部	企業外部角色	企業利害關係不一樣（有隔閡）	策略聯盟價值鏈	利害關係人		專案式
無疆界	授權團隊無指揮鏈	不易達成	網路關係	電子化企業	有機式	團隊內部自治

3. 問題描述

(1) 顧客通路；(2) 疆界組織；(3) 顧客關係。

4. 問題診斷

本個案利用「企業個案分析」方法來診斷和探討，所謂企業個案分析就是：「以系統化方式描述企業經營的事件情境與過程，引導發覺其中潛藏的企業問題，分析討論問題解決的可能方案，並經由互動討論的方式，來達成診斷的目的。」因此個案分析的目的，並不在於陳述解答，而是經由自我學習，逐漸培養對於企業經營實務問題分析與決策的能力。

個案特性分析法

步驟 1：你認為本個案的關鍵字有哪些？

答 精緻超市、通路業態、社區經營。

步驟 2：就上述你所提及的關鍵字，來整理個案企業本身的特性（注意：須和本個案主題相關）。

答 如表 1-2。

表 1-2 企業特性表

關鍵字	企業特性
精緻超市	舒適環境、傳統市場和百貨超市（生鮮、有機、現撈、進口）、女性專區、國際食材、量販店和便利商店（熱食）、情境式陳列、智慧性冷藏設備、少量多樣
通路業態	後勤支援（產品處理、儲存運送）、更新頻繁、集中管理、不做價格競爭、合作夥伴、國際採購、農會的產地供應商、商圈擴大
社區經營	送貨到府、會員制、店面區域差異化、外食

步驟 3： 請依個案特性分析表，寫出本個案的特性分析？就水平、垂直、外部、無疆界等管理項目。

答 如表 1-3。

表 1-3 個案特性分析表

關鍵字	特性及權重					管理項目			
	情境式陳列	熱食	生鮮	女性專區	國際食材	水平	垂直	外部	無疆界
精緻超市	5	3	2	4	5	3（理貨部門）	4（生鮮別）	3（國際食材）	1
	後勤支援	國際採購	產地	合作夥伴	集中管理				
通路業態	5	3	4	2	3	3（採購部門）	2	4（後勤支援）	4（通路）
社區經營	送貨到府	會員制	店鋪區域	外食					
	5	4	5	3		4（會員）	1	1	1
加總：						10	7	8	6

註：以 1~5 表示關聯程度，數字大表示關聯強。

步驟 4： 依步驟 3 你所得出的最大總和的該管理項目，請依疆界組織理論，試說明分析之。

答 如表 1-4。

表 1-4 疆界組織分析

疆界	內容	缺點	做法
水平	店面服務部門 現場理貨部門 採購國際部門 廣告企劃部門 訓練部門	就享受購物服務而言，會有服務不連貫的問題產生	利用會員機制，建立該會員在跨功能部門的關聯服務
垂直	生鮮產品別 熟食產品別 女性專用產品別	因階層幅度太長，其生鮮產品處理須經過經理、課長等層層簽核	成立產品矩陣別組織，以一條指揮鞭方式來處理
外部	合作夥伴技術訓練 後勤支援 競爭者 母公司 產地供應商	在銀髮族、外食、女性等市場需求產生下，每個企業在這產業鏈下，如何取得立足價值，是生存之道	以競爭利害關係人，建立其共生的價值鏈，包含訓練、同性質擴大市場、後勤、供應
無疆界	以通路業態的經營方式	該產業的其他企業只是支援輔助，沒有客戶利害關係，故影響其作業效率性	以跨產業電子化企業，回應 (QR) 系統和無線射頻辨識 (RFID) 技術，掌握進銷存及消費服務

從上述的最大總和來看，可知其水平疆界（總和最高）仍是該公司的組織結構，但利用外部疆界（總和次高）力量來運作其競爭策略，可說是以通路業態方式經營的關鍵處。

5. 管理方法論的應用

就顧客資訊系統，分析本個案如何達到農會和產地供應商的資源整合？

答 在每一個產地的供應商，設置可連上網路的電腦。在收集食品的箱子上貼無線射頻辨識 (RFID) 標籤，其中記載著食品種類、數量、製造日期、有效日期、產地來源、保存方式、品質指標（如：甜度）、成本價等資訊。而在成箱食品裝運至貨車時，由讀取器自動讀取上述資訊，進而透過有線式區域網路 (Wired LAN) 方式，將這些資訊連線儲存到該電腦資料庫內，再透過網路連線上傳至農會的「資源整合軟體平台」系統內，如此可即時整合各產地的供應資訊，進而讓該精緻超市採購員工連線至該平台系統，訂購當日所需的食品。一旦交易確認後，產地供應商就裝載客戶食品箱子往目的地運送，在運送途中，仍由讀取器讀取無線射頻辨識資訊，並結合 GPS 衛星定位系統，以無線方式將目前運送路徑和時間傳送至該軟體平台系統內，以便該超市能即時掌握供應狀況，進而回應消費者需求。上述的資源整合作業，對產地供應商的好處，就是可讓貨物即時和市場消費結合，以便快速銷售。而對於該超市的好處，就是可掌握產地的貨源充足和比價、品質鮮度。而對於消費者的好處，就是可享受新鮮物品和產地特色。

當無線射頻辨識紙箱送達該超市後，並馬上陳列於現場櫃架上。當消費者拿走該貨品紙箱時，現場讀取器即讀取拿走資訊，並能追蹤該貨品在現場何處，一旦消費者到結帳區交易完成時，就可馬上知道銷貨資訊，包含「客戶是誰（從會員卡得知）」、「買什麼」、「買多少」、「消費金額」等資訊，這些資訊會傳送到該超商的進銷存軟體系統，故

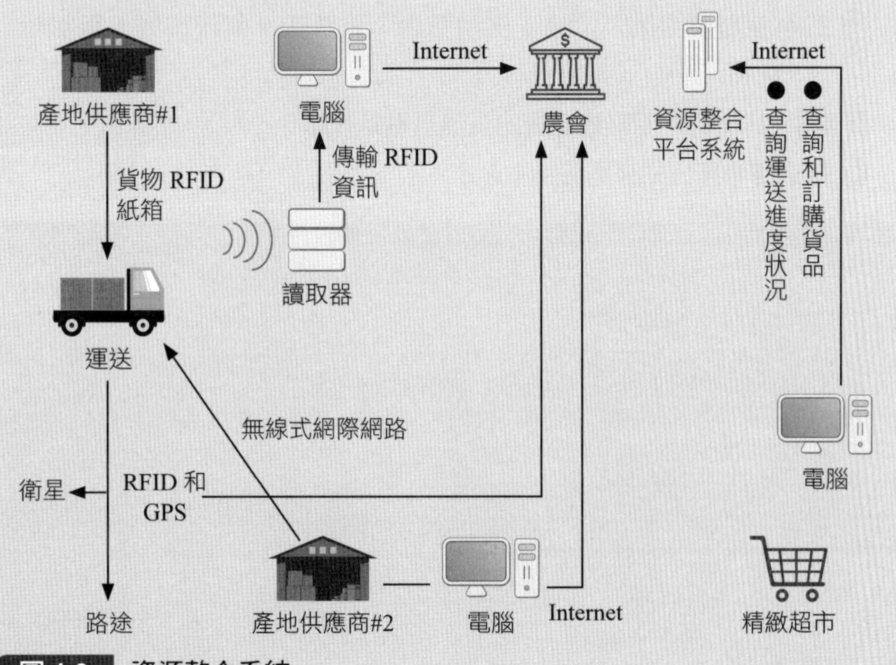

圖 1-6 資源整合系統

可立即掌握銷貨狀況：哪種貨品賣最多、什麼時間賣、客戶區分類、哪個產地供應商、存貨周轉率等。這些資訊可作為採購的依據，例如：某產地供應商的貨品最好賣，且何時缺貨，就可立即上資源整合平台系統，輸入採購資訊，進而再一次和產地供應商做整合。如此資源整合作業，可使貨品快速周轉，降低庫存成本，並整合消費者購買習性，以達成個人化客戶服務。從整個作業來看，是一種無指揮鏈的無疆界組織。

6. 問題討論

問題 1：本個案中提及的 KPI (key performance index) 有哪些？

答 來客數、顧客滿意度、忠誠度、邊際效應、庫存、毛利。

問題 2：你認為超市是屬於事業部，還是內部的組織？

答 事業部（如：國際統一採購後勤支援）。

問題 3：本個案有幾個企業角色種類？

答 便利商店、百貨超市、量販店、後勤配送和儲藏、傳統市場、合作夥伴、產地供應商、農會、農委會。

問題 4：本個案的利害關係人是什麼？有哪些？

答 競爭者利害關係人，包含便利商店、量販店、傳統市場、百貨超市。

問題 5：你認為本個案最重要的管理重點是什麼？

答 以通路業態方式來經營精緻超市。

Chapter 2

顧客關係管理系統

「現已邁入智慧營運時代，
智慧決策將取代作業執行和管理分析，
直接跳躍至決策運行。」

學習目標

1. 從顧客關係管理構思上，探討其商業營運三個階段
2. 說明 AIoT CRM 系統的整體架構
3. 探討何謂營運型、分析型、協同型、智慧型 CRM
4. 說明 CRM 系統的銷售自動化和行銷自動化
5. 探討 CRM 客戶服務問題的解決方案

案例情景故事

以創新整體服務擴展產品銷售績效——以智慧型手機主產品來發展新事業創業為案例

一日，已待業甚久的小高正目不轉睛地盯著人力銀行網站搜尋有關於程式設計就業機會，此時他的手機突然響起，由於太過專注以及急忙接起手機，導致拿起桌上手機時，不慎把手機滑落一旁的熱茶杯中，當驚覺不妙欲搶救手機時，已來不及了。手機成了泡水手機，無法接聽了。此時，小高很懊惱，因為找工作需要手機聯絡通知，若錯過面試機會該怎麼辦？於是，急忙找手機維修店，結果問了好多家都說要運送到維修據點，所以須二至三天才可取回。後來雖找到一家可現場維修，但由於非是原廠據點，擔心會被敲竹槓也不知維修技術如何，最後，還是透過原廠銷售據點送回維修，只是要求以急件處理。經過一日，因為心急，就自己打電話問處理狀況，結果銷售店面王老闆說不知道，要打電話問維修中心，因為心急，小高就自己打電話給維修中心，經過幾次電話轉接，終於問對了維修服務人員，回覆：「因為人手不足，沒那麼快，還要二天。」這樣的回答雖不甚滿意，但又奈何，只能等。終於，第三天，銷售店面王老闆打到家裡室內電話通知：「已修好，可來取貨。」然而，因小高剛好不在家，等真正拿到手機已隔了三天半的時間了。

問題 Issue 思考

1. 企業在面對大量客戶數據，如何從中挖掘客戶需求？
2. 企業在運作銷售行銷作業時，其 CRM 系統功能如何自動化，以便能更有效達到經營績效？
3. 在智慧經營的趨勢下，AIoT CRM 如何改變傳統 CRM 系統功能和技術？

前 言

CRM 系統是落實顧客關係管理流程的智慧科技，它可實踐商業營運上的業務初探、精細營運、智慧決策三階段。而在人工智慧 (AI) 和物聯網 (IoT) 的影響下，CRM 系統也轉型成 AIoT CRM 系統，更優化 CRM 流程來創造出客戶價值，使得營運面、協同面、分析面的 CRM 系統功能加入更多軟體機器人運作。這是一種創新的管理思維，從中影響企業經營流程和員工工作內容的改革，也就是智慧經營。

閱讀地圖（以地圖方式來引導學員系統性閱讀）

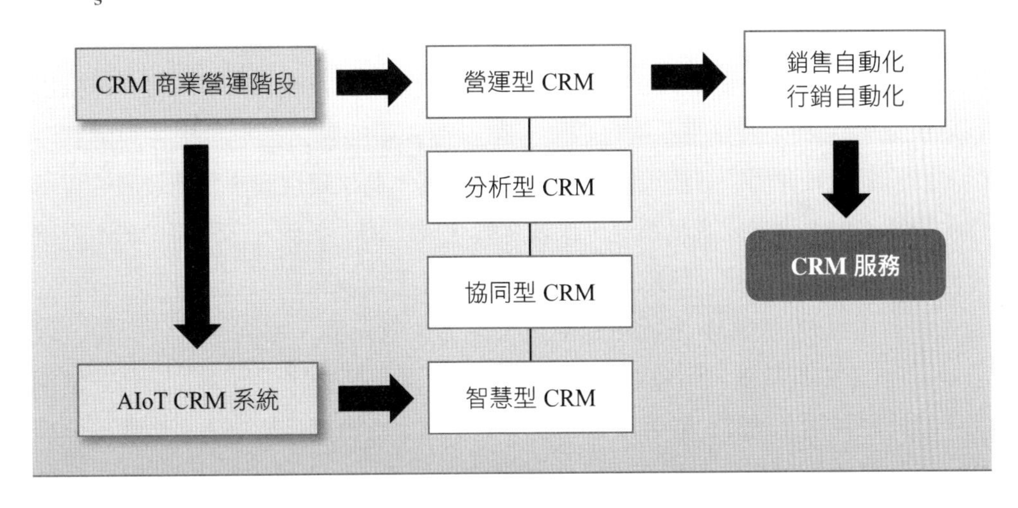

2-1 顧客關係管理系統簡介

顧客關係管理是強調企業流程以顧客為導向，而非以產品為導向，著重在顧客行為的發展和溝通來挖掘新顧客，防止既有顧客流失、提高顧客忠誠度等方法程序，並運用資訊科技策略來構思操作實踐性架構，故在這架構內也發展出組織角色、系統功能、網路結構。在組織角色是將顧客關係管理融入日常運作的管理制度面，如此可將此日常運作流程以企業資訊系統功能呈現落實，進而滲透於產業網路結構內，包括顧客、員工、供應商、通路商、物流業者等。CRM

系統不只是一種系統工具，它必須能產生效益，才是真正 CRM 系統。因此，對 CRM 系統實施運作的資訊化和經營管理整合，以及有經過高階主管共識認知，才是 CRM 系統成功的關鍵。故 CRM 系統應融入公司文化內，並結合企業長期遠景。從顧客關係管理構思上，其商業營運上發展出業務初探、精細營運、智慧決策三個階段。

首先，業務初探是指展開業務初步階段，包括業務管理的流程、制度、規範，尚在探究摸索其業務運作過程中。在此階段須建構營運管理體系，以便業務發展有標準性程序可遵守，如此可有效掌控銷售團隊，避免管理失控。

接下來是精細營運，是根據上述的營運管理標準規範，進一步以數據化來加強營運管理，以便能發展出精細化的業務流程，精細化包括客戶細分與優化流程，如此來實現具備業務價值的精實行銷策略，並從此策略展開一連串識別問題和銷售機會、掌控風險的精細運作，以便在客戶生命週期階段中，實現客戶差異化的服務。

最後在智慧決策階段，將著重在行業、競爭分析以及異常分析，從中挖掘出智慧決策，例如：預測產品銷售數量、拓展行銷新據點、提早掌握客戶購買時機、預防避免資源衝突等決策性運作。綜合上述，為了實現商業營運發展的可行性，須將 CRM 建立成資訊系統，也就是轉化成 CRM 系統，亦即將 CRM 系統變成商業營運的資訊化、自動化，從而提升智慧經營效率。

從上述可知，CRM 系統可包括三大構面：營運面、協同面、分析面，但若是 AIoT CRM 系統，則會增加智慧面。營運面包括銷售、行銷、服務三個模組，協同面包括全通路、顧客兩個模組，分析面包括數據分析、決策模型兩個模組，而智慧面則包括自主機器人、認知系統兩個模組。一般 CRM 系統和 AIoT CRM 系統的差異在於新科技的分界，AIoT CRM 是強調虛擬經濟和實體經濟深度結合，後者 AIo TCRM 增加物聯網、區塊鏈、大數據、機器學習等新科技應用，並透過此新科技發展出全新的 AIoT 智慧商業。CRM 系統是透過介面來和顧客運作協同互動，故進而發展出顧客介面的 7C，包括：基模 (context)、內容 (content)、社群 (community)、客製化 (customization)、溝通 (communication)、連結 (connection)、商務 (commerce)。此 7C 是在設計和運作 CRM 系統內的顧客功能之接觸管道。茲說明傳統 CRM 系統和 AIoT CRM 系統的差異，如表 2-1。

表 2-1 傳統 CRM 系統和 AIoT CRM 系統的差異（顧客介面 7C）

	傳統 CRM 系統	AIoT CRM 系統
基模	CRM 網站系統的適切性、美觀性和機能性	智慧物品和機器學習的自主性和自動化
內容	顧客功能的主題	整合顧客功能的匯流
社群	網站使用者之間的互動	網站和 IoT 使用物品之間的協同
客製化	量身訂作的能力	大量個人化的能力
溝通	網站與使用者之間所展開的對話	網站和 IoT 系統之間的串聯
連結	網站互相整合	網站和 IoT 系統互相整合
商務	貨物、產品或服務之銷售	貨物、產品或服務之智慧營運

茲說明 AIoT CRM 系統的整體架構，如圖 2-1。

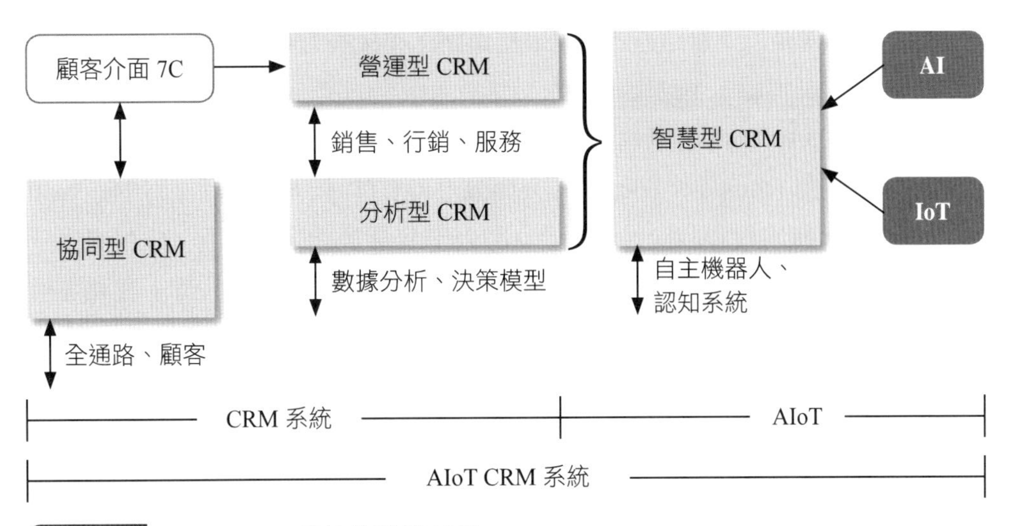

圖 2-1 AIoT CRM 系統的整體架構

營運型 CRM 是針對行銷銷售人員面對顧客所展開的營運作業，也稱為前台 CRM，其前台 CRM 主要針對企業組織發展具有業務規則的行銷、銷售和服務活動來完成客戶需求的作業流程。在業務規則的行銷活動內，其規則可儲存成模式庫方式，如此可發展成加速和重複使用的功能。它描述業務數據及其使用方式，使得業務流程能實現更加以客戶為中心的自動化能力。自動化的業務流程和工作流程，包括警示 (alarm)、自動回應 (automatic reply)、分配 (assignment)、訂單履

行 (order fulfillment) 等流程。

分析型 CRM 是針對營運型 CRM 所產生的大量客戶活動數據，資料驅動決策 (data-driven decisions) 轉變為商業行動，進一步運用商業智慧 (BI) 技術發展出戰略性應用。主要分成數據分析和決策模型兩個模組，在數據分析模組內容包括數據挖掘、預測客戶購買、分析客戶行為，由於是在非客戶接觸點的運作，故也被稱為後台 CRM，它利用整合所有異質資料的一致性來分析客戶行為，以便增加對客戶需求的了解，進而改變購買行為，最後提高忠誠度和盈利能力。決策模型模組內容包括決策型商業智慧方案，將會在第 4~6 章做說明。另外，因應雲端和大數據技術來臨，促使分析型 CRM 能使各行業從經營商品變成經營顧客關係更加精實化，同時中小企業也因此能應用顧客關係管理系統。在中小企業門市經營商品時，無法掌握顧客消費歷程，若依靠店員的記錄和記憶，是非常無效率，此時若透過使用顧客關係管理系統，可做到顧客客製化，包括：個別消費習慣、購買產品類別、消費喜好差異等需求，以達到精準行銷的績效。

協同 CRM 是以多管道方式來達成交換訊息和接觸的協作平台，主要分成全通路、顧客兩個模組。全通路模組內容包括多樣化的溝通管道支援 (phone, fax, email, Web, PDA ......)，也利用互動式語音應答 (interactive voice response, IVR) 和電腦電話整合 (computer telephony integration, CTI) 技術、電話服務中心 (call center) 功能，讓客戶獲取產品和服務，以及收集關於顧客的訊息，它可交叉分析顧客關係，以便找出客戶的消費行為、潛在消費群與目標客戶等。在顧客模組內容主要是指客戶接觸點——涉及直接與客戶互動聯繫的關鍵通路，是單一整合入口的機制，接觸點是指公司和客戶互動溝通的介面，客戶可選擇適當的接觸點進行互動。透過協同型 CRM 來收集客戶完整的交易歷史資料，並建置顧客資料庫，以及與後端 ERP 系統整合 (back-end ERP system integration)，進而發展出更多的加值運用。而為了維繫客戶的密切關係，建立顧客資料庫 (customer database) 是一個關鍵因素，它可從中挖掘客戶的價值來找出目標顧客，進而提高企業對客戶的銷售能力。顧客資料庫主要可分成三大類別：基本性顧客資料、顧客購物資料、顧客情感認知資料等，茲整理如表 2-2。

表 2-2 顧客資料庫

	顧客購物	顧客偏好	顧客互動	人口統計	顧客心理
基本性顧客資料				敘述性資訊、顧客個人資料	顧客個性和習慣性
顧客購物資料	購買日期、所付金額、購買品項、購買時機、顧客需求		瀏覽網頁次數、郵寄目錄、email、簡訊、LINE通訊		
顧客情感認知資料		顏色、品牌、口味、尺寸等行為偏好			

在 CRM 系統是以顧客為主體，從此主體發展出各種顧客功能系統，期望簡化與客戶交易的流程和學習對銷售、行銷、活動的反應，進而協助客戶加速完成購買作業。茲整理一般 CRM 系統顧客功能，如表 2-3。

表 2-3 CRM 系統顧客功能

系統功能	說明	功能項目
獲取顧客 (customer acquisition)	促使現有或潛在顧客購買企業的產品或服務	獲取顧客成本和作業
顧客終身價值 (customer lifetime value, CLV)	計算在顧客生命週期的整個過程中所獲取的利潤。包括：顧客的終身成本（獲取成本、營運成本、顧客服務成本）以及顧客收入總額	定義顧客終身價值的項目和其權重
顧客利潤貢獻度 (customer profitability)	在顧客終身價值中，其顧客收入總額對企業營業的貢獻利潤	提高購買產品／服務意願、提高每次購買金額、促使推薦產品／服務等級

表 2-3 CRM 系統顧客功能（續）

系統功能	說明	功能項目
旋轉門效應 (revolving-door effect)	太過注重獲取新顧客，使得現有客戶流失	客戶流失評估
保有現有顧客 (customer Retention)	鞏固現有客戶，防止其流失，以達到創造更高的利潤	忠誠度和 RFM 分析
顧客回覆率 (customer response rate)	在 CRM 系統一連串活動，對其顧客所回應的比率	定義顧客回覆狀況和作業
顧客再活化 (customer reactivation)	針對較不活躍客戶，重新促使其對產品或服務需求的態度能力	如何深度經營顧客關係和再行銷
客製化服務 (customization service)	提供顧客個人化的服務或產品	客製化實踐流程
顧客流失管理 (customer churn management)	針對顧客可能的流失做分析，並提出相關因應措施	預測顧客流失作業
主動銷售 (up selling)	在顧客選擇購買的產品旁，提供另外較具價值的可選擇性產品	主動銷售的產品組合作業
關係行銷 3P (relationship marketing)	people（顧客）、process（銷售／服務過程）、physical evidence（顧客對服務的感知）	定義關係行銷公式
資源分配 80/20 法則	企業 80% 的交易量利潤，來自於 20% 的客戶，用來評估與分配組織的資源	資源分配最佳化

智慧型 CRM 則包括自主機器人、認知系統兩個模組，自主機器人是指以自主性軟體機器人執行 CRM 系統功能，在本書以流程自動化 (RPA) 和聊天機器人 (ChatBot) 作為應用技術，將在第 14~16 章說明。而認知系統 (cognitive system) 是運用人類心理認知過程，結合人工智慧演算法模擬學習和發展人類認知能力，它以抽象（思想、理論、訊息等）想法和知識組合成相互關聯的表徵空間，並結合物理實體事物（人、群體、一台計算機等），將此認知能力嵌入實體內，而

成為嵌入式智慧 (embedded intelligence)，進而擷取實體物理性資料和人工智慧演算，在雲端電腦內發展出認知運算 (cognitive computing)。本書將在第 8 章說明認知系統執行 CRM 系統功能，包括機器學習、自然語言處理、語音識別和視覺（物體識別）、人機互動等技術。故從上述可知，人工智慧的認知系統和以往人工智慧是不一樣的，最主要差異在於物聯網 (Internet of things, IoT)，所以智慧型 CRM 是一種 AIoT CRM。

CRM 系統具有軟體效用，故在系統設計上必須考量技術面和支援面，如圖 2-2。在技術面上有以下能力：物件導向技術 (object-oriented technology)、基於組件化的架構 (component based architecture)、容易配置 (easy configuration)、整合介面 (integration interface)、數據庫同步 (DB synchronization)、容易溝通 (easy communication)、漢語在地化 (Chinese localization)。在技術面分成基礎技術底層、技術應用層（規則引擎、工作流引擎）、技術服務層（業務邏輯），這些層次將以 API 介面服務方式來連接 CRM 系統應用功能和其他業務系統。而在支援面上，主要是發展持續維護 CRM 系統的作業、技術功能更新的機制和技術支援 (technical supports) 的協助。

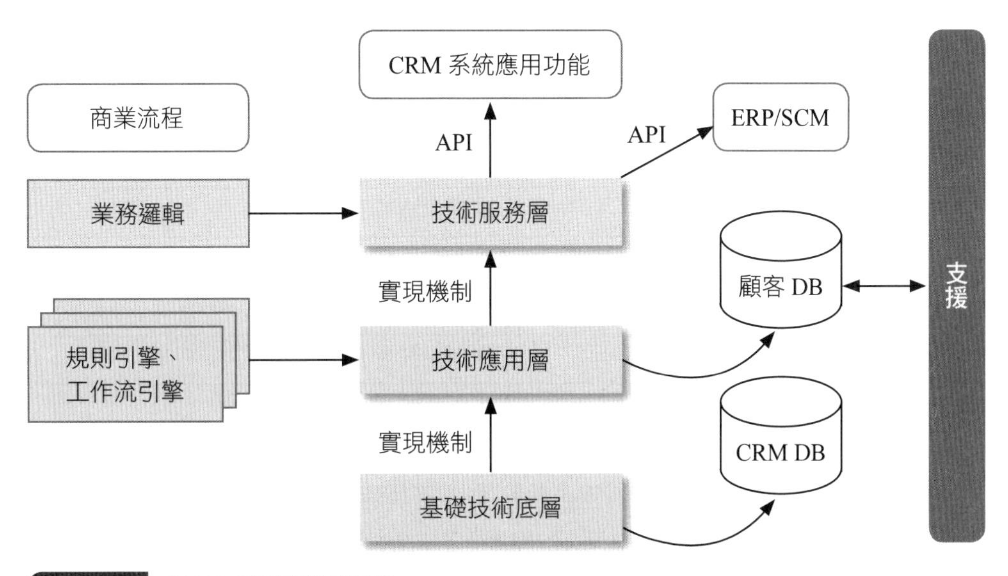

圖 2-2 CRM 系統設計架構

2-2 銷售和行銷自動化

一、銷售自動化

CRM 系統的銷售自動化是期望整個銷售流程能以數位匯流方式來自動解決銷售問題，針對顧客在銷售過程中的互動管理功能，發展優化的銷售流程。故 CRM 銷售自動化是以顧客為中心，所以必須了解顧客的狀況和資訊，包括顧客背景、客戶預算、與顧客的接觸窗口、顧客與企業之關係屬性、顧客的貢獻度／忠誠度、服務顧客的往來關係、顧客滿意度、顧客市場定位、相關產品、銷售活動、報價記錄、服務資訊等，以此克服顧客在銷售過程中遇到的問題。總而言之，CRM 系統銷售自動化針對銷售問題提出解決方案，其銷售問題整理，如表 2-4。

表 2-4 銷售問題一覽表

銷售內部運作問題	銷售面對客戶問題
銷售風險不易評估	銷售計畫不易管理
參與銷售決策人員多	缺乏潛在和目標客戶名單
銷售過程步驟冗長	估價、訂單、出貨、催收作業無效率
銷售花費控制不易	缺乏客戶購買行為分析
銷售流程定義不清楚	難以分析與顧客接觸的歷史
企業的部門與部門之間有鴻溝	不易維護客戶端數據庫
產品專業知識了解度不熟	無法有效即時更新產品型錄、庫存資訊
缺乏即時的銷售預測	銷售流程管理無效率
業務人員離職交接不清楚	客戶動態難以掌握
產品或服務內容複雜	後續銷售機會難以掌握

從上述銷售問題可發展出銷售自動化的系統功能：

機會管理 (lead management, opportunity management, pipeline) 主要在提供針對向客戶銷售時，欲得知銷售成功的可能性程度狀況。它透過追蹤客戶和監控銷售線索的銷售策略，來了解掌握進而優化在線銷售，以提高銷售機會，這裡的運作活動追蹤管理功能，是根據銷售活動記錄及運作過程，包括潛在銷售案（了解與評估）、進行中銷售案（掌握與追蹤）、結案的銷售案（分析與檢討）三階段過程，作為後續與顧客互動分析之基礎。

銷售區域管理 (territory management) 是將業務發展到各地區，設置多個跨區域部門來推廣產品／服務。這時建立銷售區域管理系統，來進行不同地區客戶帳戶的分組，並為每個客戶關係創建一個市場推廣活動，故銷售團隊將依不同銷售區域來劃分銷售人員組別，如此區域管理系統可協助銷售團隊根據區域、客戶公司規模、行業等客戶屬性，進行不同的有效客戶、潛在客戶、競爭對手之銷售管理。另外，所有銷售人員組別也可共享客戶在銷售活動上的數據，如此可進一步確保銷售人員能有效地使用銷售機會，以擴大現有的客戶關係。故從上述可知銷售區域管理能優化組織銷售資源和活動的區域，進而發揮銷售團隊生產力的最佳化，從而最大化公司的業績和利潤。

銷售部門人力管理 (sales force management) 是提供銷售管理的組織角色人力資源，包括業務人員績效管理、工作分配、銷售人員職掌經驗知識、業務獎金計算、銷售佣金預測 (compensation forecasting) 等。

銷售經費配額管理 (quota management) 是指有效地利用銷售配額，以實現銷售目標和獲得最佳營業收益，但銷售配額經費為了因應繁雜的銷售流程，故如何將銷售目標以最佳化方式分配給各銷售人員、分銷商、經銷商、地區等，是一種耗時且難以控制的作業。故在 CRM 系統中，將以自動化銷售配額管理的功能來克服這個問題，也可藉此作為衡量銷售業績的方法和分析銷售業績狀況。

銷售預測 (sales forecasting) 是指在具有高度不確定性風險的市場需求下，來評估市場需求規模的市場潛力，從中預測市場需求和銷售相符的實現程度。在實現過程中，會依在市場因素變項組合下的不同市場區隔，而有不同的市場滲透率 (market penetration rate)，故銷售預測可作為估算未來銷售額的目標。銷售預測方式有很多模式，一般是基於歷史業務銷售數據、趨勢分析、市場調查和競爭情報模式，和銷售人員依經驗預測，或是以較複雜的機器學習模式來預測。銷售預測的目的是期望能準確分析市場需求，進而控制管理適合的銷售預算，以便有效掌控分配銷售現金流和資源。

銷售追蹤分析是在於追蹤和管理整個銷售週期，包括將報價單轉化成訂單、客戶相關的互動資訊、產品型錄、報價、競爭對手、資訊訂單、合約、排程與日程規劃（記錄並提醒與客戶的約會）以及關係網絡，一直到出貨和開立發票，如此能夠在適當的時間提供適當的產品或服務，進而提高成交率和回客率

(customer retention)。銷售機會追蹤管理 (opportunity tracking management) 提供銷售部門能即時追蹤所有的銷售活動，包括業務進度分析 (pipeline analysis)、訂單管理、整體業務推展狀況、聯絡客戶的活動與歷史記錄，以上追蹤管理資料可作為後續制定銷售決策的參考依據。

銷售漏斗 (sales funnel) 是在行銷、銷售和服務流程中，客戶是在這些流程中的流動內容，像是漏斗一樣，必須增加客戶流入漏斗內，也就是加強客戶與漏斗的良好關係。故客戶關係就是銷售漏斗，而透過銷售漏斗管理來評量銷售活動，可有效做好銷售的生命週期管理，以便縮短銷售週期。銷售漏斗管理是一種自動化銷售流程的管理程序，包括意識（awareness，先掌握較多數量的潛在客戶）、意願（interest，將潛在客戶轉化至與組織接洽銷售的階段）、決策（decision，進入銷售報價和選擇產品方案的階段）、行動（action，購買行動的階段）。

二、行銷自動化

行銷 (marketing) 是欲建立產品品牌與顧客兩者之間的關係，可以說是銷售流程的最初階段，隨著公司的成長，銷售人員愈來愈難有效控管銷售流程，故如何利用行銷計畫活動來加速和取代推銷作業便很重要。行銷計畫活動為了簡化和自動化行銷任務及工作流程，故行銷自動化 (marketing automation) 是其關鍵的 CRM 系統功能。行銷自動化是一種以軟體方式自動化行銷的過程，包括客戶數據收集和活動管理，它專注於細分和追蹤行銷流程，如此可從廣告中獲取潛在客戶名單，並容易識別商機線索，以及利用資訊科技創造出個人化的客戶體驗。行銷自動化可透過雲端創建平台，如此可讓銷售團隊協同合作，以便提高營運效率，進而更快地將潛在客戶轉化為目標客戶來增加收入。

CRM 系統行銷自動化針對行銷問題提出解決方案，其行銷問題整理，如表 2-5。

表 2-5 行銷問題一覽表

行銷內部運作問題	行銷面對客戶問題
行銷資源浪費	不易系統化統整目標客戶名單
行銷活動費用投資效益難以估計	花費太多成本在尋找目標顧客
行銷人員任務分派不均	未將有限資源集中在顧客活動上
不易掌控行銷活動進度	不易整合行銷顧客的資訊
不易累積行銷活動經驗和傳承	無法預知掌控行銷顧客後續作業

從上述行銷問題可發展出行銷自動化平台的系統功能如下：

活動管理 (campaign management) 功能：在行銷週期的每個階段中，活動管理是行銷策略的執行作業，透過不同管道來產生和簡化 (streamline) 不同活動。活動管理系統透過儀表板來了解業務／行銷數據，並監控和衡量不同管道行銷計畫的結果。故活動管理在收集客戶相關資料下，是期望透過識別和了解客戶，進而制定客戶分類 (customer segmentation) 的步驟，包括行銷目標和期望的結果步驟、確定客戶消費經歷步驟、定義客戶分類步驟、確定行銷內容步驟等，並依此發展活動內容來吸引客戶，如此可將廣告活動定位到目標客戶。客戶分類可根據產品偏好和銷售管道來優化細分，進而創建市場區隔 (segmentation)，以利不同市場發展各自最佳的活動管理。Autopilot 和 Zerobounce 即是活動管理的 CRM 公司。

電子郵件行銷 (email marketing)：根據客戶資料分析客戶需求行為來驅動行動方案，進而自動發送電子郵件功能。Customer.io 和 ActOn 即是電子郵件行銷的 CRM 公司。

線索評分 (lead scoring)：根據購買行為評分結果的分類和排序，來確定潛在客戶價值，並自動觸發銷售線索的方法，也就是將合格的線索交給適當銷售人員，以增強行銷的成功比率。

高目標內容 (hyper-targeted content) **行銷**：透過直接和顧客對話來了解顧客需求，以提升客戶再購機會，其方法有使用者創作內容 UGC (user generated content)。UGC 是欲讓消費者主動對產品品牌產生回饋的方式，不須花費很多金錢，卻能有較高的宣傳效果，UGC 可用消費者評論、口碑、分享、直播、內容行銷等方式來創作內容。例如：在 Instagram 上產生更多用戶參與內容，若參與度愈高，則其他客戶就愈優先找到這個內容標籤。例如：GoPro 激發消費者導演自我創作欲望；IKEA 推出產品數位型錄，將實體型錄圖片拍成數位相片，張貼在 Instagram 讓用戶參與。

集客行銷 (inbound marketing)：是以提供內容來吸引客戶和爭取潛在客戶的關注，並和客戶保持良好互動的行銷方式，包括網站建置、SEO 搜尋引擎優化、著陸頁面 (landing page) 設計，以及社群行銷等，這些方式會促使客戶在購買過程中增加客戶價值。

行銷自動化是欲成為跨管道 (cross-channel) 的整合平台，它可根據來自多個管道收集的客戶喜好及消費記錄所產生之消費者行為模式 (user behavior)，透過自動化系統來預先設定商業規則，進而觸發後續的個人化行銷方案，優化行銷時機，用動態化方式依不同客戶需求產生不同行銷情境，如此可避免對客戶產生重複無效率的罐頭資訊，進而提高成交機率。

行銷自動化已邁入 MarTech (marketing technology)，也就是新一代的行銷科技，結合雲端運算、大數據、物聯網等多種技術，創造出整合端對端數位行銷解決方案，它可用經濟規模化的低成本方式來產生高度個人化內容，進而區隔消費者個人化需求，如此更可深度洞察客戶新需求，這是一種預測客戶分析的智慧行銷方式。故行銷科技可自動化設計、執行和評估市場行銷活動，以及追蹤預測客戶流失的行為，以延伸客戶生命階段，提高客戶終身價值，例如：Adobe Marketing Cloud。以上就是封閉迴路 (closed-loop) 行銷活動生命週期管理，透過追蹤所有行銷活動的回應，衡量對行銷活動 KPI，目的是提高內容與客戶的關聯性，將潛在商機轉化為新的商業機會。

2-3 服務和協同平台

一、CRM 服務

CRM 服務是針對銷售前和銷售後所提供的服務作業流程。銷售後流程主要指售後服務的維修保固 (after-sales service) 作業，屬於銷售週期的後段作業，包括註冊產品（製造商或第三方服務供應商）、保固合約、維修管理、服務範圍〔服務級別協議 (service level agreement, SLA)〕、退換貨、客戶申訴、產品諮商、保養、零組件更換等。銷售前流程主要指在顧客購買前為客戶服務的內容，屬於銷售週期的前段作業，包括市場調查、產品諮詢、需求分析、激發欲望等。

CRM 服務針對客戶服務問題提出解決方案，其服務問題整理，如表 2-6。

表 2-6 服務問題一覽表

服務作業問題	客戶服務問題
客戶服務流程冗長	客戶需求歷史記錄不完整和不詳實
抱怨問題一再重複發生和處理時間太長	須花費很多作業成本來記錄所有與顧客接觸之詳細資訊
無人處理客戶需求之後續工作	無法立即掌握客戶的訂單合約狀態
無法適時適合搭銷其他產品	無法即時提供客戶詢問的相關資料
無法銜接後端庫存帳務的管理	無法明確答覆客戶的交貨日期

從上述客戶服務問題可發展出 CRM 服務的系統功能，即 CRM 服務是期望為客戶提供如何選購好的商品，可以「性能價格比」來評估。性能價格比是性能與價格之間的比例關係（＝性能／價格），用來衡量購買商品的量化指標，客戶會購買性價比高的產品。故 CRM 服務可說是在協助和加速 CRM 銷售及行銷營運作業。因此從服務觀點來看，其在 CRM 整體系統功能就產生商務交易服務、供需規劃服務、產品問題服務、客戶關懷服務、訂單履行服務、內容使用服務等，茲說明如下。

商務交易服務：旨在以商業程序進行無縫個人化的客戶服務功能，根據動態市場需求和企業目標，在整個客戶生命週期中，為強化銷售機會，所提供之個人化服務的相關內容。

供需規劃服務：在能夠預測最佳庫存的供應和需求計畫內，分銷商和物流商為客戶提供補貨、安全庫存的服務，包括維護運費、價格和合同條款等管理。

產品問題服務：為支援銷售運作所遇到的問題，故提供客戶在產品上問題解答服務，包括 FAQ 常用問題解答、產品使用手冊、排除故障方針等功能。

客戶關懷 (customer care) 服務：為讓顧客得到更好服務，故提供自動化和資訊化的呼叫協助中心 (call center) 和相對性服務流程，整合進入 (inbound) 與撥出 (outbound) 系統功能，以進一步關懷客戶。它能以客戶主動的方式來解決客戶的問題，例如：協助訂購和安排服務，進而緊密地與客戶建立長久而有意義的關係。

訂單履行服務：當客戶決定購買後，接下來就是訂單履行作業，而為實現交付承諾與實踐訂單履行，企業可提供訂單履行服務，來使銷售企業能夠將客戶需求與產品品質互相搭配，其服務包括監控並主動通知客戶訂單狀態功能、購物車管理功能、價格／報價／運輸／稅收等成本管理功能。

內容使用服務：客戶購買產品最關心的是產品型式，故企業會提供產品目錄內容來讓客戶快速查詢了解產品細節內容，為了管理好產品型式，其內容使用服務可運用入口管理介面，來管理客戶有興趣的產品目錄和相對應的供應商，如此可建立客戶個人化偏好的廠商來源，加速購買過程。

從上述說明可知，CRM 服務非常複雜，故須利用資訊科技來發展自動化的資訊系統。在資訊系統協助下，其客戶服務可產生創新的做法，就是客戶自我服務 (self service)，而為了落實自我服務效率，CRM 服務資訊系統是其關鍵。客戶自我服務，是指讓客戶自行完成購買某些作業步驟，如此企業原有某些作業也就不須花費人力成本，但客戶為何願意自行完成，主要重點在於方便、體驗、優惠三要因。在方便項目上，例如：客戶透過 App 先自行下單，省去排隊的時間成本。在體驗項目上，例如：客戶透過擴增實境 (AR) 來體驗產品功效，進而促成購買欲望（降低企業行銷成本）。在優惠項目上（指價格打折扣、額外加送），例如：客戶在 B2C 網站下載 scan QR code 數位折價券後，再到實體店面消費就可享受優惠，如此可讓客戶透過參與感，和企業一起協同完成購買銷售作業，故善加運用資訊系統可帶給客戶新的購物自我服務，創造雙贏的局面。自助服務功能允許客戶自行解決問題，可利用智慧設備（Kiosk 多媒體電子站）或是應用軟體（Web App 程式）來執行，透過自助服務的作業，會產生互動數據。而若以機器演算法挖掘這些互動數據，可深入了解客戶潛在需求，進而調整解決客戶問題的服務流程。

二、協同型 CRM

協同 CRM 是運用不同管道方式來和客戶進行交流和互動，如此企業可透過各種接觸點和客戶進行溝通。更重要的是，企業和客戶能共同運作，這是一種協同整合，可將不同資訊整合，讓銷售狀況資訊可同步和共享。例如：透過協同平台 CRM 來獲取和分析銷售數據，如此行銷人員可得知客戶較感興趣的產品或最佳接觸時間／地點。從上述可知，協同型 CRM 主要是互動管理、管道管理、平台管理三種功能，茲說明如下。

互動管理 (interaction management)：是在即時環境下進行，表現出企業和客戶雙方之間的溝通程度，以及互動的偏好程度。企業透過客戶協作服務的功能來優化互動管理流程，進而增強和客戶的溝通互動能力。

管道管理 (channel management)：在互動過程中須有強而有力的管道來實現，包括有多個管道和數位匯流的機制，它們可讓客戶容易在管道上和企業溝通，如此企業也能用更有效率的管道來聯繫客戶，以降低客戶的服務成本。

平台管理 (platform management)：協同型 CRM 須在互動過程中快速匯總和客戶溝通的細節，故能將客戶生命週期的每個階段與企業互動的流程和數據結合在一起。而要達到如此效用，就須以平台方式來進行，在平台的儀表板功能中，可以展現視圖功效來掌握所有細節，例如：訂購進度、客戶會議等。

這三個功能的運作，在於將散布於各個不同獨立系統的客戶資料做統整分析，也就是客戶資料分析 (customer data analysis)，從客戶資料中篩選有價值的知識，故也稱為客戶價值搜尋 (value lookup)，包括產品喜好 (product affinity) 分析、購物籃分析 (market basket analysis)、傾向購買分析 (propensity-to-buy)、下一個順序 (next sequential) 購買分析等協同方式。

茲說明如下：購物籃分析 (market basket analysis) 是欲將某些產品與其他產品一起購買的產品關聯分析，此分析可進行交叉銷售作業（cross-sell，購買某產品的同時，為另一角色購買另一產品）。產品偏好 (product affinity) 分析是根據顧客的模式和行為 ，來分析不同優先順序之差異化服務，此分析可提升銷售 (up-sell)，透過提高產品價值（例如：持續性的服務升級）來向當下客戶銷售更多相關產品，進而提升單價，以增加營運邊際利潤和降低銷售邊際成本。傾向購買分析 (propensity-to-buy) 是指了解特定客戶可能購買哪些產品。下一個順序 (next sequential) 購買分析是指預測下一個客戶可能購買什麼產品或服務，此分析可針對利基客戶細分或特定產品的目標做行銷活動。

銷售型和行銷型 CRM 注重流程自動化，而協同型 CRM 更專注於客戶參與，透過客戶參與的運作和客戶緊密連結，將客戶體驗轉化為企業客戶協同的行動方案，提高客戶服務品質，例如：透過協同 CRM 的運作，可得知客戶的產品偏好，故組合這些偏好產品成為套裝商品以銷售更多產品，來提高盈利能力，從而提高客戶滿意度和忠誠度。

協同型 CRM 不僅能整合銷售、行銷、財務和服務等各部門，更能擴大客戶服務接觸點 (touch point)，以掌握客戶業務狀況、客戶互動管理，進而將客戶回饋與協同平台 CRM 同步，以實現多管道互動，有效創建和滿足市場需求，降低客戶服務成本。

在行動商務環境中，協同型 CRM 可運作行動現場服務 (mobile field service) 功能。在此功能上，基於網際網路的服務 (Internet-based service) 來執行網站自助服務，如此可在維修現場獲得即時產品維修方案與客戶回饋資訊，進而和客戶一起執行保養、維修作業。

以下整理在 CRM 服務作業上，協同型 CRM 的系統功能，包括供應需求／庫存預測和分享 (supply stock prediction & sharing)、協同需求計畫 (collaborative demand plan)、客戶數據庫和知識庫 (customer information database & knowledge database)、搜索引擎 (search engine)、後續和工作流程 (follow-up & workflow processes)、訂單請求和服務履行 (order request & service fulfillment)、合約內容 (contract contents)、預約和日程安排 (appointment & scheduling)、服務請求 (service request)、常見問題和問題解決 (FAQ & problem resolution)、客戶聯絡管理 (customer contact management) 等。

案例研讀

問題解決創新方案→以上述案例為基礎

問題診斷

依據 PSIS (problem-solving innovation solution) 方法論中的問題形成診斷手法（過程省略），可得出以下問題項目：

問題 1.

小高（消費者）必須以電話往返來了解查詢維修進度，耗時耗錢。

問題 2.

若各家維修公司各自建立查詢進度網站，有些微型或小型公司難以負擔這項服務，夠規模公司雖可負擔，但也可能造成使用率不高，形成資源浪費。

問題 3.

小高是一個軟體程式設計人員，造成待業原因當然很多，而且每個人情況也都不同，但重要的是，職場上班族除了本身專業外，應如何不讓人力資源閒置？

問題 4.

由於手機廠牌很多，其原廠維修管道也很多，專修的維修店也不少，但都是各自進行營運作業（甚至同樣原廠也有多個維修中心），造成人力負荷不均和人力資源無法在產業基礎上做最佳化安排。

問題 5.

由於手機是放在很接近盛有熱水的茶杯旁，若是放得比較遠，是否就能降低泡水手機的機率？所以，若手機能主動感測周遭環境是否有危險情況（例如：過熱、高電波、水），是否可避免這種問題發生呢？

創新解決方案

根據上述問題診斷，接下來探討如何解決的創新方案。包含方法論論述和依此方法論（指內文）規劃出來的實務解決方案二大部分。

從上述的應用說明，針對本案例問題形成診斷後的問題項目，提出如何解決方法，茲說明如下：

在方法論論述上，包含策略形成方法、智慧型手機（以 iPhone）產品分析等兩項重點。透過策略形成方法（包含主副產品比較）來剖析找出新事業創業的商機所在。

一、在策略形成架構方面

其策略形成的展開可分成兩個方向，首先是以企業經營策略的定位與方向，來分析企業達成策略目標最須具備何種核心能力，並藉由相關核心能力所處的發展階段，來發展其在事業網路下的營運範疇；此觀點是以企業角度「由內向外」來評估。其次是根據企業所屬產業的特性來分析，分析該產業所需具備的競爭要素，即為維持競爭優勢企業該培養相關競爭能力，並進一步評估其在核心資源下營運範疇的建構；此觀點是以產業角度「由外向內」來評估，如圖 2-3。

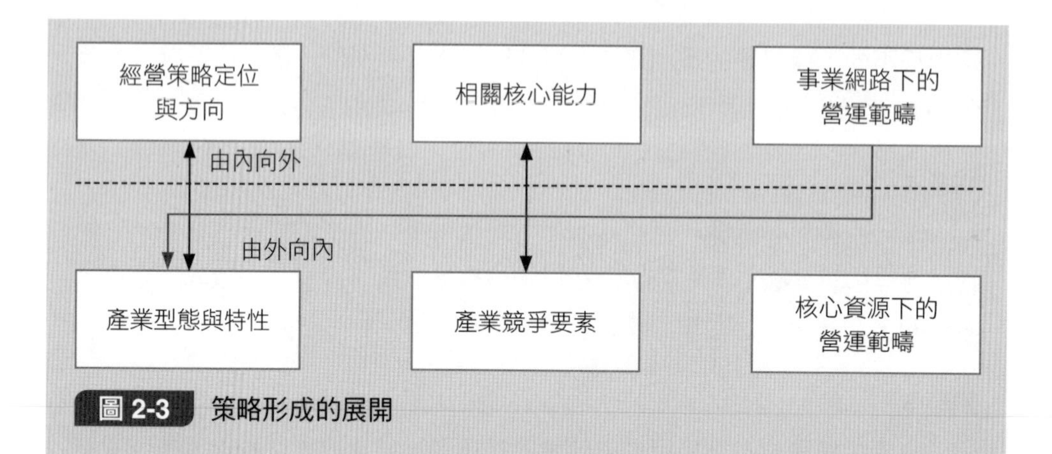

圖 2-3 策略形成的展開

二、智慧型手機產品分析——以 Apple 產品為例

由於智慧型手機產業環境是強調時基競爭 (time-based competition)，因此在研究開發技術上更是更迭快速，產品生命週期是日漸縮短，同時消費性電子產品樣式多樣化、客戶喜好多變化等，造成消費性電子產品公司必須快速又有效率地因應此智慧型手機產業競爭所帶來的變化。而智慧型手機產業又具有群聚效應的特性，因此當最終產品的生產基地一旦群聚，其配合的廠商便被迫隨同群聚，以形成快速供應鏈管理的競爭優勢，讓產業的上、中、下游緊密連結在一個地理構形，以快速將產品帶至開發、製造及銷售，進而有效率地進行資訊物流通路的整合。同時，此種群聚效應所匯集的力量，也造成周邊行業之延伸性服務，且不得不向此群聚靠攏。

從上述可知，高科技電子產品在目前產業鏈的專業分工、開發生命週期短的影響下，必須採取具有群聚效應和科技策略的新策略，以利增強企業組織競爭力。因此如何在考量科技策略之下，選擇適當的創新創業模式達到產業群聚的整合，乃成為新事業創業發展成效的關鍵因素之一。

本文以 Apple 主產品系列和其周邊附屬產品服務為例，就主產品與周邊產品服務之間的關聯性（互補品／附屬品／替代品／獨立品），以及策略形成方式來說明新事業創新創業模式。可發現企業在進行新事業創業發展時，必須先行了解主產品與周邊產品之間的關聯，進而採用不同的創新創業模式來達到產業群聚的整合。由於 Apple 產品改變了整個手機及相關軟體、電信產業的商業模式，在如此模式中所帶來的科技創新、滿足客製化需求、增加產品功能和多種風貌呈現、提高產品品質等多元性價值下，所影響的是產業群聚效應。所以，台灣的 OEM、ODM 和相關軟體業、服務業、電信產業，不得不思考這種產業群聚所帶來的另一新事業創業發展，這是一種轉型和順勢。iPhone 產品功能包含多工作業系統 iOS、內建相機 500 萬畫素、GPS（衛星導航）、聲控指令、隱藏式天線音樂、影片播放編輯器、3 軸陀螺儀、方向動作感應器、FaceTime 影像電話（在有 Wi-Fi 的環境下）、內建 iBooks 電子書等。從這些功能可展開產品零組件廠商和服務延伸的營運廠商，產品零組件廠商包含視訊電話鏡頭、雷雕天線、石英元件等，服務延伸的營運廠商包含電信系統商、應用軟體開發商、企業廠商、廣告贊助軟體商、消費者、廣告通路商、嵌入式系統商 (embedded system)。iPhone 產品除了技術功能外，最重要的是針對消費者創新應用，包含能記住所瀏覽過的路徑、多工功能讓消費者即時在不同應用程式之間切換以節省電力、支援 Geotagging 地理標記、在暗處也能拍攝不錯的照片、可以隨意切換前後攝影鏡頭。iPhone 產品不只是產品，「顛覆產業既有格局」一直是 Apple 成功的重要原因。Apple 公司透過 iPod 改變了 MP3 與音樂產業生態，透過 iPhone 改變了手機產業生態，透過 App Store 改變了應用軟體生態，透過 iAD 改變了廣告平台生態。

Apple 從產品轉移到服務，指以創新整體服務擴展產品銷售績效，因此最重要的是應用服務，主要有兩大項：iAD 和 App Store。App Store 是一個應用軟體市集的平台，擁有豐富服務內容，其內容是重要商機所在。iAD 是廣告平台，Apple 基於 iPhone 應用程式系統建立廣告發送平台，使得 Apple 成為廣告通路者，因為它結合電視廣告和網路互動性的特點。

本文個案的實務解決方案——Apple 產品 iPhone 的創新整體服務

根據問題形成的診斷結果，以上述提及的「主產品和周邊產品關聯」、「策略形成展開」等方法論，提出本案例之實務創新解決方案，茲說明如下。

一、主副產品關係分析

從主、副產品關係分析，可分成互補品／附屬品等關係類型。在此案例中，以「互補品」關係切入，所謂「互補品」是指非專有主產品的周邊產品，就主產品而言，可能也有這種副產品的功能，但品質和等級較薄弱，也是一種非標準規格的設計，副產品可以補足主產品不足的特性功能，但不需依照主產品技術的規範來進行設計。在本案例的互補品是依照上述問題形成診斷所挖掘而來的，也就是問題 5 的內容，本案例稱為「感知近場器」副產品，是以具有感測器 RFID 晶片技術為基礎發展，其功能是在感測手機周遭環境（約 30~40 公分），是否有危害手機的影響因子存在。影響因子是指高溫、高電波、裝滿水或液體等因子，因此，若手機能先感測出這些危害影響因子，並傳送給手機，來警告消費者這些危害現象，進而事先將手機移開或有其他保護措施，即可避免諸如本文的問題發生。

這就是一種潛在型問題的挖掘，可避免問題的再發生。

本案例的「感知近場器」副產品是結合產品導向和市場導向。「感知近場器」是互補品，屬於 Apple 的 iPhone 周邊附屬消費性電子產品，其產品研發特性偏向於產品導向，故如何增加企業本身的研發能耐，來符合市場導向與產品導向的需求，便成為產業在決定何種新事業組織時，一個重要的成效依據。茲整理如表 2-7。

表 2-7 產品研發屬性導向性質比較表

研發能耐 / 導向特性	結合產品導向和市場導向
主產品	iPhone
周邊產品	感知近場器
特色重點	1. 周邊產品可以補足主產品不足的特性功能，但不須依照主產品技術的規範來進行設計 2. 周邊產品結合主產品來一起符合消費市場需求 3. 產品導向是加強 iPhone 主產品周遭環境感知。市場導向是可事先避免消費者手機的損壞
主產品與周邊產品之間的關係屬性	互補品

當主產品與周邊產品之間的關聯性為「互補品」時，其最終的新事業組織結構評選方案為「策略專案式」——當一專案開發時，於組織中以對該產品或工程技術較為熟悉的專案成員來承接該專案業務。

二、策略形成展開——找出可延伸服務的商機所在

從上述對 iPhone 主、副產品分析，應用在策略形成展開程序中，可分別得到事業網絡、核心資源、營運範疇的策略展開內容，茲說明如下。

茲將這些事業網路所對應的功能需求，整理如表 2-8。

表 2-8 事業網路 VS. Apple 系統平台需求

	事業網絡	Apple 系統平台需求
網絡位置	中游是應用服務平台。 Apple 平台屬於中游的網絡位置。它的上游是產品製造供應體系，下游是行銷實體通路店面。透過此中游位置，可掌握上、下游的樞紐位置。	iAD 和 App Store
網絡關係	應用軟體平台和廣告發送平台。 從網絡位置可了解到網絡關係，也就是和上、下游廠商互動關係，其 Apple 的 iPhone 和上、下游廠商的關係，在於行動廣告通路和應用軟體服務，也就是任何廠商、個人只要有軟體開發能力，都能在 App Store 撰寫有市場銷售服務的軟體功能，進而利用這些功能產生營收。另外因為擁有 iPhone 和 App Store 消費者，所以可讓企業在此平台打廣告，包含上、下游任何廠商。	Apple 系統平台能和上、下游廠商系統做連接
體系成員	指產品零組件廠商和服務延伸的營運廠商。產品零組件廠商包含視訊電話鏡頭、雷雕天線、石英元件等，服務延伸的營運廠商包含電信系統商、應用軟體開發商、企業廠商、廣告贊助軟體商、消費者、廣告通路商、嵌入式系統 (embedded system) 商。	Apple 系統自動收集使用者上網資料，進而掌握了關鍵核心價值：消費者使用偏好 (preference)

從事業網路的展開，可知道公司的產業型態與特性，進而了解到公司的核心資源，這是由外向內的發展程序，故根據表 2-8 的內容，茲將這些核心資源所對應的功能需求，整理下表 2-9。

表 2-9 核心資源 vs. Apple 系統平台需求

	核心資源	Apple 系統平台需求
組織能力	新技術研發領先能力	領先其他智慧型手機供應商，採用 MEMS 於陀螺儀的手機。 陀螺儀朝低價位和微型化。技術的發展和價格的降低，使得整合式 MEMS 陀螺儀能應用於許多領域。微機電系統 (micro electro mechanical systems, MEMS)，其定義為一個智慧型微小化的系統。 「擴增實境」技術 (augmented reality, AR)，使用者只需要利用 iPhone 手機上的鏡頭對準街上景物，就能以「擴增實境」的方式即時查詢目前所在位置周遭的各類店家，進而產生買賣行為。
個人能力	從「功能取向」轉為「使用者取向」	推薦式搜索 (search)、瀏覽 (explore) 與通信 (communication) 功能。 使用者操控直覺性，完全不做任何教學指導，以及工藝般的簡潔造型介面。 本身就已經內建了自動檢查程式版本的機制，系統就會自動完成後續的軟體升級。
無形資產	新技術能力知識	續航能力：通話、視頻播放、音樂播放、待機時間。 定位能力：輔助全球衛星定位系統、數位指南針。 感應能力：方向感應器、距離感應器、環境光線感應器。
有形資產	跨產業的整合資源資產來解決產品問題	iAD 廣告平台解決了以往使用者點選手機廣告時，需要離開應用程式的問題。 軟體開發者完全不需要煩惱不同的中央處理器架構及 3D 運算能力、解析度等問題。

從上述對事業網絡和核心資源的分析後，根據策略形成展開程序，可得到廠商、個人可切入新事業的營運範疇，說明如表 2-10。

表 2-10 營運範疇 VS. Apple 系統平台需求

	營運範疇	Apple 系統平台需求
業務規模	手機產業生態、應用軟體生態、廣告平台產業生態	App Store 上的軟體價格，都僅介於些許美元之間，這提供了網路上許多微型企業或個人靠開發 iPhone 軟體而大展身手的機會。顛覆過去一套軟體動輒上百美元的市場行情，FaceTime（視訊通話）其實是透過 Wi-Fi 進行連接的，可帶來更方便和接近真實感的社群行為，iAD 帶來的廣告營收分享給電信業者。
地理構形	軟體開發商據點	由於任何人都可切入 App Store 軟體，所以 App Store 上的軟體很多，這造成自己的產品愈來愈不容易被使用者看到。因此開發商本身是屬於市場的早期開拓者或者有獨特性產品，如此才能立足。 大型媒體現在都已有專屬的 Apple iPhone 應用程式。
活動組合	應用程式開發 廣告發送	在應用程式中植入廣告，廣告即是軟體。 許多電信商都紛紛成立自己的軟體市集。
產品市場	全球化市場 維修服務市場	iPhone 是全球性銷售，因此，iPhone 產品維修保養服務市場是可期待的。

從上述對 iPhone 策略展開分析結果內容，可發現人性化互動介面，因為能達到滿足消費者客製化的效益，是 iPhone 的商機特點，茲將人性化互動介面客製化設計說明如下。

智慧型手機是屬於消費型電子產品，因為在消費者意識抬頭環境下，愈來愈盛行，但也因為屬於消費性產品，故其功能和造型就會隨著每個消費者的喜好來設計，因此這就牽涉到客製化、個人化的設計，而這種個人化設計會導致兩個重點，第一個重點是個人化設計導致產品生產複雜和多變，第二個重點是消費者如何表達個人化的需求。也就是說，第一個重點可運用科技技術突破來達到大量客製化。而第二個重點可利用電子商務的軟體技術來達到客製化，客製化的精神在於讓消費者可親自參與個人化設計的過程，這是對於消費型電子產品是否能暢銷的最重要因素。

運用電子商務技術達到客製化設計，須考慮到三個功能：人性化介面、組合式設定、模組化設計。在人性化介面上，是考量消費者對產品技術不了解，只會對產品需求做表達，故須以引導直覺式欄位來讓消費者順勢設定，而在這些引導直覺式欄位設定後，就可透過事先儲存產品規格項目對照表，將產品需求轉換成規格項目，如此就自動完成組合式設計，而研發工程師就可自動下載這些產品需求組合規格，來達到客製化設計。而為了使客製化設計能快速完成，就須依賴模組化設計，也就是將產品分割成各個模組化元件，透過模組化元件的不同搭配組合，來對應消費者設定的引導直覺式欄位。

iPhone 產品目前獨特的競爭力在於人性化介面，採取引導直覺和主動感知的互動介面，這對於人性科技是一大賣點，也是商機所在。

從上述對 Apple 在主、副產品關係分析和策略形成展開應用說明後，針對本案例問題形成診斷後的問題項目，提出如何解決方法，並透過這些解決方法，可創造出新事業商機所在。茲說明如下。

解決 1 和 2、3.

利用 App Store 的平台軟體，來開發建立「軟體即服務」(SaaS)，也就是跨企業的維修服務網站。它是不分任何維修公司都可以利用此網站，來滿足消費者維修管理的服務，其廠商只要以租用的方式來加入此網站，不需自行建立，這就是一種「軟體即服務」。

此網站可回饋資訊，並在不同角色間整合及聯繫。例如：假設要建立一個客訴下游問題回饋的整合網站，網站提供的服務包括客訴下游問題資訊查詢、問題原因的診斷、客訴處理狀況查詢，將來只要找到提供這些的服務，然後將它們整合到網站中即可，店面、經銷商、製造廠角色就不需要再花費時間和成本個別去維護一個包含客訴下游問題回饋的資料庫，更不需要再自行建立和各角色之間的聯繫及進度追蹤機制。要達到這種功效，就必須用網路服務 (Web services) 技術，在以往傳統的網頁程式處理完資料後，結果是存在於各個不同企業本身的伺服器 (Server) 內，雖然這些結果可以用網頁的方式呈現在 client 端，或是以 FTP 或 email 的方式來傳送，但是在 client 端，無法立即使用這些資料且須花費大量時間重建資料，雖然後者可以省去重新鍵入的時間，但是交易頻繁時，這種非即時處理和沒有資料結構化的模式，會嚴重影響到作業流程的效率和正確性。對於具有軟體設計能力的小高或是其他公司，都可以站在 Apple 市場巨人肩膀上，開發出自己事業。如此小高也可善用專才，另創一番事業，而不是只有找工作一途。

解決 4.

由於在 App Store 已建置維修服務的 SaaS (Software as a Service) 模式，因此，透過此維修服務網站的維修人力管理功能，就可以人力負荷和消費者所在據點來分析出如何將產品送至維修地點，如此就不會造成人力負荷不均，進而延遲維修進度，使得客戶不滿意。

對於維修公司人力管理，因為在「軟體即服務」的人力資源最佳化運作下，可得到人力精簡和提供更多的附加價值。

解決 5.

在本案例所造成問題，若以潛在避免型問題類型來思考的話，可從其造成原因來思考商機所在。本案例的原因之一就是手機放在具有危害的環境內，也就是太靠近裝滿水的茶杯，但消費者並不自覺。所以，若能發展 RFID 晶片感測周遭環境，提早感知可能危害情況，並通知消費者，這就是潛在避免型問題所發展的商機。而此感測器可作為 iPhone 主產品的副產品，並且透過搭配主產品廣大市場來順勢擴展副產品銷售。另外此副產品並不是單純以買賣實體產品為立足點，而是提供在 App Store 維修服務（也就是上述的「軟體即服務」：跨企業的維修服務網站）中搭配此副產品，可增加消費者避免手機出問題的服務。這就是以創新整體服務擴展產品銷售績效的商機所在。

管理意涵

高科技電子產品在目前產業鏈的專業分工細、開發生命週期短之影響下，必須採取具有群聚效應和科技策略的新事業創業發展策略，以利增強企業組織競爭力。因此如何在考量主、副產品關係分析和策略形成展開之下，選擇適當的創新創業模式結構來達到產業群聚的整合，乃成為新事業創業發展的成效關鍵因素之一。

個案問題探討

請探討為何 App Store 改變了應用軟體生態，也改變實體產品的銷售方式？

實務專欄（讓學員了解業界實務現況）

構面一、在協同型 CRM 系統的客戶服務

因為考量人力成本，往往在「呼叫服務中心」客戶服務的員工招募，會移轉到較低人力成本的區域，以降低整體客戶服務的營運成本，但也因為該區域員工可能不是很了解當地客戶市場現況和語言習慣表達，以及對產品服務智慧訓練不夠，導致客戶無法由此「呼叫服務中心」客戶服務系統得到滿意的解決方案。

習題

1. 探討傳統 CRM 系統和 AIoT CRM 系統的差異？
2. 說明協同型 CRM 功能有哪些？
3. 在 CRM 系統的銷售自動化流程中，它如何獲取客戶資料和銷售產品？

Chapter 3

顧客關係管理應用

「不合理作業流程須用管理方式來解決，
而合理作業流程須依賴持續改善來創造。」

學習目標

1. 探討分析型 CRM 的發展方式
2. 說明分析型 CRM 功能的種類
3. 說明分析型 CRM 的顧客終身價值方式
4. 客戶分類 (classification/ clustering) 的定義和模式
5. 探討客戶購買決策過程運作方式
6. 消費者行為模式的定義和內涵
7. 說明何謂商機評分、追蹤客戶、客戶流失分析

案例情景故事

大賣場智慧型快速結帳

身為大賣場的現場主管王襄理，在工作中最讓他煩惱的就是：「每到週末假日時，其 POS 收銀結帳櫃檯就大排長龍，即使是每個櫃檯都開啟使用，仍然遭受消費者等候太久的抱怨。」就有那麼一日，某櫃檯傳來消費者大聲嚷嚷：「結帳太慢了！」排在後面的某顧客說：「貨物從購物推車拿上拿下，以及收銀員一個一個掃描貨品等這些重複動作，當然會造成結帳作業冗長的問題。」這些對話情景，給了王襄理當頭棒喝，顧客等太久的問題原因就在此！

當然，身為須管理進銷存計畫的王襄理，除了上述問題外，就是存貨控制，包含現場物品和倉庫採購兩項存貨。在現場存貨控管上，往往因調度不佳，造成顧客當場拿不到貨品，不然就是太多貨品占滿現場空間。就舉上星期某平日，一位消費者就抱怨某廠牌奶粉沒在貨架上，但經查詢電腦，發現現場仍有一個庫存，但不知跑去哪裡了？後來才在衣服銷售區域找到此庫存，研判應是別的消費者本來要買，後來決定不買，但懶得放回原位，就近順手一放，才會造成如此情況，這也使得另一消費者沒購買到。

那麼如何從挖掘問題來思考創新解決方案，進而創造新的商機？

問題 Issue 思考

1. 企業如何利用分析型 CRM 來制定產品採購依據，並及早預防呆料的發生？
2. 如何從顧客購買決策行為來思考顧客購買的執行過程，以便加速顧客購買時間週期？

前言

CRM 系統是以客戶為中心所發展的銷售及行銷的行動方案，故以 CRM 的分析方式來掌握營運狀況，進而分析顧客偏好購買行為，則是現今 CRM

系統的做法，其中包括市場分析、客戶分析、服務分析、產品分析等功能，並發展出智慧型功能，其中包括客戶分類、知識發現流程等，分析出購買決策過程階段中的消費購買偏好行為，包括追蹤客戶、商機評分、客戶流失分析等智慧型功能。

閱讀地圖（以地圖方式來引導學員系統性閱讀）

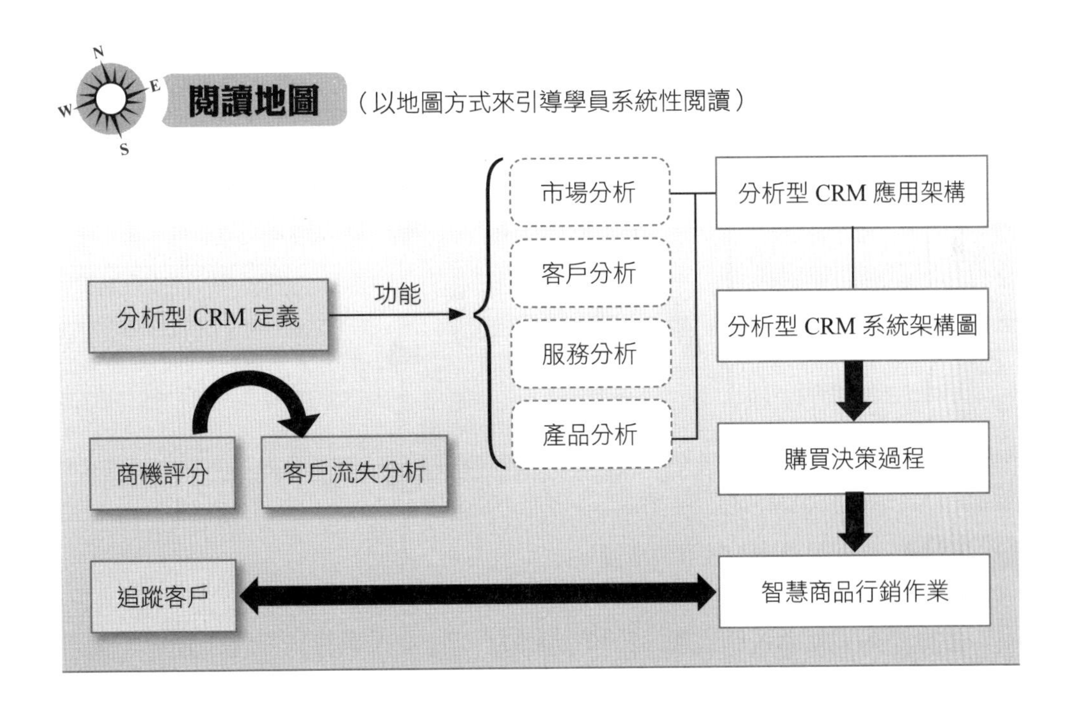

3-1 分析型顧客關係管理

分析型 CRM 主要針對透過其 CRM 系統中的營運型功能所產生的大量交易資料，來分析顧客偏好購買行為，包括購買關注記錄、顧客喜好、顧客生活型態等可用的資訊和知識，這些資訊和知識可挖掘出顧客的需求，顧客之需求是動態的；也就是說，需求會隨著購買環境和條件而改變，故透過分析型 CRM 的運作，可持續改善顧客購買過程，強化顧客價值，分析型 CRM 整體應用架構圖，請參見圖 3-1。分析型 CRM 的發展是從顧客生命週期的過程來協助分析，並預測顧客的偏好購買行為模式，進而支援營運型功能的行動方案之決策。顧客生命週期是指和顧客關係運作的不同階段，若從客戶分類觀點，可分成五個階段：潛在顧客→新顧客→回流客→主顧客→跳槽客；若從客戶互動觀點，可分成三個階段：顧客獲取→增進顧客服務→保留顧客。每一個顧客都有其自己的生命週期，這會形成企業和顧客關係的不同階段，若能掌握這些顧客關係，即可創造很多商機。當然這些商機對企業收益的貢獻程度有所不同，從初步貢獻、基本貢獻、營利貢獻、一直到貢獻下降，貢獻程度也對應到顧客生命週期階段，故可知客戶利潤會隨著在生命週期的顧客關係發展而不斷提高之後又下降，當然這其中也牽涉到為了獲取顧客關係所付出的相信成本，也就是顧客生命週期成本 (customer life-cycle costs)。

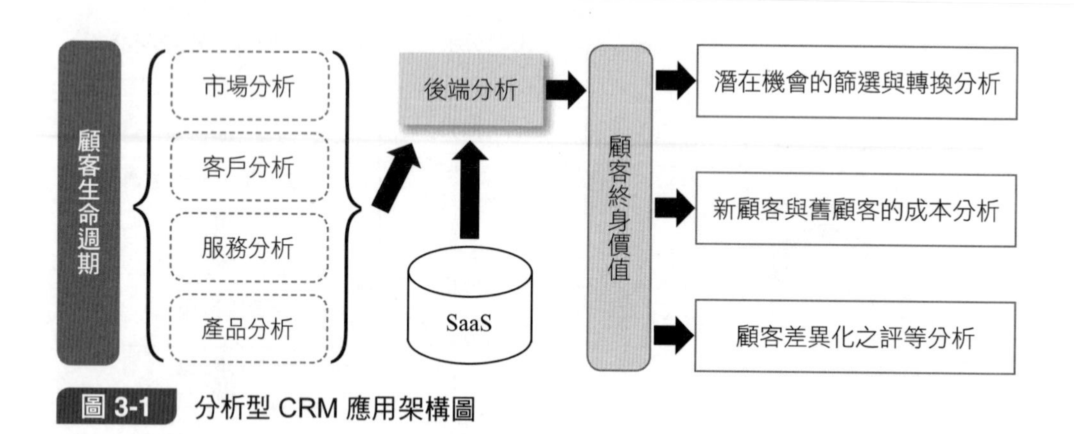

圖 3-1 分析型 CRM 應用架構圖

故從此顧客生命週期定義，分析型 CRM 可分成市場分析、客戶分析、產品分析、服務分析等功能。

市場分析：在企業行銷和銷售活動中對市場進行的調查、研究、回饋作業，從中進行大數據分析，來了解市場利潤、市場占有範圍、利基市場、市場規模大小、市場客戶區域、市場未來發展狀況等，進而分析哪些行銷和銷售活動有利於增進銷售額。在市場分析運作中，可得知確切滿足市場顧客需求的產品或服務，以及從市場資料分析得知，在需求考量因素下的區隔顧客對象和市場競爭對手。

客戶分析：在與客戶互動和原始資料的基礎上，分析這些資料內容來了解客戶特徵，進而挖掘特徵背後所隱含的相關需求，最後深入評估客戶價值以進行篩選，再根據這些價值，協助企業改善行銷活動。若沒有做客戶分析，可能意味著在面對客戶行銷時產生偏見，同時客戶分析也可用來改善公司的產品與服務。上述資料基礎來自於各式各樣的資訊系統，故客戶分析的系統功能是利用資訊預測分析技術來進行洞察客戶消費行為模式，這也正是客戶分析師的職能所在。

產品分析：發展產品價值對於是否能夠滿足客戶需求的分析功能，從銷量、利潤、銷售週期、顧客口碑、客戶使用產品狀況等考量因素，並運用顧客心理渴求層面，來分析其產品特徵屬性是否滿足客戶需求。而 FAB 利益銷售分析法是常用方式，FAB 是指功能特性 F (feature)、優點 A (advantage)、利益 B (benefit)。功能特性項目是指，產品本身和其他同質性產品相比與眾不同的特性，可協助產品競爭分析，以利發展產品價值。優點項目是指，產品的競爭優勢能夠給顧客帶來的需求解決方案，以此來說服客戶促進成交。利益項目是指，產品可帶給顧客需求的利益，這樣的利益是從產品訴求轉換而來的。故 FAB 利益銷售分析法就是用產品競爭優勢來滿足客戶所需要的利益，進而產生銷售結果。

服務分析：CRM 服務功能會產生針對產品上的客戶服務，客戶會就此反饋對企業的滿意度，如此企業可透過客戶反饋來了解所運作的服務功能是否能為企業帶來利潤，而為這一切所做的分析作業，就是服務分析。服務分析是以 CRM 服務功能所產生的數據資料為基礎，來展開商業智慧資訊科技的分析性功能，包括多維度分析、OLAP 等。故透過分析結果來掌握何時是服務客戶的最佳時間點，以及知曉何種方式是維持具價值顧客的最適當服務功能〔也就是活動分析 (activity analysis)〕，透過導入分析作業來深耕服務功能，以便促使更多顧客回流。

從上述說明可知，分析型 CRM 是一種後端分析 (analytical) CRM，其目的是將顧客價值轉移延伸至顧客終身價值的新觀念，這是一種重新體認顧客價值的再造工程，著重在產生顧客差異化之評等分析、開發新顧客與維繫舊顧客的成本分析、潛在機會的評估篩選與轉換 (leads qualification & transformation) 分析。在後端分析的運作，須依靠 SaaS (Software as a Services) 雲端平台來實踐，因為 SaaS 可提供更彈性、更直接、更簡捷、更動態、更雙向的互動溝通管道，並讓客戶自行定義配置 CRM 營運流程，以便提升客戶參與度，進而降低客戶流失率。

顧客差異化之評等分析：在評等客戶時，「客戶風險」和「貢獻度」兩因素是重要評等內容，故須分析這些內容，可從客戶的品格 (character)、能力 (capacity)、資本 (capital)、擔保品 (collateral)、經濟情況 (conditions) 等資料，來評定其適當信用評等狀況。而不同客戶有不同評等狀況，因此針對顧客差異化來建構客戶評等分析模式，進而修改在不同條件影響下的顧客價值。另外也可從客戶評等分析結果產生 KYC（know your customer：了解你的客人）的成效，並進而對顧客意圖做分析預測，以便提出適當的後續銷售營運行動方案。例如：銀行金融機構依顧客差異化之評等分析，來評斷其客戶信用風險和債務償還能力。

開發新顧客與維繫舊顧客的成本分析：企業在營運型 CRM 的運作，都是為達成開發新客戶和維繫舊客戶的目標，其作業成本是決定採取何種方式的關鍵。一般而言，開發客戶比維繫客戶的成本高，大約是五～七倍，但舊客戶流失也相對地高，故開發新客戶是維持市場占有比率的關鍵做法。因此分析何時做開發、何時做維繫的比較做法，即是改善顧客價值的重要工作，其中利用習慣心態來使潛在客戶轉化為消費者的過程，即可提高新客戶比率，發展顧客保留策略來優化舊客戶的利潤。然而，在這兩者之中要如何分配時間和資源，就須依靠這兩者的比較成本分析。

潛在機會的評估篩選與轉換：大多數顧客在產生消費行為時，都會做各方面評估和比較篩選，包括產品價格、產品功能、產品品質等衡量項目。而不同消費者有不同購買能力，故對於評估篩選就有不同結果。因此可分析所需支付的總成本來做篩選結果的決策，其總成本包括「支出價格成本」、「消費作業學習成本」、「產品轉換成本」三種，總成本愈低，愈是最佳篩選結果，並以此來分析其潛在機會的轉換程度。產品轉換成本是指顧客從供應商的一個產品或服務，轉換購買另一個產品或服務時所付出的一次性成本，包括支出價格成本和消費作業學習成本，這其中也可能有合約違約成本，它會產生轉換成本效應 (switching cost effect)，也就是顧客價格敏感性低和更換供應商所支付成本大，此效應會影響潛在機會的轉換，故透過此種分析，可進一步確定顧客價值的存在情況和其程度。因為潛在客戶轉換合格客戶時，其相關資訊（包裝市場活動、新聯繫人、業務機會等）都可被辨識出潛在機會的所在。

商業智慧是一種以提供決策分析性的營運資料為目的而建置的資訊系統，它利用資訊科技，將現今分散於企業內、外部各種資料加以彙整和轉換成知識，並依據某些特定的主題需求，進行決策分析與運算；在使用者介面上，則透過報表、圖表、多維度分析 (multidimensional) 的方式，提供使用者解決商業問題所需資訊的方案，並將這些結果呈報給決策者，以支援策略性之商業決策和協助其管理組織績效，或是智慧型知識庫的重要標竿。商業智慧之應用分析，係利用資料倉儲技術，使企業可以收集、萃取所有相關資料，加以大量轉換、載入、過濾，將這些資料加以預測和分析，進而提供一個企業績效決策架構，使其具備充分智慧資訊與分析機制，也就是將資料分析轉變為商業行動，衡量企業績效，進而達到提高利潤及降低成本的目的。

知識發現流程包含以下五個階段，如圖 3-2 所示。

1. 資料選取 (data selection)

   收集和了解應用領域以及使用者的需求後，應用相關的選取技術，在資料收集的範圍內，選取出與分析目標相關的資料，以建立往後欲分析的資料集。

2. 資料前置處理 (data pre-processing)

   資料前置處理在知識發現流程中扮演舉足輕重的角色，其結果也往往影響實證結果的評估。它是從上述的選取資料集內去除不正確資料、處理缺失資料、定義資料型態以及資料綱要等，故資料前置處理後，會得到資料的淨化和結構化。

3. 資料轉換 (data transformation)

   在資料前置處理後，其資料範圍更符合接近知識發現的目標資料集，這時就利用多維度法或資料轉換法，轉換出特定目標的資料集。

4. 資料挖掘 (data mining)

   將轉換後的資料，依據欲探索問題來進行資料挖掘。

5. 評估和解譯 (evaluation /interpretation)

   根據資料挖掘後所得出的結果模型，來決定如何對結果做分析與評估。

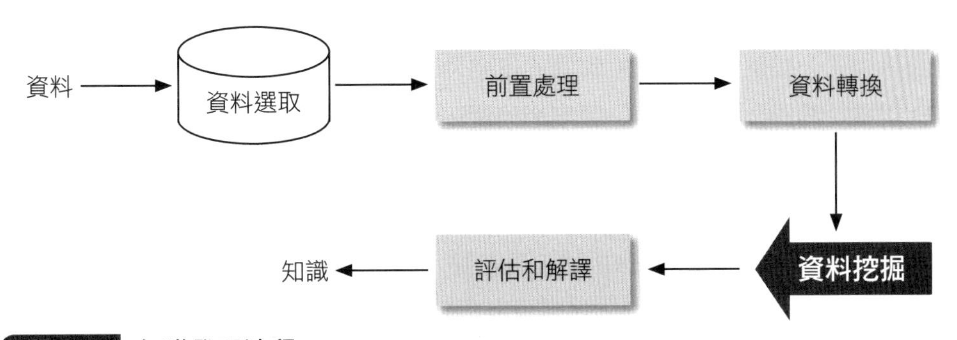

圖 3-2 知識發現流程

（資料來源：Fayyad U. M. (1996). “Data Mining and Knowledge Discovery: Making Sense Out of Data,” IEEE Expert, Vol.11, No.5, pp. 20-25.）

所謂的資料倉儲 (data warehouse)，是一群儲存歷史性和現狀的資料，它是以主體性為導向 (subject-oriented)，具有整合性的資料庫，用以支援決策者之資訊需求，專供管理性報告和決策分析之用，即資料倉儲是決策支援的資料庫。所有資料倉儲不是一個資料庫而已，它是一種決策資訊過程。資料倉儲為一主題導向、整合性、隨時間序列變動、唯讀的大量歷史資料庫。就如同 ERP 的系統，我們可知 ERP 是著重在各種日常交易資料的處理及相關資料的更新，是致力於處理事情的正確方法，但對於企業高階主管，在制定企業策略時，著重的是如何決定處理事情的正確方法，因此 ERP 對高階主管而言助益不大。此時有賴資料倉儲和 ERP 的結合應用，才能幫助主管或知識工作者得到所需的資訊來做決策，也才能提高公司的競爭力。在談到資訊基礎應用於決策時，就必須探討應用功能如何運用資料。在所謂 ERP 系統裡，一般可分成收集維護資料（又分成新增資料、計算出資料兩個）、過帳交易資料處理、邏輯作業資料處理、單據報表和交叉查詢等五類，這就是一種 OLTP（線上交易處理）的應用功能。而對於這種資料運用需求，使用者的需求永遠是多變的，而資訊人力永遠無法滿足使用者的需求，使用者總認為資訊人員的效率跟不上需求提出，而資訊人員也總認為，使用者需求不明確且變動太快，造成資訊人員只是在應付使用者一些臨時性或實際上沒有用的需求，而非公司整體性和可行性的需求。關於這個問題的關鍵，就在於所謂的作業面資料和決策面資訊，其架構如圖 3-3。

從圖 3-3 可知，作業面資料是屬於 OLTP 的應用，須寫程式來處理；而決策面資訊屬於 OLAP 的應用，亦須寫程式來處理。所謂 OLAP (on-line analytical processing) 是指在 Web 上分析處理，一般使用者可在 Web 上以各種可能性隨時分析資料，作成各種管理圖表，並且立即動態變更，不再凡事均要求資訊人員重點設計程式、提供資料。資料倉儲的主要目的，在於提供企業一個決策分析的環境，提供企業一個簡單快速的存取業務資訊，協助達成正確判斷的分析，讓決策人員制定更好的作戰策略，或找出企業的潛在問題，以改善企業體質並提高競爭力。有了 ERP 系統的資料，資料倉儲才能發揮功效，兩者是相輔相成的。企業如能充分發揮資料倉儲和 ERP 的各自特點，結合應用，必能提高企業競爭力。故建置資料倉儲的各種技術，其著眼點均在於如何支援使用者從龐大的資料中快速地找出其想要的答案，這和 OLTP 系統是截然不同的。一般用到的技術，包括：存取效率且擴充性高的資料庫系統、異質資料庫的整合、資料萃取轉換與載入、多維度資料庫設計、大容量分散式資料儲存系統、簡易和方便的前端介面等。因此 OLAP 通常和單據報表、交叉查詢有密不可分的關係，經由複雜的查詢能力、資料交叉比對等功能來提供不同層次的分析，如圖 3-4。

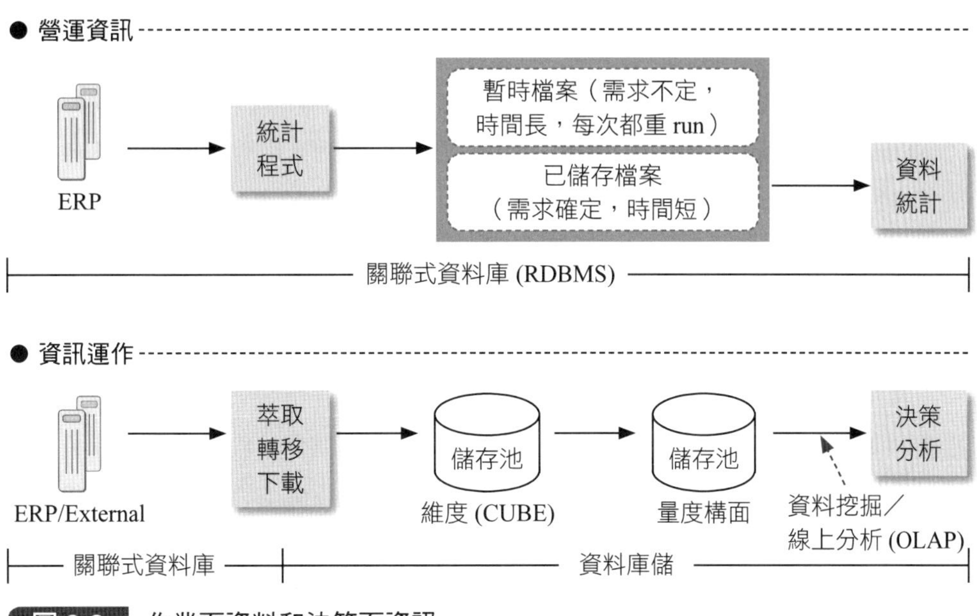

圖 3-3 作業面資料和決策面資訊

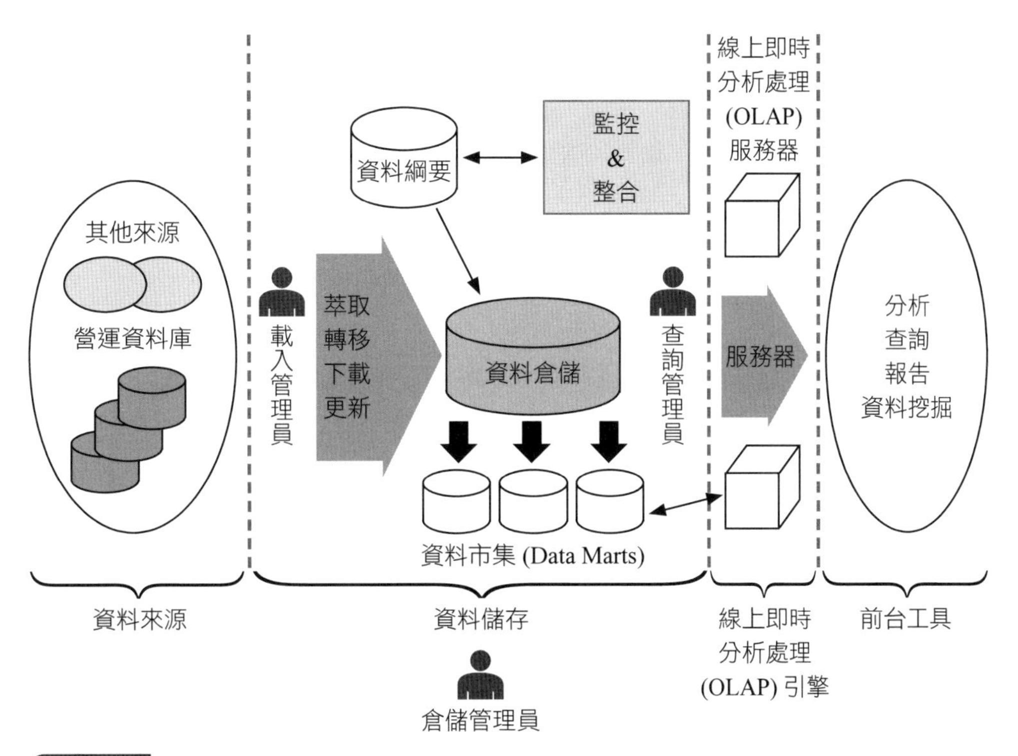

圖 3-4 分析型 CRM 系統架構圖

一、客戶分類

客戶分類是依據客戶某些特徵資料，來將其細分成某些族群、類型、區隔 (Customer Segmentation)，並從這些不同客戶族群進行客戶分析，以便制定適合的行銷服務策略，進而發現、維持和擴展可獲績效的學習過程。如此可進行有效客戶評估和洞察客戶，降低業務程序作業成本，合理分配企業資源，專注在更多能提升客戶價值的作業。從上述可知，其特徵和分類方法是有效率客戶分類的主要項目，以下說明之。

客戶特徵：此客戶特徵可分成客戶本身和消費行為特徵，其客戶本身特徵包括性別、個性、年齡、興趣愛好、教育背景、職業、信仰、收入、信用等。消費行為特徵包括購買動機、消費心理等，此特徵可用 RFM（最近消費、消費頻率與消費額）方法獲取數據，它利用過去的消費數據來協助預估未來行銷策略的設計和執行，如表 3-1。

表 3-1 客戶特徵

	客戶本身特徵	消費行為特徵
內在屬性	性別、個性、年齡、興趣愛好、教育背景、職業、信仰、收入、信用等	真實意圖、購買歷史、付款記錄、註冊等
外在屬性	客戶地域分布、組織歸屬、區域人口等	RFM（最近消費、消費頻率與消費額）

分類方法：客戶分類方法是提取相關屬性特徵的數據，再以分類演算法進行運算，以便分析出分類規則來得到分類結果，接著經過評估和驗證沒有問題後，就可獲得客戶族群結果。一般分類方法可分成定性和定量兩個分類，如表 3-2。另外，一般分類方法可包括分類 (classification) 和分群 (clustering) 兩個，如下說明之。

分類 (classification)：是根據已知歷史資料（變數的數值）當作計算特徵，也就是分類屬性值，接著再依照演算法的計算結果作分類，來建立其資料分類的模型，如此該分類模型可用來預測未經分類的未知新資料是歸屬何種分類模型。從上述可知，分類 (classification) 是有做分類標記，因此它是一種監督學習，而為了學習預測新資料的分類模型，故將運用訓練樣本來取得分類器，進而分析歸

表 3-2 分類方法

分類種類	分類特徵	分類演算法
定性分類方法	①產品需求發展 ②客戶規模 ③客戶信用等級 ④市場成長性 ⑤客戶消費組合	決策樹、神經網路、K 平均值
定量分類方法	①客戶成本貢獻 ②客戶投資淨現值 ③顧客終身價值	成本貢獻率、終身價值、淨現值

類模式，如此可將數據歸結到某個已知的類別，以便預測欲發展問題的解決模式。例如：信用卡信用分級、客戶信用額度、醫療診斷疾病、圖像模式識別等。這些應用模式，主要是發揮智慧營運，其中「提早預測和推論」作業就是一例。例如：欲解決如何決策新顧客的核准信用額度問題，可將此新顧客利用分類模型來預測其未來的信用狀況，以便提早做出信用額度的決策。再例如：欲解決如何決策新病人疾病種類的問題，可從此新病人診斷記錄和資料，進而利用疾病特徵所分析的分類模型，來推論此新病人可能罹患的疾病，以便提早做出正確的醫療診斷決策。

分群 (clustering)：在一組數據內並不知是由多少個類別（未知類型）所構成，它利用分群演算法將相似性高的數據區分成同類別〔群集 (cluster)〕，如此可依照不同相似性組成多個類別，同時也分析出類別與類別之間的差異，也就是同類別內的數據相似度較大，而類別之間的數據相似度較小，故亦稱為群集分析，且因為無類別標記，故它是一種無監督學習。透過如此無監督學習的分群，其擷取的數據足夠被識別出密集和稀疏的區域，如此可全局掌握所有數據的分布狀況，以及數據屬性間的關係，進而對所有數據分群成多少個類別。例如：企業依據客戶相關屬性特徵，分群出相似性的客戶類別，如此可了解不同客戶需求，進而提供客製化的最佳產品及服務。K 平均值分群法 (k-means clustering) 是一種分群演算法，會事先設定資料分類為 k 群，進而將一群資料依據平均值對應到群中心的最小化距離來分割成若干群。K 平均值群集分析的目的是，將資料性質相似者歸屬同一群，而資料性質差異大者，則為不同群。例如：擷取客戶購買歷史資料，來進行客戶消費偏好分群，進而對這批顧客進行適當的行銷方案，或是對新顧客挖掘出同一群潛在顧客。

根據上述所言，可知客戶分類做法是分析型 CRM 應用的一種精實作業。每一企業都有本身特性和資源，如何在市場競爭下發展出自己本身有效率的 CRM 應用，則客戶分類可扮演其適合性做法。客戶分類的效益在於可依據顧客需求的異質性，分析不同的客戶區隔，以便進行適合客戶性的行銷作業。例如：客戶 A、B、C 分類做法，可按主要業績、來源購買量及購買急迫性等特徵，分成 A、B、C 三個客戶區隔：A 級是關鍵客戶（VIP 大客戶、老客戶）、B 級是持續有訂單的重點目標客戶、C 級是近期內即將下單且購買量大的潛在客戶。有了這些不同客戶區隔，就可實施 80/20 重點管理，即企業 80% 的利潤來自於 20% 的 A 級客戶，如此可將有限資源以最佳化方式來提高經營績效。

客戶分類可從不同角度來分割，例如：以價格策略角度可分成價格型客戶（產品實際效用和降價時機）、品質型客戶（內在品質）、經濟型客戶（性能價格比）。客戶分類的成果可作為交叉銷售作業的依據，透過此成果可了解客戶關係，例如：知道某客戶是屬於某客戶類型，進而推測此客戶的偏好產品，如此就可將此偏好產品經過關聯性分析，得知另一個產品互補性，將之搭配銷售，並且不再需要花費多餘的成本來行銷顧客，而且更能連帶提升此偏好產品的價值，最後提升多個產品交叉購買率，也包括向新客戶銷售現有產品，例如：線上旅行社 Travelocity 提供客戶景點指南。再例如：以顧客生命週期階段可分成**潛在顧客**（運作吸引方式：品牌形象、初次購買優惠、產品知名度）**→新顧客**（運作開發方式：經營產品社群）**→回流客**（運作服務方式：交叉銷售與向上銷售）**→主顧客**（運作維繫方式：顧客忠誠）**→跳槽客**（運作分析方式：顧客流失分析）等類型，如此可針對不同客戶類型採取適合的行銷策略。在顧客生命週期階段，也可發展出顧客終身價值 (customer life value, CLV) 的定量分類方法。顧客終身價值是指在顧客生命週期階段內，計算客戶對企業的總利潤貢獻，計算方式考量到計算週期和貼現率兩個因素，計算週期愈長，則顧客價值就愈多，而貼現率愈高，則顧客價值就愈小。當依顧客終身價值來分類時，就可針對高價值顧客產生 80/20 重點管理的經營績效。顧客終身價值用來預知未來數年淨值倒推至現在的淨值，包括銷貨收入減掉銷貨成本與費用的累積折合現值，如此可掌握顧客對企業的重要貢獻程度，進而提供適合的客戶行銷和服務。顧客生命週期著重於客戶長期的未來表現，進而提早有效分配資源專注於目標客群的行銷預算，故可作為客戶分群的特徵。

客戶分類運作程序，包括：設定分類的目標（例如：優化成本、精準行銷、精實營運）、參考企業資源條件的限制、確認分類所需資源和方法、選擇可行的分類演算法、準備客戶分類特徵和收集其相關資料、建立客戶分類指標、驗證分類結果的客戶類型、分析客戶分類的應用。

3-2 顧客購買決策過程

客戶在購買產品時，是依消費者本身行為來實施購買決策過程，進而產生消費事件，故對於企業如何進行銷售行銷，則須依據購買決策過程來發展其解決方案。購買決策過程著重於過程的透明性和追蹤性，此一連串過程，包括所有相關購買前、中、後決策的作業流程。根據 Kotler (1996) 定義有：「問題察覺和確認需求（實際狀態與欲求狀態之間差異）」→「收集資訊和其來源（受刺激的消費者評價關注）」→「尋找解答和其替代方案評估（在賦予不同的重要權數的方案作選取決策）」→「在偏好意圖下執行購買決策（非預期的情境和購買條件及付款方式等因素影響）」→「購後行為反應（產品的期望與認知績效之差距）」。當企業了解客戶的購買決策過程後，才能真正知道客戶要購買何種產品品牌、多少數量、在何處購買等相關需求。故購買決策不是指購買交易當下，而是整個過程透明性和追蹤性，由於其過程是透明的，因此會很清楚目前購買決策過程步驟如何運作，如此才能針對客戶需求提出行銷方案，同時也必須追蹤後續的可能步驟，這是隱含預知未來的智慧行為，如此可提早因應客戶需求來強化企業競爭力。例如：消費者購買空氣清淨器產品，首先確認購買動機與用途（降低氣喘再發生和過濾 PM2.5）、了解產品資訊狀況（空氣清淨器過濾品質和品牌型錄規格）、產品品牌選擇（不同品牌功效和服務作業）、購買價位和通路決策（有平價優惠時和大賣場實地展示），最後評估使用狀況和滿意程度（使用頻率、消除 PM2.5 效果和再購濾心維護產品的數量）。

從上述可知，CRM 系統執行是建立在購買決策過程上，而如何塑造購買決策過程就須依據消費者的行為模式，因為消費者購買作業是從人類心理認知行為所發展的，一般消費者行為模式可用 AIDA 模式〔知曉 (awareness)、興趣 (interest)、欲望 (desire)、行動 (action)〕來運作，如此透過 AIDA 模式可發展 CRM 系統功能，例如：欲吸引客戶對產品的認識和了解，可以廣告或促銷活動來強化消費者的認知，如此專注在「購買需求始終來自於人性」的箴言，例如：

雷射印表機加裝大把手設計讓女性容易使用，接下來運作產品功能，讓客戶產生需求的興趣，但請注意消費者購買的是「效用」，而非「功能」，客戶有了興趣後，接下來如何將興趣轉化為欲望，就成為關鍵步驟，這時須利用掌握消費者心理來提供誘因方案，促使客戶產生非要不可的欲望，而成功的欲望能驅動客戶下一步的消費行為行動，此際企業應發展有利客戶快速方便購買的流程和方法，上述種種做法的落實，須依靠 AIoT CRM 和資訊科技工具。

在不同的購買決策過程階段會有不同的 CRM 系統功能，也會有不同階段的決策方式；也就是說，在此過程中會有很多個決策點，不是只有購買與否的決策而已。故探討影響這些決策的因素是非常重要的，因為因素會影響形成決策時間的效率，包括產品選擇項目、購買相關成本、當時心理狀態、參與程度、購買情境、資訊收集程度、心理情緒、實體活動等，然而不論有哪些因素，最終都須歸納於購買時機 (occasions)、零售點 (outlets)、商品 (product)，這三個決定性的決策項目。

在此，本章以購買決策過程為其基礎，發展出智慧商品行銷作業，智慧商品行銷的使用方法是依照下列流程圖（圖 3-5）情境來進行。首先，以消費者客戶角色，超連結進入雲端電子書，閱讀以問題為導向的商品解決情境，它是用「問題解決創新方案」(problem-solving innovation solution, PSIS)，即首先透過企業發

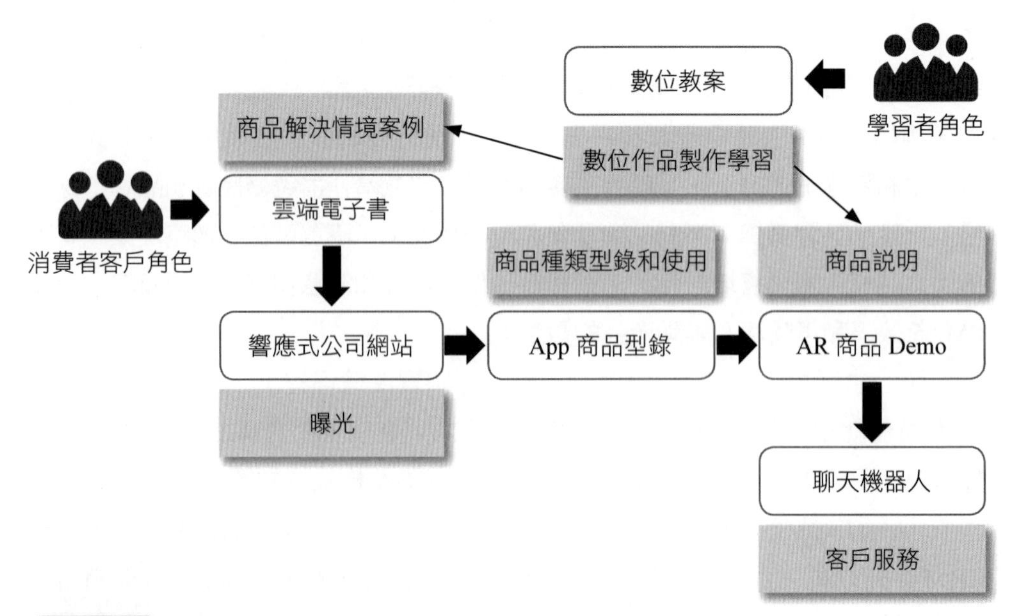

圖 3-5 智慧商品行銷的數位作品教案使用方法

生問題的場景故事為事件描述的案例，接著針對在案例的企業背景做經營特性的闡述，並做問題診斷分析，將問題的定義、癥結點、原因、關鍵，擬定欲探討的主題構面，由此問題診斷分析結果，規劃建構出一套解決方案，如此做法，可引導客戶需求如何透過供應商商品來真正解決問題，以免買錯商品的不愉快事情發生。接下來是尋找合適商品的供應商，故設計一個響應式公司網站，此網站具有曝光和簡介功能，如此可讓客戶了解此企業是否符合解決問題需求，找到符合需求的廠商後，就必須進一步了解商品種類型錄和使用知識，故客戶可觀看 App 商品型錄，一旦了解詳細的各種商品內容後，接下來應如何選擇商品？這時若具有動畫和視覺化的商品使用介面呈現，更能促使消費者加速購買決策。因此可使用 AR 擴增實境效果，結合商品微電影，在實體商品或紙本型錄上，呈現虛實整合的數位效果；再者，也許客戶後續仍有很多關於商品的問題須諮詢，若採用人員服務模式，會增加人力成本和受限時空，故 Hubot 聊天機器人的智慧型軟體可克服這些挑戰，透過 Hubot 在手機 Slack App 軟體的運用，可讓客戶做對話式商務，以滿足客戶的商品需求。

以上就是消費者角色使用方法程序，最後，學生以學習者角色，在數位教育平台觀看老師錄製簡報影片，學習這套智慧商品行銷的數位作品如何開發，並且進一步讓學生發展自主數位軟體實作，真正達到教學落實於學生學習成效。

一、智慧商品行銷目標

智慧商品行銷目標是指提出整合動畫故事情境、數位軟體技術、問題導向的商品解決個案、人工智慧應用等方法的數位行銷，來發展在 CRM 行銷上的創意應用。在目前極致競爭衝擊和資訊科技浪潮下，自行創業和企業委外已成為職場生涯的顯學，但對於個人或中小企業因為本身資源薄弱，故如何同時兼顧成本低和數位科技這兩大挑戰，就成為重要關鍵。故本章所提及的行銷目標是發展開放原始碼 (Open Source) 國際性軟體，來應用於企業廠商的商品行銷。由於中小企業都知道數位科技化對營運生存的重要性，但因人才缺乏和不知如何進行，故本行銷目標之一也是在於提供以較低成本來發展數位轉型的方法。此行銷計畫欲在發展學習上有以下成效：視覺導向呈現方式下的學習效果、數位教材內容精進教學技巧和學習意願、增強學習者自我教育訓練的多元性等。智慧商品行銷數位發展是一個實用導向型數位教材，其特色有整合多個實務性應用軟體、開源自由且為普遍國際性軟體、容易取得以及線上支持者眾多、易學上手、目前以及未來全球趨勢的應用軟體等特性。其獨創性特別著重在數位作品和教案內容，在數位作品設計上是擬定一套智慧商品行銷的商業營運情境，透過此情境來貫穿以商品為導向的網路行銷過程，以彰顯企業如何運用資訊科技來提升業務利潤的成效。在過程中，也融入智慧軟體運作，也就是聊天機器人和擴增實境這兩項，這也正符合全球化競爭趨勢。另外，在教案內容上，是以實用性的產業案例作為設計發展上述數位作品的基礎，如此學習數位知識，才能達到實務教學。

二、數位行銷成果目標

分成兩種，第一種是製作成實際可用數位教材，主要應用在網路行銷上，此計畫是發展出客戶對商品本身和使用上知識來做商品行銷，它以公司曝光（Google RWD 網站）、商品 Demo (Aurasma AR)、商品使用 FAQ（Hubot 聊天機器人）、商品種類型錄介紹 (appsbar App) 等軟體系統功能來發展執行某商品行銷之數位作品，在這之中加入具有智慧功能，包括擴增實境和聊天機器人。

第二種是製作本人講授數位簡報影片（知識學習數位講授），設計撰寫「問題解決創新方案」個案內容，其內容就是此商品行銷數位作品如何開發的學習教案，這其中也包括以某產業案例的智慧商品行銷，利用 ActivePresenter 軟體結合簡報軟體來錄製。而為了讓學生更能利用此商品案例知識，故將這些知識以雲端電子書軟體（FPF-FreeVersion 電子書）呈現，進而閱讀了解其商品行銷作業。茲分別說明如下。

(一) 公司曝光（Google RWD 網站）

利用 Google Blogger RWD〔響應式網頁設計 (Responsive Web Design)〕可作為使用各種設備瀏覽網頁的公司網站，因為 RWD 網站可自動轉換使不同設備皆可瀏覽同一網站。而公司網站最重要的是如何被客戶搜尋到，此時要有 SEO〔搜尋引擎最佳化 (search engine optimization)〕行銷功能，而 Google RWD 網站則具有 SEO 功能，它可讓客戶搜尋結果排名提升，增加流量及停留時間，以及會優先顯示和使用者距離較近的店家，如此可以增加在地商家的曝光率，提高在地搜尋評價。其內容架構包括首頁、關於我們、營業項目、解決方案平台、事業夥伴、聯絡我們等各種網頁，其功能特色有 one page 精簡版面、搜尋和訂閱按鈕、分頁瀏覽、商品清單、分享公司資訊按鈕到社群網站、免費 Google Blogger 響應式範本。在社群 (community/social) 運作上，包括 Google 地圖位置分享、

Google+ 社交網站帳戶、訪客追蹤小工具、整合 Picasa（圖片編輯管理與相簿服務）、整合 Google AdSense（廣告賺取收益）、整合 Google+ 社交平台、網誌翻譯小工具、在網誌顯示瀏覽次數及人氣小工具。

(二) 商品 Demo 展示 (Aurasma AR)

Aurasma AR App 是製作擴增實境的工具，在本計畫是欲開發產品型錄結合產品使用 video 的商品 Demo。商品 Demo 展示是指以視覺效果，來呈現商品規格、特色、功能、使用說明等，進而達到促進銷售的目的。Aurasma AR App 的設計，是以商品圖片或商品的紙本型錄作為欲掃描的 aura 圖檔，接著上傳欲呈現的商品 Demo 使用影片檔，之後透過手機 App 軟體下載此商品 Demo 展示 AR App。最後，在商品 Demo 行銷情境，指當客戶拿起手機，利用製作好的 Aurasma AR App 掃描牆上商品圖片或商品的紙本型錄，就可以看到商品 Demo 狀況，如此讓客戶以視覺化方式更能了解商品的效用，進而產生購買的效益。

(三) 商品使用 FAQ（Hubot 聊天機器人）

在商品行銷中，客戶服務是一環很重要的作業，因客服人員能為企業與其客戶建立溝通管道，但它的缺點是人力成本高、無法 24 小時提供服務，以及有時無法即時回答客戶問題，這是不具有競爭力的。故本計畫在商品使用 FAQ 的行銷作業中，提出開發 Hubot 聊天機器，聊天機器人 ChatBot 是一種對話式商務軟體程式，它可模擬人類行為來進行和客戶對話，因此可取代部分客服人力，目前已成為企業服務客戶的熱門資訊系統。Hubot ChatBot 是一套開源機器人框架，可讓設計者自行客製實作腳本和轉換器，在此以 Slack 作為轉換器，轉換器是指串接各個服務，Slack 和 LINE 一樣均是一種通訊軟體，故商品使用 FAQ 聊天機器人的溝通介面就是 Slack。對於商品行銷而言，Hubot ChatBot 能為訪客推薦最合適的商品、即時回答客戶問題，更重要的是，能同時和無數客戶對話，這解決了上述客服人員的缺點，且客戶不須在客服人員忙線時等待。此商品使用 FAQ 的 Hubot ChatBot，將開發本計畫所提出的案例，作為商品使用 FAQ 的例子，也就是將發展出語意分析人工智慧與客服人員的結合。一般而言，客戶習慣透過通訊軟體與企業溝通，這時 Hubot ChatBot 就是最佳的智慧商品行銷方式，故此智慧商品行銷將為企業發展一個結合智慧客服功能的銷售管道。

(四) 商品種類型錄介紹 (appsbar App)

商品種類型錄對於商品行銷作業的目的，是讓顧客了解廠商有哪些商品能符合其需求。故本計畫用 appsbar App 製作具有行銷功能和商品服務、回饋表單的應用程式，它於 Google Play/App Store 商店發布 App。Appsbar App 可讓設計者客製欲發展的應用類型，包括商業、音樂、活動等，也就是可用不同的選擇來開發最適合本身企業或組織的需求。在此下載於手機 App 的商品種類目錄數位作品，主要有運用數位行銷技能，包括社群分享功能、商品 eDM、微電影影片、網路下單等項目，因此客戶可下載此 App，以隨時了解此廠商商品目錄，而且是比較深入細節的說明，如此可促進客戶快速下單。

(五) 雲端電子書軟體（FPF-FreeVersion 電子書）：問題導向的商品解決情境個案（PSIS 教材）

在此智慧商品行銷數位教案中，融入「問題解決創新方案」(problem-solving innovation solution, PSIS) 場景故事為事件描述的案例。故本計畫以某產業案例商品，來撰寫此智慧商品行銷的情境個案。它用 FPF-FreeVersion 電子書軟體來開發此個案。學生可透過上述老師製作的電子書自我進行閱讀，如此可讓學生在數位教材研習過程中，了解分析如何發展後續智慧商品行銷，以增加學習相乘效果，並可體驗數位軟體實作成果在資訊科技應用的實務感。

3-3 消費行為模式

從上述說明，可知分析型 CRM 是須整合購買決策過程來發展顧客終身價值的分析應用，例如：客戶分類應用，而要達到如此分析應用的管理成效，則須建構消費行為模式才能實踐。例如：客戶分類須對客戶的消費心理行為來進行分析，才能發展出分類模型。消費行為模式是研究個體顧客行為 (customer behavior) 的消費特徵，在目前強調 O2O 虛實整合環境的商務運作下，其消費特徵也同時來自虛擬和實體所產生的數據，故消費行為須能深度結合虛擬經濟和實體經濟型態，並掌握從消費習慣所擷取之客戶心理變化過程和其隱藏動機，進而分析銷售趨勢，以便了解購買階段節奏來發展企業行銷產品的作業。當然不同行為模式的客戶須適切地提供不同的行銷方案，消費行為模式能藉由學習經驗，而讓消費者行為改變成可接受企業產品需求。在此學習經驗的運作，可透過客戶涉入程度來了解購買行為對消費者的重要程度，進而讓學習經驗更能促使需求

(need) 轉換成欲求 (want)，如此便使原本消費者基本要求提升至對產品的實際欲求。

在此，分析型 CRM 的消費行為模式以下列三種分析應用說明之：商機評分、追蹤客戶、客戶流失分析。

一、商機評分

當經過 CRM 系統的運作後，就期望可創造出很多消費行為商機，以便進而促使營業額增加，但這些商機是否真正具有商業機會以及其優先權如何？這對於 CRM 系統執行績效是非常重要的，故執行商機評分就成為分析型 CRM 的重要消費行為模式。商機對於 CRM 系統而言是一種潛在機會線索，故商機評分是以消費者的決策過程為主體，期望能夠透過深度洞察力來挖掘潛在商機，也就是消費者深層需求，以便銷售人員能專注較高線索來進行最後一哩路的創造價值之行銷方案。商機評分目的是為了知道訂單成交概率和接受訂單優先等級。商機評分的做法是從歷史銷售業務、產品及客戶偏好等數據執行多維度分析，其多維度包括參與度（網站訪問次數、關鍵頁面瀏覽等指標數據）、忠誠度（回流客戶人數、再購買頻率等指標數據）、貢獻度（RFM 等指標數據）等，之後根據維度分析後績效極大化來對不同商機做區隔並排出優先順序，如此可大幅提升商機預測度的成功機會。

二、追蹤客戶

如同上述可知其客戶購買決策過程是企業欲接觸客戶的行銷作業之基礎，也就是整個客戶關係過程都和客戶購買決策過程息息相關，故欲掌握客戶是否未來可能下單成交，則須時時都能了解追蹤整個客戶購買決策過程的狀態，方可提高營運績效。客戶追蹤技術可用價值鏈的方式來建立與強化客戶關係，如此可降低企業了解客戶狀態所花費的成本，並創造出另一方面新價值定位。追蹤客戶就是在監控和掌握購買決策流程的各項步驟所產生之不同狀態數據記錄，這些數據經過分析後會呈現出機會線索，此時企業就可利用此線索來進行下一個行銷方案。此追蹤方式不僅能持續確保目前客戶的最新動態，還可引發客戶推薦新客戶，因為追蹤客戶是運用社交方式去連結所有相關的客戶群，故可洞悉客戶推薦的機會線索。尤其在當客戶愈來愈多時，企業就必須花費更多時間來掌握既有的客戶狀態，如此經營成本勢必也會增加，故利用自動化追蹤客戶應用軟體時，可選擇性的篩選優先客戶，這時追蹤客戶模式可和客戶分類模式結合，透過客戶分類可辨識出優先客戶，例如：追蹤客戶步驟如下：客戶意向、聯繫目標客戶、客戶同意約見、拜訪客戶目的、介紹公司情況、互換名片、向客戶說明產品等，從這些步驟對於每位客戶都會有不同的狀態數據記錄，進而分析不同的多維度結果，這種結果可作為客戶分類演算法的數據基礎，如此就可根據優先客戶來進行適切的行銷方案。

三、客戶流失分析

企業好不容易開發新客戶後，經過一段時間運作，新客戶就變成舊客戶，而當發生舊客戶流失狀況時，則對於 CRM 系統的經營績效產生負效果。故預防消費者市場客戶流失是非常重要的功能，而每位客戶都有可能流失，因此評比每位客戶可用流失機率來預測流失傾向程度。而不同產業的不同消費群之間也會有不同客戶流失狀況，所以在運作客戶流失分析模型時，須依照每位客戶的不同數據來分析客戶流失機率，這是一種基於客戶行為特徵之數據所挖掘的客戶流失分析模型，它會運用到某些公式，例如：利潤函數，以及一些衡量因素，例如：貢獻營收、風險容忍度、客戶滿意度或忠誠度等，透過這些公式和衡量因素，就可計算出客戶流失狀況，包括何時流失、為何流失、如何流失、多少客戶流失等結果。當然這些結果是用來進行預警未來可能的客戶流失狀況，以便進一步執行客戶挽留的行動方案和監控客戶流失，實現客戶關係的價值作業。而在智慧營運的思維下，應是做到預防避免客戶流失的機制，而這可從客戶流失原因來探討如何預防避免。一般流失原因可從消費行為模式得出，有以下種類：行銷管道、用戶主被動、創新功能、個別集群用戶等，例如：不斷有更新功能的手機，造就客戶流失去購買其他廠商品牌，而這種流失原因可能採取的挽留方式是補助用戶購買自家新手機整體方案價格和功能，以便能和同業廠商競爭，但一般挽留方案都可能產生有得有失的效果。例如此例子，它可能也造成已簽約的既有客戶會覺得不公平，除非解除舊約，但這也同時造成違約金的損失，因此有可能未來客戶會跳槽到另一家供應商。客戶流失分析模式是一種人工智慧應用模式，其運作步驟包括影響客戶流失因素，這可從消費行為特徵尋找。接下來是建構其預測模型，可採用監督技術來訓練具量化概率的模型和結果，這其中包括模型的預測方式，例如：決策樹、類神經網絡和 Logistic 回歸等演算法，再者須判別客戶流失的可能性，以及解讀其結果。最後將這些判別解讀內容公告給行銷人員，以便依此進一步做出挽留客戶的策略和行動方案。

從上述可知分析型 CRM 都期望以流程再造為基礎的顧客模型建構方法來執行分析作業，茲說明如下。企業流程再造是以企業目標為導向，而企業目標是以顧客滿意為導向，因此，如何以顧客滿意為導向的流程設計，就變得是一種常用的推動方法。其建立顧客模型的方法是先分析顧客的程序過程，亦即顧客從未訂購成交，一直到成為老顧客的過程，一般有潛在顧客→交易顧客→忠誠顧客→流失顧客。其從潛在顧客到交易顧客是運用行銷手法，並且顧客所購買產品服務是達到符合標準的品質。其從交易顧客到忠誠顧客是運用售後服務，來達到顧客滿意市場觀點的品質和價值；其從顧客到成為忠誠顧客，是運用主動服務，來達到顧客品質為核心的價值管理。這就是顧客的程序過程，可依此來分析設計企業流程，其示意圖如圖 3-6。

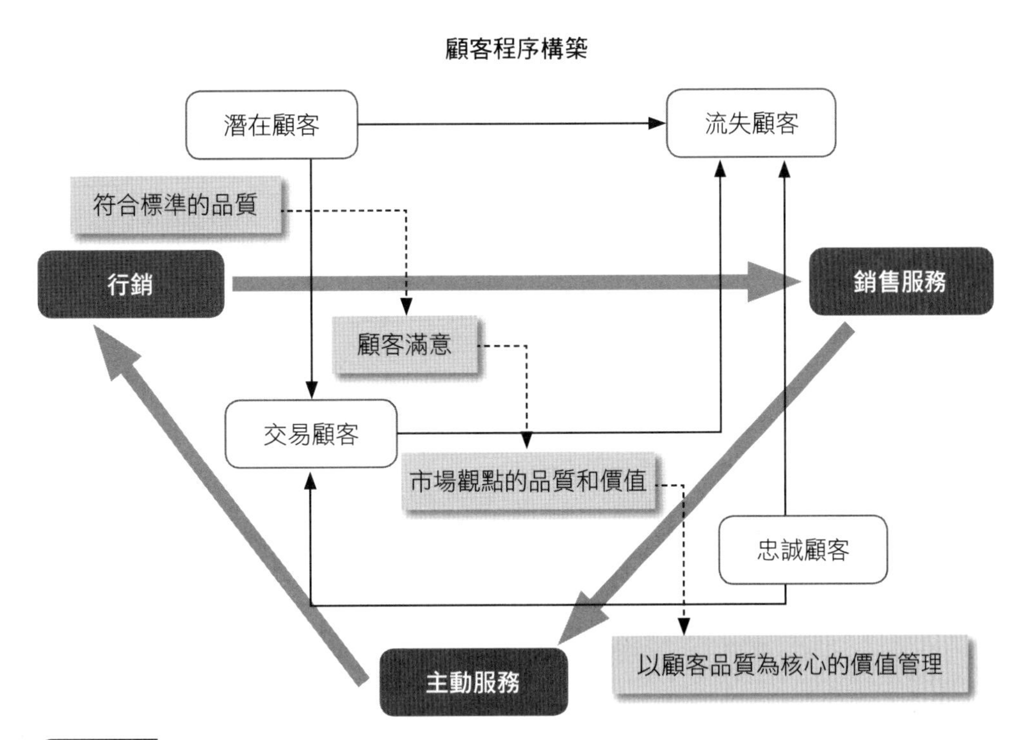

圖 3-6 顧客滿意導向設計流程

有了以顧客滿意為導向的流程設計後，就可將這些收集的顧客資料分類成不同顧客型態，並對應到不同業務運作型態，再對應到不同資訊科技解決方案。這裡牽涉到產品特性，不同產品特性會有不同的業務運作型態，其產品特性分為有形／無形產品、昂貴／便宜產品、一次／持續產品、附屬／主要產品、實用／感覺產品、消費／投資產品等。這些產品特性可運用在不同電子商務交易模式，分成 B2C（亦即企業對消費者）和 B2B（亦即企業對企業），以上就是建立顧客模型方式來推動的流程再造方法。其實企業流程再造是以方法論為主，輔以工具設計，並移轉成資訊系統，若只有方法論，沒有工具架構設計，則會無法完整且快速的運作，但無方法論的主導，則會流於紙上談兵的架構設計，不過，最後一定要移轉成資訊系統，來進行自動化的運作，否則難以執行和持續，而這也是下一章節的重點。其示意圖如圖 3-7。

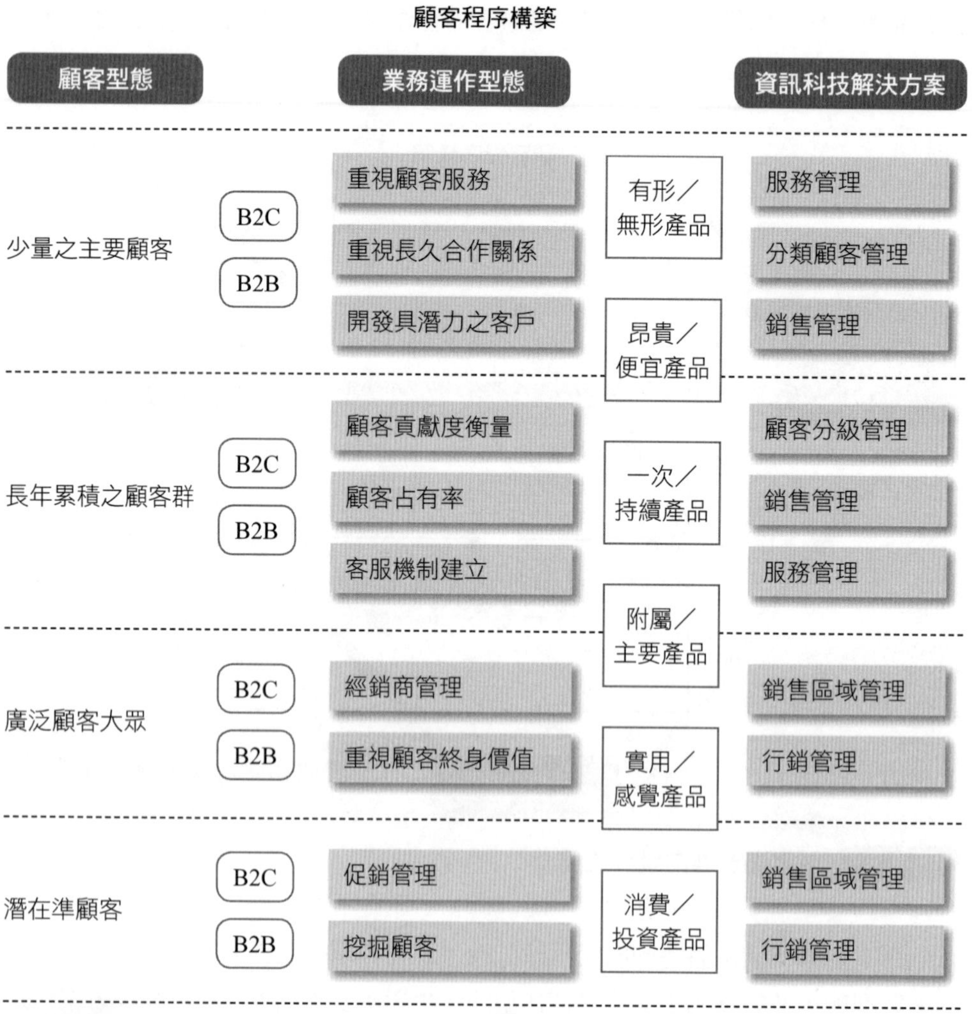

顧客程序構築

顧客型態		業務運作型態		資訊科技解決方案
少量之主要顧客	B2C	重視顧客服務	有形／無形產品	服務管理
		重視長久合作關係		分類顧客管理
	B2B	開發具潛力之客戶	昂貴／便宜產品	銷售管理
長年累積之顧客群	B2C	顧客貢獻度衡量		顧客分級管理
		顧客占有率	一次／持續產品	銷售管理
	B2B	客服機制建立		服務管理
			附屬／主要產品	
廣泛顧客大眾	B2C	經銷商管理		銷售區域管理
	B2B	重視顧客終身價值	實用／感覺產品	行銷管理
潛在準顧客	B2C	促銷管理	消費／投資產品	銷售區域管理
	B2B	挖掘顧客		行銷管理

圖 3-7 顧客服務流程設計

案例研讀

問題解決創新方案→以上述案例為基礎

問題診斷

依據 PSIS 方法論中的問題形成診斷手法（過程省略），可得出以下問題項目。

問題 1.

現場貨架貨物及現場銷售資訊若沒有即時和準確掌握，則會使得採購計畫無法即時更新，並快速回應至供應商、原製造廠的生產預測計畫。

問題 2.

由於以往面對現場消費者的銷售和需求，無法即時全面完整的了解其記錄資訊，使得供應鏈的存貨狀況會產生長鞭效應，進而發生供應鏈每一環節廠商無法掌握庫存，而有存貨太高或太少等不透通資訊發生，最後導致積壓存貨或缺少存貨。

從上述問題項目內容，整理出問題診斷重點如下：

在做存貨控制時，如何快速得知存貨變動狀況，進而採取立即的改變計畫和措施，對於存貨行銷的掌握是非常重要的。因此以行動化方式來運作，可以達到網路行銷在產品存貨控制之目的，如採購人員可由任何行動裝置感應和了解在大賣場的某項商品之存貨狀況，並透過 PDA 無線行動裝置來接收供應商之商品目錄、價格、規格、可交貨量及進度日期等資訊，進而立即改變存貨計畫，然後選定商品將其加入購物車 (shopping car) 之資料庫，這時購物資訊將傳送到供應商伺服器進行訂單處理。如便利商店和大型賣場都利用上述資訊應用模式，以便達到存貨控制。

創新解決方案

根據上述問題探討，接下來探討其如何解決創新方案。它包含方法論論述和依此方法論規劃出的實務解決方案兩大部分。

其方法論論述包含 RFID、科技策略三構面，分述如下。

一、RFID

RFID（radio frequency identification；無線射頻辨識）是利用無線電的

識別系統，附著於人或物之一種識別標籤，故又稱電子標籤。其本身是一種通信技術，利用無線電訊號識別特定目標，並讀寫相關資料，因此 RFID 嵌入一片 IC 晶片。RFID 的原理是利用發射無線電波訊號來傳送資料，以便進行沒有接觸的資料分辨與存取，目的是要達到物品內容的識別功能。如圖 3-8。

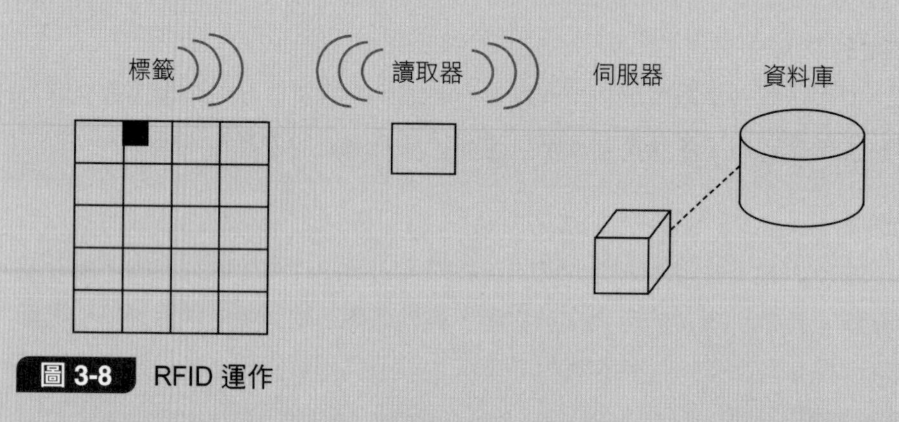

圖 3-8 RFID 運作

二、科技策略三構面——商機辨識

商機辨識可分成商機發現和機會辨識，而要產生這兩個項目之前，須先有需求挖掘，也就是整個順序為：需求挖掘→機會辨識→商機發現。在此僅說明機會辨識和商機發現。所謂機會辨識是指「需求與資源的創新發展方式，機會辨識主要是受到資訊來源、創業家認知與判斷 (judgment) 能力影響，機會辨識乃是從體認到一個未知的機會，搭配時空與資源，用創新的方法將其概念化的過程。」

從科技策略三構面架構（科技策略三構面架構包含科技策略、創新管理、網路行銷三構面交叉運作可得出新的商業模式，而此商業模式必須能滿足消費者的最終需求，而此需求必須回歸至人類的最根本人性欲望，如圖 3-9），可知機會辨識為科技策略和創新管理的交集結合。以本文案例而言，具有感知和運算的 RFID 系統，就是對應到科技策略構面中的核心技術，以及因長鞭效應所造成的存貨資訊不透通而須創造出透通的營運流程。因此，透過前述的「核心技術」和「創造資訊透通的營運流程」之交集結合，就可辨識機會所在，其機會就在於如何克服因長鞭效應所引發之存貨問題，也就是可利用 RFID 來達成資訊透通的營運流程。

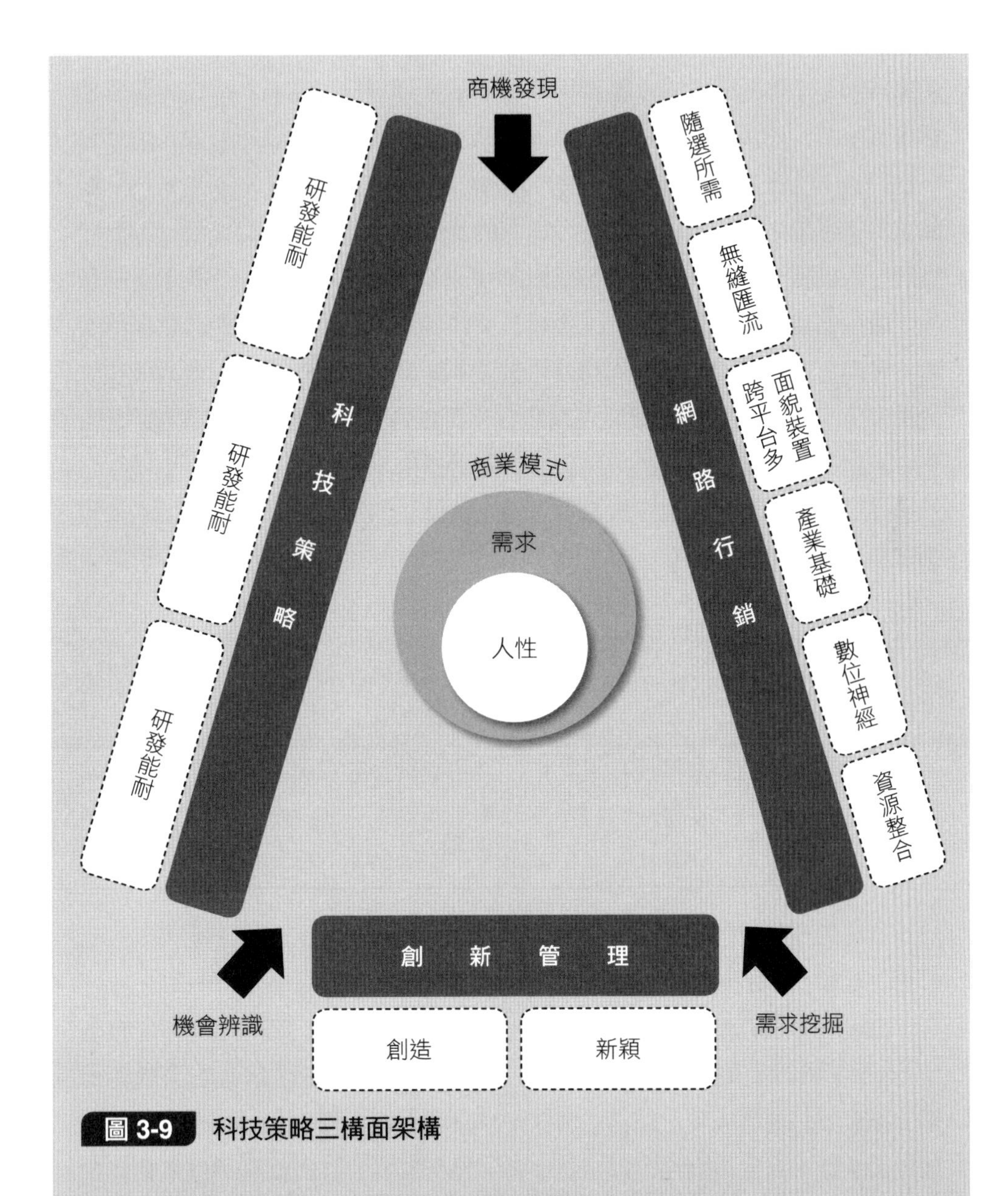

圖 3-9 科技策略三構面架構

有了機會辨識後，就可發展成商機發現。所謂「商機發現」，是指商業智慧 (BI) 領域的知識發現 (knowledge discovery)，其知識發現是指「在於能透過一連串的資訊處理流程，建構出一套邏輯化法則和模式，以支援判斷決策的分析基礎，而最重要的是決策者是在一個經過智慧型技術處理過的累積經驗與產業領域知識 (domain knowledge) 環境內，如此評估，才有其真正的知識成效。」因此商機發現具有商業智慧的功能和特性。以本案例而言，從

RFID 應用於資訊透通的營運流程，可發展出建構一個 SaaS 模式的資訊透通整合平台，利用此平台可整合控管整個供應鏈的存貨控制和計畫，這就是一種商機。因此，以科技策略三構面架構（如圖 3-9）來看，就是科技策略的 RFID 系統之核心技術和網路行銷中的資源整合，這兩者之交集成為商機發現。所謂資源整合是指「面對有限的資源，以往都是在單一企業環境中思考，所以若以產業角度而言，就會造成資源過剩或不足，難以最佳化運用資源，然而其產業基礎的雲端商務就可做產業資源整合，即可達到資源最佳化效益。」所以，此案例商機發現就是在於可透過 SaaS 模式的資訊透通整合平台來做雲端商業智慧分析，例如：存貨計畫的決策分析。

透過商機辨識，可為企業提供管理上的解決方案，更能創造出新的營收來源和商業機會。

本文個案的實務解決方案

根據問題形成的診斷結果，以上述提及的 RFID 和行動商務、科技策略三構面等方法論，提出本案例之實務創新解決方案。

在問題解決創新方案運作過程中（其全貌請參考筆者另一著作《問題解決創新方案》），本文僅就科技策略和創新觀點來說明此情境案例，可就產品設計、核心位置、新穎技術路徑相依度、機會辨識、商機發現等方法做說明。

1. 產品設計採取服務導向的產品功能和市場結合

由於傳統 POS 收銀機和貨品無法直接溝通，必須依賴人為利用條碼 (barcode) 機以手動掃描方式來結帳，這樣便造成貨品從架上放至購物推車、移至收銀機櫃檯時，須再從購物推車拿至櫃檯上掃描，如此一來一返造成貨品拿進拿出重複動作，這當然使得結帳作業冗長。因此在整個結帳作業相關裝置／設備產品在研發設計時，應考慮到如何服務顧客需求，並結合產品功能和市場考量的設計。在此例中，為解決顧客快速結帳需求，須把 POS 收銀機改成 RFID（無線射頻辨識），其購物推車搭配 RFID Reader 和貨品貼上 RFID 標籤等產品設計，如此設計考量產品功能（可自動讀取貨品資訊）和市場需求（顧客不需等收銀員掃描貨品）的結合。

2. 核心位置——大賣場在零售通路產業是樞紐者

以上述快速結帳作業的需求所發展出之商業模式，對於零售通路產業即將產生重大影響。由於經過 RFID 自動即時感知貨品銷售資訊後，其貨品原廠可立即知曉貨品已售出；其大賣場可知貨品從架上被拿取且由哪些消費者購買，進而透過了解貨品庫存狀態來啟動採購補貨作業，此作業牽動了貨品原廠生產計畫和通路商備貨計畫等。從上述説明可知，大賣場在零售通路產業是樞紐者，它掌握貨品採購補貨、生產備貨計畫的關鍵位置。

3. 新穎技術路徑相依度——採取漸進式創新

創新管理中的「新穎」是指新穎路徑相依度。技術新穎度發展通常具有某種特定的路徑相依程度，且會受到特定技術典範 (technology paradigm) 的影響，亦即在某些特定的問題上，基於現有科技知識所發展出的解決方式，因此新穎路徑相依度會影響企業在發展新的產品或服務時，通常會依循過去在特定技術軌跡所累積的知識經驗。路徑相依度的程度愈高，表示運用過去知識愈多，其創新程度也就愈低。所以，企業在運用創新的服務方案時，必須考量當時的環境和配套是否能成熟應用，這牽涉到創新方案可行性，也更影響到企業獲利商機的契機。由於目前 RFID 標籤晶片在成本、技術上不成熟，再加上物聯網建構仍在萌芽期，使得此商業模式無法一蹴可幾，所以本案例必須以漸進式創新方法來引導整個模式的發展。

4. 商機辨識——RFID 應用於置入式行銷的運作

因為 RFID 技術突破，使得行動商務的可行性程度和成效更加強大，進而使網路行銷的效益更具智慧性功能，網路上置入性行銷的 RFID 應用即是一例。置入性行銷是指將行銷手法放入某個主題內，使使用者不知不覺被其行銷方式所影響，如節目當中包裝商品；也就是説，在某一個文化宣導節目中，理應是探討文化如何融入和應用的重點，但若一直強調某商業上的藝術品，則就不是文化宣導節目，而是藝術品商品的推銷。

在每個商品的 RFID 上記載該商品的使用問題狀況（透過該商品本身的使用狀況自動收集功能），接下來，這些使用問題可經過網站上感應並讀取 RFID 內容，這些內容可經過網站上的伺服器軟體功能做分析，得出客戶在使用產品上的偏好，再將這些偏好置入這類客戶日常喜愛的事物（這些事物也是以某些網路呈現）。故當這類客戶在查閱這些喜好的事物網站時，不知不覺就會受到置入型行銷內容所影響，進而讓客戶產生訂購交易的行為。透過這樣的 RFID 置入型行銷，使得企業發展出行動商務的經營模式，上述就是一個例子。

行動商務在網路行銷上的應用，主要在於可進行資訊收集處理和行銷功能內的業務邏輯。前者須依賴 RFID 的無線應用，後者可利用 RFID 所得的資訊，透過無線連上企業伺服器內，去呼叫伺服器內的軟體功能，而這個軟體功能，就是在網路上欲做行銷的功能，且可以程式軟體來撰寫。如要在網路上做購物車分析功能，就可將此邏輯寫在伺服器軟體功能內，如此可根據購物車分析所得的關聯性產品，主動 email 或郵寄給客戶。

從上述對 RFID 和行動商務、科技策略三構面等應用說明，針對本案例問題形成診斷後的問題項目，提出如何解決之方法，並透過這些解決方法，可創造出商業模式之商機辨識。茲說明如下。

問題 1.

由於能即時正確掌握庫存流動明細狀態，因此能解決補貨採購計畫的不明確問題，進而解決供應商、製造廠的生產計畫不準確問題。

問題 2.

從上述所有問題的解決方案內容，可解決長鞭效應的問題。因為上述的運作，使得庫存資訊透通，因此可即時掌握整個供應鏈體系的物品進銷存移動狀態，進而降低存貨太多或太少的問題。

管理意涵

從此案例問題可創造出創新商業模式，其背後是由科技技術創新所發展出來的，也就是物聯網和 RFID 科技。因此創新商業模式來自於挖掘問題所在。例如：之前網路人力銀行商業模式，就是來自於人力求職報紙容易造成整手汙黑、不易撮合、浪費郵資等問題。又如：YouTube 影音分享商業模式，就是來自於網友影音內容不易分享之程序問題。企業營運會不斷發生新的問題，若沒有問題就是有問題，因此企業經營應掌握顧客所提出的問題，並透過挖掘問題的原因、解決方案，進而發展出創新的商機。

個案問題探討

請探討科技策略三構面如何應用於 CRM 系統的智慧行銷？

實務專欄（讓學員了解業界實務現況）

消費行為模式在 CRM 系統功能的發展

在 CRM 系統以分析型和協同型功能結合來發展出消費行為模式，但這種消費偏好行為須有大量足夠的資料來支援，才可發展出具有智慧型功能，故在實務上如何擷取大量資料是目前急須改善重點。尤其在物聯網時代來臨下，其實體物品的物理性資料更加重要。

習 題

1. 何謂客戶流失分析？如何運作其系統功能？
2. 說明分類 (classification) 和分群 (clustering) 的差異為何？

決策分析概論

「在解決方案的思路突然湧上心頭時，
表示你已付出很大的努力，來自於日日健行不息。」

學習目標

1. 說明個人決策和企業決策的定義
2. 說明決策環境的範圍和組成
3. 說明決策要素的項目和內容
4. 探討決策資訊的考量重點
5. 說明企業決策模式和決策模式的定義及內容
6. 說明個人和群體決策模式的種類
7. 說明資訊決策的定義和內容
8. 探討資訊決策和企業決策整合內容

案例情景故事

資訊系統如何支援輔助企業的決策？

步驟 1. 場景故事

張經理身為銀行總部的信用卡中心主管，面對各家銀行競爭的現況壓力下，張經理擬定了一連串的行銷企劃，包含 2 人同時辦卡優惠活動等。之後也經過各方努力行銷，終於使信用卡銷售量往上提升，這是值得慶賀的事。但就在慶賀之際，上星期發生了一件事情。客服中心王客服員回報張經理說：「某客戶的信用卡刷爆了，經詢問客戶後，客戶說這不是他刷的，顯然這是盜刷事件。」張經理問：「會不會客戶自導自演？或是遺失被人拿走，但也沒有向客服中心報遺失。」王客服員說：「那盜刷的金額應由誰來承擔？是銀行，還是該客戶？」張經理心想：「這種盜刷事件應如何事先預防呢？這是一種決策上的思考。」

步驟 2. 企業案例背景

在金控時代來臨之後，各個集團幾乎都擁有投信、壽險、銀行等多元化資源，如何妥善運用公司資源來進行整合行銷。金控成立貴賓理財的「VIP」，其成員係由銀行的理財專員與壽險的理財顧問共同組成，專門提供財富管理服務，並靈活運用及發揮轄下所有公司的資源來進行銷售，以提供更好的服務及產品給客戶。

問題 Issue 思考

1. 企業在不同環境變遷衝擊下，如何做出最佳化決策？
2. 在企業決策的範疇下，資訊決策如何因應其企業決策來發展可回饋至企業的整體目標？

前言

在企業營運環境中，企業必須不斷面對產業變遷衝擊做出更多的決策行為，其中定義和分析決策環境的狀況，有利於企業做決策，並在決策環境下定義其資訊範圍，從中控制決策風險，進而發展設計出企業決策模式，並規劃四個階段的決策程序。而在企業執行決策程序時，一定要有資訊的支援，才有辦法去判斷和決定。然而當資訊過多或資訊本身適合性不足時，則會影響決策品質。因此，資訊本身也必須做資訊決策，而此資訊決策和企業決策必須結合。

閱讀地圖（以地圖方式來引導學員系統性閱讀）

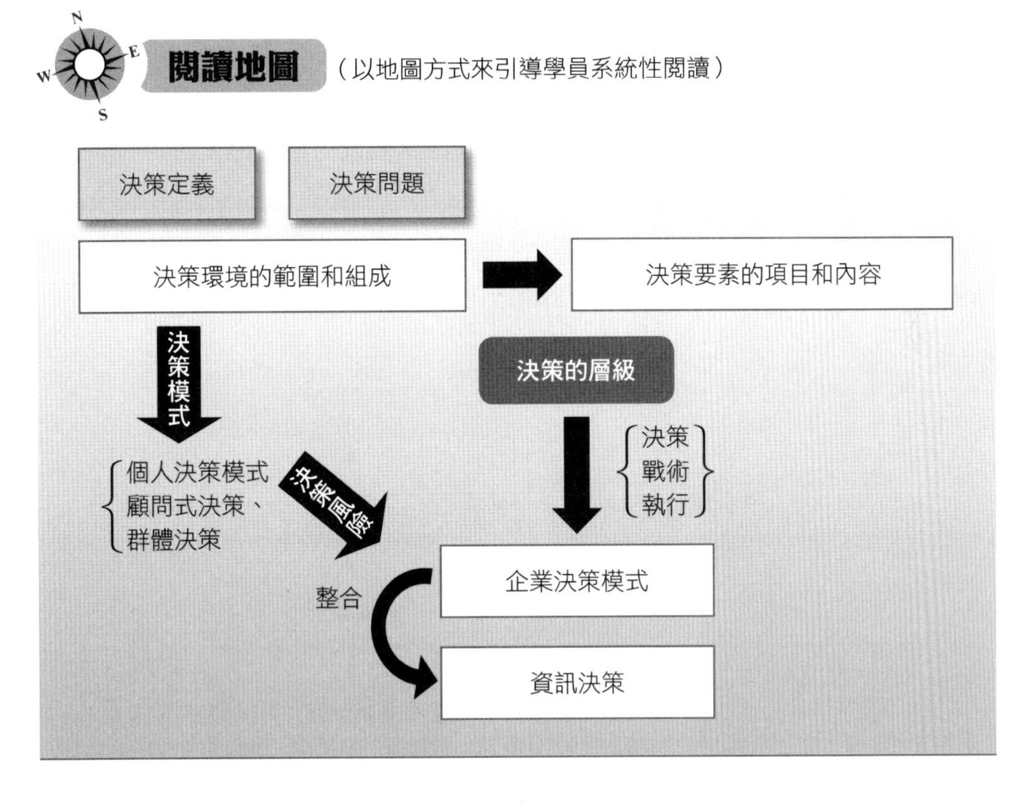

4-1 決策環境和範圍

就個人而言，在人生中，隨時都會牽涉到做決策，大到如職業決定，小到如吃早餐應該選擇哪家？同樣的，就企業組織而言，在商場環境中，隨時也會面臨到，因經營問題而須做出決策，其決策一樣也可大到如興建生產據點，小到如購買辦公椅樣式。因此，從上述說明可知，決策和其決策環境有很大關係。

那麼，何謂決策呢？

一、決策和決策環境定義

決策的定義依照個人和企業的不同，分述如下。

1. 就個人而言，決策是在面臨兩種以上選擇方案時，依照個人經驗和主觀意識，以及現有資訊收集下，做出較感覺性的決定。
2. 就企業而言，決策是在面臨經營問題時，必須找出解決方案，而如何找出方案的過程是有其一定的程序和知識，它是較客觀的決定過程，當然也包含選擇兩個方案的決定過程。

從上述說明可知，個人決策和企業決策是有所不同的，其影響在於決策環境的不同。組織所面對的環境，是影響企業管理決策績效的重要影響因素。[1]

那麼，何謂決策環境呢？

決策環境是在決策時所面對的環境條件，其主要環境條件包含環境特性、決策要素、決策資訊、決策問題、決策風險五種。如圖 4-1。

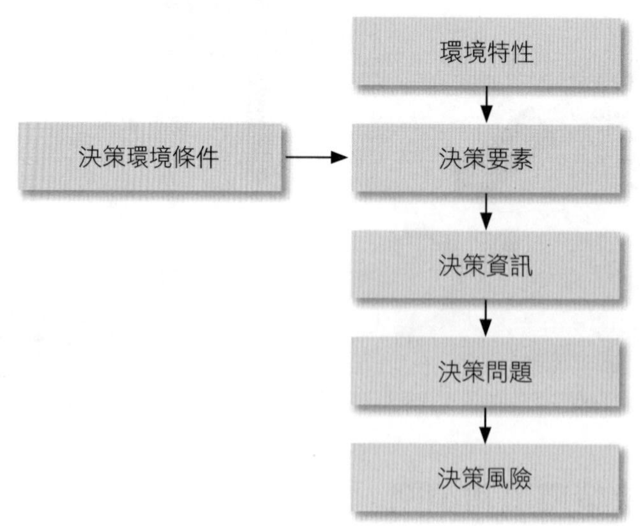

圖 4-1 決策環境示意圖

1 Hofer and Schendel (1978); Pfeffer and Salancik (1978); Porter (1980).

二、決策環境的組成

有關決策環境的組成，茲分別說明如下。

(一) 環境特性

當個人或企業在做決策時，會受到當時環境狀況所影響。環境狀況包含時間、空間和本身條件三種。時間是指當在做決策時，能有多少時間思考和準備；一般而言，時間愈長，愈能對決策品質產生好的影響。空間是指當做決策時，所面臨的周遭條件，例如：當時天氣或是經濟現況等。本身條件是指欲做決策的當事人之條件，例如：包含當事者的經濟狀況或知識程度等。上述特性會因個人和企業而有所不同，茲整理如表 4-1。

表 4-1 個人和企業環境特性差異表

環境特性	個人	企業
時　　間	時間長短 決策急迫性 決策重要性	
空　　間	天氣 地面概況	經濟局面 市場 產業
本身條件	經濟狀況 知識程度 學歷經驗	資本 營業額 規模

(二) 決策要素

決策要素是指在做決策過程時，須考量和牽涉的因素，主要包含決策目標、決策限制、決策方案、決策變項、決策結果等要素。其決策要素程序，如圖 4-2。

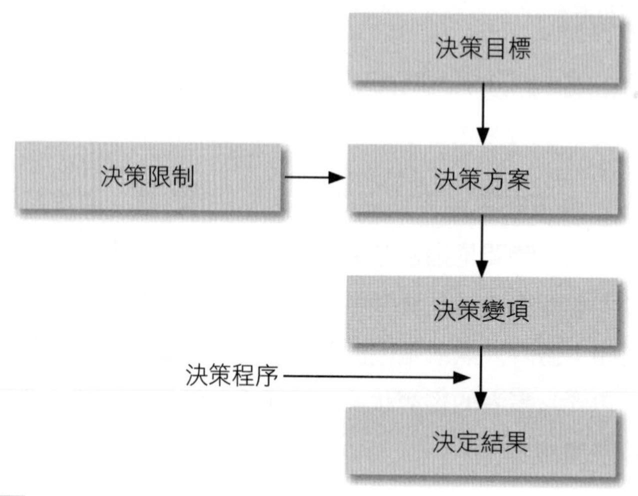

圖 4-2 決策要素程序圖

決策者在做決策過程中，首先須設定決策目標，再依據預期達成之目標，就決策限制影響下，發展各種決策方案，並從這些方案定義出和決策過程相關的變項，這些變項會影響決策程序運作過程，進而影響決策的最後結果。茲分別說明如下。

1. 決策目標

「目標」是決策者為何要做決定的終極要因，然而在做決策時，有可能會設定多個目標；也就是說，可在單目標或多目標下做決策。當然，多目標下做決策會更顯得複雜化。

2. 決策限制

在決策目標下會受到決策限制的影響，導致影響決策品質的後果。決策限制可分成兩個：一是可管控的限制，另一是不可管控的限制。前者是為了讓決策過程順利，須做決策變項的調整，例如：為了做出產品組合的決策，因為若考量太多而影響產品組合項目時，就會很難下決策，因此這些項目的種類、數量限制，就變成決策限制。另外，在不可管控的項目下，在決策過程中是很難去調整的，例如：經濟局面或本身資源現況等。

3. 決策方案

決策方案是為了達到決策目標的解決方案，其方案會因為受決策限制影響，可能發展出多個決策方案，這時決策者須決定最後決策方案，所以決策方案是影響決策品質的重要關鍵。

4. 決策變項

所謂決策變項是指在決策過程中必須考量的項目，這些項目的內涵變化會影響決策的結果，例如：某一消費者要買一輛汽車，但喜愛的汽車種類方案有五種，這時就面臨最佳化方案的選擇，此時決策變項的內容就會影響方案選擇，如汽車價格項目內容、價格高低，即會影響選擇何種汽車。

5. 決策結果

決定決策品質的好壞在於決策結果。決策結果應該能達到先前設定的決策目標，因此，決策結果是衡量決策的最終績效。

(三) 決策資訊

當決策者做決策時，必須能掌握資訊，資訊愈能充分掌握，則對決策過程和品質會有更好的績效。所謂決策資訊，是指在決策過程中，支援決策所須依據的內容，例如：企業要決定行銷據點，須有當地據點的市場需求量資訊，若此資訊掌握愈明確，愈能做出對的決定。然而，決策資訊如同水一般，可載舟也可覆舟，亦即當資訊掌握錯誤或有遺漏，就可能做出錯誤的決定。因此，決策資訊的考量重點包含資訊擷取整合、資訊過濾萃取等，茲分別說明如下。

1. 資訊擷取整合

企業資訊可分成內部和外部資訊，內部資訊容易管制擷取，但外部資訊不易擷取，這其中包含資訊格式、來源及結構。如圖 4-3。

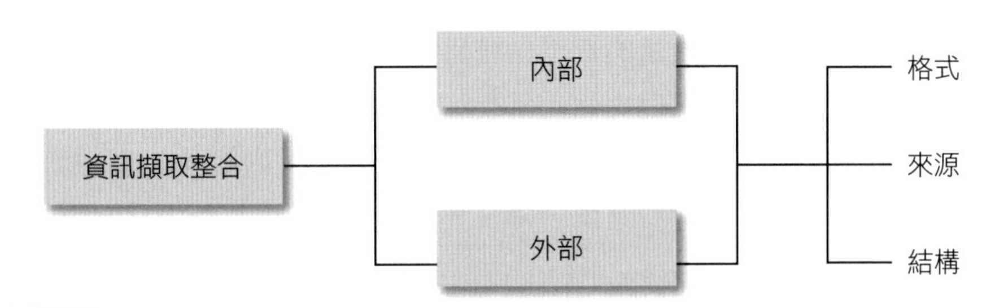

圖 4-3 資訊範圍

(1) 資訊格式

在現今電腦和網際網路發達之際，企業資訊大都已成為數位檔案，但數位檔案有很多種，例如：Oracle 和 SQL server 格式，此時就牽涉到不同格式的整合。目前標準資訊格式是 XML (Extensible Markup Language)，亦即延伸性標準語言。

(2) 資訊來源

資訊來源的可靠性和準確性，係判斷是否能擷取來源所在的依據。

(3) 資訊結構

決策型態依據結構化程度，可分成以下三種：結構化、非結構化、半結構化，茲說明如下。

- 「結構化」型態：是一種程式化決策，決策者對於問題情境非常熟習，所需資訊亦相當充分，而問題的解決方式也有前例可循。
- 「非結構化」型態：是一種非程式化決策，此問題不常甚至未曾發生。決策者對於問題的情境不清楚，解決問題所需資訊也相當缺乏，須投入大量時間與資源。
- 「半結構化」型態：是介於結構化型態和非結構化型態之間。

2. 資訊過濾萃取 (information extraction)

為了達到有效與快速的資訊獲取，我們在做資訊擷取時，會去作資訊擷取 (information extraction)，以擷取重要的資訊作為傳送。Cardie 認為，資訊萃取是找出關於該領域有用的資訊，並對這些有用的資訊進行編製，從這些資訊輸入中，可以萃取出先前發展的相關主題或領域的重要資訊，進而形成結構化的格式 (Cardie, 1997)。在目前網際網路日漸成熟且大量的資訊內容，導致發生資訊超載 (information overloading) 現象，也就是資料過多將導致所收集的資料易呈片段資訊，及不知如何應用，進而不易整合。例如：一個新聞網站會有相當大量的資訊在裡面，以往資訊萃取方式為利用行政人力來執行，但若面臨處理文件大量及知識不足情況下，行政人力便無法負荷，因此須使用專家的知識背景、理解能力和自動化的萃取方式，對所欲萃取的資訊做最佳的過濾和判斷。資訊萃取的技術主要是藉由自然語言處理 (natural language processing, NLP)，或利用一些關鍵字達成本文的推論及句法的一致性 (Rush, 1971)。資訊萃取的目的，在於將指定的資訊由資料來源中萃取出來，資訊萃取作業並不會真正去了解資訊本身內容，但會針對資訊作相關處理。

(四) 決策問題

所謂「問題」，指的是一種實際狀況與期望狀況之間的差距。問題的界定是主觀的，大部分問題沒有明顯徵狀，因此決策者必須透過決策程序，來解決組織目前存在的問題，以使組織得以繼續運作。決策問題可從企業和個人來說明：

- 對企業而言，目標與實際之間的差距，代表著經營績效上的問題。例如：企業發生出貨產品短缺，意味著企業無法達到訂單經營績效上的問題。
- 對個人而言，目標與實際之間的差距，代表著需求滿足上的問題。例如：他需要一台電腦，但他目前沒有電腦可以使用，則意味著一種個人在電腦需求滿足上的問題。

因此決策問題在於要解決問題，必須運用決策程序，並了解每個決策項目的標準重要性是否相同。所以決策程序與解決問題有其關係，其關係說明如下：

(1) 確認與界定問題：現實狀態與理想狀態之間的差距界定。
(2) 發展可能的備選方案：發展各種解決方案，並且分析其各個優、缺點。
(3) 評估可能的備選方案：就各種解決方案，決策者必須對於決策程序，發展出評估準則。

(五) 決策風險

風險管理 (risk management) 是一種應用科學，其重點是希望能夠在「成本」與「目標」之間取得一個平衡點，一方面能夠降低風險的影響，另一方面在風險發生時，減少非預期目標結果所帶來的問題。Cristy (1988) 在《風險管理之基礎》(*Fundamentals of Risk Management*) 一書中提到，風險管理是企業或組織藉由控制偶然損失之風險，以保全所得能力與資產所做的集體努力。Ren (1994) 提出風險診斷與管理 (risk diagnosis & management) 的方法，可分為辨認風險、評估風險、決策風險及規劃執行四個階段。決策風險是指決策者在做決策前能先了解風險、不確定性與可能的後果再做決定。因此辨認風險是決策風險的重點，對於風險可透過定性及定量兩種分析來認知，定性係為分析風險，而定量則是衡量風險。決策風險和決策環境的確定性程度機率有其相關性。決策環境依據確定性程度機率，可分成以下三種：確定性環境、風險性環境、不確定性環境，茲說明如下。

- 確定性環境：決策者針對問題、相關解決方案與結果，擁有充分的資訊可作出判斷。
- 風險性環境 (risky)：決策者對問題延伸的方向無法充分預期，決策者是基於經驗或以往知識，來掌握與了解問題走勢的可能發生機率。它是一種外在環境的動態性，對相關解決方案與其結果無法完整了解。
- 不確定性環境：個人在不確定性環境下的決策行為，常須依賴對於事件發生可能性的基礎，來作為決策的依據。在面對不確定性環境時，決策者常採取對於整體情勢發展的感覺，來處理決策中的不確定性因素。企業所面對的不確定性變數，通常也與經營環境有關。但是企業主卻往往低估不確定性環境所可能產生的決策問題。處理不確定性因素能力的高低，會影響到決策的行為及有效性 (Tversky and Kahneman, 1974)。

決策風險會影響到決策結果，其影響決策的主要因素如下：

- 目標的定義和澄清：決策者的需求滿足。
- 資訊和知識掌握：大多數決策風險源自於無法掌握資訊和知識。
- 決策行為模式：大多數決策者在做決策時，都傾向於以往習慣。
- 環境文化：決策環境和價值信念。
- 資源條件：決策限制。
- 個人情緒和企業文化：理性與感性。

三、決策的層級

在企業組織中，不同階層的管理者所面臨的問題不同，因此決策也會不同。通常組織中的決策，依營運構面的角度，可分為三種，如圖 4-4。

- 策略 (strategies) 層級：策略是運用既有技術與資源，在最有利的情況下，達成基本使命與目標的一種科學和藝術；是為了達到組織目標而設計的一套整合性計畫，因此它著重在決策方面。
- 戰術 (tactics) 層級：是一種為了達到策略計畫所採取的方法，它著重在管理方面。
- 執行 (operation) 層級：是一種在方法展開下為了達到策略計畫所採取的行動，著重在作業方面。

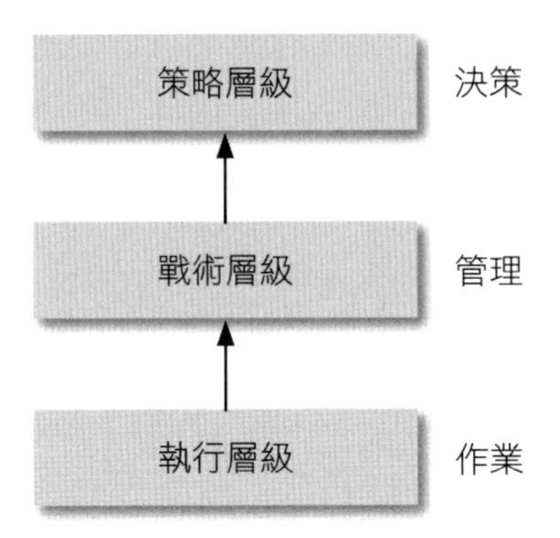

圖 4-4 決策層級圖

4-2 企業決策模式

企業決策模式主要是指企業在做決策時所運作的方法程序，架構模式如圖 4-5。

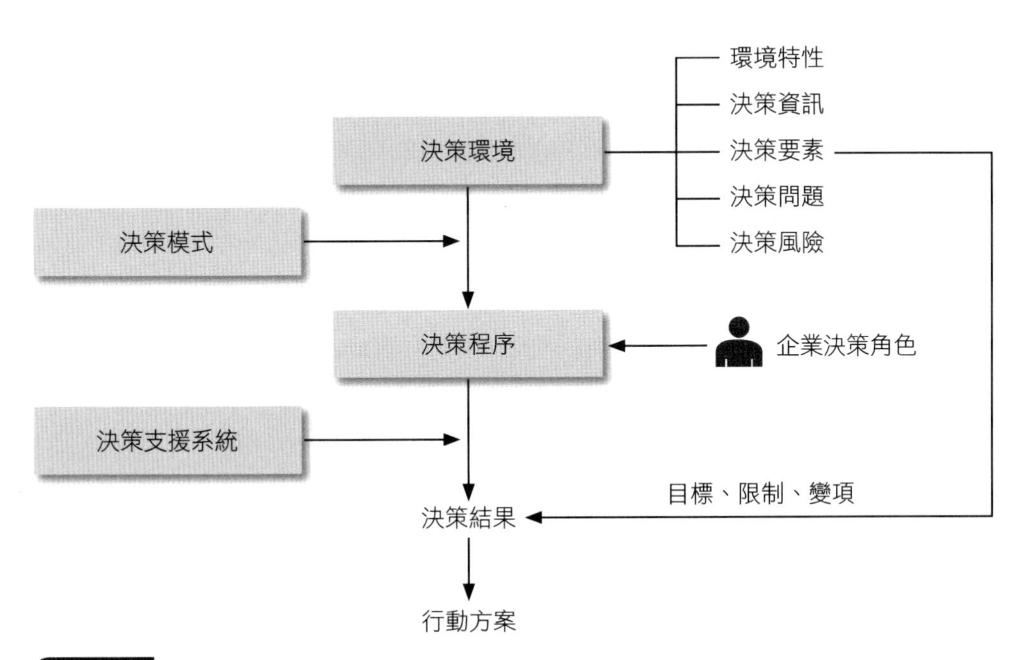

圖 4-5 企業決策模式圖

企業決策模式的運作是在決策環境影響下，運用決策模式提供的方法，落實在決策程序過程中。在程序運作期間，會有相關決策角色參與進行，並利用決策支援系統，進而發展出決策結果，接下來依照決策結果採取行動方案。在企業決策模式中，其中決策環境已於前文做說明，因此，在此主要介紹決策模式和決策程序內容，至於決策支援系統則留待下個章節說明。

一、決策模式

在決策的過程中，決策參與者未必總是單獨個人，它可包含個人決策、顧問式決策、群體決策三種。

決策模式可依個人和群體而分成不同種類，茲分別說明如下。

(一) 個人決策模式

1. 理性 (rationality) 決策模式

理性決策，顧名思義是要在理性的前提條件下來做決定。「理性決策模式」是建立於邏輯推理的思考，理性決策是一套有系統的模式。以有效的資訊收集為依據，而不是以主觀成見為決策依據。理性決策是靠推理、判斷、分析、綜合來完成決策的過程。Herbert Simon 認為，決策是一個理性程序，其內容有發現問題並進行分析，思考可能的行動方案，再由各項行動方案中，選擇一種最適合的解決方案。雖然有許多人依靠直覺即可作出很好的決策，但在大多數情況下，人的直覺往往是有限資訊下的直接反應，其結果是很不可信的。Robbins 與 Coulter 認為，一項完全理性的決策，必須要滿足下列七個假設 (Robbins and Coulter, 1999)：

(1) 問題要明確清楚：理性決策的問題必須夠清楚。
(2) 目標導向：存在著一套有待達成、清楚界定的目標，同時各個目標之間沒有衝突。
(3) 已知的方案：所有的替代方案都是已知的和明確的。
(4) 自己的偏好：決策者會依自己的偏好。
(5) 不變的看法：決策對的自己的看法有一致性。
(6) 沒有時間成本壓力：決策是在沒有時間成本壓力下做決策。
(7) 最大報償：決策者會選擇能獲取最大報償的替代方案。

2. 感性 (sensibility) 決策模式

人畢竟是有感情的動物，往往會因為當下的心情、突來的想法、瞬間的感動而做出非理性的決定。Peirce 認為當人們用感覺做主觀判斷時，可能會發生無法理解的決定，甚至自己也無法清晰判斷的過程。決策者不能做理性的邏輯思考，而仰賴觀察的表象做感性決定，就是感性決策模式。茲將理性決策和感性決策差異，說明如表 4-2。

表 4-2 理性決策和感性決策差異

差異項目	理性決策	感性決策
思考	理性的	感性的
人腦	左腦的	右腦的
方法	科學的	藝術的
過程	預兆的	突發的
線性	線性思考	非線性思考

3. 資源導向型理性

資源導向型理性決策模式指出企業不僅要實施理性決策，還要進行資源優化配置。

4. 漸進調適 (muddling through) 決策模式

Lindblom (1959) 認為漸進模式的主要重點是「漸進改善」，而不是革命改變。現有決策不好時，決策者會尋找能逐步改善現況的方案，而非找一次就能得到結果的方案。企業中的許多改善，都是漸進摸索而達成的。

5. 有限理性決策

在理性決策中，若要完全依照理性決策模式，很多問題將須考慮大量的資訊及替代方案，此將造成處理成本過大，因此決策者可能在環境限制、缺乏資訊和不確定性等因素下，導致理性受到限制，故須在限制理性 (limited rationality) 與有限理性 (bounded rationality) 之間做決策，如此才可在有限的時間及處理能力之內解決問題。有限理性決策是在 1950 年代中期首先由 Herbert Simon 所提出 (Simon, 1987)。Simon 認為有限理性決策應是一個尚可滿意的方案，企業並不需要追求一個最好的方案，因為可能追求不到或不符成本效益。有限理性決策也有它的問題存在，決策者會因外在的不充分資訊或資訊錯誤而導致影響真正決策的結果。所以，有限理性決策仍必須審慎收集人為的外在因素及相關資訊，確保提升決策品質。

個人決策的迷思主要包含：可用性偏差、重複性典型偏差和錨定與調整偏差這三種。

- 可用性偏差 (availability)：指因記憶的不正確或僅依據有限資訊，導致決策時產生錯誤的判斷。
- 重複性典型偏差 (repetitiveness)：由於人們的記憶力有限，致使無法充分辨別所有的情況，於是便依靠典型來簡化思考。
- 錨定與調整偏差 (anchoring and adjustment)：人們的決策會根據實際情況，但沒有經過精密的思考來加以調整，所以決策上調整常常會有偏差。

(二) 群體決策模式

群體 (group) 決策指的是一群人共同制定某種決策，分項說明如下。

1. 官僚模式 (bureaucratic model)

    官僚模式認為組織是個僵固的結構模式，組織中含有許多不同的功能單位，由一群人依特定的目標和標準工作程序完成功能。當問題出現時，組織便會設法把問題分配給相關單位，再由各單位依功能的工作程序提出方案，而這些方案最後成為整個組織的決策。

2. 垃圾桶模式 (garbage can model)

    垃圾桶模式認為組織只是暫時存在，一旦環境變化，大部分組織都會被淘汰。垃圾桶模式認為組織中有很多人在許多方案中找問題，決策者只是不斷在找問題做決策而已。

3. 共同決策 (pooled decision)

    在管理上，指一群人聚在一起共同決策，例如：開會。

4. 順序決策 (sequential decision)

    一群人共同決策，但有其順序上決策。因每個成員的影響力並不相同，前面的決定可以被後面順序的決策者改變，例如：採購一輛公務車，可能須經過不同層級主管簽核。

5. 相依決策 (independent decision)

    一群人共同決策，自然會有相依影響力；也就是說，不一定有共同目標，甚至可能有相反目標，使得決策上會有干擾依賴。例如：勞資談判。

6. 腦力激盪

    腦力激盪是最常被一群人用來尋找解決問題方案的方法。它的重點是不要批評別人的構想，且包容各種奇特的構想。因此腦力激盪的原理是認為有些好的想法會被其他想法所激發，所以，不斷地提出各種想法，且結合或改進別人的構想，以便最後尋找到理想的構想。

7. 構想組合決策

構想組合決策是另一種腦力激盪的決策模式，它主要是藉由一組人擬出一些構想後再做投票，也就是說經過腦力激盪後，以投票訂出構想的排序，由排序結果達成決定。

8. 名目團體決策 (nominal group technique)

名目團體決策係由一群人共同做決定，但是在構想產生階段，彼此的互動卻以個別方式進行。參與者先用紙卡讓每個人輪流將自己的構想或看法寫下來，而不用言語溝通討論，然後傳給下一位，如此持續下去，待構想產生的階段結束後，參與者再開始討論記錄各種構想，最後參與者以投票方式來決定各決策構想的優劣。

9. 德菲法

首先確定邀請參與的專家與會和清楚定義問題，並依據討論主題來設計第一次問卷。接下來讓參與者填寫問卷，之後將收回的問卷結果加以整理且分析，並依據分析內容設計第二次問卷，接下來讓參與者再填寫問卷，持續此做法，直到想法收斂到某種被接受的程度。

二、決策程序

Simon (1960) 提出每個決策程序都需要經過四個階段，詳細說明如下：

- 情報階段：主要包含辨識決策問題、找出問題癥結，是確切地表述需要作出決策的問題或情況。
- 設計階段：決定決策準則、設計滿足限制條件的方案、分析各個方案的影響、開發替代方案。
- 選擇階段：從比較各個方案的影響，到選定方案的過程，最後從上述各項替代方案中選擇最佳者。
- 實施階段：執行最佳方案，進而採取行動方案。

茲將決策程序步驟，說明如下（圖 4-6）：

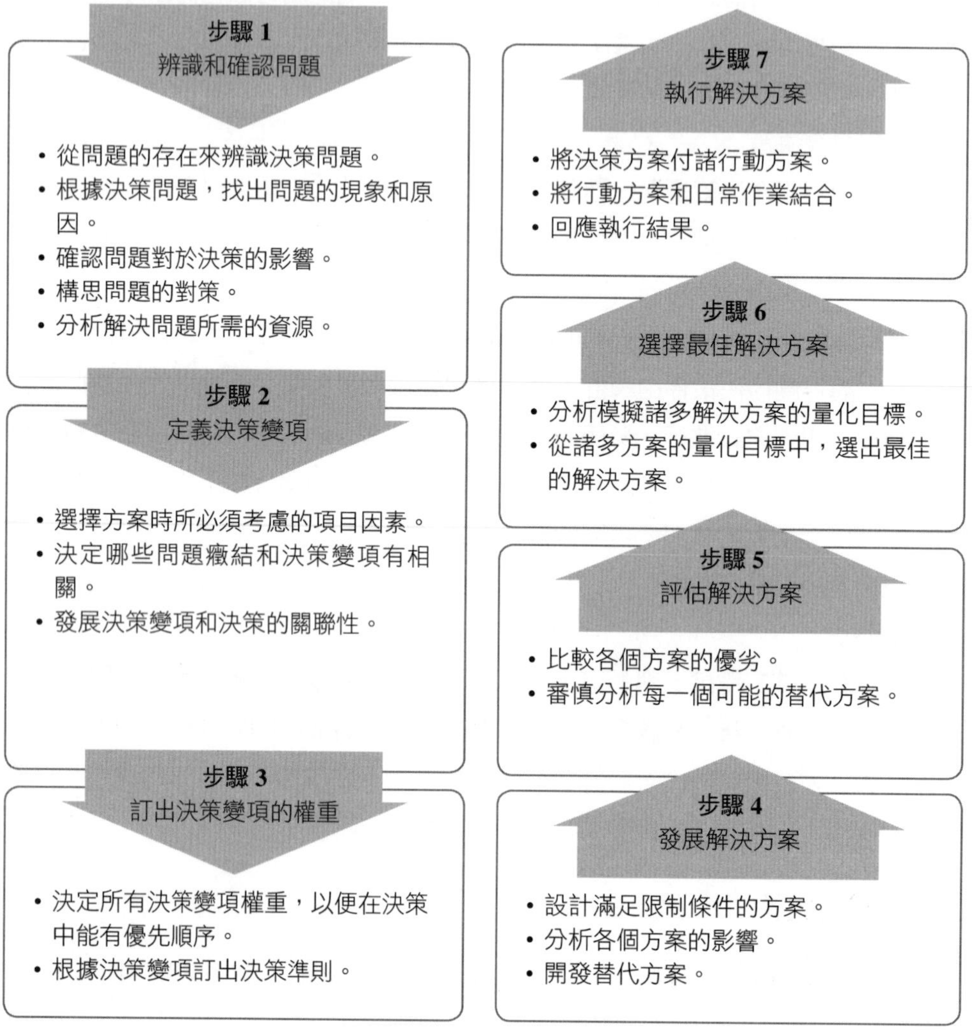

步驟 1
辨識和確認問題

- 從問題的存在來辨識決策問題。
- 根據決策問題，找出問題的現象和原因。
- 確認問題對於決策的影響。
- 構思問題的對策。
- 分析解決問題所需的資源。

步驟 2
定義決策變項

- 選擇方案時所必須考慮的項目因素。
- 決定哪些問題癥結和決策變項有相關。
- 發展決策變項和決策的關聯性。

步驟 3
訂出決策變項的權重

- 決定所有決策變項權重，以便在決策中能有優先順序。
- 根據決策變項訂出決策準則。

步驟 4
發展解決方案

- 設計滿足限制條件的方案。
- 分析各個方案的影響。
- 開發替代方案。

步驟 5
評估解決方案

- 比較各個方案的優劣。
- 審慎分析每一個可能的替代方案。

步驟 6
選擇最佳解決方案

- 分析模擬諸多解決方案的量化目標。
- 從諸多方案的量化目標中，選出最佳的解決方案。

步驟 7
執行解決方案

- 將決策方案付諸行動方案。
- 將行動方案和日常作業結合。
- 回應執行結果。

圖 4-6 決策程序步驟圖

4-3 資訊決策和企業決策整合

企業在做決策時，一定要有資訊的支援，才有辦法判斷和決定。然而當資訊過多或資訊本身適合性不足時，就會影響決策品質。因此，資訊本身也必須做資訊決策，而此資訊決策和企業決策必須結合。在此，以下將介紹「資訊決策」、「資訊決策和企業決策結合」這兩部分。所謂「資訊決策」是指在眾多資訊中，如何利用資訊過濾萃取方式，取得適合企業決策所需的資訊。所謂「資訊決策和企業決策結合」，是指經過資訊決策後的資訊被擷取於企業決策過程中，以利企業決策品質。

一、資訊決策

資訊決策運作內容包含：資訊來源、資訊獲取、資訊萃取、資訊分析、資訊決定等五個階段，如圖 4-7。

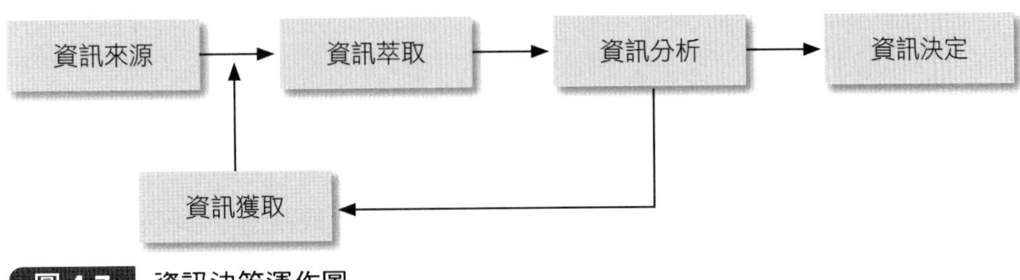

圖 4-7 資訊決策運作圖

資訊決策運作內容，茲分別說明如下。

(一) 資訊來源

一般有以下的資訊來源管道環境：

1. 資料的路徑：有直接資料和間接資料來源。它的特性是靠資料來源的掌握性；它的整理是靠資料重要優先程度來處理；它的分類是靠資料收集難易程度來決定；它的過濾是靠資料分類的相關性來篩選。
2. 資料的專業：有領域專家和經驗累積來源；它的特性是靠資料來源的嚴謹性；它的整理是靠資料專業程度來處理；它的分類是靠資料嚴謹程度來決定；它的過濾是靠資料嚴謹的專業程度來篩選。
3. 資料的系統：有資料庫和資訊庫來源。它的特性是靠資料來源的系統性；它的整理是靠資料軟體程式來處理；它的分類是靠資料和資訊差異程度來決定；它的過濾是靠資料庫和資訊庫系統自動化來篩選。
4. 資料的範圍：有個人及組織來源。它的特性是靠資料來源的多元化；它的整理是靠個人型資料來處理；它的分類是靠組織的群組程度來決定；它的過濾是靠個人型資料是否在組織的群組內來篩選。
5. 資料的形成：有口耳相傳和學習訓練來源．它的特性是靠資料來源的結構完整性；它的整理是靠資料是否結構化來處理；它的分類是靠結構化的程度來決定；它的過濾是靠結構化的完整程度來篩選。

6. 資料的型態：有師徒傳承和書本文獻來源。它的特性是靠資料來源的理論實務性；它的整理是靠資料是否成為可儲存型態來處理；它的分類是靠理論實務的差異程度來決定；它的過濾是靠理論和實務的兼顧程度來篩選。

(二) 資訊獲取

資訊獲取是因有資訊來源的存在，而在企業中資訊來源是很多且分散的，有來自於公司部門、員工、客戶、供應廠商等。若以成為電子檔案格式來源而言，則公司的資訊系統資料庫就隱含著許多待獲取的資訊，因此如何從資料庫中利用有效的方法，將資料間有用的資訊提取出來，是資訊獲取的方向。資訊獲取和一般已成為結構資料庫的擷取是不一樣的，後者只是在存取路徑中做關聯和搜尋，但前者需要把資訊來源做整理、分類、過濾等，因此資訊的擷取在專家系統或人工智慧中為一關鍵的部分。因為資訊來源的不適合，會使得資訊獲取有品質上的問題，導致後續作業引用了不對的資訊。資訊來源經過整理、分類、過濾後，代表資料已被處理到某種資訊程度，這時就可做資訊獲取。

(三) 資訊萃取

請參見前文「決策資訊」。

(四) 資訊分析

經過資訊萃取後可得到好品質的資訊內涵，然而因為企業決策有其一定的主題，因此在此主題下會有資訊標的、資訊分類、資訊交叉、資訊範疇、資訊意義等五項，必須透過資訊分析方法來闡述，其運作程序如圖 4-8。

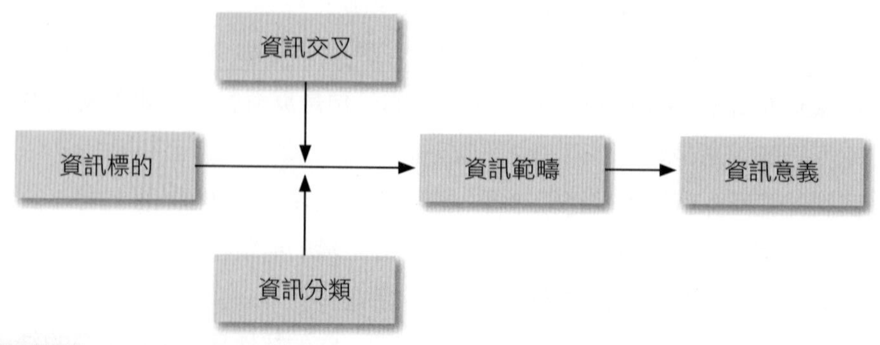

圖 4-8 資訊分析運作程序圖

資訊分析運作程序，茲分別說明如下。

1. 資訊標的

　　在企業決策下的主題內涵，可展開很多資訊標的。所謂「資訊標的」是指所擷取的資訊欄位，包含欄位項目和格式。「資訊標的」必須能反映企業決策的主題內涵，也就是資訊內容適合性，例如：企業欲決定生產產品數量，那麼訂單資訊標的就符合資訊適合性，若擷取產品規格資訊欄位，則便不符合。

2. 資訊分類

　　在眾多的「資訊標的」內，為了後續分析了解之用，則須將資訊做分類，以便能快速和清楚的了解所有「資訊標的」的呈現。資訊分類必須利用分類工具方法來達到分類目的，一般分類工具方法有決策樹、群集分析等。

- 決策樹：所謂決策樹 (decision tree) 是一種常用於預測模型的演算法，它是一種決策過程的圖形，決策過程中由許多不同的屬性和不同發生事件相互配合而成，決策樹如同樹狀分析，是同時提供分類和預測常用的決策方法。在預測技術方面，乃依據某一特定對象屬性，觀察其過去的行為或歷史資料，藉以推估其未來的預測值會是多少。在資訊分類方面，乃對於資料中的每一種屬性都建立一個 1 層決策樹，假若有 m 個屬性，那就會有 m 個決策樹，從這些決策樹中取分類錯誤率最小者，當作預測新資料類別的規則。
- 群集分析：可分成分層法 (hierarchical)、非分層法 (nonhierarchical) 和兩階段法，是一種邏輯程序，探討如何將欲測量對象分為類似的群體。將比較相似的樣本聚集在一起，若具有某些共同特性者，則形成群集 (cluster)。以「距離」作為分類的依據，「相對距離」愈近的，「相似程度」愈高，歸類成同一群組。主要應用在多變量資料上，為多變量分析中相當實用的分析工具，此統計分析方法不需要任何假設。K 平均值 (K-Means) 為非分層法。它的做法是任意將個體分成 K 組，然後將個體在多個群間移動，使群內變異最小和群間變異最大。兩階段法為第一階段分層法分群，決定群組個數，第二階段再以 K 平均值法進行群集，移動各群組內的個體，使群內變異最小和群間變異最大，以便最後保持全部群組為 K 組。

3. 資訊交叉

是指將不同資訊欄位在某一主題下做交叉分析，例如：產品營業額可在月分、產品種類、客戶區域等三個欄位做交叉呈現，其使用工具如 Excel 樞紐分析表。

4. 資訊範疇

「資訊標的」經過資訊分類和資訊交叉運作後，可得到一個符合企業決策主題的資訊結果，此結果就是資訊範疇。

5. 資訊意義

資訊範疇必須透過人為智慧來解讀，才能顯現其資訊意義，而此意義也就是資訊分析後的結果，它會作為資訊決策的判斷依據，也就是決定這些資訊在企業決策時是否應用。

(五) 資訊決定

經過資訊分析運作後，必須做出是否採用這些資訊的決定。

二、資訊決策和企業決策整合

資訊決策須建構在企業決策模式架構上，其整合示意圖如圖 4-9。

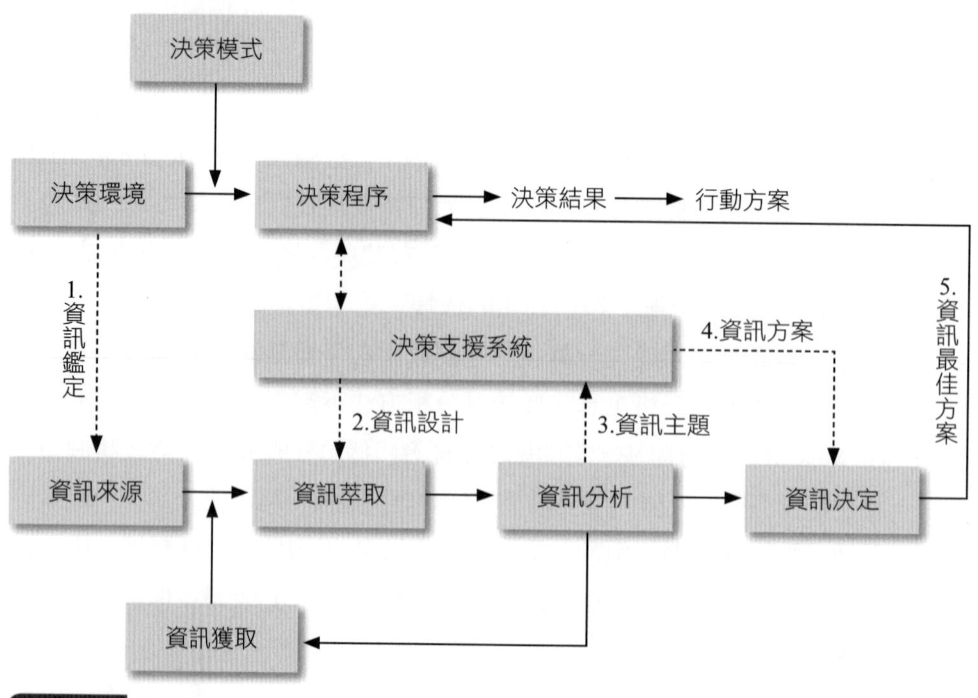

圖 4-9 資訊決策和企業決策整合圖

從圖 4-9 中，可知資訊決策和企業決策整合有五個項目，包括資訊鑑定、資訊設計、資訊主題、資訊方案、資訊最佳方案等重點，透過這些項目，可以結合資訊決策和企業決策。此整合圖中還包含決策支援系統，決策支援系統是一個應用軟體系統，透過此系統，可加速及有效率的把資訊決策和企業決策做結合。

以下分別說明這五個連接項目。

(一) 資訊鑑定 (identification)

所謂資訊鑑定是指認定資料來源的品質，而資料來源的品質指資料完整性、正確性、即時性。在企業決策中，影響資料來源品質認定的是「決策環境」，也就是透過決策環境來鑑定資料來源的品質。一般鑑定方法有績效指標 (key performance index, KPI) 法，績效指標是將資料品質的完整性、正確性和即時性，以設定指標方式，來鑑定其資料來源的品質。在此，將常用鑑定的 KPI 整理如表 4-3。

表 4-3 KPI 資料來源

資料來源品質	鑑定指標
完整性	資料總筆數
	資料欄位數
	資料檔案數
	資料主題範圍
	資料欄位內容
正確性	資料檢核率
	資料邏輯
	資料關聯
	資料錯誤率
	資料遺失率
即時性	資料更新率
	資料回收時間
	資料更新時間

(二) 資訊設計 (design)

資訊設計是依賴於決策程序中的情報和設計兩個階段之內容，進而對資訊做規劃設計，以便作為資訊決策過程中的資訊萃取之依據，如圖 4-10。

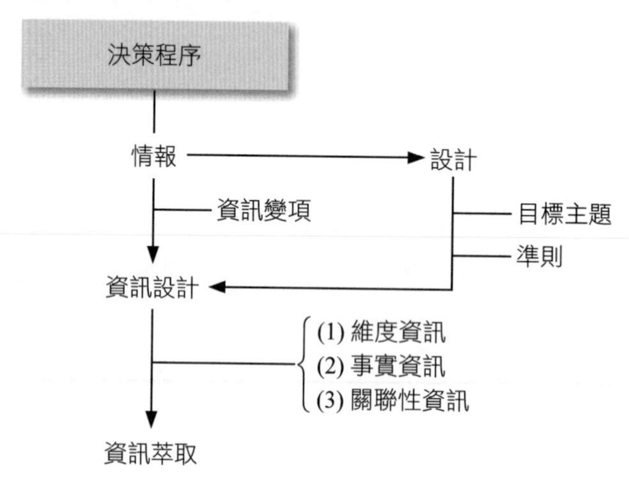

圖 4-10 資訊設計圖

從圖 4-10 中，可知資訊設計的運作包含維度資訊、事實資訊和關聯性資訊三方面，茲分別說明之。

1. 維度資訊

   所謂維度資訊是指以某維度的思考，整理出資料欄位，亦即是主題的角度，例如：決策主題是目標客戶群的分類決策，則某一維度可設定為客戶等級欄位。在此資訊欄位也是資訊變項。

2. 事實資訊

   所謂「事實資訊」是指資訊來源中的交易性資料，例如：訂單交易資料，在此事實資訊中，可依維度資訊而對應出相關資料，例如：從客戶維度來對應訂單交易資料，可得知某些客戶的總銷售金額，進而了解會有多少營收，這也就是準則。

3. 關聯性資訊

   透過決策程序的情報和設計過程，可分析出資訊變項、目標主題、準則內容，進而發展出維度資訊、事實資訊。而這兩個資訊是有其相關性的，也是某一事實資訊可相關對應出多個維度資訊，如此形成決策所需要的資訊，進而作為資訊萃取的基礎。也就是當在做資訊來源萃取時，必須來自於決策程序所需的資訊範圍（亦即維度資訊和事實資訊），如此萃取的資訊才可作為決策使用的資訊基礎。

(三) 資訊主題 (schema)

在資訊決策過程中，其所規劃設計後的資訊，一定要符合企業決策主題所需，因此在資訊決策過程中經過資訊設計後，應整理並定義出資訊主題，當然資訊主題和決策主題必須相對應。在此，資訊主題的做法主要是以資訊綱要來呈現。所謂資訊綱要是指利用結構註記語言，來描述資訊內容的管理性資訊，例如：有一個客戶資訊主題，這時 schema 會用原始日期、資訊筆數、資訊意義等結構化註記語言來描述。透過這樣的資訊綱要描述，就可了解資訊內容是否符合資訊主題，進而對應決策主題。

(四) 資訊方案 (alternatives)

在決策程序中會有決策方案，而決策方案內容是來自於資訊方案的支援，因此首先必須發展出資訊方案。所謂「資訊方案」，是指為了發展這些決策方案所需資訊，因此當有 n 個決策方案時，則相對應會有 n 個資訊方案。資訊方案的內容依支援輔助特性，可分成正相關、負相關、不相關的資訊。在此正相關資訊是指其內容對於相對應某決策方案有正向幫助的關係，負相關資訊則是會造成該決策方案不利的影響，而不相關資訊則只是註記參考而已。因此，可知對某決策方案有更多正相關資訊，則愈有利於選擇該決策方案。

(五) 資訊最佳方案 (best alternatives)

所謂「資訊最佳方案」，是指在眾多資訊方案中選擇最有利於決策方案的資訊方案，從上述對資訊方案的定義，可知當資訊方案中有最多正相關資訊時，即是資訊最佳方案。

案例研讀

問題解決創新方案→以上述案例為基礎

問題診斷

依據 PSIS (problem-solving innovation solution) 方法論中的問題形成診斷

手法（過程省略），可得出以下問題項目：

問題 1. 申請信用卡通過率和盜刷關係？
問題 2.「如何預防盜刷事件」，是否為決策層次問題？

創新解決方案

商業智慧系統正是其中之一，商業智慧系統的目標就是透過資料分析，包括個人嗜好、信用卡消費記錄，找出客戶的喜好與行為，並將其連接至未來可能購買的產品，進而對客戶提供衍生產品的建議，讓銀行現在及未來都能賺錢，也能加強客戶的黏著度與忠誠度。

管理意涵

由於台灣市場規模有限，金融業的經營應從對所有客戶都提供相同的產品內容，轉換落實客戶導向的做法。而透過商業智慧，就能協助分析各個區域客戶的不同需求，找出客戶導向的經營業務內容。

個案問題探討

請探討一家速食店如何做資訊決策和企業決策的整合？

案例研讀教材方法論：問題解決創新方案

前言

在時代快速變化之下，就如同氣候變遷比想像中和預測中來得快速，這反映出人類世紀由農業時代、工業時代，至知識時代的發展過程。每一個時代其發展生命週期更加快速，這也使得企業面臨經營的環境更加快速輪動，而造成企業因應市場環境反應不及。企業必須面對企業生命週期不斷加速更迭，包含市場變遷、產品變遷、流程變遷等經營變遷快速變換，也就是企業經營的一切環境條件之生命週期正在快速壓縮，如此經營變遷可從現今強調產品生命週期短、回應能力機制建立、動態市場版圖策略發展等新興競爭模式的產生可見一斑。綜觀上述全球經營變遷就如同氣候變遷一樣，不論從古往今來或鑑古知今，都可以真正體會到小至菜市場兵家爭地，到大至國家興衰風雲再起。如今企業就是在這樣的經營變遷快速輪動下，期望發展出一線生機，而在這樣經營環境快速衝擊下，唯有創新及不斷創新，才能立於不敗之地，也唯有立於不敗之地，才能發展出競爭之道，這就是一種創新的氣勢恢宏。創新本身也須創新，大凡一般創新都是從欲被創新的標的物來思考，如此的思考邏輯就是非創新，因為它被侷限於欲被創新的標的物範圍內，這樣的範圍窄化了創新本身，並且無法真正解決創新的源頭。所以不應該從欲被創新的標的物來思考創新，應從創新的源頭來思考創新，如此才可發展出符合經營變遷快速更迭的創新之道，這就是創新應具有的恢宏氣勢。

創新的源頭來自於你我現實生活的實例故事，或來自於企業每日營運所發生的現場情境，唯有從這些最直接、最實際、最微小的真實故事和現場情境所引發的問題，才能發展出創新的源頭。意即創新的源頭就是問題，從問題解決的發展過程中，來探討思考出創新之道，這就是問題解決創新方案，可發展出解決、克服經營變遷快速輪動衝擊下的企業經營之道。

問題解決創新方案在於創新的源頭，謂之案例，從案例式手法來推展出企業經營的創新，也就是以問題解決創新方案來發展出企業經營之道，進而以此創新的經營之道來解決、克服經營變遷快速輪動的挑戰。

問題解決創新方案學習緣由

企業在遇到問題發生時，常是以情境事件的現象呈現之，這時企業要提出解決方案，往往會被問題表面現象混淆，使得無法真正澄清問題的定義和原因所在，進而受限於對問題關鍵點不透徹，最後難以提出解決方案，或是勉強提出治標方案，但真正治本方案卻束之高閣，更遑論透過解決問題後的啟發，來避免類似問題的再發生，以及創造出新的經營管理模式。

問題解決創新方案學習概念及架構

有鑑於上述的因應，本人提出了一個問題解決創新方案 (problem-solving innovation solution, PSIS) 模式，如圖 4-11。它是指首先透過企業發生問題的場景故事為事件描述案例，接著針對在此案例的企業背景做經營特性的闡述，並做問題診斷分析，將問題的定義、癥結點、原因、關鍵，擬定一個欲探討的主題構面，從此問題診斷分析結果，規劃建構出一套解決方案。而在建構此解決方案過程中，須將問題實例抽象化，並相對應提出模版驅動 (template-driven) 的問題事件結構模式 (event structure model)，如此可將此案例問題分析，快速套用在類似相同問題事件上，進而即時提出解決方案，縮短整個問題處理的過程時間。除此之外，再進而透過問題事件結構模式和解

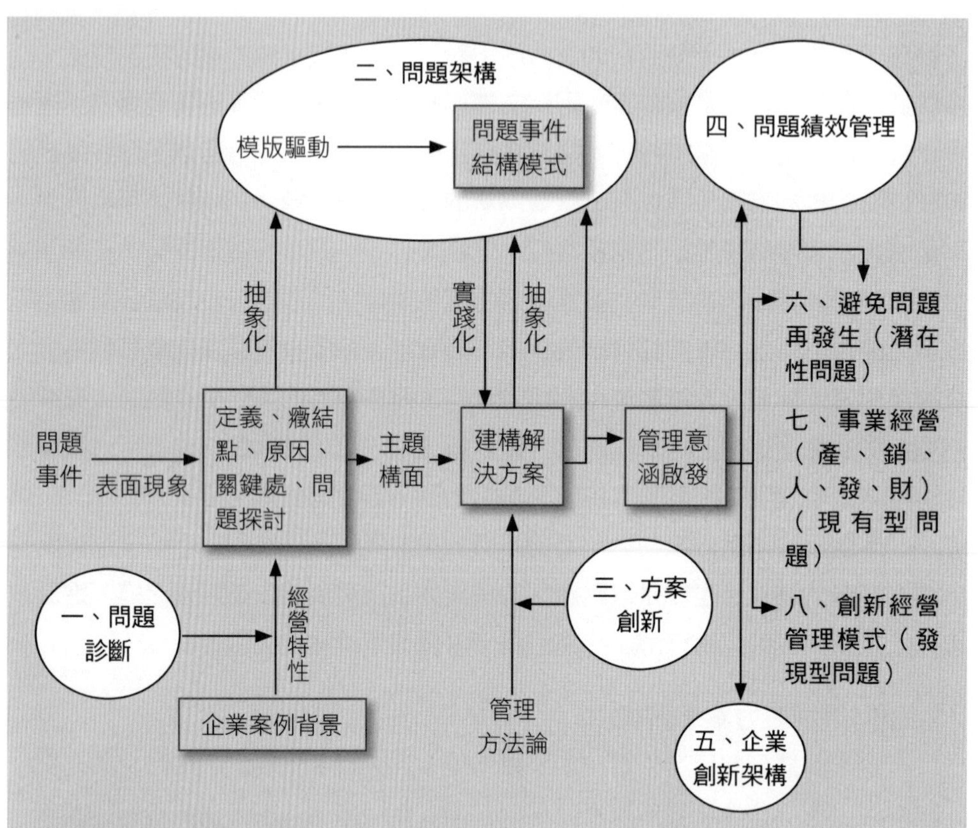

圖 4-11 問題解決創新方案架構圖

決專案內容，提出管理上的意涵啟發，從中得出創新的經營管理模式，以及避免類似問題的再發生，如此才是真正治本之道。

問題解決創新方案學習教戰手冊

其內涵做法是採取循序漸進和圖解方式，引導學員結構化和條理性的分析、演練整個問題解決創新方案之學習邏輯。其學習教戰包含六大步驟，說明如下：

步驟 1. 企業情境實務

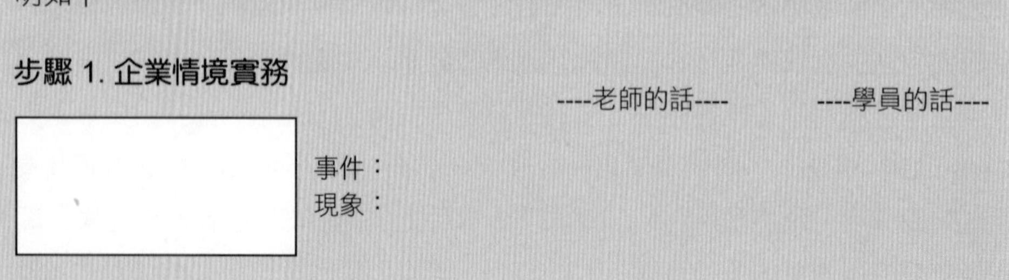

步驟 2. 企業案例背景

----老師的話---- ----學員的話----

特性：

步驟 3. 問題診斷分析

----老師的話---- ----學員的話----

問題定義：
癥結點：
原因：
關鍵點：

步驟 4. 主題構面

----老師的話---- ----學員的話----

主題：
issue：（重點）

步驟 5. 解決方案

----老師的話---- ----學員的話----

步驟 6. 管理意涵啟發

----老師的話---- ----學員的話----

意涵：
啟發：
創新：

問題解決創新方案學習效益

當企業在日常營運中發生問題時，就管理者而言，最關心的是如何即時快速提出解決方案，這是救急短期的做法，但往往受限於管理者經驗能力。因此事先透過案例問題診斷和解決方案分析的模擬訓練，可加強當遇到類似問題時，進而可快速提出解決方案以解燃眉之急。然而當救急短期解決問題後，接下來就是不要讓類似問題不斷的重複再發生，以及事先規劃創新管理模式，以免除其他潛在可能發生問題和創造出營收商機。

就學習者而言，其效益包含：

1. 產業領域知識 (domain knowledge)。
2. 故事觀察解讀能力。
3. 問題剖析能力。
4. 解決方案知識。
5. 管理方法論知識。
6. 問題解決應用能力。

以下針對學習教戰六大步驟，做細部重點說明如下。

企業情境實務

在企業情境實務項目上，主要是在真實呈現現場情景各項事件，因此它是非常白話的表達，也就是此情景是表面上呈現，並不會強調其深層的意義，所以整個思路是直覺的、混亂的呈現，因為現實情景就是如此呈現。直覺就是直接所感受的反應，混亂就是難以釐清情景的來龍去脈。也正因為如此，它才能原汁原味的反映最原始真實的證據，以便在後續問題分析上不會受到其他加工處理的干擾，而迷思了當初真正的意義。

它的組成內容有角色、背景、事件、現象、資源、企業元素、問題現狀等七種，分述如下。

1. 角色：有當事人、關係人、旁觀者、對造者、利害關係人。
2. 背景：空間、時間、情勢。
3. 事件：名稱、描述。
4. 現象：口白、動作。
5. 資源：名稱、影響。
6. 企業元素：名稱。
7. 問題現狀：名稱、描述。

企業案例背景

在企業案例背景項目上，主要是以案例問題背後所發生事件的企業特性來達成兩個目的，一是讓學員學習到產業領域知識 (domain knowledge)，另一是透過此企業案例背景敘述來反映此問題發生的背景來源。因此，此企業背景描述須和本問題相關才能提及。從這兩個目的，可將其項目組成分成基本資料、市場客戶、產品服務、營運流程、行業特性等五項，茲説明如下。

1. 基本資料：公司名稱、營運規模。
2. 市場客戶：市場區隔、目標市場、市場定位、客戶來源。
3. 產品服務：產品描述、產品流程、產品價值、產品 R&D。
4. 營運流程：營運描述、獲利來源。
5. 行業特性：專屬特性。

其企業案例背景的運作須伴隨企業輔導訪談作業「問題診斷分析」，才能描述撰寫。

問題診斷分析

在問題診斷分析項目上，主要以問題診斷手法針對此案例所發生的事件問題，將之結構化和剖析化，以利問題澄清和解讀。由於問題本身所呈現的都是表面現象，所以會造成在處理和解決問題上的混淆與錯誤，問題診斷來源一定要從實務情景內容來分析。通常一個問題存在著很多問題點，因此須先將問題拆解成一個基本單元的問題，所謂基本單元問題是指具有元件的特性，也就是獨立性、耦合性、內聚力、不可分解性等特性。當然，實務上並不容易拆解，這需要有問題解決、產業實務的經驗，另外須參考到對問題的看法。解決問題最重要者在於掌握問題癥結點，不要把「無法採取措施」者當作問題點來處理。

在此透過問題診斷手法來得到問題定義、目標、癥結點、原因、關鍵處等五個組成：

1. 問題定義：名稱、描述、種類。
2. 目標：名稱、描述、差距。
3. 癥結點：徵狀、偏離。所謂問題癥結點，係指可以引導出採取對策的原因，亦即可能就此點找出改善之處。
4. 原因：名稱、描述、關聯、程度。
5. 關鍵點：問題連接、問題權重。

其問題診斷簡易手法，可利用特性要因圖來分析，如圖 4-12。

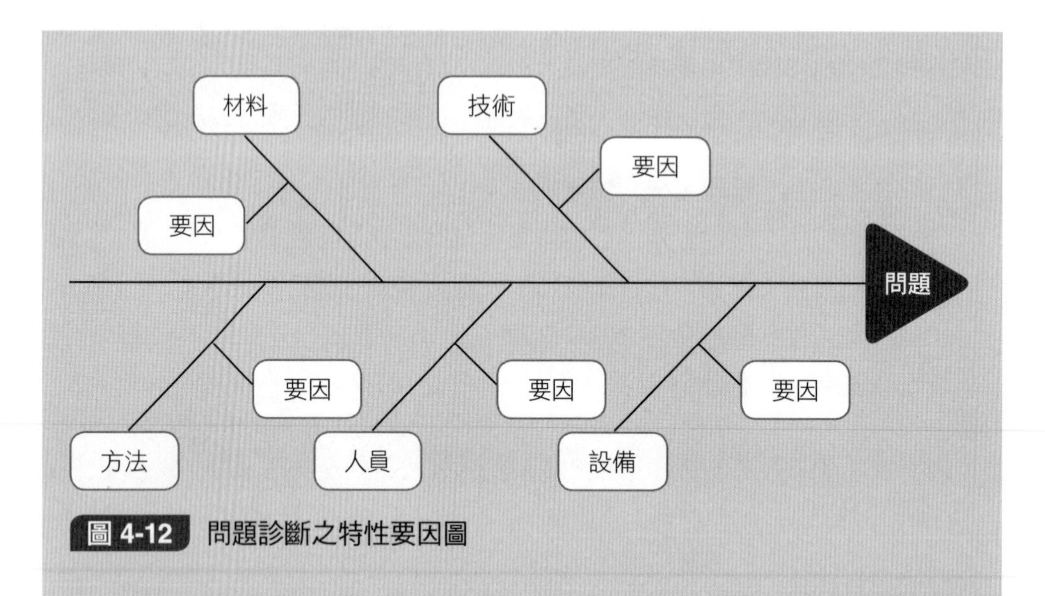

圖 4-12 問題診斷之特性要因圖

主題構面

在「主題構面」項目上，一個企業情景實務案例所發生的問題，若以不同主題構面來審視，就會有不同解決方案。因此，企業應以當時何種主題構面來經營有其優先重要的發展，進而探討分析其解決方案、績效管理等運作。當然，往後也可用不同構面分別探討之。

通常主題構面包含：

1. 主題構面名稱。
2. 說明其主題構面對企業營運重要性。

創新解決方案

在「創新解決方案」項目上，主要包含兩大項目，一是管理方法論理論論述，此論述目的是為了讓學員可事先了解為了解決問題的知識。另一是根據此論述理論，就此案例問題提出其實務上的解決方案。其實務解決方案內容包含：

1. 問題定義描述相對於論述理論。
2. 問題關鍵處相對於理論應用在實務上的解決方案。
3. 解決方案效益說明。

管理意涵啟發

在「管理意涵啟發」項目上，其內容包含重點匯總摘要和延伸性思考。延伸性思考是期望學員透過本文學習到知識和解決方案後，可再延伸出和本文主題相關的議題及專業知識心得，其組成如下：

1. 重點匯總摘要（意涵）。
2. 延伸思考：相關議題（啟發）和專業知識心得（創新）。

實務專欄（讓學員了解業界實務現況）

企業在執行決策支援系統時須考量的實務想法

1. 實務上決策支援系統對於企業在執行運作決策上有其困難點，因為它必須涵蓋很多不同部門和員工一起探討，並且須得到大家共識，如此會影響到決策速度和品質，雖然有軟體系統的自動化，但仍然會有阻礙，故首先必須讓參與人員對於決策支援系統的運作知識有其共識和水準。
2. 由於在規劃決策支援系統的設計和發展時，須有大量資料和資訊，以及之前決策案例，以便作為企業決策的基礎和諮詢。故在運作決策支援系統之前，若能先建構豐富的模式庫，將有利於實務上能更容易發展決策支援系統。

習題

1. Herbert Simon (1960) 提出決策程序都需要經過哪四個階段？
2. 決策環境依據確定性程度機率，可分成哪三種？

Chapter 5

決策支援系統概論

「管理是一體兩面，在於細節透徹、
變通深謀，不在於得失成敗。」

學習目標

1. 説明各種資訊系統的發展和階段
2. 説明決策支援系統歷程
3. 説明決策支援系統定義
4. 探討決策支援系統和管理資訊系統的關係
5. 説明決策支援系統結構和決策資訊
6. 説明決策支援系統效益
7. 探討資料結構化依賴程度對於決策支援系統的影響
8. 説明決策支援系統在企業營運層次上之定位

案例情景故事

企業為何不易導入決策支援系統？

步驟 1. 場景故事

由於該公司是屬於成立已久的中小企業，而且目前人數約 60 人，包含直接和間接幹部人員層級，這對於導入 DSS 系統而言，必須考慮到不同人員素質和認知的差異。因為員工本身對工作流程管理熟悉，且學習速度和態度佳，對於 e 化的操作熟悉，但對於資訊認知是其欠缺之處。雖然目前有 MIS 1 位，但本身主要在於軟體和網路技術，故如何培養種子人才是非常務實的方案。目前公司有完整的網路環境和 email 系統，在網路系統應用有兩個網站：購物網和行銷網。購物網是之前請軟體廠商設計的，其原始程式碼屬於軟體廠商，使得公司要做功能修改無法執行，造成購物網功能擴充受到限制，這也使得購物網和行銷網有重疊的功能，如此在行銷和客戶專注上會有混淆的作業地帶。由於公司的主要營運活動是在於產品設計、企劃和市場銷售、門市通路功能上，故在 DSS 功能應是在這些功能上的規劃，惟 DSS 須和 ERP、POS 系統結合，如此才能做到整體作業的綜效。故有關各子系統的整合可列為下一階段資訊化規劃導入的重點，而在購物網和行銷網應加強網路行銷的經營。

步驟 2. 企業案例背景

ZZ 公司成立已有數十年，早期主要以銷售基礎化學原料為主，如有機、無機化學原料、溶劑、油脂、樹脂、界面活性劑、食品添加物等，後來研究開發材料應用及特殊原料，由於是老企業，因此跨越第二代經營，台灣設有生產基地，提供數種產品。廠商多以中小企業為主，是一個競爭激烈的產業。故後來加入進口銷售專用化學品、天然精油及香精、色料及染料、化妝品等原料，業務範圍有多個服務據點和門市。

其客戶來自於消費者，茲說明該公司的經營方向如下：

1. 產品特性：不同劑量及使用時間等。市場區隔定位：自製品牌和進口銷售。競爭趨勢分析：明白進入市場的程序，預估銷售數量、價格，或需求中產品的特色與市場區隔及定位。產品重點：產品種類多，訴求安全、有效。

2. 主要通路包括：自有門市銷路和 Web site 部分。門市店面改裝成開放式的展示架，商品排列整齊分明，標示亦採中英文雙語，俗名、學名並列方式，現貨銷售種類已達一千多種。
3. 現有產品：貨色齊全及物美價廉，在國際知名品牌環伺下，產業規模拓展不易。近年來為提高競爭力，採大量進口方式以降低成本並回饋客戶，以及採進口批發零售方式，全方位提供顧客從小到大的需求 DIY，並投入研發機構的技術經驗及人力資源、材料應用與代詢特殊原料。

1. 企業如何利用決策支援系統來做決策？
2. 企業在做決策時，如何結合其他企業應用系統？
3. 資訊形成過程和特性，會造成決策支援系統什麼影響？

前言

在現代資訊化時代下，企業在做決策時，一定要利用資訊系統來輔助和支援，故決策支援系統的定義、結構和功能如何發展與了解，就變得非常重要。因此，資訊形成過程和特性對於各種資訊系統的發展，有利於實施決策支援系統的效率。而決策支援系統欲解決的問題有三種，從解決問題種類來思考其 DSS 系統的結構內容，其結構主要包含資料整合、資料設計、資料倉儲、分析模式、決策結果等五個部分，最後，如何探討決策支援系統和其他系統關聯，對於發揮決策支援系統效益，也是很重要的。

閱讀地圖（以地圖方式來引導學員系統性閱讀）

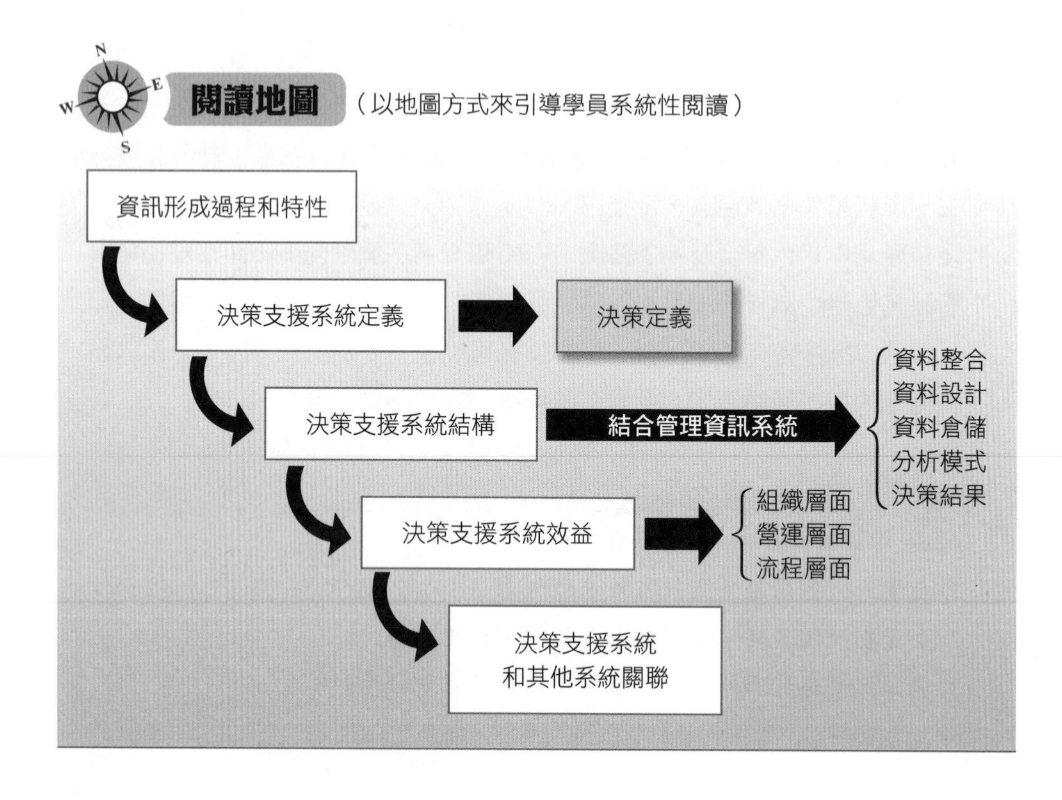

5-1 決策支援系統歷程

一、各種資訊系統的發展

要探討資訊系統歷程之前，必須先對資訊形成過程和特性做說明，才可真正了解所謂的管理資訊系統歷程內涵，它的演進過程可分成資料數據 (data)、資訊 (information) 這兩層演變，如圖 5-1。它們是息息相關、互相影響的。

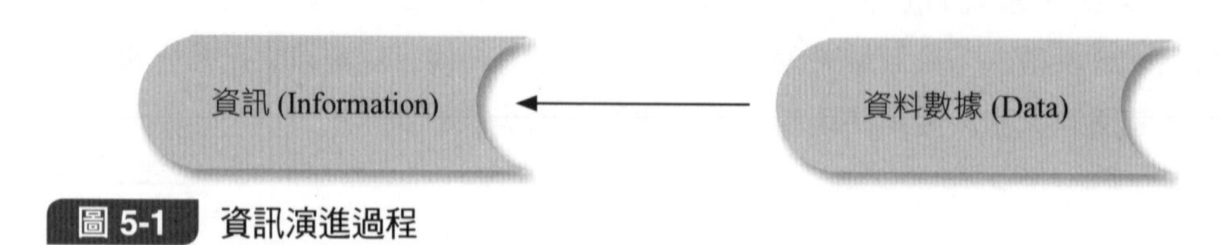

圖 5-1 資訊演進過程

(一) 何謂資料數據 (data)

數據是一種詳細、客觀、明確的交易記錄，它可形成結構化的呈現。就企業運作角度而言，資料數據是未經整理、分析、加工處理的原料，只是忠實反映實際現象和原始內容，它會透過企業內各個部門的終端機輸入數據後，由管理資訊系統之資料庫管理，並負責回應企業內管理階層與其他部門有關資料數據的需求。所有的企業都需要數據，企業內的資料庫中，隨時都儲存著過去數百萬筆交易記錄，期望能透過有效管理這些龐大的數據，作為企業運作模式的基礎。Applehans、Globe 和 Laugero (1999) 認為，資料是一系列企業活動或外部環境的事實。

(二) 資料數據特性

根據它的定義，我們可了解資料數據特性是大量性、完整性、正確性、意義性、重複性、結構性等。就大量性而言，大量數據可能會造成負面影響，例如：所需負擔的儲存成本高、很難找出具有重點影響力的數據，以及令人難以理解運用。就完整性而言，是否有遺失的資料，以及相關的資料是否有做關聯的更新。就正確性而言，錯誤的資料可否偵測出來，修改成正確的資料。就意義性而言，數據本身並不具有任何意義，無法作為任何決策與行動的有力根據。就重複性而言，在資料數據的產生，包含新增、修改、刪除的異動，是否會造成之前已有相同資料，使得資料忠實的反映，有了假象和誤導。就結構性而言，可以分為結構化資料及非結構化資料，非結構性資料是不以固定格式存在於企業中的資料，如傳真文件、報表等；結構性資料是以有層次邏輯存在的資料，如關聯式資料庫等。

(三) 何謂資訊 (information)

資訊是從數據而來，和資訊相較而言，資料數據是相對有大量的記錄內容，因此資訊是經由數據的整理、分類、計算、統計等方法，使資料數據轉換成有意義後，進而形成資訊。資訊的目的在於影響接收者對事情的看法，並作為決策與行動的參考，可用來分析應用，例如：根據員工的年齡、學歷、專長等分析出有資格之候選人的有用資訊，或是企業獲利情況的估計分析等。

(四) 資訊特性

根據它的定義，我們可了解資訊特性是指有用性、整合性、意義性、對象性、時間性等。就有用性而言，是指資訊是用來作為某個需求的用途，不是任意產生，是需要付出成本的。就整合性而言，是指資訊來自於資料數據的整合，亦即資料數據的好壞，會影響到資訊的品質。就意義性而言，資訊的存在，會對企業運作活動有影響力，例如：公司重大訊息須公開地適當揭露。就對象性而言，是指某種資訊與某些對象的角度看法有關，對於其他對象可能就沒有關係。就時間性而言，是指資訊經過一段時間後就可能沒有用了，或是過時訊息失去影響效力。有關資料與資訊的差異，整理如表 5-1。

表 5-1 資料、資訊的差異表

	資料	資訊
本體	事實	意義的事實
方法	觀察	運用
產生	輸入收集	分類、統計
結果	數據	訊息
記錄	大量	焦點

從上述資訊形成演進過程，可知透過這樣的資訊形成就會產生企業營運的流程，也就是企業營運的流程會產生資料和資訊，因此企業營運的流程管理，就是做好控管資料和資訊。對企業而言，營運流程管理產生的資料是非常重要的，它包含了所有營運的交易記錄資料（例如：訂單），以及公司重要機密資料（例如：研發設計規格），故資訊系統的資料，其實就是企業辛苦所累積的經驗資產，因此，如何運用管理資訊系統中的資料，就成為影響管理資訊系統優劣的關鍵。

要說明決策支援系統歷程，須從了解管理資訊系統歷程來探討。以下說明管理資訊系統的歷程，管理資訊系統因為牽涉到大量資料、資訊的運算及作業流程，所以管理資訊系統的運作必須仰賴電腦軟硬體。在電腦演進過程中，早期人們便開始用來處理有關管理的問題，其大略分為三個階段：第一是電子數據處理階段 (electronic data processing)，重點在於資料利用電腦快速計算其效益，並做資料處理。第二是管理資訊系統 (management of information system)，重點在於資料經過整理後，可作為管理上的運用，亦即管理資訊，而非資料處理。第三是決策支援系統 (decision support system)，重點在於資料經過處理和管理後，對於資料的結果期望能在做決策判斷時有所輔助，亦即是決策資訊。有關資訊系統歷程，如表 5-2。

表 5-2 資訊系統歷程

資訊系統種類	資訊系統特性	檔案型式
交易處理系統	針對日常大量交易處理之自動化和即時化	非常結構化
管理資訊系統	提供不同層級的管理者，有關組織營運狀況不同的功能性報表	結構化
決策支援系統	主要是用以支援決策者的整合性報表	半結構化或非結構化

由於資訊技術的發展，決策支援系統 (decision support system) 研究領域在過去二十年來成長迅速。以下是決策支援系統歷程說明，如表 5-3。

Scott Morton 提出了「管理上決策系統」的觀念。其重點強調與電腦以交談、互動式的介面方式，來協助決策者使用資料 (data) 以及模式 (model) 的運算，進而做出決策程序 (Scott, 1971)。Keen 提出了針對高層主管所面臨之不確定的決策問題，以及將傳統資料與決策分析做整合之高層決策導向的支援系統 (Keen, 1980)。Blanning 提出了用來支援半結構化 (semi-structured) 與非結構化 (unstructured) 的「結構化決策系統」，以改善增加決策過程之效率 (Blanning, 1993)。另外，決策支援系統依發生頻率程度，可分成常設型和特設型決策支援系統。常設型決策支援系統是針對發生頻率高且類似的決策問題，特設型決策支援系統多屬於發生頻率較低的突發性狀況；前者注重所面對的決策問題特質是決策者之經驗，限於特定族群；後者因需求時間緊迫，且決策者經驗不充分，往往決策過程品質並不佳。

表 5-3 決策支援系統歷程

決策系統種類	決策系統特性	決策方式
管理上決策系統	資料 (data)／模式 (model)	互動式的介面方式
高層決策導向的支援系統	不確定	決策分析做整合
結構化決策系統	半結構化／非結構化	決策過程之效率

二、決策支援系統定義

決策支援系統是以電腦系統為基礎，透過人機互動交談方式，以協助決策者使用決策資料及決策模式，以解決非結構化和半結構化的決策問題。是輔助決策者的判斷分析，而不是加以取代決策者。其是一種企業應用系統，指利用資訊管理的發展運作，設計建構出可應用在企業不同作業功能的資訊系統。因此要探討企業應用系統之前，必須先了解、分析企業的作業功能，例如：以製造業而言，它的企業作業功能就包含研發作業、製造作業、會計作業等不同的作業功能，因此就會發展出產品資料管理系統、製造執行系統、會計系統等不同企業應用系統。從上述對企業應用系統的解釋說明，可知一個企業會包含多個不同企業應用系統，所以如何整合不同的企業應用系統就變得非常重要。另外，在管理資訊系統中的企業應用系統種類層次，根據上述對管理資訊系統的定義，我們可了解到這裡的企業應用系統主要是指作業和管理層次的應用，因此，諸如和決策層次相關的企業應用系統，例如：決策支援系統、商業智慧和專家系統，便不屬於管理資訊系統的範圍，這個觀念讀者必須注意和澄清。總而言之，企業應用系統包含了管理資訊系統、供應鏈管理 (supply chain management, SCM)、客戶關係管理 (customer relationship management, CRM)、知識管理 (knowledge management, KM)、電子商務 (electronic commerce, EC)、製造執行系統 (manufacture execution system, MES)、產品資料管理 (product data management, PDM)、協同產品商務 (collaborative product commerce, CPC) 等項目。

決策支援系統是一種策略上的資訊系統，它提供互動資訊以支援管理者應用在策略上的決策過程，由於處理的資訊是在技術階層和策略階層上，故所運作資訊是趨向於半結構化 (semi-structured) 和非結構化 (unstructured)。半結構化的決策為部分程序確定，但細節仍存在不確定性，例如：新製程的開始；非結構化決策，所涉及的決策情況及程序較不容易事先加以確定，例如：廠址選擇。決策支援系統主要用來幫助管理規劃者解決半結構化及非結構化的問題，而管理資訊系統則是協助解決較結構化的問題。策略資訊系統所處理的內容，重視將公司資訊系統的角色由傳統決策支援型或作業型提升到策略決策型。因此，策略決策型除了注重企業內交易和管理的來源外，還須考慮到跨組織資訊系統 (inter-organizations system) 和智慧型的資訊應用。前者是指突破企業界限，在與其他組織的資訊系統直接互通時，稱為跨組織資訊系統。後者是指人工智慧 (artificial intelligence)，它主要是將人類智慧加以電腦化的發展，使得電腦具有思考、學習及解決問題的能力，故人工智慧係綜合電腦科學、生物學、心理學、數學、工程學等為基礎的智慧性資訊系統。

DSS 的運作過程包含資訊來源 (source)、設計 (design)、選擇 (choice)、實施 (implementation) 等四大階段。而管理資訊系統主要用於提供資訊來源、實施階段所需資訊。DSS 解決的問題種類，一般分成下列三種：

1. 確定性問題

   運作資訊是確定性的，故在運作上沒有太多風險；也就是說，容易掌握資訊及確認產生的解決結果。

2. 風險性問題

   運作資訊可能是確定性的，故在運作上有風險。一般在決策的許多情況下，都涉及不同程度的不確定性。這種不確定性，可以利用合理化的運作程序來掌握資訊及確認產生的解決結果，故我們可知不同結果發生的可能性。

3. 不確定性問題

   和風險性問題相較，不確定性問題是連掌握資訊及確認產生的解決結果機率都沒有；也就是說，對於可能的結果無法掌握。

從上述說明可知，確定性問題和風險性問題是屬於交易處理系統、管理資訊系統層面，但不確定性問題則屬於決策支援系統，而且一般策略面的系統應用，也是屬於不確定性問題，故策略資訊系統 (strategic information system) 也應運而生。

三、決策支援系統和管理資訊系統關係

所謂資訊系統的發展，是指資訊系統的規劃建置作業發展，主要在於探討資訊系統在企業應用時的考量重點，首先必須考量到軟硬體環境的規劃和部署，透過軟硬體的環境，資訊系統才可在企業作業活動中運作。再者，有了軟硬體的環境後，就可繼續在此環境上發展資訊系統的規劃和建置，主要是利用程式語言的編碼，產生資訊系統的功能。為了使程式語言的編碼有結構化和效率化，因此須依賴軟體工程的方法論，軟體工程主要在架構整個程式設計的整合，上述發展過程，就是系統生命發展週期，因此，管理資訊系統透過系統生命發展週期來控管整個資訊管理的發展。總而言之，資訊管理的發展包含了系統發展生命週期 (system development life cycle, SDLC)、軟硬體環境、程式語言、資料庫、網路資訊安全等項目。

企業決策支援系統和管理資訊系統有很大的關係，因此，在設計決策支援系

統架構及其功能時，須考慮到管理資訊系統的功能。所以，有人將決策支援系統觀念融入管理資訊系統內，並且和管理資訊系統一起銷售，當作整體企業解決方案，那就是「商業智慧」，其技術可以協助分類、統計、挖掘與分析隱含在資料背後的問題，並將相關資料轉化為有助於企業決策的有用方案。商業智慧可建立一套以有價值的資訊為基礎之同步需求服務平台，以利塑造為一個決策形成的資訊基礎。該平台將這些有價值的資訊建置成資料倉儲，並以決策上所需的需求服務為維度。例如：在新產品上市的決策過程，將依顧客導向分群後的同一群產品屬性資料，也就是代表他們在顧客導向和產品創新之間資源的互動上是較為密切者，由此可作為區隔新產品上市成功之驅動因素的依據。日後即可利用此分群結果，建構成以資料倉儲為基礎結構的決策方案，以利同步篩選、審閱所有潛在與現有顧客關係及產品設計資料之間的相關性，進而成為企業在新產品符合顧客需求上的執行和決策時之最佳參考數據與作業模式。這就是一種商業智慧的應用，但必須克服異質資訊的整合。

在異質資訊平台中，如何擷取有價值的資訊及決策資訊的關聯性是很重要的，因為企業在做決策時，最困難的是面對不確定環境和無用資訊，故如何設計所需的資訊及其之間關聯性，並構思在人類決策行為模式上，就變得非常重要，這是一種資料才是主體的設計概念。在傳統的程式設計中，是以程式設計為主體，資料只是程式的 Input 與 Output 而已，資料脫離了程式之後，常常就變得毫無意義，這是一種程式才是主體，資料只是資料的過時概念。

決策支援系統和管理資訊系統有其一定的關聯，若和管理資訊系統 (MIS) 比較，以管理資訊系統觀點來看，管理資訊系統是將重點擺放在提升資訊活用的活動上，特別強調資訊系統內應用功能的整合與規劃。而決策支援系統則不然，其強調對企業的組織結構和各層次管理人員的決策行為進行深入研究，所以資訊活用的活動並不是重點，反而是在資訊基礎上，如何依高級主管的不同維度來分析資料，以作為決策之用，才是決策支援系統欲設計的核心。因此決策支援系統須和管理結合，其結合成效視管理方法的績效，以往管理方法較傾向於視組織為封閉性系統，各部門各自為政，追求各部門效率極大化，並且只從組織內部的結構、任務、權責關係分析管理問題，忽略外在環境因素的影響，如此不適合現代組織特性的需要。

5-2 決策支援系統結構

過去在沒有決策支援系統，甚至沒有電腦技術的年代，管理者在面對問題解決時，大多憑藉著自身過去的經驗法則，作為制定決策的方式。

一、決策資訊

決策資訊在以往必須遵循一套新的資料及邏輯規則定義方式，而且轉換過程複雜、成本高，所以通常只有大公司才有能力採用。例如：在新產品開發流程的價值鏈中，其中所謂的製程設計是從一個原始產品的概念發展開始，而為使產品能在市場上成功，工程師往往被要求發展一種創新的方法或觀念，以導致原材料（或生產成本）的重大節省，或使產量在短期內大幅攀升，因此負責研發及設計工作的工程師們須具有生管、設計及製造、企業整體運作等工程經濟方面的相關知識，如此在做新產品開發流程的決策時，才可達到價值鏈的資源整合效益。故如何達到這種效益，就必須把資源整合轉換成符合需求的邏輯規則及事實的服務，而不只是資料，並透過資訊技術運作，可以讓即時服務的收集、整理、交換、傳輸都變得非常簡單，以及不受分散式系統各自使用不同機制而整合困難的限制。

企業在做決策時，除了以上所提問題考量外，另一個問題就是資訊關聯認知。因為在各資源之間做整合時，就牽涉到彼此之間的語意認知是很模糊的，無法確認之間是否有關聯，例如：新產品每個零件都有其工程邏輯，若有某一零件之設計必須做修正時，會依照其工程邏輯進行，但對於客戶銷售行為是否有關聯影響，須依當時不同使用者構面做主觀的認知，當然，這種不同角度構面和主觀認知就會影響到做決策的結果。故如何建構企業在做決策時的多維角度觀點及關聯性，就變得非常重要了。

二、DSS 系統的結構

其結構主要包含資料整合、資料設計、資料倉儲、分析模式、決策結果等五個部分，其結構如圖 5-2，內容分別說明如下。

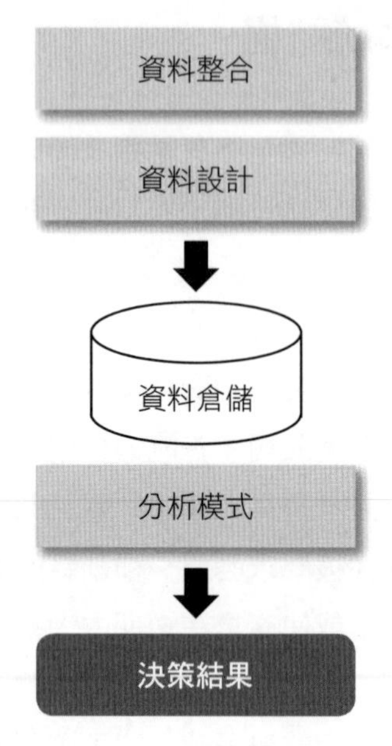

圖 5-2 DSS 系統結構圖

(一) 資料整合

決策資料對於資料來源、資料品質、資料格式、資料呈現和資料平台等項目，在決策程序中，均必須考量，其資料整合也包含這些項目，如圖 5-3 所示。

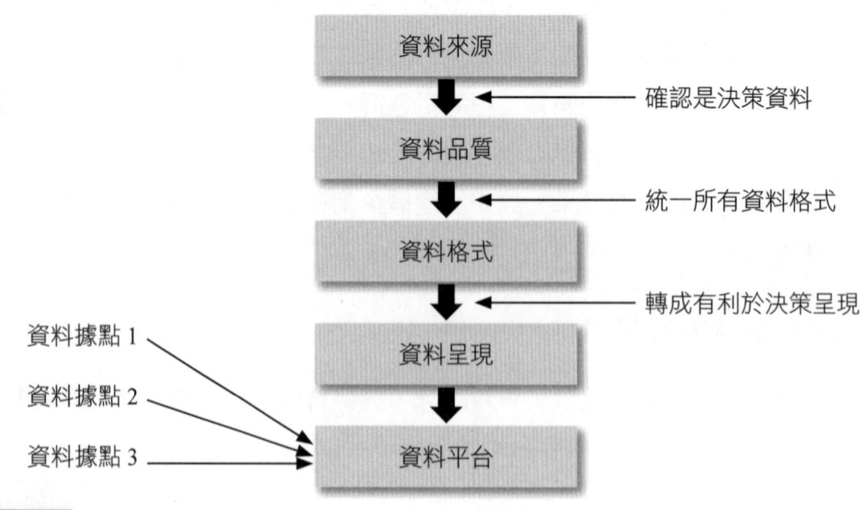

圖 5-3 資料整合示意圖

資料來源包含企業內外部資料，而這些資料須經「清潔資料」運作，來確認是否為決策資料所需，並且進一步確認資料品質。有了良好資料品質後，接下來必須考量不同資料的格式，因為資料格式不同時，就無法整合所有資料，所以須將所有資料轉換成統一標準的格式，例如：XML (Extensible Markup Language) 就是標準語言格式（亦稱為延伸性標準語言）。經過所有資料成為統一標準資料格式後，接下來須將這些資料轉換成有利於決策呈現的另一種資料，因為原來這些資料是屬於交易作業型的資料，其特色是大量單筆細節的資料呈現，而這種呈現並不利於決策行為。在決策行為中有利於決策的資料呈現，應是匯總、多維度、交叉、分類等特性的資料，所以原有資料（亦稱為 on-line transaction processing, OLTP）應轉換成具有上述特性的資料，其轉換方法有資料倉儲的方法。接下來，經過資料呈現轉換後，就須移轉所有資料在同一平台，透過此平台，即可連接 DSS 系統，開始運作決策過程。

(二) 資料設計

經過資料整合後，成為有利於決策的資料呈現，接下來必須做資料設計。所謂「資料設計」是依決策主題內容，設計出多維度、交叉的內容。在這多維度設計中，包含事實資料表、維度資料表、目標量值等設計，整個設計過程會在下個章節再做說明。

(三) 資料倉儲

經過資料設計後，就可將這些設計結果儲存於資料倉儲中。資料倉儲也是一種資料庫，其儲存的是匯總統計和分類資料，並且也作為決策程序存取之資料倉儲。

(四) 分析模式

經過上述資料整合、轉換、設計、儲存運作後，就開始進入決策分析的模式，其模式發展是依據演算法和 OLAP 工具，發展出各種不同決策模式，利用決策模式來做決策分析，從這些分析過程中，會產生不同的多個決策方案，此時再利用人為智慧判斷以及 DSS 系統所建議的最佳方案。

(五) 決策結果

最後得出一個欲做行動方案的決策結果，以上就是 DSS 系統的結構。

5-3 決策支援系統效益

決策支援系統技術提供了一個有效的工具，在過去的二十年階段一直持續發展，主要的效益如下 (Zopounidis, 1997)：

1. 用以解決高複雜度的半結構化與非結構化問題。
2. 對於決策過程標準化，並提供決策方案分析建議，以利加速決策時間。
3. 可針對不同決策者的需求與認知方式，發展客製化的決策模式。
4. 能分析決策者過去經驗的決策模式，進而調整其決策偏好和適當性。
5. 能輔助決策者做決策，進而可顯著降低決策過程所需之時間與成本。
6. 可利用更精實的技術與方式在決策分析上，使決策達到智慧型成果。

企業為何使用 DSS 系統？

- 在變動快速的產業市場經濟衝擊下。
- 企業在經營作業時遭遇到困難。
- 企業競爭者和產品不斷地增加。
- 企業經營規模成長所需的計畫決策。
- 企業資訊太多和複雜，難以快速掌握資訊來做決策。
- 決策品質不好控制。
- 電子商務環境衝擊下。
- 以 DSS 系統視為競爭利器。
- 提供即時資訊。

決策支援系統結合管理資訊系統的整合效益，可從組織層面、營運層面、流程層面等三個層面探討之。

一、組織層面

在企業運作管理資訊系統後，對於組織的結構和成員會產生權責運作的影響。首先，在組織結構方面，管理資訊系統部門的成立，使得企業其他部門組織會和管理資訊系統部門產生權責關係，也就是其他部門組織在運作時，會受到管理資訊系統部門的牽連和互動，例如：採購部門在執行採購金額決算時，會受到管理資訊系統中的採購資訊系統自動檢驗採購金額是否超過總預算，因此管理資訊系統部門就發揮了組織互相牽連和互動的影響。又舉一例：其他部門在透過管理資訊系統來查詢相關資料時，會受到管理資訊系統對不同資料查詢在不同人員權限上所做的安全控管，也就是有些資料欄位對某些人員是沒有權限使用的。因此，從以上例子可知在組織層面上，就其管理資訊系統的效益，主要在於能對企業組織發揮電腦稽核和安全控管的效益。這樣的效益使得組織結構能夠更有嚴謹性和鞏固性。

接下來，在組織成員方面，管理資訊系統的建立，使得員工能利用管理資訊系統來增進工作效率和績效，以及成員具有資訊化規劃的整合能力。組織成員在管理資訊系統受到的影響有兩個：一種是員工本身為使用管理資訊系統的使用者，因此員工必須能了解管理資訊系統的意義和應用，才能使用得當，以利增進工作效率和績效。另一種是當企業要推動一套資訊系統時，須有對公司作業需求具經驗、專才的資深員工來擔任規劃推動時的領導者，這時，對此資深員工就產生了作業需求能力和資訊化能力的整合。因此，從上述管理資訊系統對組織成員影響的說明，可知管理資訊系統對組織層面之效益，是在於員工本身生產力提升和整合綜效的產生。

綜合上述，將組織層面上的管理資訊系統效益列示如下：

- 對於作業稽核可產生電腦稽核效益。
- 部門作業稽核可達到整體跨部門作業稽核。
- 透過電腦稽核，可完整和快速地預防避免弊端發生。
- 依組織不同權限，可產生自動化控管效益。
- 透過自動化控管，可達到組織安全的效益。
- 員工工作生產力提升。
- 員工對於跨部門工作協調、溝通更有效率。
- 提升員工整合能力。
- 提升組織整體作戰效益。

二、營運層面

企業成立的目的主要在於透過營運作業來產生利潤營收，因此營運作業的效率和效果就變得非常重要，管理資訊系統就是扮演如何使營運作業變得有效率和效果的關鍵之一。從上述對於管理資訊系統定義和結構功能的描述，可知管理資訊系統主要在於作業程序和管理分析層次上的營運，因此管理資訊系統對於營運層面的效益，就在於如何使作業程序和管理分析更有效率和效果。例如：透過管理資訊系統在存貨控管的功能上，使得存貨周轉率拉升或呆料數量比例下降等作業程序效益產生。又例如：透過管理資訊系統在銷售分析的功能，得以產生產品、市場、行銷據點三個維度的銷售營收整合性報表，有助於管理分析之用。從上述說明，將管理資訊系統對營運層面效益列示如下：

- 提升作業程序的績效。
- 透過管理資訊系統功能的應用，使作業程序更具執行力和落實性。
- 使企業本身的作業程序，相較於其他企業更有差異化競爭。
- 使作業程序更能達到營運的目標。
- 使作業程序的發展有其整體性規劃。
- 可快速產生整合性的報表。
- 易於分析的管理性報表。

三、流程層面

上述曾提及企業的運作層面，主要分成組織、營運、流程三個層面，這三個層面是由上而下、由廣而細的階段層面。這樣的階段層面不只是管理資訊系統的發展規劃，也是管理資訊系統效益的由來。因此，這三個層面是互有上下展開的關係，前兩個層面已說明過，接下來針對流程層面來探討，而要探討此層面效益，根據上述階段展開的說明，可知須從組織、營運層面展開來說明之。首先根據組織層面的電腦稽核和員工生產力效益，可知落在流程層面上，就是流程步驟合理化和流程改善再造的效益。再者，根據營運層面的作業程序和管理分析的效益，可知落在流程層面上，就是作業流程的自動化和作業流程績效分析的效益。茲分別就上述流程層面的四項效益說明如下：

(一) 流程步驟合理化效益

透過管理資訊系統的運作，最主要是希望以軟體自動化的優勢，來達成企業作業需求。因此，作業需求的合理化，就是管理資訊系統能否達到需求目的的關鍵。此外，成功的管理資訊系統就是希望能產生流程步驟合理化的效益，這就是為何當企業要推動管理資訊系統時，會做「企業流程再造」(BPR) 的原因所在。

(二) 流程改善再造效益

要達到流程步驟合理化，就須依賴流程改善再造，才能使沒有附加價值的流程步驟消除，以達到流程合理化，而推動管理資訊系統的過程，可達到流程再造的效益，因為流程再造的規劃是可達成的，但在實行時若沒有管理資訊系統的支援，則就窒礙難行，這就是管理資訊系統為何可達成流程再造的效益。

(三) 作業流程自動化效益

當作業流程經過改造成為合理化後，這時要達成作業執行的效率和效果，就須使作業流程自動化，而管理資訊系統可達成作業流程自動化的效益，此效益不僅可使作業快速、正確、完整，更重要的是可達到人為作業無法做到的功能，例如：從資料輸入、計算到匯總整個功能，只要數秒鐘即可完成。

(四) 作業流程績效分析的效益

當企業的作業流程執行後，如何去衡量執行後績效，就成為在評估作業流程好壞的重要根據。因此，透過管理資訊系統的運作，就可達到作業績效的分析，因為作業績效的分析須靠大量資料收集和運算，因此依賴管理資訊系統的運作，可使作業績效的分析變得非常容易和快速。

綜合上述，茲將管理資訊系統在流程層面的效益列示如下：

- 單一部門作業流程連貫性。
- 跨不同作業流程整合性。
- 流程數位化。
- 流程步驟之間可互相檢查。
- 流程步驟規劃可彈性化。
- 易於達到流程再造之可行性。
- 使流程再造可達到數位神經系統般的即時反應。
- 作業流程自動化。
- 作業績效指標落實性。
- 作業流程的表單和簽核可達成電子化的效益。
- 可達成各作業流程的關聯性。
- 使作業績效易於衡量和評估。
- 可做跨部門的作業績效分析。

5-4 決策支援系統和其他系統之關聯

一、資料結構化

決策支援系統和管理資訊系統對於資料結構化的依賴程度，一樣都很注重，亦即相當依賴資訊的流動及資料檔案結構。但不同點在於管理資訊系統設計系統時，總是從最原始的數據、資料出發，而不是從管理人員決策的需求出發。DSS 設計系統時，則是從輔助決策的功能出發。決策支援系統與管理資訊系統最大的不同點，在於決策支援系統更著眼於組織的更高階層，強調高階管理者與決策者的決策；而管理資訊系統則是著眼於一般使用者的彈性、快速反應和調適性的功能應用。從這段話，可了解決策支援系統和管理資訊系統資料有很大的關係，也就是決策支援系統和管理資訊系統必須整合。所謂管理資訊系統是指企業營運流程，它是以流程為導向整合銷售與配送流程、物料採購流程等企業功能的資訊系統，亦即以管理資訊系統的資訊為基礎，來發展企業應用的需求。

如上述說明，可知 DSS 設計系統須依賴管理資訊系統的資訊為基礎，也就是說須有決策分析用的資訊基礎環境，資料倉儲就是一例。資料倉儲的主要目的，在於提供企業一個決策分析用的環境，提供企業一個簡單快速的存取業務資訊，以協助其達成正確判斷的分析，讓決策人員制定更好的作戰策略，或找出企業的潛在問題，以改善企業體質並提高競爭力。有了管理資訊系統的資料，資料倉儲才能發揮功效，兩者相輔相成，企業如能充分發揮資料倉儲和行銷的各自特點，結合應用，必能提升企業的競爭力。建置資料倉儲的各種技術，均著眼點於如何支援使用者從龐大資料中快速地找出其想要的答案，這和 OLTP 系統是截然不同的。一般用到的技術有存取效率且擴充性高的資料庫系統、異質資料庫的整合、資料萃取轉換與載入、多維度資料庫設計、大容量分散式資料儲存系統、簡易和方便的前端介面等。因此 OLAP 通常和單據報表、交叉查詢有密不可分的關係，經由複雜的查詢能力、資料交叉比對等功能，提供不同層次的分析。

二、決策支援系統和其他系統之關聯

決策支援系統和其他系統的關聯，最主要是建構在企業決策的範圍內。因此要探討決策支援系統和其他系統的關聯，就必須考慮到企業經營決策的活動如何運作，根據企業的經營決策活動，規劃出企業如何應用不同的決策資訊系統，例如：策略資訊系統就是屬於決策支援系統的一環，當企業應用考慮到決策作業功能時，就會建置決策支援系統 (decision support system, DSS)，這時因為決策作業功能和管理作業功能，就企業整體效益而言，這兩者作業就會產生必要性關聯，如此一來，決策支援系統和管理資訊系統就會產生系統功能上的關聯。

從決策支援系統和其他系統關聯的角度而言，如圖 5-4。企業若要整合及導入這些不同系統，則在整合導入過程中，就須考量三大因素，分別是 MIS 部門在企業的功效、軟體產品與廠商的搭配、資訊化顧問的輔導等。為何要考慮這三大因素？因為資訊系統在企業的系統功能使用成效上，必須依賴軟體產品是否能滿足企業經營作業的需求，然而在未有這些運作成效前，必須先做資訊系統的導入作業，這時就須依賴資訊化顧問的診斷輔導，才可使導入成功，接下來，資訊系統的維護管理作業則須仰賴 MIS 部門的運作，如此可使企業所有的不同系統均順利運作及整合。因此，企業的高階資訊化主管人員最好有同時經歷擔任過 MIS 部門、軟體產品廠商、資訊化顧問等三大工作歷練，如此才可通盤了解企業在資訊化過程和不同系統整合時可能面臨的問題，進而解決和避免這些問題。

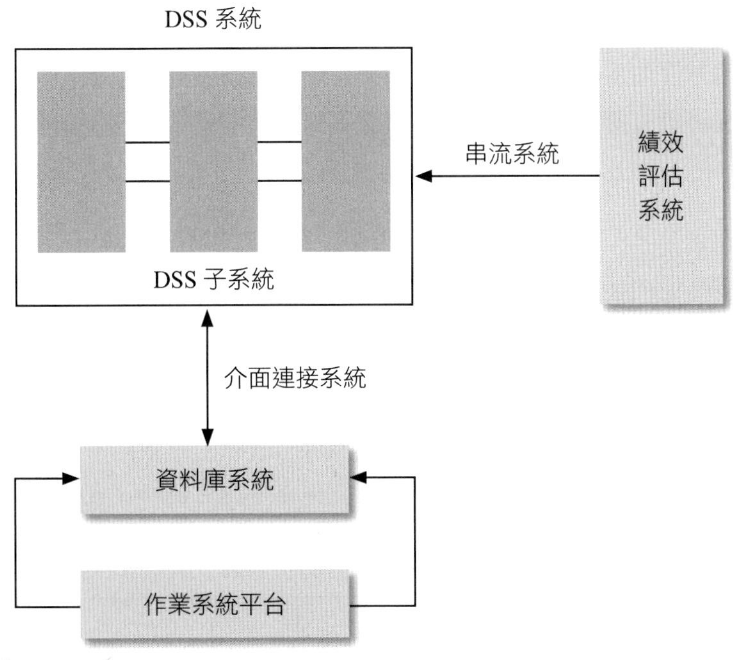

圖 5-4 DSS 系統和其他系統之關聯圖

決策支援系統部門在使用單位型的企業中，是屬於支援型服務，也就是決策支援系統部門的功能作業是為了達成支援其他部門營運的目的，例如：支援會計部門結帳決策作業。因此，從這個觀點來看，可知決策支援系統的功能是著重於其他部門的功能作業，所以要探討決策支援系統和其他系統的關聯，就必須從決策支援系統部門和其他部門的關聯來說明。另外，除了上述觀點外，還有一個觀點就是決策支援系統在企業營運層次的定位。所謂企業營運層次，包含作業程序、管理分析、決策分析三個層次。這三個層次有上、下階層關聯，也就是三個層次會互相影響及管控。而決策支援系統的定位在於決策分析此層次，但因決策分析層次是在作業程序、管理分析兩層次之上，因此，決策支援系統和其他系統之關聯，就必須以作業程序、管理分析兩層次探討之。茲分別說明如下。

(一) 決策支援系統功能的支援性

決策支援系統功能主要在於支援其他部門的決策作業，因此，決策支援系統本身功能就是其他部門營運決策作業，而其他系統功能就是指非決策支援系統，也就是支援性功能（非決策作業），例如：決策支援系統包含會計決策作業，而其他系統是指資料庫系統。所以，其他系統在此是指與決策支援系統本身環境相關的支援性系統，主要包含資料庫系統、作業系統平台、介面連接系統、決策支援系統與績效評估系統之關聯、串流系統等五大支援性其他系統。

要達成決策支援系統的成效，必須讓其他系統能發揮支援性功能成效，茲分別說明之。

1. 資料庫系統

   其他部門營運作業經過執行後，會產生資料，資料本身就是營運作業的記錄、單據、數據。因此，資料儲存使用就變得非常重要，也就是如何管理資料，讓資料存取有結構性和效率性。此時，資料庫系統就是扮演管理資料的系統，因此決策支援系統和資料庫系統的關聯，就會影響決策支援系統的成效。那麼，什麼是決策支援系統和資料庫系統之關聯？主要包含轉換、檢核 (check)、存取三個關聯。

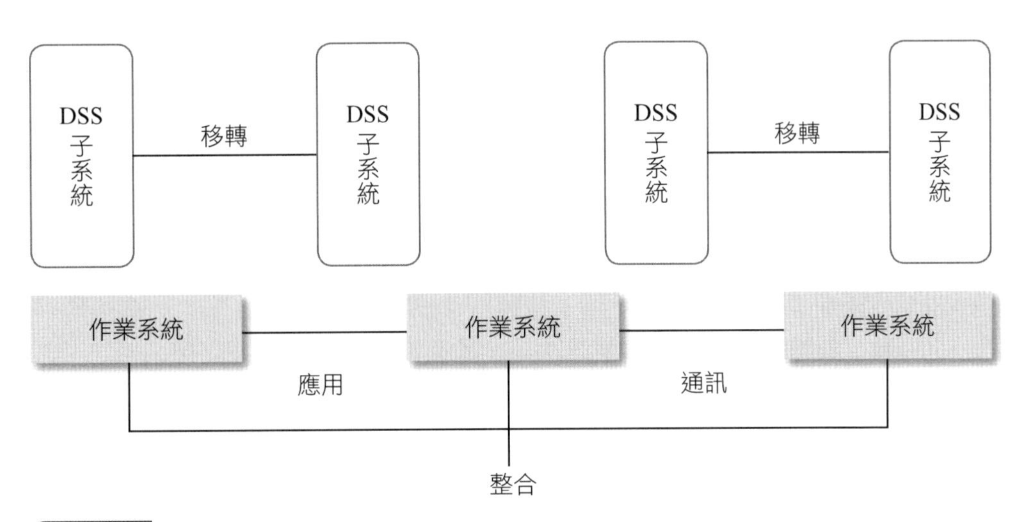

圖 5-5 DSS 系統和作業系統平台之關聯

(1) 轉換關聯

所謂轉換關聯是指如何從決策支援系統輸入資料，經過營運作業的處理，把這些資料轉換成資料庫系統中的格式和欄位，而這樣的轉換就會影響決策支援系統成效，也就是轉換產生問題時，會使決策支援系統無法運用資料庫系統的資料。

(2) 檢核關聯

當資料從決策支援系統轉換至資料庫系統時，就必須考量到資料正確性和完整性。因此，資料必須經過檢核機制，來確認資料正確性和完整性。因為資料不正確、不完整時，就會影響決策支援系統的成效。

(3) 存取關聯

經過上述兩者關聯後，接下來就是儲存和取用的關聯。若存取效率很差，則會造成決策支援系統無法正常運作，包含：速度太慢、存取錯誤等問題。存取關聯會受到資料量多寡影響，當資料很龐大時，存取關聯就顯得更重要。

2. 作業系統平台

決策支援系統要運作，須有作業系統平台。作業系統平台指 Window OS (operation system) 或 Unix OS 等。作業系統功能在於協調控制決策支援系統的軟體運作，因此其效率會影響決策支援系統成效。所以，它們之間的關聯主要包含不同平台的通訊、移轉、整合等三種，如圖 5-5。

(1) 通訊關聯

當決策支援系統中的各子系統，因為所開發的軟體廠商不同時，可能會在不同作業系統平台上開發，導致決策支援系統必須建構在兩個以上作業系統平台，這時就必須考慮到不同作業系統平台如何通訊。所謂通訊是指兩個決策支援系統的子系統分別在各自作業系統上做資料、程式傳輸，這其中包含格式、結構的不同，因此必須在作業系統上做溝通、聯繫、傳送訊息等通訊功能，才有辦法後續做決策支援系統之子系統間的運作，這時須有連接程式中介，例如：IBM 的 MQ 中介程式。

(2) 移轉關聯

有了上述作業系統之間的通訊後，決策支援系統子系統之間的運作就可利用移轉關聯來達到運作成效。所謂移轉就是在不同作業系統之間，將各自不同作業系統上決策支援系統之子系統格式轉換成可相容的格式，這種功能往往在作業系統本身就有此成效，因此，透過移轉關聯，決策支援系統之子系統就可互相運作。

(3) 整合關聯

透過通訊和移轉關聯，使得各自不同 OS 可互相溝通，以及決策支援系統的各子系統可互相運作，但這些各自溝通和運作的事件，必須有一個統一安排控管的功能，包含事件順序安排、執行時間訂定、資源分配等功能，而這些功能就是整合關聯，一般也是利用中介連接程式來運作，例如：IBM MQ 中介程式。有了整合關聯，才能統整這些決策支援系統和各自 OS 系統之間的運作最佳化。

3. 介面連接系統

從圖 5-4 中可知，介面連接系統是決策支援系統之子系統間的互動運作，請注意這和 OS 系統無關，也就是不論是否在不同 OS 系統上，主要若在不同決策支援系統之子系統時，就必須有介面連接才可運作。所謂介面連接是指 API (application program interface)，而 API 是建構在本身的決策支援系統的子系統內，也就是若該決策支援系統子系統沒有 API，就沒有介面連接功能；但若另一個決策支援系統之子系統有 API 時，則仍可達到此功能。因此，API 本身是一種開放式程式，例如：人事系統可匯入 MES（製造執行系統）的作業員工績效資料，以便可做作業員薪資計算之用，這時人事系統就必須有 API 程式，當然這種人事系統和 MES 系統是各自獨立的決策支援系統之子系統。從上述說明，可知決策支援系統和介面連接系統（其他系統）必須有關聯，才能達到各自決策支援系統之子系統的互動運作，而這種關聯包含資料匯入匯出、程式驅動、呼叫連接等三個關聯。茲分別說明如下。

(1) 資料匯入匯出關聯

不同決策支援系統之子系統在資料的運作上，會有格式、項目標題的不同，而須做轉換和下載的功能。不同資料格式轉換和項目標題統一，才能做資料匯出匯入，如同上述人事系統和 MES 系統的例子，而匯出匯入的資料量都是以批量方式來進行。

(2) 程式驅動關聯

在不同決策支援系統之子系統間的運作種類，主要是資料和程式互動，資料主要是匯出匯入，而程式互動則是希望透過驅動另一支程式，來達到作業邏輯的應用，例如：人事薪資系統利用 API 驅動在會計系統中的傳票登錄作業，以便達到薪資費用日記帳的作業邏輯需求。而須有 API 的運作，是因為決策支援系統之子系統是各自獨立的，然而在目前趨勢下，已朝向全部決策支援系統功能連接的可能性，因此 API 的開放、彈性機制仍須存在著。

(3) 呼叫連接關聯

決策支援系統之各子系統須能互相呼叫連接，以利執行彼此之間的互動，例如：決策支援系統和 Workflow 電子表單系統，為了執行 Workflow 行政審核程序，須有部門結構資料，因此，Workflow 系統須能呼叫決策支援系統中的部門結構資料。

4. 決策支援系統與績效評估系統之關聯

從上述資料庫、OS 系統、介面連接系統和決策支援系統的關聯，可知其他系統是支援決策支援系統，以便透過支援性和決策支援系統本身的功能性，使得決策支援系統能有績效，此時須有績效評估系統，來衡量此績效的程度。其他系統主要在衡量決策支援系統功能上、執行速度上、報表分析上等三個績效關聯，茲分別說明如下。

(1) 功能上關聯

決策支援系統本身有為了滿足企業需求的系統功能，例如：結帳功能。因此評估功能是否滿足需求的程度，就是功能上的關聯。

(2) 執行速度上關聯

決策支援系統功能須透過程式執行 (execution)，才能完成功能的使命，而程式執行速度就會影響系統功能的績效。影響程式執行速度的因素有程式架構是否結構化、資料和程式的關係是否太複雜、硬體本身的資源是否太微弱等。

(3) 報表分析上關聯

決策支援系統功能在執行後，往往會以整合式報表來分析系統功能的應用，因此，報表分析就會用到大量資料和複雜程式邏輯，導致影響決策支援系統績效。所以透過評估報表分析的績效，就能增加決策支援系統本身績效。

5. 串流系統

根據決策支援系統和其他系統關聯，可知這些關聯是很複雜和重要的，因此，如何協調控管其他系統和決策支援系統的互動，包括工作執行順序、工作資源分配、工作事件問題解決等協調控管，因此這個協調控管就必須依賴串聯系統。所謂串聯系統是指以控制中心透過匯流排 (bus) 方式，來串流 (stream) 所有這些其他系統。目前這種串聯系統，在企業界並不常用，若勉強看待的話，就是平台式的軟體系統，也就是所有決策支援系統之子系統和其他系統，都在此平台系統透過串流方式做協調控管的工作。

(二) 決策支援系統在企業營運層次上的定位

決策支援系統主要是指決策分析上的企業應用，包含商業智慧 (business intelligence, BI)、專家系統 (expert system, ES)、智慧代理人系統 (intelligence agent, IA)、知識庫系統 (knowledge database system) 等。其關聯如圖 5-6。

從圖 5-6 可知決策支援系統和其他系統之關聯，包含資料輸入、轉換分析、結果回饋等三種，茲分別說明如下。

1. 資料輸入

決策分析層次的資料結構呈現，主要在於「知識」、「智慧」，而透過資料形成的過程，可知須有「資料」、「資訊」的輸入，才能產生「知識」，因此決策支援系統就在於產生「資料」、「資訊」，以便能輸入至決策分析層次。例如：入庫單資料和呆料庫存統計資訊的輸入，才可產生如何預防呆料的知識。

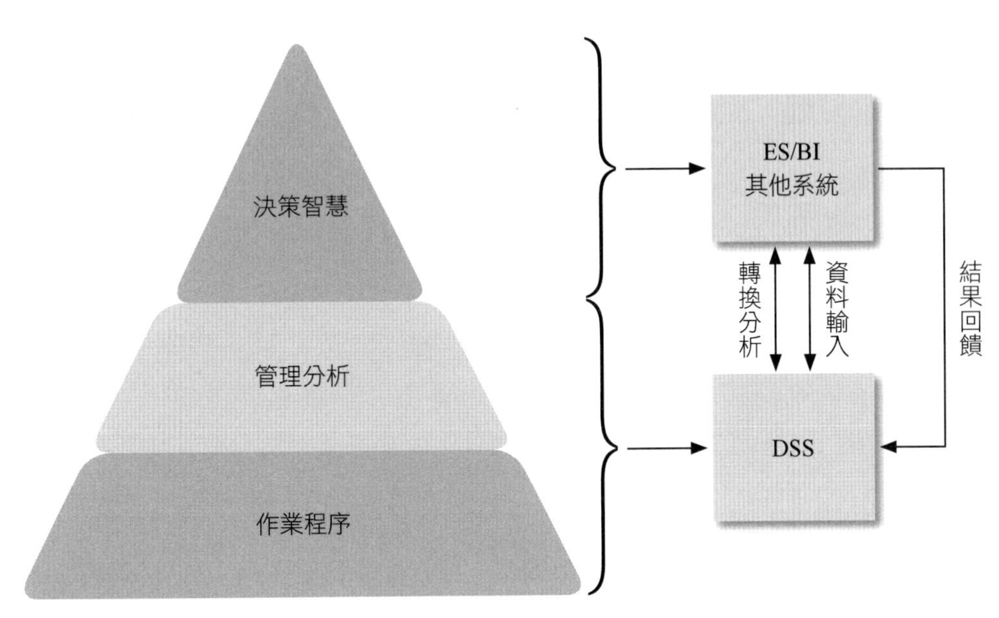

圖 5-6 DSS 和其他系統之關聯

2. 轉換分析

決策支援系統中有管理分析，而管理分析若用於決策活動上，就須做決策分析。因此管理分析須能轉換成決策分析，例如：經由管理分析得知產品市場多維度的營收分析，這時業務主管就必須做出是否增加行銷據點的決策，因此必須將此營收分析轉換成行銷據點決策分析。

3. 結果回饋

透過決策相關系統運作後，會得到決策結果，而這些決策結果是否有良好的成效品質，須以實際的成敗來判斷，一旦判斷出來，則決策結果應回饋至決策支援系統，作為決策支援系統本身的改善和增強。例如：決策出增加一個行銷據點，但經過半年實際運作後，其結果是失敗的；也就是決策結果品質是不好的，這時就必須回饋至決策支援系統，來評估決策支援系統是否有問題？以便提出改善方法。

案例研讀

問題解決創新方案→以上述案例為基礎

問題診斷

依據 PSIS (problem-solving innovation solution) 方法論中的問題形成診斷手法（過程省略），可得出以下問題項目：

問題 1. DSS 和各子系統整合？

問題 2. DSS 系統如何和企業的組織文化融合？

問題 3. DSS 系統如何和營運活動整合？

創新解決方案

在資訊科技快速發展的推波助瀾下，各式新型商品及新穎服務的開發與提供，不但改變了傳統的供需關係，更使得企業經營面臨必須全面檢討與不斷創新的壓力。壓力是和經濟時代環境有關的，壓力可使企業成長，但也可能使企業無法承受，解決之道就是順著經濟時代的趨勢動脈，來化解該經濟時代所帶來的壓力。那麼在知識經濟時代內，它的趨勢動脈是什麼呢？知識經濟時代之所以來臨，和其當時環境背景條件有關的，也就是知識和知識管理的基礎內涵，使得時代轉移，這樣的轉移是有其脈絡的，這就是知識經濟時代的趨勢動脈。

目前該公司在 ERP、POS 系統的作業功能上已大致成熟，除了基本資訊環境健全外，往後導入 DSS 後，可利用網際網路，將 DSS 有關客戶和供應商相關功能，延伸成網頁基礎 (Web-based) 的入口網站，以達到後端 (ERP、POS) 和前端（Web 入口網站）的整合，進而和客戶／供應商做更好的資訊化服務。

DSS 須和 ERP、POS 系統結合，如此才能做到整體作業的綜效，故有關各子系統整合，可列為下一階段資訊化規劃導入的重點。而在購物網和行銷網應加強網路行銷的經營，網路使用者在網路上使用或購買動機，會受到網站技術、服務品質、購買成本等網路使用特性影響，進而反映在網路消費者的滿意度及忠誠度上。網路使用特性包含網站技術、網站設計、交易安全性、服務品質、購物便利性、服務可靠性、個人化服務等，這些特性的程度高，則網路消費者滿意度和忠誠度就高，若是購買成本高、商品價格高、系統反應時間長，則網路消費者滿意度和忠誠度就低，因此消費者的滿意度對於消費者的忠誠度有正向影響。

管理意涵

一個企業要立足某產業的市場領域，必須要有核心能耐，若要比其他企業茁壯的話，則需要有競爭優勢。所謂競爭優勢是指具有差異化優勢，如此才能競爭，因此知識決策的存在就是企業競爭優勢的來源，這就是知識決策競爭。知識決策競爭來自於知識本身的核心能耐，透過知識決策的運作來突顯核心能耐的應用，以便達到知識決策的效益，該效益會帶來企業的競爭優勢，進而在所謂知識經濟時代裡取得立足生存和成長的力量。因此如何達到知識決策效益，就知識競爭而言是非常重要的。

企業可透過 DSS 系統績效指標來達到評估知識決策的效益，其指標和智慧資本有很大關係。因為透過這些指標計算和衡量，可了解到智慧資本的評鑑價值所在。

個案問題探討

請探討如何應用決策支援系統來內化成企業經營的組織文化、營運活動、各子系統的整合？

實務專欄（讓學員了解業界實務現況）

企業如何利用決策支援系統在實務營運上的做法

1. 決策支援系統在實務營運上，首先須建立決策問題所發展的決策目標，接著再依此決策目標，建構出決策模式，並置入該企業案例資料，進而運算決策方案結果，再根據該企業資深員工的經驗輔助做決策分析，最後決定出最佳方案。
2. 決策支援系統在實務營運上，有可能決定出的最佳方案並不是該企業就能依此來進行後續行動作業，因為有可能當初所設定之決策模式和收集案例資料，並不成熟和完善，故決策支援系統欲導入企業，是很不容易的企業應用。

習題

1. 企業為何使用 DSS 系統？
2. 在決策行為中有利於決策的資料呈現，可包含哪些？
3. 何謂決策支援系統結構？

Chapter 6

決策資料庫管理

「智慧營運管理在於未雨綢繆、及早布局、
管理創新、預知防範、借風順勢。」

學習目標

1. 說明資料庫的定義和內涵
2. 探討資料庫在決策上的應用
3. 說明資料倉儲定義和範圍
4. 探討資料倉儲應用
5. 探討模式庫管理系統的架構
6. 探討模式庫建構
7. 說明知識庫定義
8. 說明知識庫的特性
9. 探討知識庫的系統架構
10. 說明普及商務的定義和內容
11. 探討如何建構在普及商務的資料庫

案例情景故事

企業流程管理對於傳統工作流程演變到學習型企業流程的衝擊

該公司 e 化現況說明如下：嚴格而言，該公司並沒有做到任何 e 化的流程，只有運用到 IT 工具，例如：Office 的 Excel、Word 和 Google email 工具，再加上下單購物交易平台功能，以及利用公用軟體的企業產品簡介和促銷訊息。對於如此資源缺乏、預算有限下的微型企業，須切入務實可行的資訊化診斷，而不是理想化的規劃。在網路行銷的網站運作策略下，可規劃出企業簡介網站、網路銷售曝光點、下單付款網站等三種。這三種各有其目的，茲分別說明如下。

1. 在企業簡介網站方面，以專業形象、品牌訴求、視覺化設計為主，讓消費者感受公司品牌的優勢。
2. 在網路銷售曝光點方面，是欲在多個知名網站上建立多個促銷曝光點，其運作手法是藉由這些網站的點閱，知道該公司的產品和促銷，例如：udn 聯合新聞的美容保養網頁等。
3. 在下單付款網站方面，主要是讓消費者可下單，而為了掌握客戶，應只規劃一個下單付款網站。

該公司屬於微型企業，公司成立半年，員工有 3 人，之前主要在研發保養品技術，目前積極運作行銷服務業務，但經營思考整個公司方向，都落在業務經理身上，嚴格而言，該公司仍屬創業初期。雖屬創業初期，但經營方向有基礎，而營收仍未明朗化，探究其原因，在於沒有建立制度、集中發展和快速建立資源基礎。這個牽涉到該公司的經營模式，以及在這樣的經營模式下，業務經理所扮演的價值何在。業務經理雖然以前是行銷業務領域的，但對於整個公司經營和資訊化經營，其職場經驗，尤其是資訊化經營能力，仍須大幅加強。茲簡略該公司目前組織架構與職掌如下。

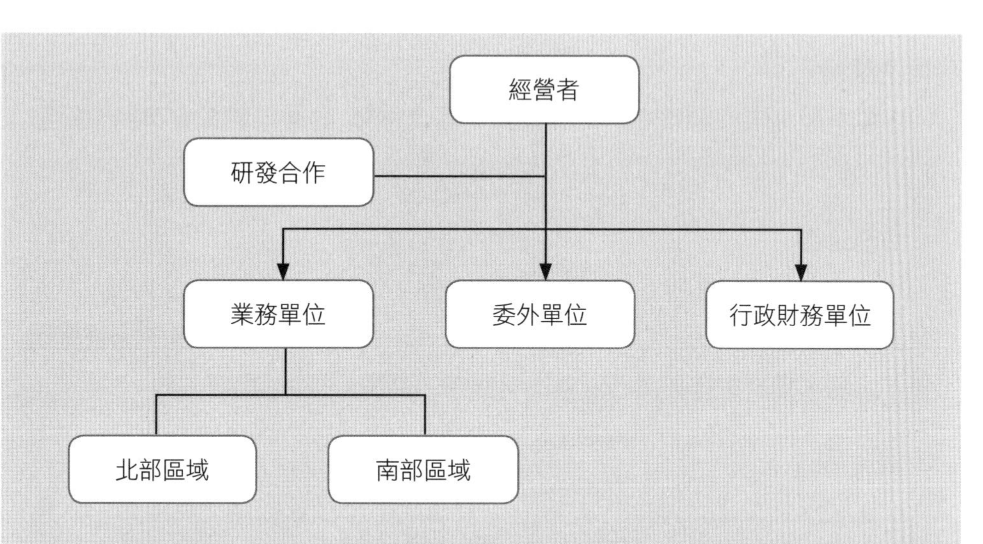

在組織職掌上，訂單出貨作業在北部區域是由業務經理負責，在南部區域是由另 1 位業務員工負責，其會計帳務是由業務經理負責，而在生產製造是業務經理採取委外生產，在研發設計是由其夥伴某教授來運作，故整個組織作業是非常精簡的。由於業務經理負責人希望能突破目前局面，在未來短期規劃上能逐漸擴大營運範圍，因此近日增加 1 人為其業務人員，但限於資金有限和業務員工仍欠缺，因此需要有更多的改變。XX 國際公司的營運模式是包含研發產品、委外製造、行銷業務三大方面。

研發產品

技術來自於和某大學的教授，以國科會專題計畫中的產學合作計畫，研發設計出自有品牌，其研發關鍵要素是某種茶成分，根據業務經理的口述，可知某種茶成分在台灣目前是獨特產品，而經由某種茶成分製成的保養品，重點在於美容和健康主軸上，因此研發產品在該公司是具有差異化和自有品牌優勢。

委外製造

經由研發產品後，就委託工廠來加工製造，其工廠據點有多處，主要位於新竹地區，而其他材料，例如：包裝材料，則委外給其他廠商，因此委外的外包管理，對該公司是很重要的，但又因為客戶群是消費者大眾，而非企業型客戶，所以，委外生產計畫必須採取計畫式生產計畫，以及標準規格的產品銷售。

行銷業務

客戶層次主要鎖定在女性上班族，約 21~35 歲個人消費者市場，目前行銷業務做法是採取實體和虛擬活動兩大運作。

1. 實體活動

目前在台北和高雄各有銷售 Office 據點，惟人數分別都是約 1~2 人，其業務人員招募利用政府就業計畫補助來應徵，主要針對有百貨美容保養專櫃多年經驗，透過實體拜訪和區域市場鎖定，展開一連串銷售作業。

2. 虛擬活動

以網際網路平台為運作主體，主要在於下單付款和曝光促銷這兩大運作。在下單付款是以 PChome 的制式平台，來讓消費者下單，但須付手續費。在曝光促銷方面，是以 Open Source 的免費公開軟體來設計企業產品簡介和型錄，以及宣傳促銷活動，讓消費者參與。也因為如此做法，該公司的配合軟體廠商可說是沒有。另外，為了因應此虛擬活動網路行銷，業務經理也欲應徵網路行銷人員，來加強虛擬活動的運用績效，進而增加營收。

問題 Issue 思考

1. 企業利用資料庫系統時，對於在數據分析目標下有何重點？
2. 資料品質對於企業在做決策時有何重點？如何做資料萃取、淨化和轉換？
3. 建立模式庫的模式管理，對於企業在做決策時有何效益？

前言

企業在做決策時，決策支援系統須和資料庫管理結合。因此，在決策模式資料庫設計下，目前是以資料倉儲為最普遍的方法。而資料倉儲在智慧決策運作下，須將資料倉儲提升至知識倉儲，而從資料倉儲技術來看，可知它必須做資料萃取、淨化和轉換，接著在考量支援決策者制定決策模式以解決問題過程中的輔助方法下，其如同資料庫一樣的模式庫 (model base) 功能就必須要建立。最後從知識管理的資料庫角度來看，在決策支援系統運作過程中，就必須要有能發展出知識蓄積 (knowledge accumulation) 與再生 (reuse) 機制的智慧型知識庫。

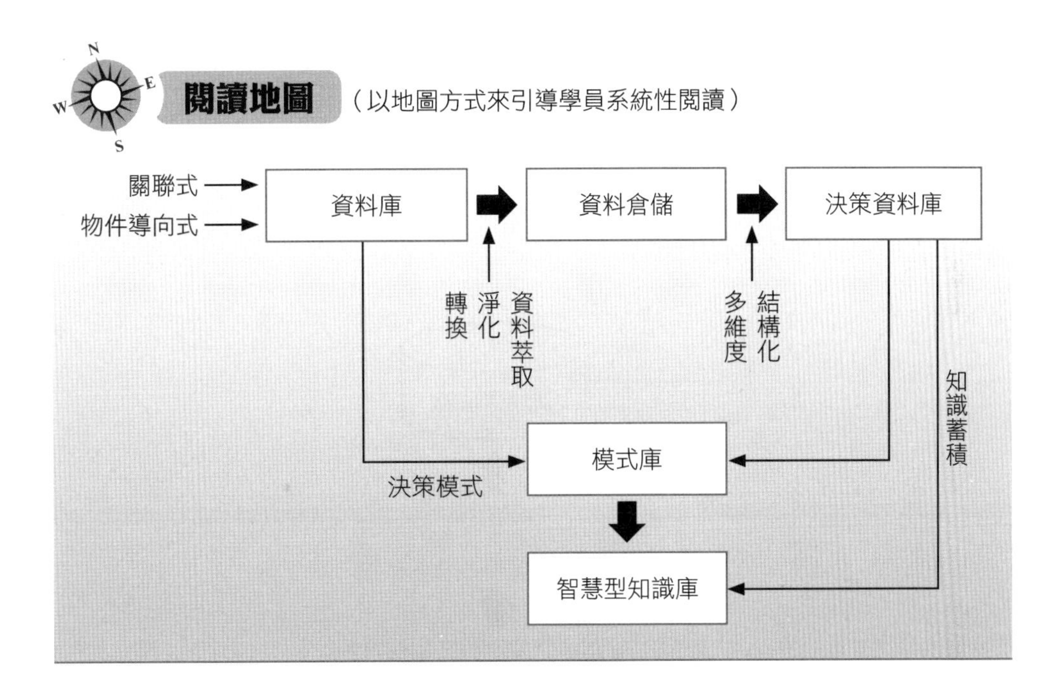

6-1 決策資料庫的概論

一、資料庫

資料庫系統 (database system) 是一種軟體系統，它是有效率和結構化的資料集合，它將應用系統的資料集中儲存，以便使用者能夠隨時存取使用系統。這種結構化的集中儲存資料，稱為資料庫 (database) 資料庫系統的優點，包括資料重複性低、資料一致性、資料共享。而為了達到這樣的優點，就必須做正規化 (normalize)。正規化是將資料集合依主體性特性，分割成多個表格型式的資料表 (table)，資料表設計一定要考量有唯一識別記錄的欄位，也就是須有一個主索引欄位，每個資料表都必須沒有重複問題，其如何設計的過程就稱為正規化。經過正規化設計後，就須定義資料庫綱要 (schema)，資料庫綱要是指資料庫裡所有資料表的狀態記錄，包含產生日期、資料表檔案大小、欄位定義等。

設置資料庫系統的目的是希望透過軟體方式，將資料集中控制、管理，並且當作一個獨立的系統；也就是說，同時要讓應用系統的程式開發和修改，不會影響資料庫系統的獨立性。資料庫的結構化設計會影響使用者存取資料的成效和過程，它是從階層式 (hierarchical)、網路式 (network) 到目前最常用的關聯式 (relational)，以及未來物件導向式資料庫系統。資料庫系統是一個資料集中儲存的空間，但它會應用於企業功能上，故資料庫系統需要做管理，這就是資料庫管理系統。資料庫管理系統 (database management system, DBMS) 一直在各式各樣的資訊應用系統和資料庫系統之間使用，扮演著非常重要的角色，如圖 6-1，是資料庫管理系統的應用示意圖。

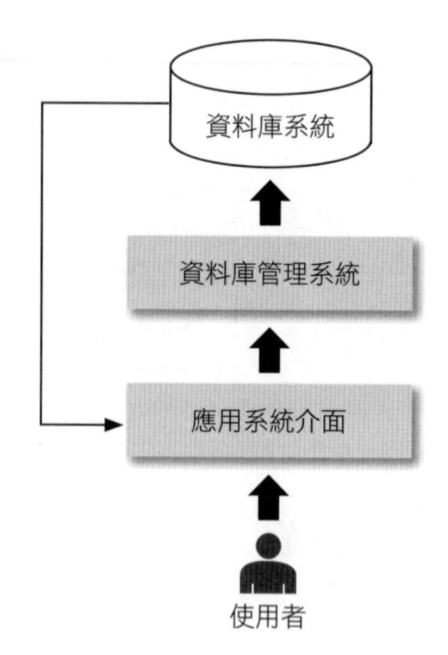

圖 6-1 資料庫管理系統的應用示意圖

資料庫管理系統是從專屬系統 (proprietary system) 到開放系統 (open system)。所謂專屬系統是指硬體、軟體、程式、資料都要在專屬的環境下才能運作；相對的，開放系統是指系統的軟體、程式、資料可以與環境自由地交互作用，也就是說不受專屬軟體程式的影響。資料庫管理系統產品在這種專屬系統 (proprietary system) 到開放系統的更替下，已成為企業應用的重大系統。目前資料庫管理系統有 DB2、Sybase、Oracle、Informix、Windows SQL Server 2018。

資料庫管理系統的優點，包括資料易於管理、安全性高、維護成本低。例如：在資料錯誤的管理上，它有資料型態檢查，例如：宣告為數字的欄位不可輸入文字等；在資料系統安全 (security) 的管理，機密資料必須做妥善的安全管制，防止不當的竊取或修改，故有些電腦資料庫硬碟具備鏡像 (mirroring) 功能，也就是說，在資料被寫入磁碟時，會把相同資料同時寫入另一個磁碟，防止資料毀損和遺失；在整合性檢查 (integrity checking) 的管理，它是為了防止資料庫中不正確或不一致的資料存取；在資料備份 (backup)、回復 (recovery)、委任 (commit)、撤回 (rollback) 的管理上，所謂委任是指執行資料異動時，所有的運算可以完全執行完畢，所謂撤回是指執行資料異動時，所有的運算不可以完全執行完畢，就須全部還原當初資料狀態。資料庫管理系統目前最常用關聯式 (relational)，關聯式資料庫系統主要是能透過資料表之間的關聯性，來管理資料表的內容和互動，它可依使用者的需求，將分散在不同資料表裡的相關記錄彙整成查詢報表。關聯性的成效有賴於正規化設計的結果，一般正規化的重點在於欄位唯一性 (field uniqueness)、主鍵欄位 (primary key)、欄位獨立性 (field independence)。所謂主鍵欄位是避免產生不必要的重複資料，其要求欄位唯一性，故構成資料表的主鍵欄位不得為無效的值。

二、資料庫在決策上的應用

企業在做決策時，不僅要考量資訊來源即時、正確、廣泛的問題，還須考量決策時所需的需求服務必須能被完成的問題。決策支援系統強調對企業的組織結構和各層次管理人員的決策，因此決策支援系統須和管理結合。在決策模式資料庫，目前是以資料倉儲為最普遍的方法。資料來源有企業內部作業和企業外部傳送，企業外部是指客戶、供應商等，當然企業內部資料易於控制，而就資料分析成效來看，其資料成為資料庫結構容易分析，這是一種結構化資料。另一種是半結構／非結構化資料，故企業內部資料應將半（非）結構化資料轉換成結構化資料。至於企業外部資料也可能是結構化資料庫，這時就牽涉到異質資料庫系統的轉換和整合，資料對於決策分析非常重要，它是決策品質的正確性和完整性基礎。在決策模式資料庫，目前是以資料倉儲為最普遍的方法，一般在談到決策支援系統時，都會聯想到資料倉儲，但資料倉儲只是決策支援系統的應用資料庫，這兩者之間的整合，決策支援系統之應用分析，係利用資料倉儲技術，使企業可以收集、萃取所有相關資料，加以大量轉換、載入、過濾，將這些資料加以預測和分析，進而提供一個企業績效決策架構，使得具備充分智慧資訊與分析機制，也就是將資料分析轉變為商業行動，衡量企業績效，進而達到提高利潤及降低成本的目的。但決策支援系統並不只是資料倉儲，兩者之間的差異說明如下。

1. 效益和範圍不同：決策支援系統的效益為支援戰略性和策略性之商業決策，進而幫助解決企業問題；而資料倉儲主要在於提供具整合性及集中性的資料庫而已，故決策支援系統範圍較大。
2. 重點內容不同：決策支援系統著重於存取及使用企業知識予使用者，而資料倉儲則著重於如何建立及儲存資料的技術。
3. 軟體技術不同：決策支援系統是以策略性的決策方法為技術基礎，而資料倉儲則以多維度和交叉分析的資料模式為技術基礎。

資料倉儲的出現，使得 DSS 有新方向的發展，這個新方向是以 DSS 擴張膨大為基礎，亦是 DSS 知識改進的目的，例如：增加提升學習。主要基於促進和提升知識的效果進度有多好、改善智力及決策者悟性的效果進度有多好，及因此改善他／她決策訂定的效果進度有多好來測量。在資料倉儲的資料庫內，若以決策方向來看，當然存取使用的不僅是資訊，而是知識，也就是決策相關知識；亦即透過資料倉儲的方式，將決策相關之知識、經驗與技術整合起來，利用邏輯關聯的方式，變成一套符合邏輯程序的推論，以便能處理須有決策模式才能解決的問題，並且將這些複雜的問題做有效率和結構化的規劃，使能快速使用並可解決問題，這就是一種知識庫。由此可知，知識庫存放的是和決策相關的知識，它用專業的知識和推論方式去解決一般程式無法解決的問題。也就是說，決策型知識庫系統即模擬人類解決和決策能力的電腦系統。

資料庫決策可利用關聯式資料庫系統來運作，但若牽涉到不同維度的資料分析時，就必須用資料倉儲的技術，其軟體系統有 Microsoft SQL Server 等。例如：決策型資料庫行銷就是一個例子，對於決策型資料庫行銷，在制定企業行銷策略時，著重的是如何決定處理事情的正確方法，因此有賴資料倉儲和行銷的結合應用，才能幫助行銷主管得到所需的資訊來做決策，進而提高公司的行銷競爭力。決策型資料庫行銷就是運用訂單和產品等資料庫系統來進行行銷活動的方式，透過資料庫中客戶的基本資料、交易過程與購買記錄來分析消費者資料，並執行行銷決策的過程，其重點就是希望能透過資料庫系統，決策出消費者願意再度購買相關的產品與服務，進而建立顧客忠誠度，購物籃分析 (market basket analysis) 就是一個實例。所謂購物籃分析是藉由資料庫行銷系統來分析和了解消費者購物時的購物籃內容，分析產品之間的高度相關性，進而得出消費者下次可能購買的產品。

另外一個決策型資料庫行銷例子，則是決策樹分析 (decision tree analysis)。如要判斷某個消費者是屬於衝動型還是冷靜型的消費模式，則可依據消費者的習性資料作為屬性，利用決策樹的數學演算法來分類是何種消費模式。所謂決策樹是利用樹狀結構的資料表示法 (data representation)，再運用數學演算法 (algorithm)，選擇一個分類屬性，利用此分類屬性將產品作分類，以得到產品的分類。

6-2 資料倉儲

一、資料倉儲定義和範圍

根據 Davenport (1998) 等人的研究，企業實行知識管理的目標可分為以下三類。

(一) 建構知識倉儲 (create knowledge repositories)

將企業內部的核心能力與來自外部競爭技術，以多維度結構化方式儲存於知識倉儲中，可隨時提供員工們以不同角度查詢及溝通。這個知識倉儲若以資訊系統來規劃，就是使用所謂的資料倉儲 (data warehouse)。何謂資料倉儲？所謂的資料倉儲 (data warehouse)，是一群儲存歷史性和現狀的資料，它是以主體性為導向 (subject-oriented)，具有整合性的資料庫，用以支援決策者之資訊需求，專供管理性報告和決策分析之用。

從以上可知，知識倉儲並不只是關聯資料庫，還牽涉到不同維度的資料庫，而這種方式一般會以資料倉儲技術來運用。從資料倉儲技術來看，可知其必須做資料萃取、淨化和轉換，如圖 6-2，而這正是知識倉儲所需要的。

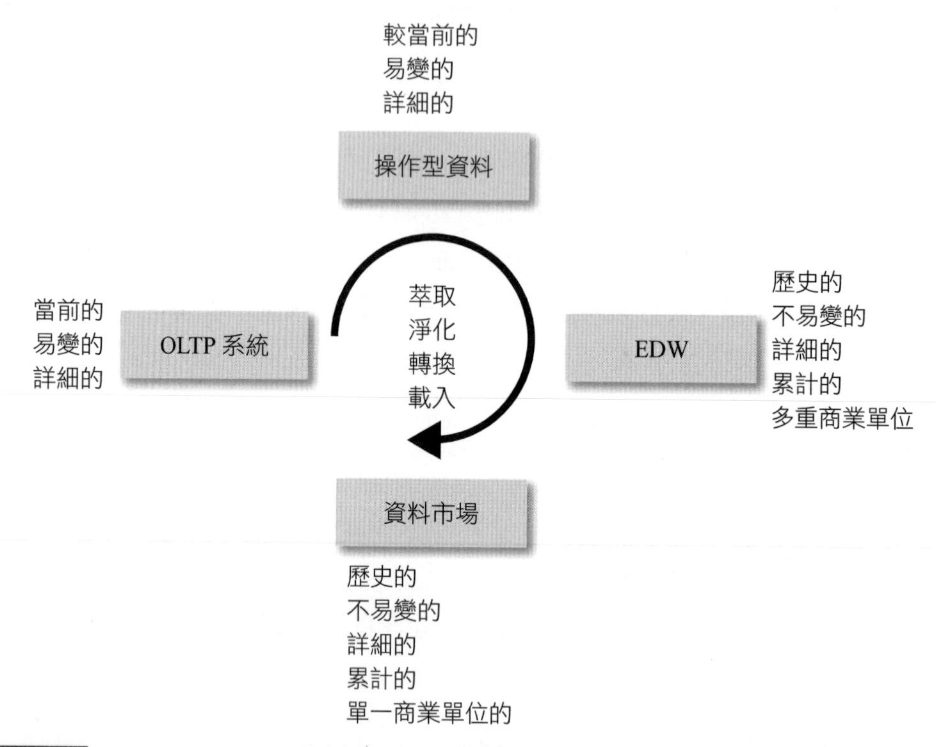

圖 6-2 資料萃取、淨化和轉換

圖中的操作型資料是指營運資料系統 (operation data system) 作業中的系統資料，EDW 是指萃取資料倉儲 (extract data warehouse) 經過資料萃取、淨化和轉換的程序。故在資料倉儲會有 metadata 來描述和詮釋，它包含：

1. 資料來源的描述

   所有使用於倉儲中資料來源的相關描述，包含相關資料所有者的資訊。每筆記錄都完整地被定義，以確保資料倉儲成員及使用者的認知是一致的。

2. 資料倉儲綱要設計

   資料倉儲綱要模組所描述的資料，係有服務功能、資料庫、資料庫表格及欄位，以及可能存在的各種階層資料。

3. 來源及目的欄位比較

   作業用系統中的來源欄位與在資料倉儲中的目的欄位相較，能夠了解欄位使用了哪些資料於系統中，也記錄下載資料轉換及格式移轉的過程。

4. 後端倉儲工具或程式

該工具或程式之目的，在於多久執行一次程式、以何種程序來執行，以及程式的原始碼。

5. 後端資料倉儲結構

後端資料倉儲包括用於資料轉換過程裡的暫時性資料結構。

6. 存取及安全設定

在資料倉儲中，企業可用以管理安全性及使用者的存取權利。

7. 企業規則及權利

企業在資料倉儲系統運作中，可設定企業規則及使用者的存取權利。

8. 資料倉儲架構

資料倉儲架構應該規劃更完整，例如：資料倉儲架構可分割成許多部門或多個資料供廠商使用。

(二) 提升知識存取 (improve knowledge access)

有了知識庫後，卻不能善加運用，不僅當初建立該知識庫是浪費，更失去知識自我推理的意義。因此如何使知識存取可在企業內外運用，是非常重要。知識存取的目的在於透過使用人員對知識的移轉，讓本身知識可不斷傳承及延續，當然知識存取的方法很多，例如：利用知識網路 (networks) 來達成。

(三) 知識環境的建立和知識資產產生 (knowledge environment)

知識庫存取使用的成效，在於是否能建立一個可分享知識的組織文化，促使知識由不斷的產生、編譯、轉換到應用能循環不已，達到知識創新的目的。如此的循環，就會產生知識資產，進而成為公司的核心競爭能力。因此，在知識環境的建立中，應運用知識發現 (knowledge discovery)，它是指資料中有效、嶄新、潛在效益的一個流程，其最終目標是了解知識的樣式 (patterns)。

二、資料倉儲應用

資料倉儲工程師所需擁有的能力，有以下幾個重點：

- 了解目前和未來資料倉儲業界的方向和趨勢。
- 對組織裡所有的資料可分析出定義及結構。
- 可分析資料倉儲系統的各個層面內容。

- 掌握軟體的功能和硬體環境資源。
- 對於網路、作業系統有某種程度的了解。
- 具有商業分析、表達能力的技能。
- 可建立邏輯及實體資料模式。
- 可建立中繼資料和資料驗證功能。
- 可建立資料轉換和萃取功能。
- 可設計資料轉換程式。
- 可確認資料轉換程式的正常運作。

要做資料倉儲應用之前，須對資料做整合萃取，也就是 ETL (extraction transformation load)，包括三個不同的步驟：

- 萃取 (extraction)：由資料來源讀取出資料。
- 轉換 (transformation)：將資料轉換成適合決策分析的型態。
- 匯入 (load)：將合適型態的資料匯入資料倉儲系統平台。

ETL 可利用資料轉換處理不合規定的資料，包含 1. 資料類別轉換；2. 資料正規化與非正規化；3. 修改資料來源系統的資料；4. 資料轉換處理。

1. 資料類別轉換：如數字轉為日期，又如日期及時間的轉變。
2. 資料正規化與非正規化：正規化能使一個查詢所需讀取的資料量減低，因而增進查詢的速率。
3. 修改資料來源系統的資料：這種方式不必動用到系統本身主程式設計，只須修改資料來源系統的使用者介面和改變系統本身所存的資料，所以比較容易執行。其中一種資料修改的方式，是修改原本系統的使用者介面表單，以此引導員工一定要輸入正確的數值。
4. 資料轉換處理：先將不合規定的資料匯入一個錯誤表單。替換掉原本的資料來源，將不合規定的資料如正常資料一樣，匯入同一個表單，而在有問題的資料上加個記號，利用此記號來做資料轉換，以便處理不合規定的資料。

6-3 模式庫

一、模式庫管理系統

模式管理是支援決策者制定決策模式以解決問題的輔助方法，模式庫 (model base) 的功能就如同資料庫一樣，同為存取資料而設計，但模式庫所儲存的並非一般資料，而是決策模式 (model)，也就是當決策者輸入資料，並經由核心模式引擎的運作，再輸出建議的最佳化方案，以讓決策者做決策。模式庫的架構應該具有整合性 (integrate) 與分享性 (share) 的特徵。模式庫管理系統 (model base management system, MBMS) 是經由適當的連結，建構各模式之間相互關聯的模式管理，透過此管理系統，可使用多種模式來支援決策問題的解決方案。Liang (1985) 認為，模式庫具有整合性、分享性等特性。整合性是指許多模式可以做一個整合性的彙整，在彙整的過程中，可以刪除重複的模式；分享性是指在模式庫中任一個模式，可作為其他模式共同使用。Han 和 Kamber (2000)、Berry 和 Linoff (1997) 認為，模式依其產生結果的應用分為兩大類，一為預測型模式 (predictive)，它是根據目前的資料狀況，建立能預測未來現象、樣式或趨勢變化的模式。一般預測型模式，包含類神經網路 (neural network)、案例式概念學習 (exemplar-based concept learning)、決策樹 (decision tree)、貝式分類器 (Bayes classifier) 等技術。另一為描述型模式 (descriptive)，用來描述資料、了解現象與知識發現，並找出其間的關係及樣式 (pattern)。一般描述型模式，包含關聯法則、關聯樣式搜尋與 Spearman 等級相關分析等技術。Weiss 和 Indurkhya (1998) 將預測模式分為三類，分別是數學式、距離式、邏輯式。數學式與邏輯式係建立在新模式衡量上的直接運算，而距離式則建立在新模式與儲存模式相似度的衡量上。

二、模式庫建構

Ma (1997) 認為，模式庫的模式管理有三個主要重點，包含模式庫架構的呈現、模式庫系統的設計與模式管理系統的整體環境。模式庫系統的設計，包括模式屬性、模式建構、模式運作三個功能模塊，分述如下。

(一) 模式屬性

為決策者提供有關模式屬性，包含例行性程序、特殊的統計、預測、分析能力定量模式，便於決策者正確地使用模式，對模式的運算結果作出正確的判斷。

(二) 模式建構

定義了一套模式描述語言、相應的模式應用程序及模板文件。模板文件是一個利用模式描述語言撰寫而成的，包括構造應用程序所需的程序文件、資源文件、模塊定義文件及程序維護文件。

(三) 模式運作

利用封裝、繼承等特性，將計算程序加入模板文件內，並利用程序編譯連接為可執行代碼，並將模式的屬性加入模式屬性欄位中，這樣就實現了模式的運行。

模式建構法，大致可以區分為以下數種方式：

1. 關聯式法 (relational approach)：Blanning (1993) 將決策模式視為形成決策過程資料、輸入與資訊輸出的整個關係式。
2. 實體關係法 (entity-relationship approach)：Chen (1988) 將模式視為由相關屬性所組成的實體，如同資料庫設計一樣。
3. 模式抽象法 (model abstraction approach)：Dolk (1994) 採用物件導向程式語言，並同時支援物件封包的觀念，這是資料抽象化的方式，也就是將決策模式的概念與實作相互獨立的區分。
4. 結構化模式法 (structured modeling approach)：Dolk (1988) 利用物件繼承的特性，劃分出物件屬性繼承關係圖，以表示模式之間的關係式。
5. 物件導向法 (object-oriented approach)：Muhanna (1993) 和 Lenard (1993) 將決策模式視為物件的集合，並依照物件之間的運作，相對應執行不同的模式功能。

6-4 知識庫

一、知識庫定義

Negoita (1985) 定義專家系統為一個模擬人類專家做出決策分析的電腦系統。Mockler (1992) 定義知識庫為收集專門技術與經驗或專家的知識，包含各種經過轉換處理的任何資訊，凡是有關知識領域的範疇，都可去闡述專家知識的特性，以便做出決策。Zack (1999) 提出了結合式知識管理的資料庫理論，其重點在於說明模組化知識管理的概念，這個理論模式會發展出知識蓄積 (knowledge accumulation) 與再生 (reuse) 的機制。

Davenport 與 Prusak 認為知識資料庫有以下三種基本型態：

1. 外部知識資料庫

   從外部將不同議題的知識，分別或是有優先權限傳送給相關人員，使資料庫的資訊與知識更有效用和活用。例如：外部情報、廠商知識。

2. 內部知識資料庫

   在內部運作體系內，可以有結構地提供技術產品資訊、業務說明會支援、行銷技巧，以及客戶資訊等，使得內部人員的工作效益獲得提升。例如：研究報告。

3. 非正式的知識資料庫

   不論內外部的運作體系，指專門處理蘊含在人們腦袋裡、隱性的、未經結構化、亦無文化可依循的知識。例如：技術討論。

從上述說明，可知知識庫的重點在於知識如何規劃成資料庫來做儲存、存取使用，因此從資訊系統角度來看，它會牽涉到使用者介面和資料庫。這樣的資料庫，存取使用的當然不僅是資訊，而是知識，也就是專家知識，亦即透過知識庫的方式，將專家之知識、經驗與技術整合起來，利用邏輯關聯的方式，變成一套符合邏輯程序的推論，以便處理須有專家才能解決的問題，並且將這些複雜的問題做有效率和結構化的規劃，使能快速使用並可解決問題。由此可知，知識庫存放的是專家系統，它用專業的知識和推論方式，去解決一般程式無法解決的問題。也就是說，專家系統即是模擬人類解決和決策能力的電腦系統。

由上述知識庫與專家系統的定義，以及根據 Turban (1992) 所提出的專家系統，可整理成圖 6-3。從圖 6-3 中，可知一個專家系統的架構概念，圖中右半部是利用專家知識、經驗與文獻等發展建置的環境；而圖中左半部則是使用者透過人機介面，從建立完整知識庫獲取診斷或結果之推論環境。

因此，知識庫的定位是將知識轉換成一套符合邏輯的機制或處理程序，同時也是一個儲存知識的空間。而專家系統則是以知識庫為核心的智慧型處理程式，不僅包含知識庫的推論機制，同時也利用人機使用者介面的方式，將建置在知識庫裡的知識進行獲取、使用、加值等作業，如圖 6-3。

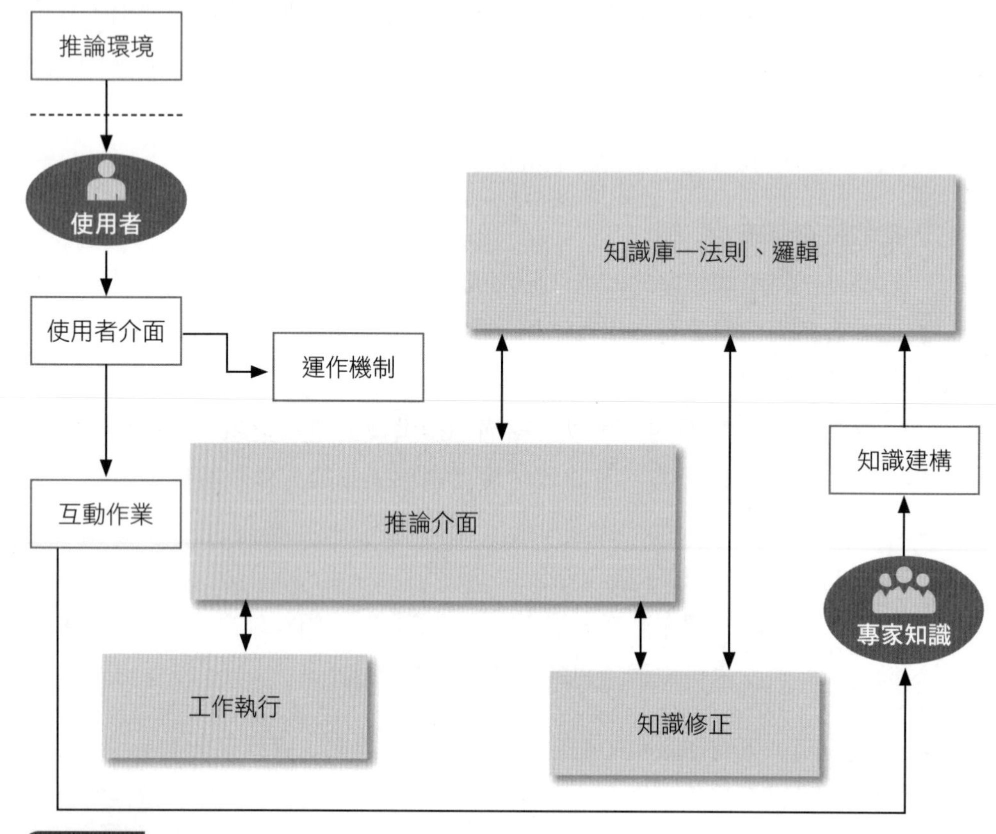

圖 6-3 知識庫
（資料來源：Turban, 1992）

根據 Morten T. Hansen、Nitin Nohria 與 Thomas Tierney 的研究，他們將知識庫的存放內容大致分為兩個模式。

1. 一種是以顯性知識為主，將知識的重心放在資訊系統的處理和運用上。它將知識整理成專家規範和規則，儲存於資料庫中，以便存取與使用。例如：標準化或成熟期產品等企業較為適用，因為它們較屬於顯性知識，容易表達和標準化。
   - 優點：公司可建立顯性知識一再使用的學習經驗模式。
   - 缺點：提供資料庫中現有的知識服務，無法發現內在知識。
2. 一種是以隱性知識為主，以人的內在知識為基礎，希望透過人與人之間的直接接觸來分享、傳播知識。因此資訊系統的主要目的不再只是用於知識儲存，而是使知識應用者與知識發展者緊密進行知識的轉換、溝通。這種知識庫的建構，相對上就比較難，它常用知識推理等智慧型邏輯，來達到隱性知識的處理。例如：創新型的產品，因為創新型的作業是來自於隱性知識。

- 優點：可針對內在性的問題做隱性知識的轉換、溝通。
- 缺點：隱性知識本身就很難系統化。

二、知識庫的特性

根據上述說明，可知知識須能轉換成一套符合邏輯的機制或處理程序，一般說來，利用知識庫方式可整合各種不同類型與媒介的資料；也就是說，知識的呈現不是只用文字、圖案等，可能也是多媒體檔案，這在知識庫透過邏輯推論的方式來處理資料轉換成電腦所能判斷之知識是非常重要的，因為適切的知識呈現，有助於知識轉換的過程，可將許多繁瑣的工作程序予以正規化，形成條理分明之規則。從這段說明可知知識原本是具有更新和刪除作業，故它可被規劃成資訊系統的資料庫系統。然而與一般資料庫系統不同的是，它要能處理內在性的問題做隱性知識的轉換、溝通。這樣的知識型資料庫系統，有其本身的特性。

茲將知識庫的特性整理如下：

1. 知識庫具有問題限制：在不同問題限制下，其知識的重要性和使用是會不同的，例如：在不同等級客戶的重要性問題限制下，其所掌握的情報知識會有不同的重要性和使用上的頻率。
2. 知識是不容易隨時取得的：知識的產生須經知識管理的運作，這是不容易的。
3. 專家的知識不一樣：知識在不同的專家身上，其對於處理、解決問題的方式皆不相同。
4. 專家的知識很難產生：知識庫的專家系統知識是很難產生的，必須用萃取方式，也就是去蕪存菁，非僅有知識即可。
5. 知識的認知不一致：對於知識的定點轉換，過程中容易受制於知識專家所認定的認知與主觀性所影響。
6. 知識推論方法：對於發展在知識推理等智慧型邏輯方式，可達到隱性知識的處理推論方式。
7. 知識資料庫的規劃：資料庫的設計會有資料內容本身和描述資料的結構化資料 (metadata)；同樣的，知識資料庫的設計也可以反映組成知識的兩個基本成分：結構 (structure) 與內容 (content)。知識的內容可以不斷的累積，知識的結構則用來提供詮釋這些內容所需要的相關資料。這就牽涉到不同知識資料庫的設計，就會有不同的詮釋。

8. 知識庫的運作角度是多方面的：如果將知識庫的知識當作是一項「觀點」，那麼企業就能夠從特定的資料庫結構中，取得多方面的相關內容視野 (view)。

三、知識庫的系統架構

圖 6-4 是以資訊系統的模式來建構知識庫。首先是以知識中心 (knowledge center) 為核心 (core) 重點，從此核心引導出知識管理的運作介面 (interface)，以及發展出延伸性 (extend) 功能。其次，在這個知識中心核心上，建構出知識庫，它是一種資料庫 (knowledge repository)，目前定義它為模糊性的知識型資料倉儲。而這樣的資料庫須以知識的結構化，來提供詮釋這些知識內容所需要的相

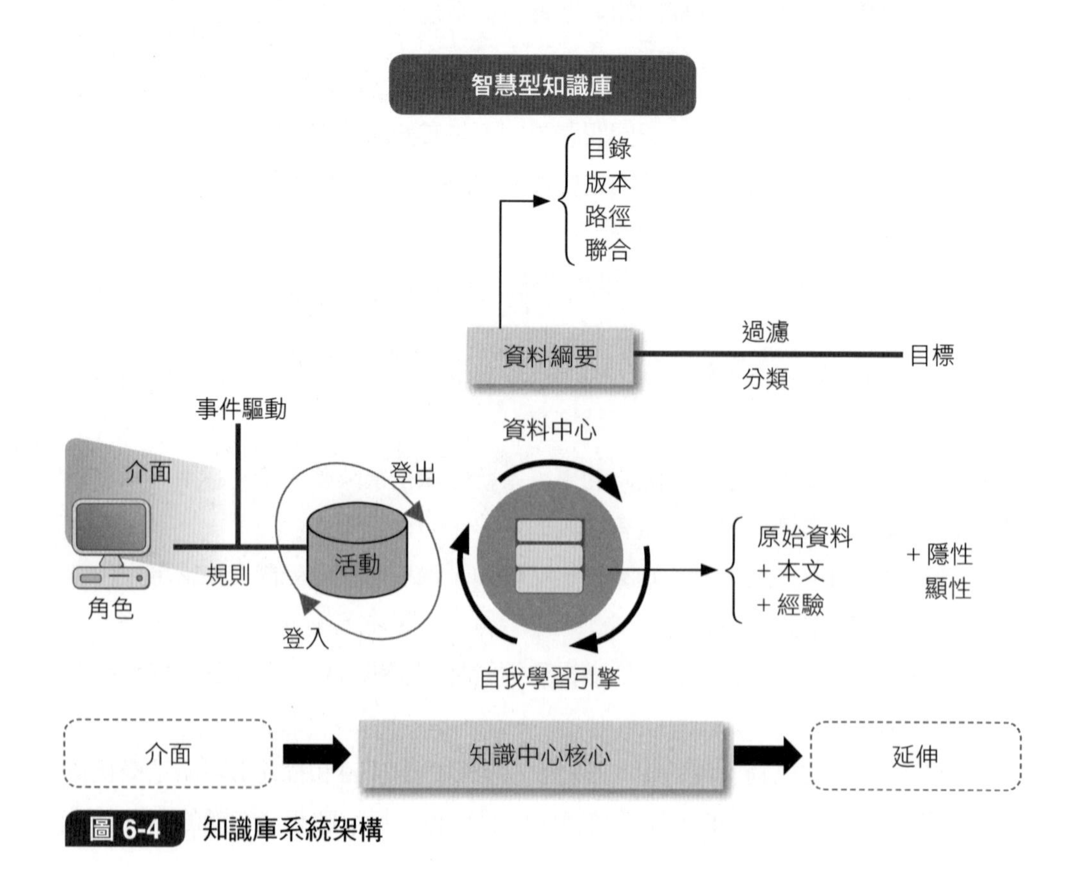

圖 6-4 知識庫系統架構

關資料。在這個知識庫中，會有原始資訊、內容、經驗及內在性知識，並且具有自我學習的引擎機制。再者，在整個知識庫架構中，有目錄 (directory)、版本 (version)、路徑 (path)、聯合 (alignment) 的管理功能，這些管理功能就是在管理這個知識庫的資訊系統。所謂目錄管理是指知識檔案分類的目錄，它包含目錄內容、使用權限、目錄關聯等；所謂版本管理是指版次更新、版次內容、版次過程；所謂路徑管理是指路徑內容、存取路徑、歷史路徑；所謂聯合管理是指聯合內容、聯合關聯、聯合角色等。有了整個知識庫架構的管理功能後，對於不同使用者角色，可透過使用者介面進入，進入後會依不同條件自動化產生事件驅動。該條件可能會依照事先已規劃好的規則 (rule) 來產生事件驅動，但對於要存取知識庫 (knowledge repository)，則須經過審核登入 (check in) 和審核登出 (check out)。最後，經過前端的使用者介面運作，會依邏輯性規則做出過濾 (filter) 及分類 (classification)，進而達成使用者使用知識庫的目標 (object)。

6-5 普及商務的資料庫

一、普及商務

普及商務 (pervasive commerce) 是比行動商務更為無遠弗屆，任何時空都可隨時隨地的產生商務行為，這兩者最大差異在於普及商務所運用的商務設備是不需要攜帶的，而行動商務必須隨時隨地帶著行動設備。至於為何普及商務不需帶行動設備？因為在任何時間、地點都會有促進商務行為的公共在地化設備，例如：在捷運站旁有一個觸控面板，使用者只要利用輸入方式（可以用語音、按鍵輸入方式），輸入自己帳號和密碼，即可上網使用相關的 Web-based 資訊系統。企業和消費者的使用，可能會在非電腦設備上執行，例如：手機 PDA、Web-TV、資訊家電等，而普及計算 (pervasive computing) 就是扮演這樣的運算，它實現在任何時間和任何地點，及採用任何不同的行動設備，來達到隨時隨地運算需求。普及計算之所以能運用在任何不同的行動設備上，是因為有「嵌入式系統」(embedded system)，它是一種結合電腦軟體和硬體的應用，成為韌體驅動的產品。例如：行動電話、遊樂器、個人數位助理等資訊配備，或是工廠生產的自動控制應用。嵌入式系統產品的需求，已深入網際網路、家電、消費性等市場，例如：PDA、行動電話、Sony 的智慧玩具狗 (robot dog)、能上網的智慧型冰箱、具備遊戲功能的數位視訊轉換盒 (set-top box) 等。嵌入式系統的重點在於透過軟體介面來直接操作硬體。例如：硬體部分是微處理器 (microprocessor)、數位信號處理器 (digital signal processor, DSP)，以及微控制器 (microcontroller)。軟體部分是特定應用的軟體程式和即時作業系統 (real-time operating system, RTOS)。從上述說明，可知嵌入式系統是為了特定功能而設計的智慧型產品，但未來嵌入式系統已逐漸轉為具備所有功能。

二、建構在普及商務的資料庫

根據上述對普及商務的定義和說明，可知普及商務是無所不在 (Ubiquitous) 的經營作業，因此在經營作業的過程中會運用到資料，所以，資料的存取也必須是無所不在的。以往的資料庫都是建置在某伺服器，其資料存取是透過連線伺服器方式，此方式很難達到無所不在的運作，其原因在於存取資料的運算能力都是依賴某伺服器的邏輯運算能力，所以每次存取運算都必須先傳回到遠端的伺服器，這對於無所不在的應用，會造成其成效的落差。傳統資料庫和普及商務資料庫的差異，如表 6-1。

表 6-1 傳統資料庫與普及商務資料庫的差異

項目	傳統資料庫	普及商務資料庫
連線	主機資料庫	行動資料庫
儲存	伺服器	行動設備
速度	慢	快
運算	伺服器電腦 CPU	任何據點電腦
方式	主從架構	平行架構
拓樸	集中式	分散式

根據表 6-1，分別就這六項說明如下。

(一) 連線

普及運算的資料庫連線方式，是在普及商務的行動設備中建置一個小型資料庫，此小型資料庫相對於伺服器資料庫是個暫時儲存資料庫，其普及商務的行動運算資料存取，都是先從此小型資料庫存取的，其示意圖如圖 6-5。

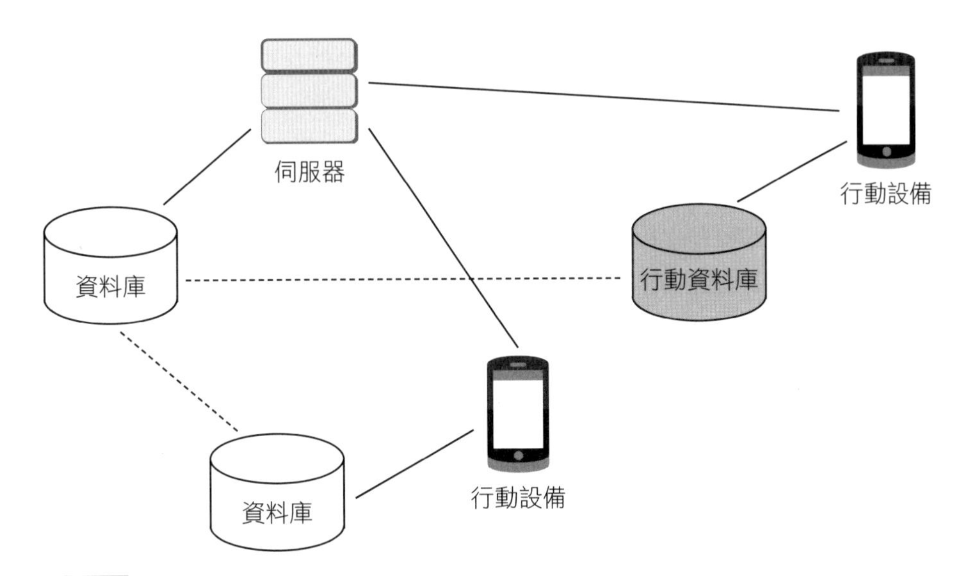

圖 6-5 行動資料庫示意圖

在上述行動資料庫連線下，企業在決策上就可達到無所不在的運算；也就是將決策資料庫的內容儲存於行動資料庫。由於行動資料庫可在任何時空存取，因此企業決策可做到無所不在。這個行動資料庫所儲存的資料呈現，有利於決策的資料倉儲和多維度。

(二) 儲存

經過行動資料庫連線後，即可存取資料來做決策分析，而經過決策運作後的決策資料，則會儲存於行動設備上。行動設備因受限於其記憶體的容量，所以其資料庫只能儲存小型資料，因此僅能存取臨時和重要的資料，其資料也會隨著伺服器資料庫的更新而更新，其示意圖如圖 6-6。

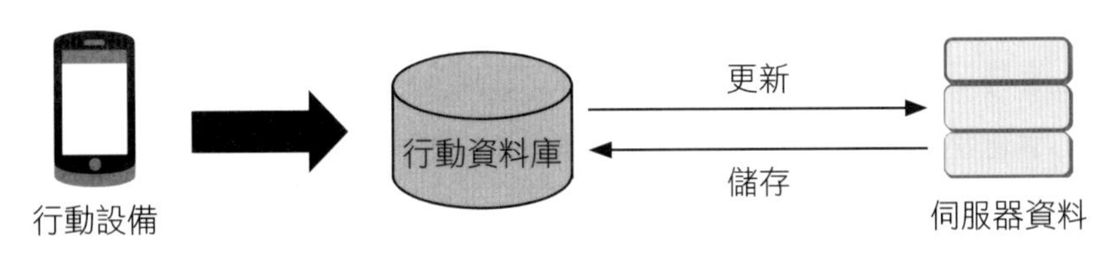

圖 6-6 儲存示意圖

資料儲存於行動設備上，就企業決策角度而言，行動設備所儲存的決策方案，可作為管理者在做決策時的方案選擇，使得企業可在現場做立即決策。

(三) 速度

因為普及商務的資料庫，可利用於無所不在的行動設備，因此，其存取速度會比從伺服器資料庫存取還要快。存取資料的速度在企業決策上是很重要的，尤其欲做即時決策時，其存取資料速度可使得決策做到無所不在。

(四) 運算

普及商務的資料運算是利用行動據點的電腦，也就是利用行動設備連線於當地的電腦（可能不只一台），利用這些電腦的運算能力，可作為行動資料庫的決策運算，這和利用遠端伺服器電腦是不一樣的，它所運算的是利用連接點對點（亦即電腦對電腦），如圖 6-7。

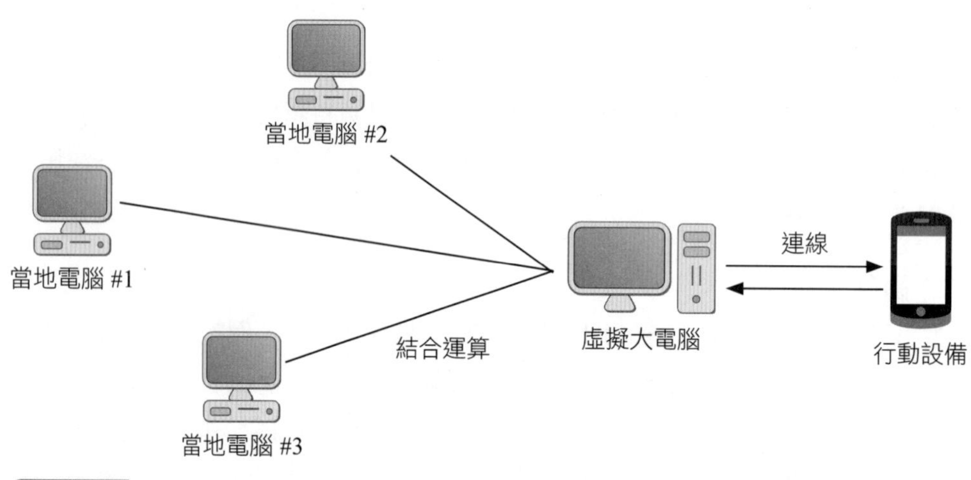

圖 6-7 運算示意圖

由此運算示意圖可知在普及商務的決策分析，即可利用此運算來作為決策的運算。此示意圖是將各電腦連接結合為虛擬大電腦，利用此大電腦不僅可免除如同伺服器電腦的建置，更能在任何地點無所不在的做運算。總而言之，普及商務的決策須利用此普及商務的運算。

(五) 方式

普及商務的主要方式是利用在地的終端設備和伺服器連接互動。

(六) 拓樸

普及商務的拓樸結構是網狀的結構。

案例研讀

問題解決創新方案→以上述案例為基礎

問題診斷

依據 PSIS (problem-solving innovation solution) 方法論中的問題形成診斷手法（過程省略），可得出以下問題項目：

問題 1. 推動 e 化困難及限制

該公司 e 化過程，曾遭遇以下困難：

- 經費不足。
- 不知如何選擇搭配資訊廠商。
- 無專業資訊技術人員。

該公司目前並沒有資訊系統，因此也沒有資訊服務供應商，若放寬範圍而言，則勉強可說 Google 業者為其資料服務供應商。其公司資訊化現況如下：一人一部電腦，每位員工都擁有筆記型電腦，無伺服器管理的 PC 網路，透過寬頻 (ADSL、DSL、Cable) 或數據專線上網，電腦有簡單型防火牆、ISP 租用信箱（如 Google 信箱）、無資料庫等，並預計一年內僅建置防毒軟體。

問題 2. 制度管理面與人員資訊能力問題

由於公司本身特性，主要是規模太小、目前為創立初期等因素，使得公司內部沒有制度化管理和資訊系統，僅以 Word 和 Excel 軟體做會計資料、客戶資料和單據編輯等半自動化應用。員工有 5 位，但實際運作只有 2~3 人，且對資訊的認知和專業非常欠缺。目前資訊化環境只有 3 台個人電腦，其上網環境是利用 HiNet 的個人帳號和 email，可以說屬於家庭式的資訊環境。因此，往後若要應用資訊化系統，例如：建構一個企業簡介網站，則會產生相對程度的資金投入，這對公司微型規模而言，是比較大的負擔。這個負擔包含資金成本和導入後效益。尤其導入後效益負擔更是關鍵，因為資金投入是必然的費用，其回饋報酬則在於導入後效益。

公司問題現況：

- 專業美容保養業務員招募。
- 銷售管道的拓展。
- 保養產品經銷來源。
- 消費者客源不穩。
- 公司曝光形象不足。

茲整理訪談後的制度化管理現況如下：

- 用 Excel、Word 工具做會計帳。
- 用 email、手機和業務員做工作上的溝通。
- 銷售保養運作規劃→用紙本記載。
- 製作產品 DM。
- 報表管理分析目前沒有。
- 客戶忠誠度無法累積。
- 全部自有品牌，沒有代理，未來走向新客戶客製化和品牌拓展。
- 同業競爭激烈。
- 管理單據→用 Word 編輯。

該公司要導入資訊化系統，主要面臨的問題有兩大項，一是目前公司規模太小，以及實際業務作業量太少，使得資訊化成效難以在短期內有顯著呈現。二是資訊化背後的管理制度化就該公司來說是欠缺的，導致資訊化在經營管理上協助效益難以發揮。因此，在資訊化規劃策略上，須考量階段性、功能導向特色。就第一項而言，應從目前公司最急迫的重點切入，即是公司曝光形象和銷售層面。就第二項而言，應加強業務經理的資訊化經營管理輔導，進而切合資訊化的系統設計和應用。

除了上述問題思考外，接下來就是業務經理的資訊化認知。上述問題往往並不是本身專業問題，而是人為認知問題，因為認知有差異，就會造成期望很高、失望很大。故在資訊化規劃的過程中，應考量人為認知訓練。另外，應從公司員工所提出的問題，再診斷出整個相關問題。目前該公司員工實際運作因為只有 2~3 位，對於人為認知訓練成效比較容易，因此該公司資訊化規劃應加入人為認知訓練的輔導。

問題 3. 系統功能架構與資訊服務供應商的問題

由於公司規模太小，以及目前實際業務作業量太少，因此在系統架構功能上的問題，主要在於功能不明確，例如：重要客戶資料放硬碟，但沒有分類、備份，而功能不明確來自於公司沒有管理制度化的內容，並且業務經理太過於強調軟體工具，故輔導應從管理制度化和如何應用軟體工具於營運流程中切入，再來探討系統功能架構。在資訊服務供應商的問題上，主要是發生在未來資訊化規劃的廠商配合上，目前是指企業簡介網站、網路銷售曝光點、下單付款網站等三種，因此軟體廠商配合主要是指軟體技術、公司形象視覺和下單付款系統功能。但往往軟體廠商的能力是在於軟體技術，對於其公司行業領域和公司形象視覺並不了解，這使得開發後的企業簡介網站視覺形象、系統功能並不完全符合其需求，進而造成資金投入和時間成本的浪費，並造成後續再次導入的障礙。從上述問題的探討，就該公司的特色和限制，其系統功能和資訊服務供應商的規劃，應採用漸進和業務經理親自參與的方式，如此才可降低問題發生。

創新解決方案

根據該公司的營運現況，可分析出其 e 化需求分析的策略，主要包含 MIS 實務、網站設計、網路行銷等三大方面，茲分別說明如下。

MIS 實務

管理資訊系統 (MIS) 部門的範圍，一般管理資訊系統部門範圍包含部門結構、人員角色、工作職掌、設施環境、管理制度、技術知識、作業步驟等七大項目。

網站設計

首先要確立企業本身產品特色，以及確立其目標客戶族群，進而再針對前兩項設計出想呈現的網站內容，並依企業文化來設計網站風格。主要考量下列兩項：

1. 決定市場消費模式

首先決定是屬於企業對消費者、企業對企業、消費者對消費者等市場消費模式中的哪一個，該公司是屬於企業對消費者的市場消費模式。

2. 慎選 ISP 業者及網站的環境能力

企業要選擇一個經營資源雄厚、知名度較高，且形象和信譽較佳的 ISP 廠商。企業網站製作好並測試無誤後，接著是放到 Web 伺服器上，使全世界的人都可透過網路連接到你的網站瀏覽。因此企業網站就如同一般實體店面，最好選擇 ISP 所支援的公司數量較多者，其公司網站的流量亦較高。因為人潮多就表示地點好，交易機會多，否則就像在一個地段、地點極差的地方開店，沒什麼交易機會。

網路行銷

將重點從市場占有率轉換到客戶占有率的新行銷思維，其將配合公司的整體行銷規劃，促使客戶可利用 Web 上的工具和服務，獲取所需的資訊和購買產品。也就是說，除了將行銷的重點投資在整個市場，以期提升經營績效之外，企業經營者也應該思考如何增加和保有每一位客戶的貢獻度。網路行銷之所以能盛行，是因為上述的網路應用軟體使然，而同時在這些應用軟體環境中，也產生了相對的網路工具，這些網路工具可應用在行銷上。在網路應用軟體上，其企業行銷的方式，勢必會由傳統的「推播式」行銷 (push broadcast) 轉變成「拉動式」行銷 (pull interactive)。這樣的轉變關鍵在於網路行銷的工具，網路拉動式行銷包含廣告管理、人員推銷、網路促銷與網路名片等。若運用這些網路工具進行產品行銷，將可達到最大效益。

解決方案說明

e 化執行策略與系統功能架構建議方案

從上述的公司特性說明，就 e 化執行策略與系統功能架構建議方案，顧問建議從「借力使力」、「快速擴大網絡基礎」的經營策略，來建立其結合 e 化策略的經營模式，進而分析其經營者價值，以利透過經營者價值在此經營模式下發揮，使得公司得以成功。對於微型企業的經營 e 化診斷輔導，最忌諱的就是規劃大而無當及所費不貲，這對於資源少的公司是不切實際的，因此，顧問建議應採取循序漸進和符合該公司特色、低成本免費的診斷輔導。在此診斷案例中，該微型企業幾乎都是業務經理 1 人在運作，因此結合 Web 2.0 的經營模式，是最適當不過的，而且這也符合之前所提及的管理價值，也就是利用 Web 2.0 來管理。然而要管理得當，除了業務經理本身須加強管理技能外，再來就是對 Web 2.0 的網路環境敏銳度和熟悉度，透過 Web 2.0，除了免費低成本外，還可透過網路服務達到拓展網路消費者，進而在實體美容保養市場上，增加實體消費者的購買，以利公司營收成長。運用 Web 2.0 技術和應用，就是在實現之前所提及的「借力使力」、「快速擴大網絡基礎」及以 e 化系統來經營，如此可使業務經理更能專注於發展管理功能的價值。

e 化策略與系統功能架構，主要包含「MIS 實務」、「網站設計」、「網路行銷」等三大方面。在「MIS 實務」上，主要是建立資料庫管理，包含客戶資料規劃、資料檔案管理、建構資訊化環境。其套裝軟體分別採用 Access、Google email 和 iGoogle、Microsoft 中小企業包的 windows server 檔案總管。在「網站設計」上，主要包含下單付款網站、企業簡介網站、網路銷售曝光點等。其套裝軟體分別採用低成本 PChome、免費公用軟體等。在網路行銷上，主要包含經營保養健康知識社群、網路行銷工具等。其套裝軟體分別採用免費 blog 和網路服務的應用軟體工具（例如：網路書籤）。

管理意涵

管理意涵啟發主要包含借力使力、快速擴大網絡基礎的經營策略，茲敘述如下。

借力使力

所謂「借力使力」是指藉由具有人潮的網站，加強本身凝聚人潮的能力，因此在初期階段，應以建立一個多管道網絡據點來驅動和管理整個營業作業，其營業作業可分成營業項目、作業流程、行銷發展。營業項目包含經銷通路、保養品銷售、美容保養服務三大重點。經銷通路應多拓展使用層面（除了公司本身保養品銷售，應再拓展其他異業店面）和提升年齡層使用率（分析同樣功效可用在不同年齡層上）。保養品銷售應建構少量多樣的高毛利、高品質產品，以提升產品邊際利潤。美容保養服務可和連鎖大型店面結盟，以及與健康保養相關協會共同發展健康活動。

根據上述營業項目來規劃其作業流程，包含新產品或服務的教育訓練、銷售下單運作和控管、委外生產、研發產品、業務員工控管、經銷作業、客戶管理等。在教育訓練方面，參與中小企業網路大學所提供的免費學習。在銷售下單方面，運用低成本多管道下單方式，包含電話訂購、網頁下單以及加入美容保養品的電子市集。在工作控管方面，以制式合約加上績效獎金誘因，及公司後勤管理的強力支援機制，來進行經銷。在客戶管理方面，建構客戶基本資料和購買經過資料。

依照上述營業項目和作業流程，來規劃行銷企劃的方向。行銷企劃主要包含優惠產品組合方案、老顧客的回饋方案、新顧客的促銷方案等。在組合方案方面，則是結合保養品和服務課程的搭配套餐。在回饋方案方面，以累積式回饋方式，強調消費愈多愈便宜等企劃。在促銷方案方面，針對第一次顧客消費，有優惠及介紹獎金等。

說明完營業作業後，接下來如何去推廣行銷作業，就須依賴一個多管道網路據點，利用此多管道網路據點，來推廣促銷行銷作業的運作情況。因為公司小，其可運用的資源也少，因此資源運用都須花在刀口上，不可無效率和浪費，所有營業作業的運用資源，都須借力使力，以便達到事半功倍之成效。

快速擴大網絡基礎

企業資源運用可分成「公司擁有資源」和「透過關係網絡連接，所得資源」這兩個方式。因公司小，其所擁有的資源相對就少，因此仰賴網絡關係連接所帶來的資源就顯得更重要。在此主要說明如何做網絡關係連接的資源運用，它可分成三大部分：

1. 健康保養產業聚落

   健康保養產業具有上、中、下游的網路關係，包含公會、協會、保養品原料材料、連鎖店面等，透過這些網絡關係建立某些資源，包含人脈資源、潛在顧客資源、產品來源資源等。

2. 結合專業發展綜效和健康、休閒產業結合

   主要是達到顧客對美容、健康、休閒三者的綜合成效，經由此成效的

資源發展，主要在於得取通路資源。

3. 政府資源的運用

包含產學合作、技術取得等，例如：SBIR 計畫，該資源運用重點，主要是透過政府所提供之低費用的輔導方案，可相對得到更多有形資源，例如：經費、人才的資源輔助。另一個重點是可運用政府的獎勵方案，來提高公司本身的形象，以取得顧客認同感。

總而言之，要達到上述借力使力和快速擴大網絡基礎的成效，須依賴 e 化策略的結合。就該公司而言，之前並沒有規劃擬定經營策略和 e 化策略的結合，唯有如此才可真正達到數位落差縮減的效益。然而要落實這兩個策略結合，除了依賴 e 化系統的價值所在外，還須經營者（業務經理）的智慧發揮，才可促使經營成功。業務經理之前已有數年推銷業務的工作經歷，尤其本身也是攻讀企管領域，這對於業務經理的經營價值而言，絕對是正面的。然而在公司規模小和可運用資源少的情況下，如何發揮經營者的價值，對於公司成長是非常具關鍵的重大因素。

綜合上述經營策略說明，可知業務經理的價值就在於如何發揮管理的功能。在此所謂的管理功能，是指如何以管理機能來規劃、監控整個營業作業，包含營業項目、作業流程、行銷企劃。因此，管理得當就成為經營成效的樞紐。綜觀該公司的產品和作業，本身其實稍具競爭優勢，例如：保養品是其他同業也可代理販賣的，但有研發自有品牌，因此以差異化競爭策略而言，主要在於發揮管理功能的極致和自有品牌的發展。當然，管理功能的極致發揮，除了人為智慧外，就是須採 e 化系統的運用，利用 e 化系統功能來達到管理的機制和效益。就業務經理而言，經營者的管理重點在於須發揮具有價值的行為觀點，此是以往沒有的。以前主要在於如何推銷、找顧客及執行服務客戶的業務，因而造成資源分散無效率。因此，如何以管理功能價值來達到槓桿效果的經營模式，是業務經理本身心理上須轉換的個人再造。

個案問題探討

請探討網路行銷如何結合顧客需求來發展服務型功能？

實務專欄（讓學員了解業界實務現況）

企業如何利用知識庫和模式庫在實務營運上的做法

1. 當企業欲發展模式數據庫時，往往不了解什麼是模式庫，以及該如何建立和應用等，其主要原因為，有必要那麼麻煩、複雜地建立模式嗎？直接用數據分析就好了。而這種狀況也顯現管理者或使用者在使用智慧型資訊系統時，是很難真正融入此系統的複雜或進階應用功能。故如何降低使用者進入智慧型系統的門檻和障礙，是對於此模式庫導入效益的關鍵所在。

習題

1. 請探討資料庫在決策上的應用。
2. 請說明如何建構在普及商務上的資料庫？

Chapter 7

AIoT 和機器學習

「知識不在於本身有沒有用，而是在於你如何讓知識有用。」

學習目標

1. 探討何謂 AIoT 營運，以及如何發展智慧經營管理
2. 說明什麼是 AIoT 企業應用系統？它如何協助企業營運流程
3. 何謂點線面人類需求商業模式？它如何展出 AIoT 企業應用系統
4. 探討 AIoT CRM 運作程序，以及發展機器學習的 CRM 應用
5. 說明機器學習 CRM 應用架構
6. 探討 AIoT-based 機器學習架構，以及 AIoT-based 資料挖掘

案例情景故事

企業的資訊系統部門如何運作

一家大型醫療機構在經過企業流程再造和導入醫療管理資訊系統後，整個醫療作業不僅使內部作業有效率性和整合性外，也使得病人對醫療服務作業深感滿意。這個醫療管理資訊系統還結合無線網路和技術，例如：PDA（個人數位助理）及 FRID 等技術，使得醫生、護士及相關員工可快速即時地擷取和整合所有資料，包含圖檔、病歷、藥品等資料。所以這個整合性醫療管理資訊系統是很複雜和重要的。

然而，某一日早上整個醫療機構正在忙碌運作時，突然整個醫療管理資訊系統當機了，包含掛號等作業都停擺了，不僅病人抱怨，連醫生、護士都因是靠資訊系統來運作而受影響無法工作。陳院長聽到這個訊息後，急得找 IT 技術人員來解決這個問題。

經過數小時解決後，事後分析原因是管理資訊系統的資料庫損壞，進而導致管理資訊系統當機。至於為何發生資料庫損壞，外聘軟體廠商說：「因資料庫存放硬碟的環境太潮溼，另外也沒有資料庫備援機制。」廠商又說：「以上是治標的方法，治本仍須從管理資訊系統部門組織和管理制度下手。」

這時，陳院長才恍然大悟管理資訊系統部門運作的重要性，之前以為只要有 IT 技術人員就可以應付，這完全是錯誤的概念。於是，陳院長重建管理資訊系統部門組織再造，建構 1 位管理資訊系統部門主管，管理層級的員工 3 位，以及設立不同 IT 技術人員，例如：DBA（Database Administrator，資料庫管理師）等。另外，最重要的是建立管理資訊系統部門管理制度和辦法，讓管理資訊系統部門運作有其專業化和制度化。

問題 Issue 思考

1. 企業在 AIoT 環境平台下，如何因應和發展營運模式？
2. 傳統 CRM 系統如何在 AIoT 營運模式下，發展出 AIoT CRM？

前言

在 AIoT 生態環境下，其營運模式就成為智慧商業，而其發展依據須在「點線面人類需求商業模式」下，建構出 AIoT 企業應用系統。而 AIoT CRM 就是其中一個例子。為了達成此 AIoT-based 應用，則有 AIoT 營運之物品智慧化的運作，如此發展出智慧商品解決方案平台。而為了有智慧作業，其 AIoT 中須有 AI 機器學習之運作，如此才能發展出機器學習的 CRM 應用。其機器學習的 CRM 應用架構則利用 AIoT-based 資料挖掘方法，來展開形成三大部分：挖掘設計、挖掘運算、挖掘基礎。

閱讀地圖（以地圖方式來引導學員系統性閱讀）

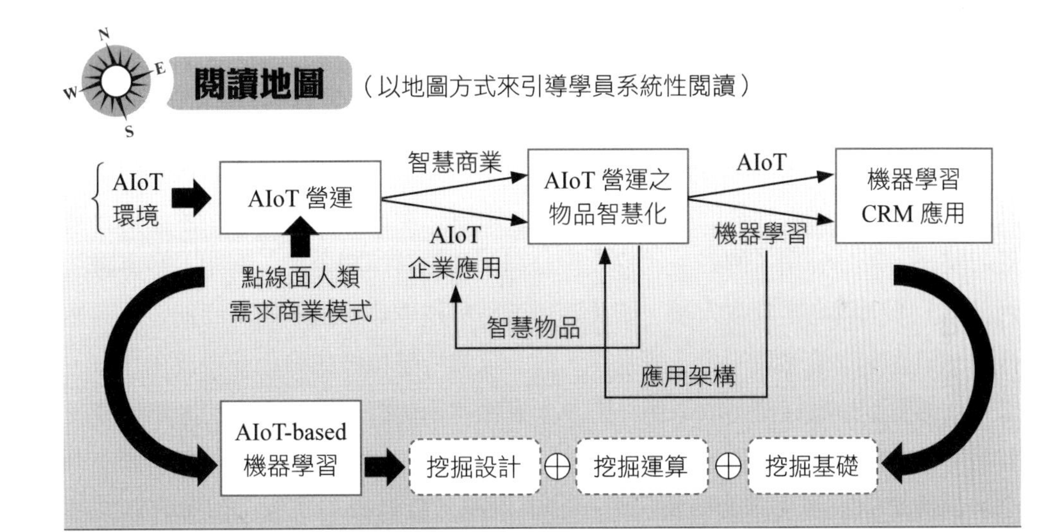

7-1 AIoT 營運概論

一、AIoT 營運

AIoT 營運是指在 AIoT 生態環境中，發展智慧經營管理，並運用 AIoT 企業應用系統，來協助企業營運流程，進而增強競爭優勢，提升獲利空間。而 AIoT 企業應用系統如同早期和現在的資訊系統，其不同點在於 AIoT 企業應用系統具有 AIoT 能力，故 AIoT 營運仍須回饋至企業管理的營運。上述的 AIoT 生態環境，主要包括物聯網網絡平台、智慧物品等兩大組成的商業環境。在物聯網網絡平台，包含網絡設備和感測器硬體、通訊連接傳輸網絡、程式指令軟體、用戶介面管道、需求邏輯運算等模組。因智慧物品本身即具有互相連接溝通能力，故當它建構在物聯網平台時，就可創造出營運模式，例如：Amazon Go 無人商店，就是一種 AIoT 生態環境，裡面有傳感器、人臉辨識晶片、RFID 標籤等組件，以及物聯網閘道平台（例如：NB-IoT、Kaa IoT、Azure 或 ThingBoard）。再例如：智慧音箱或智慧冰箱等智慧物品，這些物品在運作中都會連接到雲端平台，其中也包括物品之間或和音箱（冰箱）的感測感應所擷取之資料。以上生態環境的運作，因牽涉到企業營運流程，故經營績效就成為競爭成果，所以須發展智慧經營管理來達成此成效。而為了讓此管理能落實且有效率，就須運用 AIoT 企業應用系統，例如：AIoT CRM 應用系統，AIoT CRM 可發揮智慧經營成效，如：銷售預測或購物籃分析的交易銷售等。綜合上述，AIoT 營運模式就成為智慧商業。

智慧商業是在建構智慧化的營運環境下，展開自主的智慧物品間之協同運作。在人工智慧、區塊鏈、物聯網等智慧科技興起下，全世界企業紛紛競相投入其營運模式，例如區塊鏈的虛擬貨幣挖礦，造成挖礦用的電腦和顯示卡產業一時風起雲湧，新的公司（例如：比特大陸公司）和原有相關企業（例如：半導體晶片公司）都雨露均霑營收大增，如此運用智慧科技本身利基，的確能創造其商業機會，但企業經營強調的是永續生存，故一旦其智慧科技成熟化或普及化之際，立刻就影響到企業後續營收來源，因為大家都可用此智慧科技，之前太陽能產業就是一例，而造成因素就是有利潤導致一窩蜂投入，使得產能過剩，需求無法填滿供給或是需求喪失商業機會，故一時需求雖然驟然提高營收，但也容易來得快、去得也快。尤其貿然投入太多資源成本，反而可能血本無歸、面臨危機。

二、點線面人類需求商業模式

從上述說明可知，智慧科技本身利基是不穩固的，因為科技變化太快了，唯有掌握科技始終來自於人類需求效用的契機，尤其是在目前更加智慧型的破壞式創新來臨，才是企業經營的王道。因此智慧商業就是因應科技滿足人類需求的營運流程，其營運流程可依範疇規模大小和科技擴散程度，發展出點、線、面三個流程。「點」主要指某個科技項目，「線」則指串聯數個點而成為有關聯性的流程，「面」則指建構出具有多條線互為關聯的構面。這些「點線面」在企業經營主軸下會塑造成營運流程，而在此營運作業下，則會發展出企業本身的商業模式，其商業模式是企業營收的關鍵營運模式，故如何利用這些「點線面」的組合來發展企業本身商業模式，就成為 AIoT 營運競爭優勢的根本之道。以下分別就個人型客戶和組織型客戶說明其發展之道。

(一) 個人型客戶

臉書的社群智慧科技，不在於科技，而在於抓住人類社交活動的需求，它雖然運用很多智慧科技的項目（點），例如：演算法、雲端平台等，但臉書將這些點連接成社交活動（線），也就是將多個點串成線，來滿足人類需求效用。所以企業利用只有智慧科技項目（也就是只有點），將多個點串成需求效用（線），才能邁入永續經營門檻。臉書的經營生存已有十幾年仍能茁壯發展，因科技不是人類的需求效用，科技只是欲達到需求目標的方式或工具。

將商業模式建構成為需求一條線才是關鍵之處，如同圖 7-1 點線面人類需求商業模式。從圖 7-1 中可知，人類需求如同馬斯洛所言，需求有五層次架構，當企業面對個人型客戶，必須將個人的需求考慮進來，也就是馬斯洛的五層次論點（生理需求、安全需求、社會需求、尊重需求和自我實現需求五類），故上述點線面的運作就必須建立在此五層次架構上。在點項目方面，首重如何滿足人類生存需求，也就是消費者購買個別科技物品來滿足自身生存，例如：購買一般型手機來滿足人類通訊需求，但通訊功能只是一個科技項目（即是「點」項目），它能呈現的功效是較單一的，故當市場上出現多個競爭廠商和商品時，只銷售單一科技物品的企業就難以競爭，尤其是當此項科技成為成熟性科技時，更加難以有利潤而成為紅海市場。而對於消費者個人而言，也不能滿足真正效用需求，因為客戶購買科技物品是欲透過其功能來達成效用，而不是「功能」，故單一功能難以成為效用，因為效用須結合多項功能，此時須以「線」項目來進行串聯這些科技物品，例如：智慧型手機連接 App 應用程式（有通話、上網、應用程式功能等「點」項目），來滿足生活溝通和應用所需的效用。當營運流程從「點」擴展到「線」的運作時，對於人類需求效用就產生了滿足效益，這是為何智慧型手機會有大好光景市場的原因。反觀目前太陽能科技物品慘澹經營，以及 VR 虛擬實境物品仍在混沌萌芽階段，就是尚未找到「線」的藍海市場。從上述可知，唯有找到「線」的營運流程，才能創造具競爭優勢的商業模式。話雖如此，在產品生命週期的循環下，由於產業極具競爭和尚未進入另一破壞式創新等因素，雖然已是「線」的營運模式，但仍會遭遇科技過度成熟化的下滑局面，智慧型手機就是一例。這時就必須延伸擴展到「面」的網路結構，它是由多個線交織而成的一種生態平台，屬於企業資源規劃的商業模式，其中雲端平台的產品服務系統就是此類商業模式。目前智慧型手機產業必須朝此發展，才有再創高峰的生機。

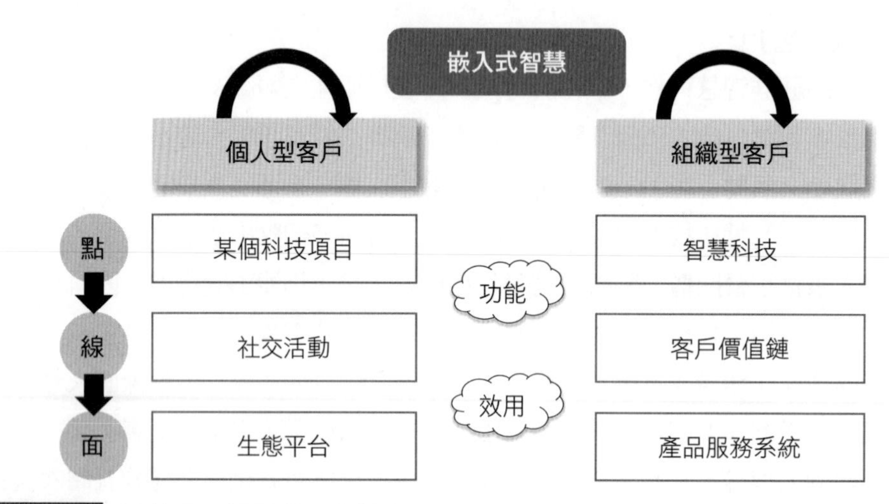

圖 7-1 點線面人類需求商業模式

從以上說明可知很多企業投入「點」項目的科技物品，雖可因一時創新科技而欣欣向榮，但因無法滿足需求效用，其殘酷的競爭不言而喻，此時必須將企業經營融入科技物品，創造出智慧商業營運。故「面」的營運流程就成為現在及未來很重要的商業模式，而為了讓企業經營從「點」到「線面」的營運，其新一代破壞式創新管理就應運而生。它是指將經營管理數位化融入實體物品的營運，也就是嵌入式智慧，在本書中，主要在探討 AIoT CRM 嵌入實體商品營運，如此才能進入「線面」的商業模式，同時邁入馬斯洛所提的後四層需求效用。例如：當企業在販售智慧安全監控商品時，其行銷重點不在於此商品之功能，而是提供解決店面安全監控的效用方案，並整合多項「點」的科技物品，包括雲端儲存、手機 App 應用程式，這是「線」的營運流程。為了做好顧客關係的商品維修保固作業，AIoT CRM 首先將利用物聯網感應技術，擷取此「監控物品」本身儲存商品資料（包括保固期、商品機種等）和維修問題診斷資料，當然目前資料都是存在雲端伺服器，但在智慧物品趨勢下，其物品本身資料經過加密儲存在自己的裝置內，乃是必然的做法。接下來，利用邊緣運算或雲端運算，來運算問題原因解決方案的智慧分析。它是利用人工智慧的演算法來運算，如此可快速精準知道並準備欲更換零組件和維修人力調配，以上整個維修作業狀況、通知和進度等流程管理，都在此 AIoT CRM 系統內控管，從頭到尾都不需要人力做輸入資料和資料確認作業，行銷人員只要做查詢、管理、決策的工作內容即可，因為此流程在 AIoT CRM 系統的運作，完全可用機器人流程自動化軟體和搭配 IoT 擷取傳輸資料來執行。從上述例子可知，販售此安全監控商品的企業不能和以前一樣，只是在銷售商品功能而已，必須搭配一套提供給消費者的解決方案和 AIoT CRM 系統，而此 AIoT CRM 系統是和此物品緊密連接，如此可為客戶做好精實服務和整個商品使用週期的互動管理，進而增強客戶忠誠度和回購率。AIoT 企業應用系統就是產生嵌入式智慧的軟體系統，但請注意此軟體系統也包括和硬體結合，並非是單純軟體應用，當然此硬體具有智慧化功效。上述是針對個人型客戶的探討，接下來探討組織型客戶的「點線面」營運流程。

(二) 組織型客戶

組織型客戶一般是發生在供應鏈的產業內，也就是某商品的製造業向某零組件供應商購買，故此製造業是此供應商的客戶，例如：3D 感測器供應商的組織型客戶是智慧型手機製造業。此零組件是智慧科技，可利用「點」項目營運流程來達到營收，但如同上述所言，仍將面對科技變遷和需求效用的衝擊，只不過在客戶層級並非是個人型，自然不受馬斯洛需求影響，但當面臨一時營收波動時，仍須面對管理客戶議題。那麼如何運作管理呢？尤其是不屬於直接面對消費者的需求效用，其解決方案就是 AIoT 企業應用系統的嵌入式智慧。雖然面對的是組織型客戶，但若從產業層級的客戶價值鏈來看，供應商的直接客戶是製造業，但製造業的直接客戶卻是消費者個人，故供應商最終仍須考量到個人型客戶。因此，在面對組織型客戶時，仍須朝「線面」營運流程方向進行。首先，探討「線」營運流程，它也是整合多個「點」項目的科技能力，只不過這些「點」項目是散落在各不同供應商。當供應商在設計生產某智慧科技時，必須考量此科技和其他不同供應商的科技整合，此整合須能滿足消費者客戶的馬斯洛需求效用，而不是商品的功能。那麼如何整合運作並落實呢？其解決方案就是從供應鏈的 CPFR 管理方法論來運作，CPFR 是產業基礎層級方案，透過 CPFR 資訊系統，可追蹤了解消費商品在最終市場的供需狀況，進而透過 BOM 物料結構清單，推算預測其各零組件供需狀況，如此可作為此零組件的精準生產銷售計畫，進而提高經營績效，這就是「線」營運流程。因為它將此零件和其他在 BOM 相關零組件串聯，也就是將各「點」（指零組件）科技項目串聯成「線」營運流程，之後再以個人型客戶的需求效用，來發展組織型客戶的需求效用，如此，可延伸出掌握客戶需求的精準生產銷售，而不是任憑一時的營收波動，在此情況下，此零組件銷售不是只為產品功能般的需求，而是須考慮到效用需求。例如：智慧型手機須有個人識別效用，SIM 晶片實體物品就因應而出，但此實體物品只是功能呈現，很有可能被具有個人識別效用的其他做法取代，如：軟體化的 eSIM 系統取代 SIM 晶片，最後，再根據此效用需求，再造此零組件的創新設計。此外，3D 感測器和其他科技項目零組件結合成智慧型手機的 BOM (bill of material)，從個人客戶使用智慧型手機的需求效用，推算此 3D 感測器的供需狀況，並在市場銷售營運上實踐 CPFR 資訊系統的精準生產和行銷，進而調控庫存計畫，提高精實生產的經營績效。

上述對科技項目的設計生產供應商，都必須變革為如此的「線」營運流程，這是一種創新經營思維，但同樣的，當極致競爭衝擊時，「線」營運流程就無法有生存競爭優勢，因為生態平台式的營運環境崛起，這時必須轉型成「面」營運流程。其解決方案就是 AIoT 平台的產品服務系統模式，其著重在 C2B2B 的工業 4.0 商業模式，也就是以個人型消費者客戶主動拉出 (pull) 消費需求，連接到商品製造廠企業的大量客製化（個人化）精實生產，再推算預測至零組件供應商的供需計畫，以便可再反饋到滿足個人化需求，如此 C2B2B 數位化模式須依賴工業 4.0 的產業運作資訊系統，它也是一種 AIoT 企業應用系統，並造就生態平台式的商業模式。因此組織型客戶運用 C2B2B 產品服務系統商業模式、個人型客戶運用 B2C 產品服務系統，這兩者的結合，創造出「面」的營運流程。

在本書中，同樣以 AIoT CRM 系統作為 AIoT 企業應用系統的例子。例如：3D 感測器供應商必須定義及了解商品的定位和效用（不能注重在功能），進而延伸思考此商品在個人使用的需求效用，以了解 3D 感測器效用。它可作為生物特徵辨識的視覺效用（人臉辨識），且其是由消費商品所帶動的需求（智慧型手機帶動 3D 感測器的產能供需），而此供需在 AIoT CRM 系統的應用軟體功能上，主要重點功能在於客戶詢報價和合約、訂單實踐功能等，故不同產業行業特色下，對於 CRM 系統功能要求也會有所不同。茲以訂單實踐功能為例，當透過 CPFR 系統得知自動補貨訂單產生後，其訂單的審核、處理、出貨等流程，都必須在達成三大因素（即產能承諾、及時出貨、品質保證）下實踐完成，而以往這些實踐的第一手來源數據都是人為輸入和確認，但在 AIoT 應用技術下，這些數據都是由科技物品和智慧環境所自動創造擷取而來。例如：出貨進度狀況數據來自於倉庫和運輸車輛的感應擷取及傳輸，之後傳輸到雲端 CRM 系統的資料庫，並利用人工智慧演算出及時出貨的準確度，進而作為提早控管訂單實踐的智慧營運依據。再例如訂單審核步驟不是由員工來執行，而是由機器人流程自動化軟體 RPA 來執行。上述為 AIoT CRM 的例子，由此例可知曉企業應用系統的三大趨勢：(1) 結合 AIoT 應用技術；(2) 緊密且彈性整合其他企業應用系統；(3) 從「作業和管理」人為層級提升至「決策和預知」的智慧層級。

在面對組織型客戶的企業，必須利用嵌入式智慧思維，將實體科技物品融入企業應用系統，因為此應用系統和以往輔助企業營運的定位已不同，它由獨立分開式的協助營運角色，轉換成緊密關聯式協同營運角色；也就是商品必須和營運流程連接，因為商品利潤績效以往都是由營運流程來實踐完成的，只是以往這些都是空談無法實現，必須依賴智慧科技來實現。此實現做法，目前指 AIoT 企業應用系統智慧科技。在 AIoT 企業應用系統即將成為 AIoT 營運的智慧科技，而其中必須搭配智慧運算，包括邊緣運算 (edge computing)、霧運算 (fog computing)。邊緣運算是一種來自 IoT 裝置感測環境下，於小型區域的近端伺服器執行就近運算，它可分成行動邊緣運算 (mobile edge computing, MEC) 和現場網路區網 (local network)，例如：微軟推出 Azure IoT Edge，它是利用使用者裝置端來整合串流分析資料的邊緣運算，同時在運算機制上是結合 AI 機器學習所發展的認知服務應用。另外，霧運算是比邊緣運算範圍更廣的特定區域分布，例如：Open Fog 聯盟。至於雲端範圍則是全面廣泛，最後這些運算須依賴未來發展新世代的 5G 行動網路關鍵技術。

三、AIoT 營運之物品智慧化

AIoT 營運主要在於 AIoT 和智慧物品，在物聯網、大數據、人工智慧的創新趨勢來臨下，其一般傳統物品都將會往智慧物品發展，也就是物品本身朝向智慧化，其智慧化可分成三種模式，第一是物品本身功能智慧化，第二是物品具有物聯網化服務，第三是物品需求效用。

首先，討論功能智慧化項目，以往一般物品設計都是在本身主要功能上不斷改善創新，但其範圍都不會脫離主要功能機制，例如：冰箱的功能為儲藏、冷凍、保存食品，然而在智慧物品的運作下，它更需要智慧化，也就是將人工智慧融入產品設計，例如：如何利用 AI 演算來分析其冰箱溫度可因食品多寡而自主調整控制冷凍溫度，以適度符合達到適量適溫的最佳化，進而節省電力能源和達到冷凍保存的效益。由此例可知，AI 演算法是其關鍵技術，但還包括物聯網 IoT 感測技術，此 IoT 可擷取冰箱溫度和食品種類、數量等資料，而有了這些資料後，才能進一步進行 AI 演算。綜合上述，可知智慧物品須往 AIoT 的應用發展。

再者，討論物品的物聯網化服務。根據筆者另一著作《物聯網金融商機》所提物聯網化服務的定義如下：「是指將企業和消費者等利害關係人之生產、銷售產品或使用裝置等物體連接成物聯網，並以此網絡快速感知和匯集物體變化資訊，再以各利害關係人的需求進行分析和處理，來提供主動需求的數位匯流 (digital convergence) 之解決方案服務。」從此定義可知，智慧物品不只是本身功能智慧化，它更需要延伸出物品之外的服務，因為客戶要的是整合性之一條龍需求，不是物品功能使用後就結束了。同樣的，舉智慧冰箱例子，它可延伸出消費者訂購作業，或是烹調食譜教學作業等。在訂購作業上可根據冰箱食用記錄，來了解客戶用餐食品的偏好行為，進而由冰箱雲端系統自主推播下一次訂購清單給客戶，由客戶檢視後輕鬆按一鍵，就可向生鮮超市廠商完成訂購，此訂購作業可將冰箱用途擴增延伸至訂購需求，同時也延伸到生鮮超市廠商的補貨作業，它可運用 IoT 的 M2M (machine to machine) 自動化機制，以上就是物聯網化服務。

最後，討論物品需求效用項目，上述兩項運作完成後，就可達到客戶需求效用。一般而言，客戶購買某物品，是期望透過此物品提供的功能來達到需求效用，故物品只是需求媒介，客戶要的是需求效用，並不是「物品」，因為一旦此物品功能效用可被其他更便宜、更好用的物品效用取代時，客戶就不會再購買原來物品，如此所影響的不僅是銷售營業額的改變，更是廠商轉型須正視的挑戰。例如：紙本地圖被電子地圖取代；某共享汽車平台原本運用 App 程式叫車，現在改用聊天機器人 ChatBot 來取代，以上例子是同業的競爭，另外一個是異業的無形吞噬。例如：當電動車或未來自駕車愈來愈普遍時，各位可觀察到開車啟動已不再使用實體鑰匙（用鐵片和塑膠等材料製作），它可能使用一連串加密數位編碼來啟動汽車的效用，如此在實體的鑰匙行業就會受到嚴重衝擊，此行業和汽車行業是異業關係，但卻受到競爭效應波及，這就是智慧物品所影響和創造的需求效用。故智慧物品所強調的是達成需求效用的目的，而非只是狹隘關注在產品功能上而已。

四、智慧商品 CRM

從上述可知，智慧商品不只在於銷售商品本身，更能延伸出一連串應用服務，因此針對此種商品，其 CRM 的運作和傳統一般物品的 CRM 是截然不同的，因為智慧商品 CRM 可運用其商品本身的儲存資料、運算邏輯、營運狀態等功能來連接 CRM 系統。舉例來說，智慧安全監控商品，其本身有商品規格、使用履歷等資料儲存，和透過雲端、邊緣或裝置運算來達成商業邏輯（例如：多元監控模式或事件規則驅動警示行為），以及透過雲端平台記錄和分析監錄影像狀態內容的營運作業。故這些功能可連接整合至 CRM 雲端系統，進而省去重複建置初始資料，和雙重備份檢核資料（同時在商品和雲端各有複本），如此智慧商品就成為 CRM 系統運作的一環。例如：在 CRM 系統的售後服務功能，有商品保固作業，因該商品本身存有購買期間和證明識別資料，故在保固維修管理上，可立即確認保固資格，而這些過程都不需要人為作業。再如維修品主動提醒更換作業，當該商品的零組件更換期限已到，就可透過此商品，將此資料傳輸至雲端 CRM 系統，進而通知廠商寄出新的零組件給客戶。

茲以智慧安全監控 (surveillance) 商品為例，例如：NETGEAR Arlo 智慧家庭安全無線監控系統。[1] 智慧安全監控結合影像、通訊、遠距和物聯網等技術的智慧感應監控，而在物聯網感應技術有感測生理量、壓力感應、溫溼度感應、動作感應器偵測移動、光線感應等各種監控技術，以及長效電池供電、無線免插電、低功耗、WiFi IP 分享等技術。如此物聯網技術創造出在實體商店的新智慧行為（透過智慧商品四大化：數位化、IP 網路化、無線化、雲端化），包括環境監控的商店保全、動作偵測警報、即時掌握環境溫溼度資訊、異常狀況即時推播、商店人流統計、商店熱點分析、即時動態監看、商店營業情況等新商業價值，這些價值利用 App (iOS、Android) 來了解運作狀況與異常通知，進而發展出有智慧自主性、符合客製化需求的智慧運作，例如：自主性連結客戶產品裝置運作的智慧情境（提前開啟冷氣或暖氣、感測空氣品質）、多元化監控模式設定（居家模式、外出模式）、結合語音控制 (Siri、Echo、Google Home) 來連動控制環境狀況（燈光顏色與亮度）。

智慧商品是欲在實體世界中呈現智慧特徵 (smart features)，包括商品本身行為和商品營業運作。在商品本身行為有唯一身分辨識、本身環境溝通、存儲商品本身物理數據；在商品營業運作有作業回應反饋、監控／追蹤商品營運狀態（位置）、存儲商品營運行為（訂單、產銷履歷）等。故從上述可知，智慧商品可

1 資料來源：https://www.arlo.com/en-us/

發展出一套解決方案平台，如圖 7-2，其模式是以智慧商品為基礎，並利用 AIoT 技術，由此得知商品本身行為和商品營業運作的數據，進而利用設定商業規則和大數據分析來管理營運流程，以使智慧產品解決方案能掌控或操作營運績效等。

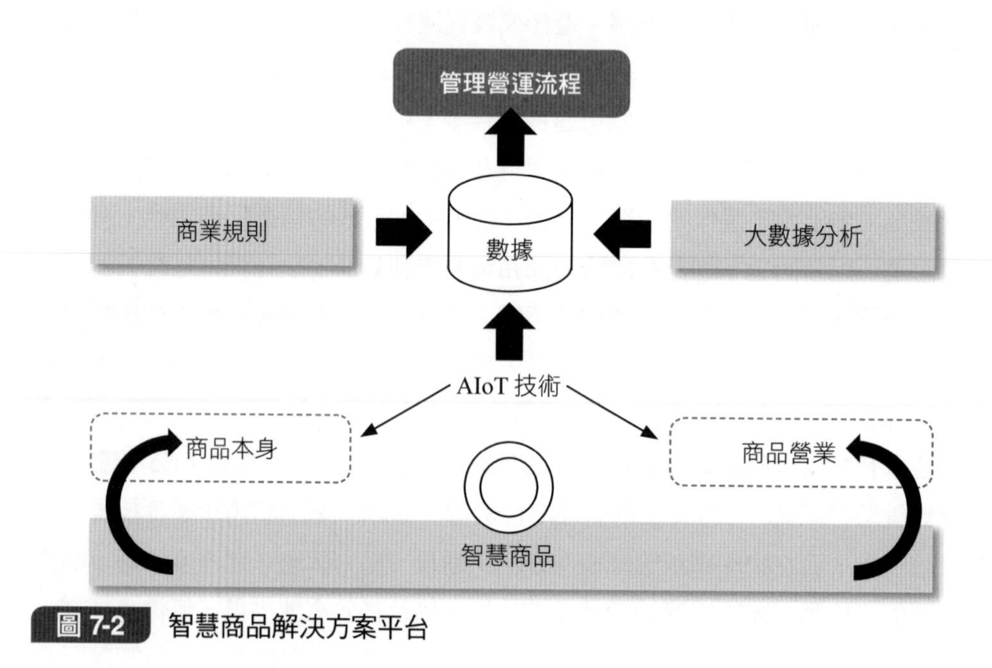

圖 7-2 智慧商品解決方案平台

7-2 機器學習的 CRM 應用

以上說明就是 AIoT CRM，它是屬於 AIoT 企業應用資訊系統的一種，其他還包括 ERP、SCM、CPC 等再造改變，因此目前任何企業應用系統都必須做結構化的改造。在 AIoT CRM 應用下，智慧物品的營運模式和一般物品是截然不同的，所以在銷售智慧物品時，其 AIoT CRM 運作思維須以開放整合導向、智慧導向行銷、決策分析導向等三種客戶關係管理系統執行，其中最關鍵的是 AIoT 中的 AI 機器學習之運作，如此發展出機器學習的 CRM 應用。

一、開放整合導向

在開放整合導向，是以 Open API 來連結各相關利害關係人的資訊系統和數據，它提供能讓第三方服務提供者撰寫自己設計的程式，如此可和系統直接溝通，例如：App 第三方開發者結合某跨境電商，開發出可以讓客戶直接查詢官方最新的外匯匯率，如此客戶可以馬上知道從國外購買產品的當地價格。在此介紹 Open API 組織 TM Forum、智慧應用 Open API 產業聯盟和 AnyAPI。另外，Open API 能夠進行即時觸發自動化的客戶管理作業，例如：客戶下單觸發自動化行動支付，以及一個整合式開放平台提供端到端的 API 服務。這樣的 Open API 若用在銀行上，就是 Open banking，它可把個別銀行功能集中於同一應用程式上，例如：信用卡優惠資料，從而讓客戶方便比較自己最合適的優惠方案，其中還可利用人工智慧產生推薦行為。Open bank API 為客戶開創新產品和服務另一更好的交易作業管道，例如：更詳細地了解客戶帳戶以及強化充分利用資金。目前 Open banking 開放的內容，包括產品資料、產品申請、帳戶資訊、財務交易。

二、智慧導向行銷

智慧導向行銷是以人工智慧為基礎所發展出的客戶行銷作業，包括對話 (conversational) 的虛擬助理 (virtual assistance) 聊天機器人，它能從和客戶的銷售對話資料，利用 AI 演算法，來學習如何應對更有說服力的內容，並進而驅動後續行動方案，例如：生成報價、預訂客戶訪談時間等方案，以更好地滿足客戶的需求。

(一) 虛擬助理 CRM

Zoho CRM 開發以 AI 驅動的銷售虛擬助理 Zia Voice，虛擬助理是一種模擬人類行為的虛擬員工，它透過語音或聊天嵌入 CRM 系統中執行任何作業。例如：在線索或交易作業中預測其分數，以便了解哪些線索或交易是優先專注的目標；自動分析電子郵件的情緒語氣，以便回應客製化的內容和提供更好的產品或服務。

在 SuiteCRM 嵌入 Motion AI，它是一個 AI 聊天機器人平台，此平台無須編寫任何程式代碼，它利用程式模塊化運作的方式，只須針對客戶需求分析對話流程圖，就可完成客戶系統功能，如此可達到立即聯繫潛在目標客戶，從而改善優化客戶銷售和服務。

(二) 人工智慧 CRM

人工智慧 CRM 功能和傳統 CRM 功能最大不同之處，在於前者專注智慧化決策和策略，而後者強調在人為判斷下進行作業執行資訊化的功能，例如：原本傳統下訂單流程須由人為判斷來輸入相關資料，但若以 AI CRM 功能運作，則 CRM 系統會自動執行上述訂單流程，也就是系統會根據 AI 運算來分析得出訂單內容資料，因為 AI CRM 智慧系統可以自動化訪問和擷取客戶數據，如網路註冊、瀏覽、下單行為等，除了某些當時須第一次產生資料（例如：訂單數量）之外，其他內容都可自動化輸入和運作，也就是針對日常和重複性任務作業，可由 CRM 系統模擬人類行為來自主性的自動化完成 CRM 作業，故 AI CRM 強調能創造出了解客戶的偏好和推薦和模式。除此之外，更細緻化的細分 (segmentation) 作業來達到精準、精實效果，如此發展出適當的管道和及時提供更效率化、專注性的活動，並建立具有優先順序的活動評分，以便快速掌握客戶服務的契機，與增強客戶關係。在 AI 和 CRM 下，能突破傳統結構數據分析功能的能力，它能創造出注重在人工結合資訊系統作業，轉換成自動化自主性的決策行為，其行為可省略人工手動數據輸入資訊系統的重複工作時間，包括理解自然語言、收集並處理和學習大量數據、圖像辨識功能、創造模式並預測推理等行為。如此智慧決策行為可成為嵌入式 AI 的 CRM，它為用戶提供以下內容：預測性線索機會評分 (predictive lead scoring)、預測訂單成功機率 (forecasting)、推薦 (recommendations) 產品和需求偏好、客戶對話的自然語言搜索 (natural language search)、機器人的諮詢系統 (bot-based advice system)、隨選所需的商務 (pay-as-you-go commerce)、GPS 感應擷取商業數據、自動化業務流程等。

Salesforce 推出 AI Einstein 人工智慧平台的 CRM 應用，其功能包括客戶業務流程預測，進而增強社群消費者服務品質，以及能自動分析社群媒體上的相片，以進行消費者分析、品牌追蹤。另外也提供 Einstein 圖庫分類 API（應用程式介面：application programming interface），可作為開發人員在建構視覺搜尋、品牌偵測、產品辨識等應用之整合資訊系統軟體的應用程序管道。SugarCRM 推出 AI 產品的 Hint，Hint 是一種關係智慧服務 (relationship intelligence service) 的 AI 應用，其功能包括自動數據捕獲和數據分析，並在社交運作過程中，自動提示社交媒體帳戶和自動化客戶參與流程，以及搜索網絡上的社交來源，以獲取相關資料，進而協助如何與客戶做更深層次的聯繫互動，和規劃最佳會議、推薦最佳行動等作業。

從上述人工智慧 CRM 功能來看，它將再造傳統商業模式，以及徹底改變銷售流程，並採用數位解決方案，如此使企業能更加智慧化。例如，在保險公司日常作業中，可利用圖像辨識處理功能來進行財產損失分析，以及資產管理和預防風險計算等重要流程。AI 改革了以往落後分析觀點 (backward-looking)，進而利用 AIoT 技術來發展數據識別模式、推薦、預測等智慧行為。

三、決策分析導向

一般而言，其決策分析系統是利用資訊科技針對企業組織中每日營運資料，進行結構化的分類儲存，然後依照企業目標所擬定的計畫，就此結構化的資料收集、分析，並提出某些可行性方案，最後在這些方案中，經過條件考量和標的設定，例如：外在環境限制條件和最低成本標的等，決策出所謂相對最佳的方案。決策分析系統是強調對企業組織結構和各層次管理人員的決策行為進行深入研究，所以資訊活用的活動並不是重點，反而是在資訊基礎上，如何依高級主管的不同維度來分析資料，以作為決策之用，才是決策分析系統欲設計的核心。決策分析設計系統時，則是從輔助決策的功能出發。決策分析系統與 MIS 最大的不同點，在於決策分析系統更著眼於組織的更高階層，強調高階管理者與決策者的決策。而 MIS 則是著眼於一般使用者的彈性、快速反應和調適性的功能應用。企業在做決策時，不僅要考量資訊來源即時、正確、廣泛的問題，而且最重要的是，還須考量決策時所須的需求服務必須能被完成的問題，因為企業資源在運作時，必須同時考慮到往後營運作業的各項資源整合。而這樣的資源整合，在企業做決策時，就是一種需求服務，它可能呈現一種邏輯規則及事實。從這段話中，可了解決策分析系統不僅和資訊基礎有關，也和作業流程有關。因此，這樣的需求服務在網路經濟下，需要的是一個服務整合平台，不同於以往的只是一個資訊整合平台，如此才可達到價值鏈的資源整合效益。因此如何達到這種效益，就必須把資源整合轉換成符合需求的邏輯規則及事實的服務，而非只是資料，透過資訊技術運作，可以讓即時服務的收集、整理、交換、傳輸都變得非常簡單及不受分散式系統各自使用不同機制而整合困難的限制。企業決策分析系統的功能，在於整合報表、共同格式、不同構面、資料一致、圖表呈現、資訊整合、過程透通、異常預警、KPI、優先權數，如表 7-1。

表 7-1 企業決策分析要點列表

	目的	重點
整合報表	主管使用者可方便在一個報表內看到所需要的整合資訊	最常用於跨部門功能的作業查詢
共同格式	共同資料來源一致性，和報表格式呈現標準化	共同名稱和術語
不同構面	不同使用者構面做不同維度思考	決策的結果
資料一致	資料正確性和時間點	達成共識
圖表呈現	需求圖表共同來表達	動態的圖表馬上可反映結果
資訊整合	有分類、關聯和結構化的建立	決策支援系統的分析結果
過程透通	使整個作業流程過程能透明化	產生追蹤過程
異常預警	實際分析出來的結果值，和當初設定的目標值有所差異	績效指標
KPI	績效指標設定	目標值
優先權數	設定優先權數	重點性的決策分析

以下將分別說明。

整合報表：所謂的整合報表，就是將 IoT 和 Web 系統的原始資料經過不同企業需求的邏輯運算，產生整合不同資料檔案關聯的結果，以利主管使用者便於在一個報表內看到所需要的整合資訊。而這樣的整合報表最常用於跨部門功能的作業查詢，例如：生產工單、銷售訂單和出貨單的整合報表，亦即，在同一個報表內，可查到目前哪些銷售訂單已出貨、其對應的出貨單據號碼為何，以及已發料生產的工單有哪些。這樣的對應關聯，使得主管使用者方便一窺全貌，進而馬上下決策判斷。

共同格式：是指對於不同使用者在查詢相關整合性報表時，就同一主題方向，應有一致性共同資料來源，以及報表格式呈現標準化，如此在溝通上才能快速有效率，且指向共同名稱和術語。

不同構面：不同使用者構面會有不同主觀的認知，當然，這種不同角度構面和主觀認知會影響做決策的結果。故在做決策分析時，須能對不同使用者構面做不同維度思考。

資料一致：決策支援系統的分析，來自於各個不同的資料收集，但收集容易，要求其資料正確性和時間點卻不易。不同使用者做決策的資料來源，也許資料項目是同一個名稱，但資料正確性和時間點卻有很大差異，導致雖然在討論同一件事，但卻無法達成共識。

圖表呈現：決策支援系統的分析，是在不同條件和資料基礎下，回應外在環境的快速變遷。故在決策分析後，其結果呈現是以需求圖表共同來表達，尤其是動態的圖表呈現，亦即原始資料一有變動，則動態圖表馬上可反映結果。

資訊整合：決策支援系統是在資料基礎下來發展的，所以在很多的散亂原始資料中，如何有分類、關聯和結構化的建立，攸關決策支援系統的分析結果。若資料不正確、不即時、無關聯，則分析結果就失去真實性和可用性。

過程透通：就如同上述說法，決策支援系統不僅和資訊基礎有關，也和作業流程有關。故在作業流程運作時，會有不同階段作業流程，例如：訂單銷售作業流程中，會有詢報價階段作業流程、訂單確認處理階段作業流程，以及出貨報關階段作業流程，這些階段作業流程都是互有影響的。因此，在做決策支援分析時，對於分析結果，須能展開相關階段作業流程，使整個作業流程、過程能透明化，亦即產生追蹤過程的另一個整合性報表，如此才可分析決策的來龍去脈。

異常預警：決策過程中，會有績效指標的產生。就決策目的來看，對於不同的決策重點會有該績效指標的目標值。若實際分析出來的結果值和當初設定的有所差異時，就須做異常預警，提早因應。

KPI：指 key performance index 績效指標。例如：總資產報酬率、銷貨毛利率、營業純益率等。

優先權數：整個企業決策環境，是非常複雜和龐大的，因此須設定優先權數，來做重點性的決策分析。

四、機器學習的 CRM 應用

機器學習的 CRM 應用是欲在 AIoT 基礎設施環境下發展機器學習模式於 CRM 的功能，包括案例庫推理、關聯分析（Apriori 演算法）、決策樹等，從這些模式展開。資訊系統的機器學習 CRM 功能，包括數據挖掘／過程挖掘、檢測欺詐／客戶流失分析、智慧消費行為分析／產品推薦、客戶分類分群／KYC (know your customer)、購物籃分析、客戶生命週期價值 (customer life value, CLV)、身分會員體系、個性化建議、提前預測需求、KPI 關聯分析、貨源追溯、口碑趨勢分析、消費者情緒分析、顧客旅程地圖、商品評價、數據優化行銷（消費金融支付）、主動推播行銷（客戶購買行為）、平台式行銷（虛實整合平台營運）、預知行銷（市場預測產品存貨數量和種類）、創造需求行銷（AIoT需求和存貨媒合系統）、智慧消費者參與（consumers engage，包括社交媒體、產品發現和推薦）等智慧化決策行為功能。上述功能是欲轉化成智慧化焦點，進而融入於 CRM 流程，而這些流程透過介面來和客戶溝通，其介面具有 AI 的功效，包括以 ChatBot、RPA（機器人流程自動化）、智慧產品等方式來串聯至客戶需求，上述部分功能將在第九章的 AIoT CRM 功能章節做細節說明。從上述說明可知，機器學習 CRM 應用目標是欲發展消費行為資料挖掘系統，消費行為資料挖掘系統是在探討創新企業應用系統的趨勢議題，著重在結合人工智慧和顧客關係管理 (CRM) 的應用系統，其精髓在於客戶追蹤管理和客戶生命週期的整合，可智慧化追蹤從初始收集階段至購買決策等全部流程，如此可掌握先機，達到智慧營運目的，如圖 7-3。

顧客投入評鑑：在顧客投入評鑑的 CRM 功能中，Kumar 等人 (2010) 提出顧客四個構面，來為企業提供更多價值的商業決策，如表 7-2。

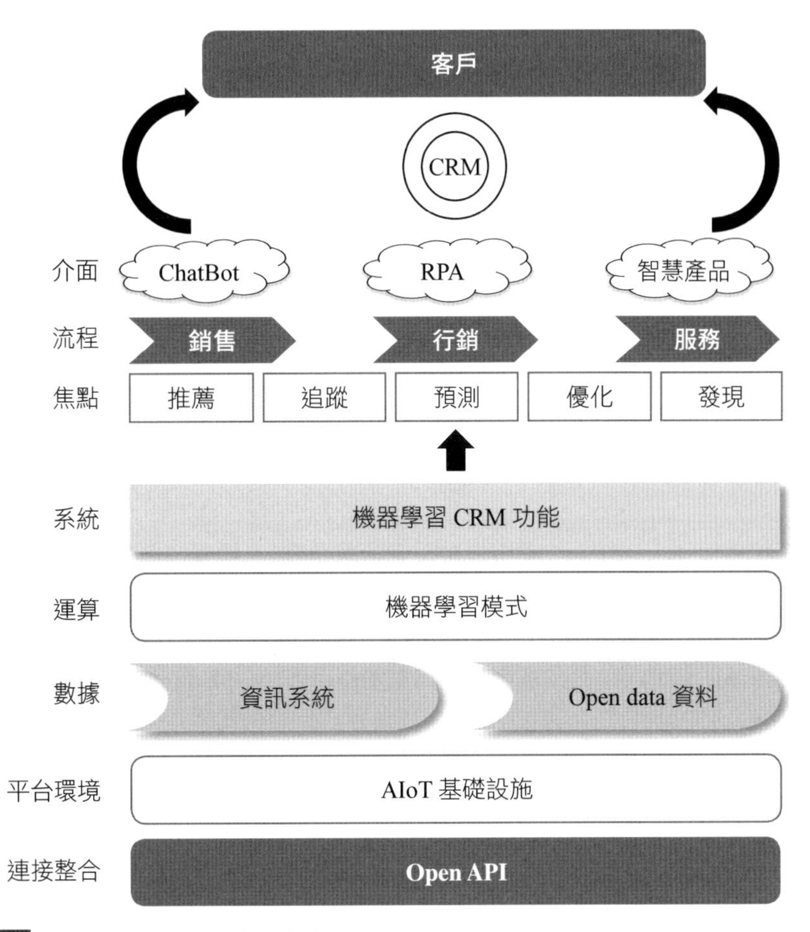

圖 7-3 機器學習 CRM 應用架構

表 7-2 顧客投入評鑑 CRM

顧客投入構面	說明	公式
顧客終身價值 (customer lifetime value, CLV)	顧客購買行為所產生之對企業的貢獻價值	顧客終身價值：累積利潤 ÷ 顧客數，利潤：總消費金額 – 總成本金額（顧客取得成本）
顧客推薦價值 (customer referral value, CRV)	顧客推薦為企業帶來的新客戶之價值	客戶生命週期長度 (L)，客戶平均每次消費額 (m) 和客戶平均消費週期 (l) $CRV = \frac{m}{l}L$
顧客知識價值 (customer knowledge value, CKV)	顧客提供反饋知識價值	顧客知識轉化後的收益
顧客影響價值 (customer influence value, CIV)	顧客行為影響力所產生的保留度和增加使用率	在客戶影響力效應 (customer influence effect, CIE) 下，在線口碑 (online word-of-mouth, WOM) 中的影響比例份額

案例式推理：案例式推理是 Watson (1999) 提出的 CBR 程序圖，包含擷取 (retrieve)、重新使用 (reuse)、修正 (revise)、保留 (retain) 等項目，它利用案例觀點來描述作業行為變項，進而運用相似度運算公式，預知未來案例的可能性。相似性是用來計算目標和案例庫的案例之間相似度，其相似度 SIM 運算公式如下：

$$\frac{\sum_{i=1}^{n} w_i \times SIM(f_i^I, f_i^R)}{\sum_{i=1}^{n} w_i}$$

n：變項個數，W_i：每個變項的權重值，f_i^I：現有案例，f_i^R：案例庫中的案例，$SIM = (f_i^I, f_i^R)$：相似值演算法。

以購買空氣清淨器產品的消費者等級行為為例，其設定變項包括：年收入、房地產、職業等，接著定義 $SIM = (f_i^I, f_i^R)$ 的演算法公式，在此以模糊區間值作為定義變項權重值，如案例庫中的案例：消費者 A 等級、年收入（高）、房地產（有）、職業（有），案例特徵是年收入 0.5（高=1、低=0）、0.3房地產（有=1、沒有=0）、0.2 職業（有=1、沒有=0），現今有一個案例：年收入（高）、房地產（沒有）、職業（有），代入公式為：

$$SIM = \frac{0.5*1+0.3*0+0.2*1}{0.5+0.3+0.2} = 0.7$$

購物籃分析 (market basket analysis)：是一種交叉銷售 (cross selling) 的數據分析方式，又稱關聯分析。從顧客購物時購物籃中的大量交易資料中，挖掘在交易資料間具有相關性的隱藏規則與商業知識。主要著重於分析購物籃商品內容，以便增加顧客購物的商品組合，進而提高營業額。

7-3 AIoT-based 機器學習

AIoT-based 機器學習是結合 IoT 技術產生的虛實情境，以及所擷取資料數據，進而運作機器學習的運算。以往是用 Web 虛擬環境和數據，現在則是虛實整合（IoT 和 Web）環境和數據，因此現在機器學習是在 IoT 和 Web 下來運作。機器學習 (machine learning) 屬於人工智慧 (artificial intelligence) 的其中一門學科，而機器學習主要作用是讓機器懂得思考，是一種學習演算法，以便得到管理模型，故其須從結構或非結構性的大數據中，發掘隱藏知識的工具方法，而資料挖掘 (data mining) 正是最好的工具方法。因為資料挖掘可協助機器學習模型的造模和進一步解釋的預測行為，故 AIoT-based 機器學習須先將傳統資料挖掘轉換成 AIoT-based 資料挖掘，茲說明如下。

一、資料挖掘定義

資料挖掘 (data mining) 是在資訊系統的環境和工具輔助下，從龐大混亂的資料中自動化地找到可用之資訊，如同挖掘金礦一樣。從資訊系統的觀點，就是「從大量交易的資料庫中，分析出相關的型式 (patterns) 和模式 (model)，並自動地萃取出可預測和產生新的資訊。」Frawley、Piatesky-Shapiro 和 Matheus (1991) 認為，資料挖掘的定義是從資料庫中挖掘出不明確、前所未知以及潛在有用的資訊過程。資料挖掘的整體架構包含五大項，分別為使用者溝通介面、資料庫、應用領域知識、挖掘知識、挖掘方式。資料挖掘是屬於歸納推論，是利用較智慧型

的機器學習 (machine learning) 技術來建立能自動預測知識行為的型式和模式。資料挖掘的範圍有兩個方法，即由上而下，由下而上的過程。從這些發展方法，可了解資料挖掘的範圍，其範圍包括挖掘設計、挖掘運算、挖掘基礎等三大部分，其各部分形成綿密連接和互相影響，透過這樣的建構，而形成資料挖掘的範圍（如圖 7-4）。

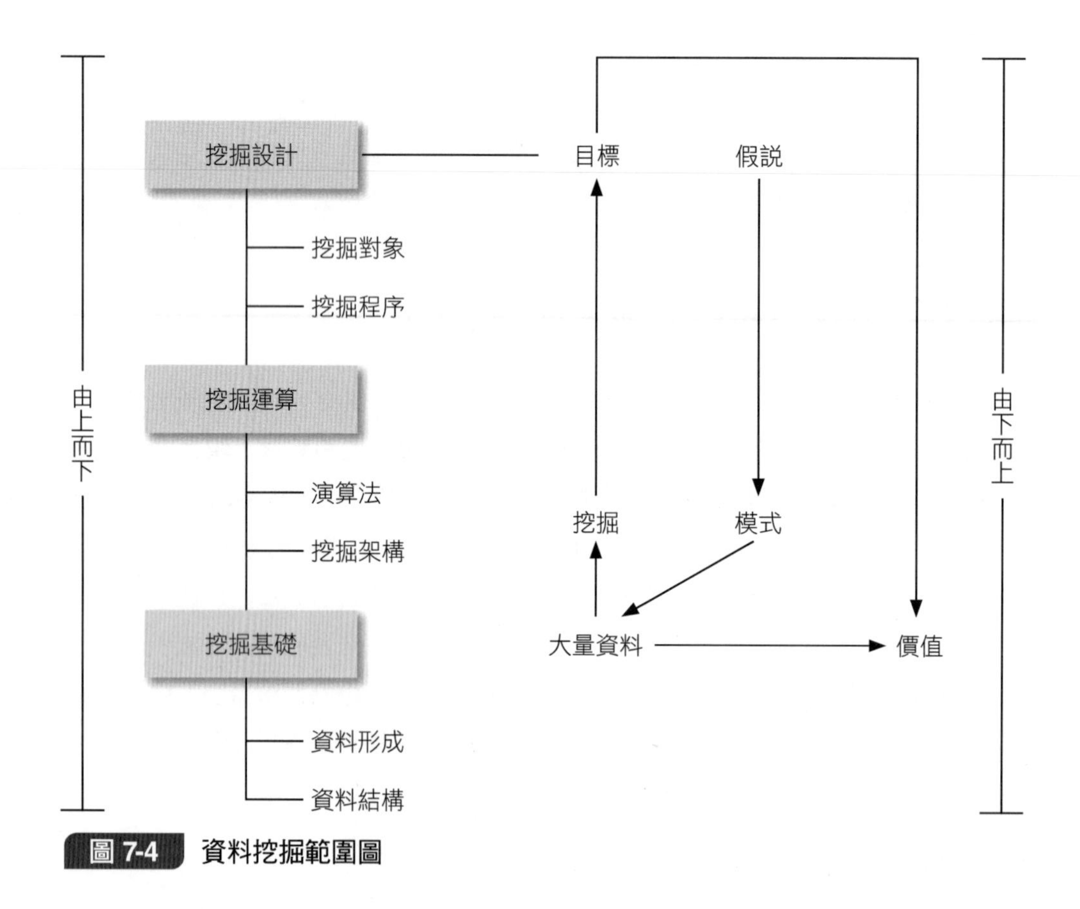

圖 7-4 資料挖掘範圍圖

其範圍內容是結合上述兩個方式的概括，也就是由下而上和由上而下所結合展開的，此展開形成三大部分：挖掘設計、挖掘運算、挖掘基礎，茲分別說明如下。

(一) 挖掘設計

所謂挖掘設計是指提出資料挖掘運作過程的規劃設計，也就是設計出讓使用者如何來應用資料挖掘法於決策分析中，其設計內容會隨著使用者本身環境和條件，設計出適合客製化的需求，因此在資料挖掘設計中必須探討到挖掘對象。其挖掘對象包括挖掘「環境情勢」和「對象條件及需求」兩項。所謂「環境情勢」是指在挖掘所處的環境掃描和衡量，環境掃描針對影響挖掘目標的環境因素，將其找出來，之後針對這些環境因素做衡量，評估其影響程度和重要性，並給予權數記載，以利作為後續考量順序的依據。而「對象條件及需求」是指針對挖掘對象本身的基本資料、需求資料、經驗資料等條件，基本資料是指對象的基礎性資料，若對象是企業型對象，則它的基礎性資料就是企業規模、產品、客戶情況等。而需求資料是指企業欲決策的需求。經驗資料是指該企業在以往做決策所累積的過去經驗。挖掘設計除了包含挖掘對象外，還有挖掘程序。所謂挖掘程序是指整個資料挖掘的使用步驟，其使用步驟會依上述資料挖掘兩個方式不同而不同。若以由上而下方式，則使用步驟是針對假設方式，提出一個假說條件的結構，此假說結構會依挖掘對象而改變，其假說結構會設定其假說主題、條件、結構等內容，再依此形成理論性模式，有了模式後，就可將大量資料輸入此模式做驗證，若驗證成功，則可利用此模式來做決策，其挖掘程序圖如圖 7-5。

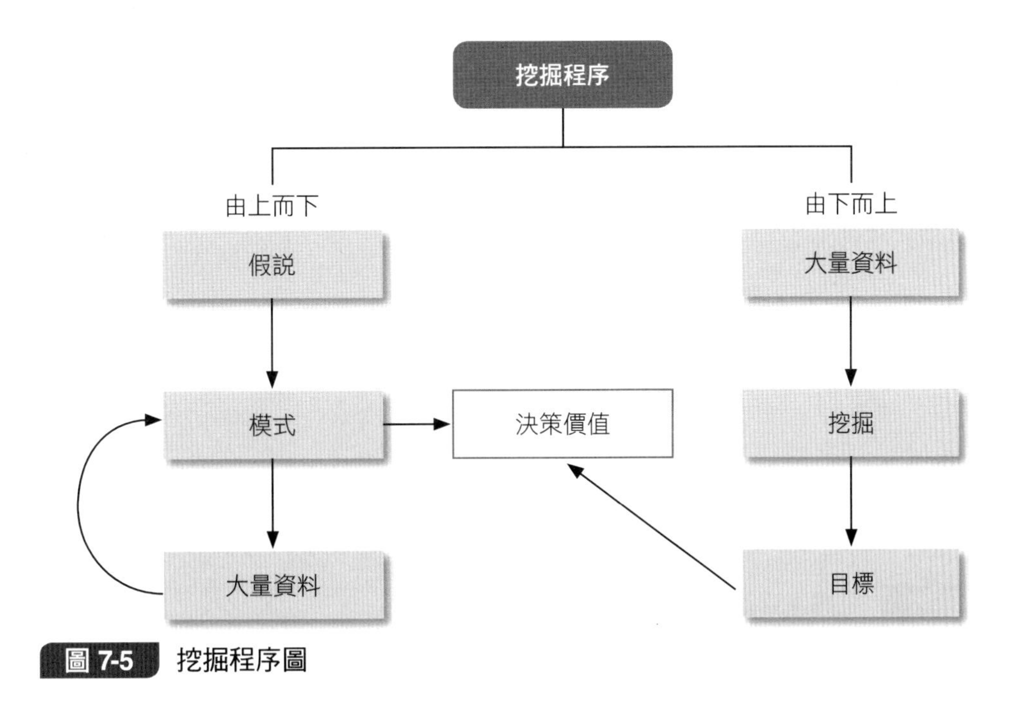

圖 7-5 挖掘程序圖

若以由下而上來看，其挖掘程序是先將大量資料做整理分類，再用演算法進行其挖掘工具，從之前已整理分類後的資料來挖掘出有價值的知識。綜合上述內容，將挖掘設計的架構圖整理如圖 7-6。

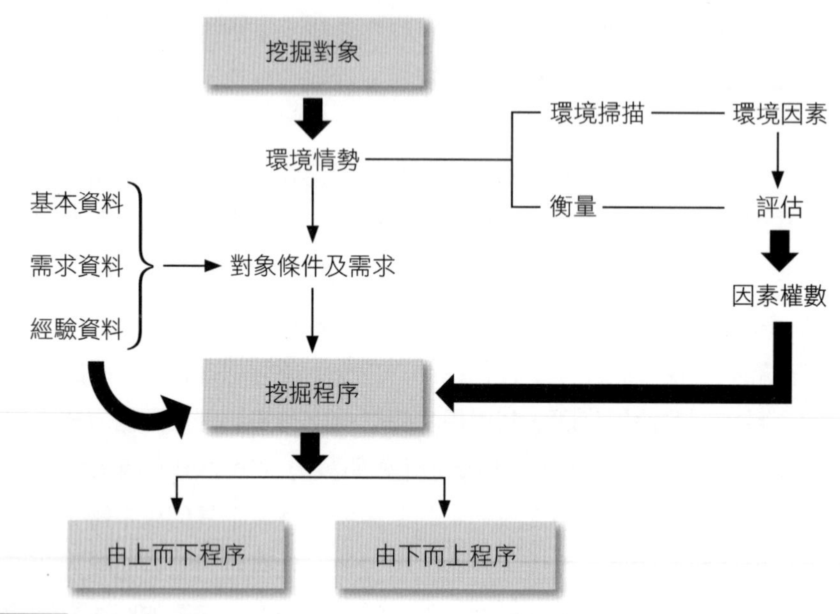

圖 7-6 挖掘設計圖

(二) 挖掘運算

上述已對資料挖掘範圍中的挖掘設計做說明，接下來說明挖掘運算。挖掘運算包含演算法和挖掘架構。演算法包含作為資料挖掘和模式的內容，而挖掘架構包含挖掘運算子系統，其挖掘運算圖如圖 7-7。茲分別說明如下。

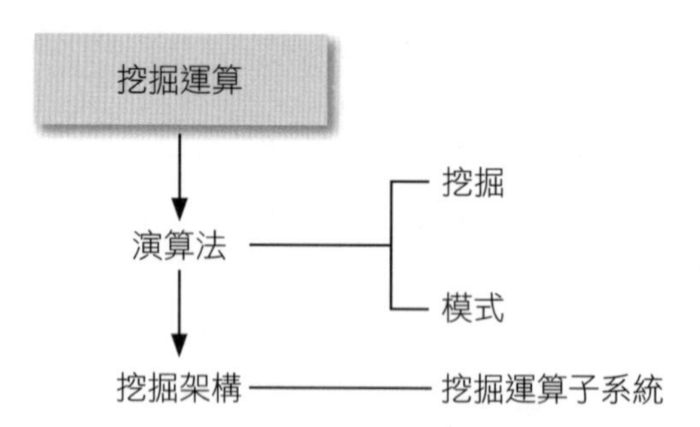

圖 7-7 挖掘運算圖

演算法：在此演算法是指挖掘方法和模式結構等內容。挖掘方法主要指為了從大量資料中挖掘有價值的知識所運用的技術，其技術包含分類、預測、關聯、推估、順序等技術，其細節會在下一章節說明。而模式結構主要指模式管理單元，也就是前面章節所介紹的 DSS 系統模式管理單元。此模式的內涵就是核心模式，它包含挖掘方法，也就是挖掘方式和模式結構是一體兩面的，均包含演算法。

挖掘架構：挖掘架構主要包含挖掘運算子系統，此子系統的意義在於「系統」兩個字。所謂「系統」包含輸入／輸出、程序、控制、回饋等內容，也就是以系統觀來設計挖掘架構，如圖 7-8。

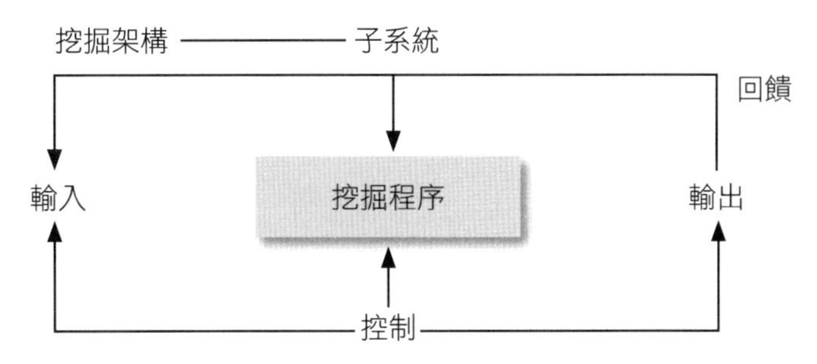

圖 7-8 挖掘架構圖

挖掘架構首先輸入欲挖掘的資料，例如：信用卡交易資料，接下來經由挖掘程序，做挖掘或模式運作，再經過程序運作後，就可產生輸出有價值的知識。例如：經過類神經網路演算法的挖掘，產生預知可能盜刷信用卡的筆數知識。接下來，有了知識結果後，會回饋至挖掘程序，來了解其演算法是否恰當或須變動演算法的設計，以及修正資料輸入來源，而在這架構過程中，須再加入控制機制，以便協調或連接輸入、輸出、程序等運作。

(三) 挖掘基礎

所謂挖掘基礎，是指在運作資料挖掘過程中，須有資料作為基礎，由此基礎來發展資料挖掘的運作，也形成了資料挖掘的範圍，其挖掘基礎圖如圖 7-9。

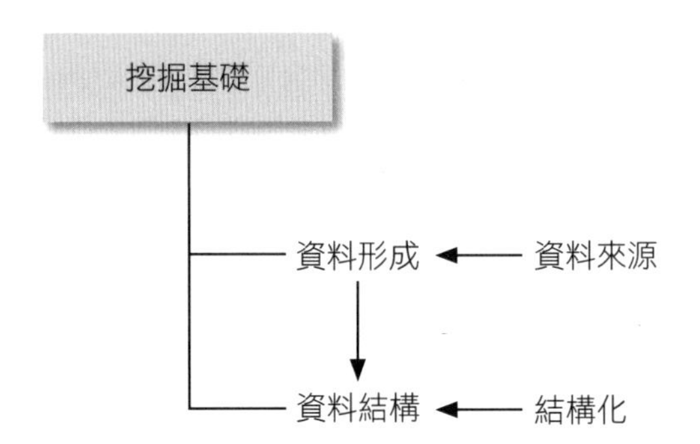

圖 7-9 挖掘基礎圖

挖掘基礎主要包含資料形成和資料結構兩個項目。所謂「資料形成」是指從資料來源經過轉換、清潔、整理分類的運作，就可形成合理性和正確性的資料。其示意圖如圖 7-10。

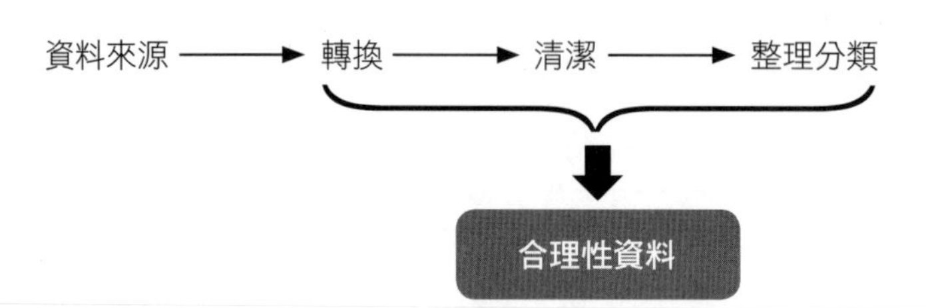

圖 7-10 資料形成示意圖

資料來源經過資料形成運作後，可得出合理性和正確性資料，接著就是以結構化方式，使資料成為有結構性的資料，亦即「資料結構」。這裡所謂資料結構化方式，是指軟體關聯式資料庫、物件導向式資料庫等方式，其示意圖如圖 7-11。

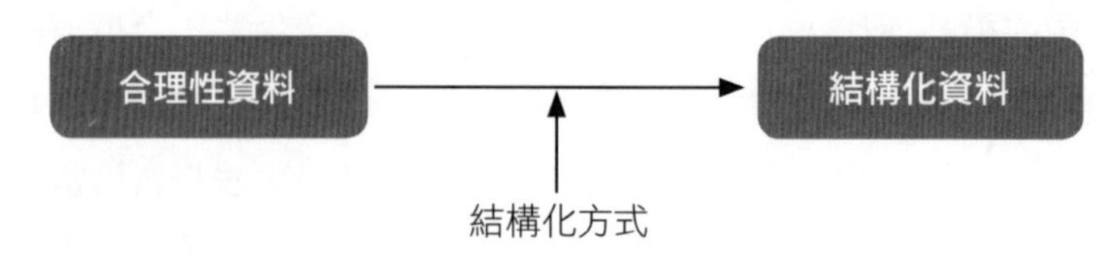

圖 7-11 資料結構示意圖

上述對挖掘設計、挖掘運算、挖掘基礎等三大部分內容做說明後，就形成資料挖掘範圍，並由此範圍發展出 AIoT-based 機器學習模式。

二、AIoT-based 機器學習

從上述對資料挖掘的架構發展，可接著和機器學習模式的演算法之間做關聯，並在 AIoT 環境下運作 AIoT-based 機器學習架構，如圖 7-12。首先從 IoT（車聯網／無人商店）和 Web〔POS 銷售點管理系統／電子訂貨系統／電子資料交換／企業資源規劃 (ERP)／顧客電話服務中心 (call center)〕自動化擷取數據，再將數據置入資料挖掘架構，發展資料挖掘程序，包括資料屬性選取 (feature selection)、前置處理 (data processes)、資料轉換 (data transform) 等，接著累積資料儲存到資料庫 (database)、資料倉儲 (data warehouse)、資料超市 (data mart)、知識庫 (knowledge base)、模型庫 (model base) 等，再接著進行資料挖掘演算法 (data algorithm) 來發展機器學習模式，最後，展現應用資料的視覺化 (data visualization) 和結果評估 (evaluation)，包括主管資訊系統 (EIS)、線上即時分析處理 (OLAP)、報表系統 (reporting)、隨性查詢 (Ad hoc query)、決策資訊系統 (DSS)、策略資訊系統 (SIS) 等。在上述架構運作中，其 AIoT 重點在於利用 AI 晶片，此晶片可將機器學習模式撰文於內，進而將 AI 晶片嵌入某實體物品（成為智慧物品），使得此物品在智慧營運作業中，可發揮機器學習模式的智慧行為，這才是 AIoT-based 機器學習的精髓所在。

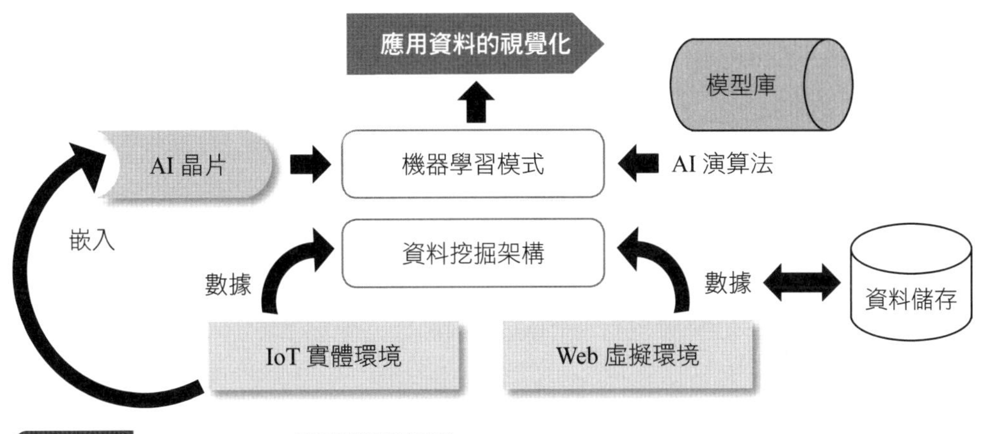

圖 7-12 AIoT-based 機器學習架構

案例研讀

問題解決創新方案→以上述案例為基礎

問題診斷

依據 PSIS (problem-solving innovation solution) 方法論中的問題形成診斷手法（過程省略），可得出以下問題項目：

問題 1.

MIS 系統當機，主要在於儲存 MIS 軟體程式和資料庫的硬碟潮溼導致存取出現問題，其原因在於儲存硬碟的環境不佳，才是主要關鍵。

問題 2.

在資訊系統環境中，除了避免問題發生外，更重要的是，能在發生問題時能防範損害發生，其中資料庫備援機制就是一例，這才是治本的方法。

問題 3.

資訊系統能發揮其效用，主要在於其軟硬體技術，因此，技術人員的維護作業是非常重要的。但本案例因為太強調技術維修，而忽略了技術本身的管理，正因為如此，使得一旦技術出現問題就難以解決。

創新解決方案

根據上述問題診斷，接下來探討其如何解決的創新方案。它包含方法論論述和依此方法論（指內文）規劃的實務解決方案兩大部分。

根據問題形成的診斷結果，以上述內文，提出本案例之實務創新解決方案，包含企業經營影響 MIS 功能發展等。

從企業經營影響 MIS 功能的發展來規劃 MIS 運作方案

MIS 系統在企業經營扮演的角色，就是為了提升企業營運績效。因此，在實施 MIS 系統應用於企業日常營運作業中，到底有多少可能的影響因素，應預先思考擬定出來，並作為檢查表 (checklist)，以利放入在 MIS 管理辦法制度內，如此可在 MIS 運作過程中，自然而然的例行性執行檢查表上的這些重要項目，以提升防範日後 MIS 系統發生問題而不知如何即時快速解決。

實務解決方案

從上述應用說明後，針對本案例問題形成診斷後的問題項目，提出如何解決方法，茲說明如下。

解決 1.

針對軟硬體環境的實體空間，應以專業的電腦機房為規劃標的，不能用一般建築空間，這對於企業主管在一般投資建築空間時，都認為沒必要花費太多成本在一個儲存的倉庫上，這樣的錯誤觀念，使得硬體當機問題發生。

解決 2.

當硬碟中的資料庫存取發生異常時，須能自動啟動另一解決機制，其資料備援就是一例。它利用映射 (mirror) 觀點，在資料庫正常運作時，其另一資料庫也做同步存取，如此一旦前者硬碟損壞，就可自動啟動後者硬碟內的資料庫，以確保前端軟體程式可正常存取資料庫來運作。

解決 3.

軟硬體技術只是在呈現技術功能的效用，但其效用是否能正常運作，則須依賴技術管理，也就是以一套方法論來管理這些技術，以確保技術的功能可正常發揮。而一般在技術管理上，主要有管理辦法和制度的擬定。因此，在 MIS 系統應以系統化制度來管理。

管理意涵

MIS 系統的發展是否能順利和有效率，是影響 MIS 系統對於企業營運可否帶來效益的關鍵。更重要的是，一旦 MIS 系統上線後，其能穩定 MIS 系統運作，可說是維持企業日常營運作業的發展關鍵。

個案問題探討

你認為管理資訊系統部門運作，對企業營運有什麼重大影響？

實務專欄（讓學員了解業界實務現況）

構面一、企業運用 MIS 系統的目的

1. 都是以企業內部營運流程為優先導入的系統，例如：ERP 或進銷存系統，因主要目的是解決繁瑣、大量人工作業的自動化效益。
2. 其營運流程自動化主要在解決作業程序、交易運作的作業層面，並期望以資訊系統來增強作業流程的效率化。

構面二、企業在 MIS 系統發展都是以目前所需的功能來考量

1. 目前企業所需的 MIS 系統功能，往往都是以 IT 功能來思考，鮮少會以整體企業綜效來評估。

2. 以軟體產品廠商而言，往往為了期望增加營業額，而會對客戶企業提出較完整的所有資訊系統，而不是客戶目前較急迫的需求。

習題

1. 何謂資料挖掘的範圍和其範圍的組成？
2. 請說明如何建構機器學習的 CRM 應用。

AIoT 智慧認知系統

「吾生也有涯，而知也無涯，以有涯隨無涯，殆已。」

——《莊子》

學習目標

1. 說明運算分析方式歷程
2. 探討認知技術運算步驟
3. 探討認知演算法技術：特徵提取、資訊萃取、強化學習
4. 說明模糊認知圖之認知運算
5. 智慧認知 CRM 架構
6. 說明何謂主管資訊系統
7. 探討數據自動化的擷取轉換程序
8. AIoT 智慧認知架構
9. 說明何謂認知流程自動化

案例情景故事

主管資訊系統對於主管決策的價值

業務王經理每日上班的第一件事，就是看昨天業務人員提報的日報表，從日報表來檢視訂單的銷售狀況，今日，如同往常一樣，王經理檢視每份日報表，卻發現沒有小周的日報表，因為他今天請假，這時，王經理不僅要將日報表資料和公司資訊系統的訂單出貨數字做比對，才能了解客戶進銷存狀況，且須等到明日才可加入小周的銷售資料。這樣的作業方法，已成為王經理的日常工作習慣，然而一旦新的 ERP 導入，是否會影響到原本的日常工作？陳顧問和各部門相關主管開會時，提出 ERP 系統功能須和企業作業流程結合，也就是系統功能的設計方式會影響到員工的日常作業機制，因為唯有日常制度化的運作，才不會發生偶爾為之和運作阻礙的現象。資訊張經理提出電腦內部稽核的觀念和辦法，因為這是政府對公開發行上市櫃公司所需要的，因此對於使用者常以使用方便性，而跳脫作業程序的步驟，這是可能會常生弊端和問題的。陳顧問呼應認同，但同時也提出利用 ERP 系統功能，設計出內控檢核點，可自動偵測和驗證出內部稽核作業所需的重點。

企業資源規劃 ERP 功能不僅須融入企業的日常作業流程，也因而產生企業流程再造，而改變了原本作業習慣和作為內部稽核的自動確認。企業再造是指從根本重新徹底的分析、設計企業所有活動，並管理企業相關的企業變革，以追求績效戲劇化成長的一項活動。企業流程再造一般可分為四個階段，它牽涉到全公司的人、事、物，因此要推動企業流程再造，一定要有工具方法來主導推動，其企業流程再造和 ERP 系統是不可分的。

企業案例背景

消費型電子產品是針對銷售全球的所有消費者，故其產品的購買、出貨、維護等作業，必須接近消費者市場。一家成立十餘年的電子產品買賣公司，從一般店面起家，到跨全國的多據點營運，其整個營運改變，也伴隨著作業流程的改造。

問題 Issue 思考

1. 企業主管如何利用 AIoT 認知做決策？
2. 消費者如何以個人認知做決策？
3. CRM 系統如何發展智慧化成效？

前 言

企業利用資訊系統來做決策輔助之用，故如何讓資訊系統有如同人工智慧般的智慧化成效，則是先進資訊系統的演化，其中認知運算系統就是一例，它經歷運算分析方式歷程，這裡有用到認知技術運算步驟，包括參與、探索、發現、洞察、決策、學習等過程。若以 CRM 資訊系統來看，則會發展出智慧認知的 CRM 應用資訊系統，而這個系統在 AIoT 技術環境中，將成為 AIoT 智慧認知 CRM 架構，在 AIoT 技術上更能讓認知行為具有智慧化成效，其中認知流程自動化就是一種智慧化作業流程。

閱讀地圖（以地圖方式來引導學員系統性閱讀）

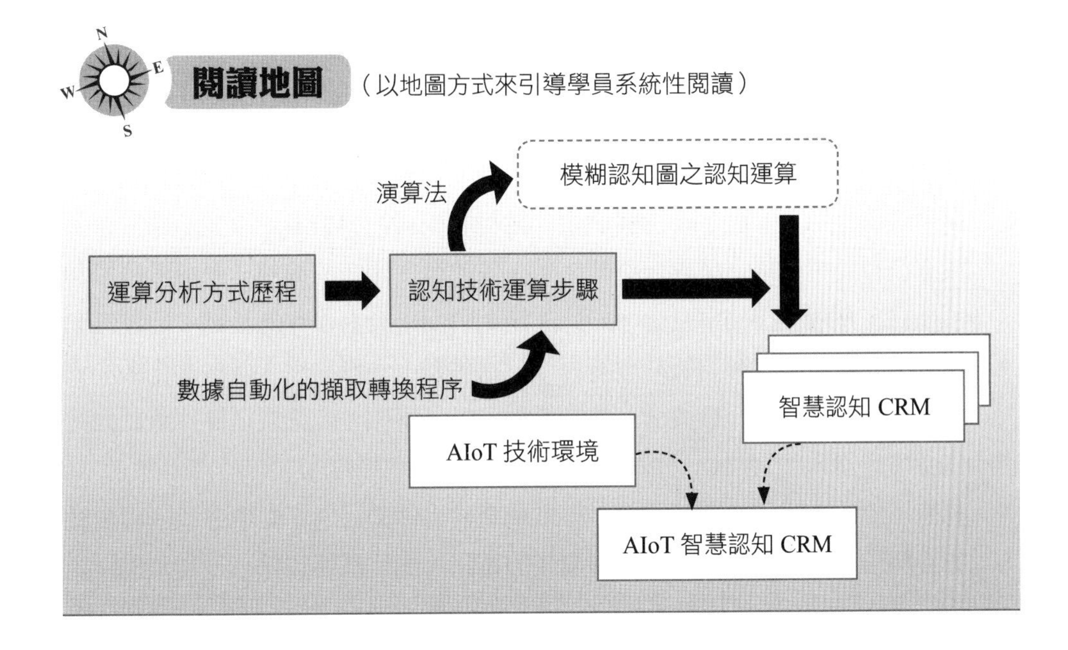

8-1 智慧認知概論

在電腦運算歷程中，早期是以程式化運算，主要在大型主機、伺服器電腦、個人電腦、智慧型手機等硬體運作，而其資料分析的運算技術應用，則是以電腦處理器的運算為中心。但現在已朝向認知運算時代，認知是指須在即時毫秒或微秒內完成判斷、推理、假設、評估等資料分析工作，故資料是在記憶體中模擬人腦認知處理資訊的方式，而不是在處理器中處理，故其硬體須能因應認知所需要的模擬人腦能力，也就是必須能感知人腦感官行為所產生的資料，因此 AIoT 先進技術是認知運算的基礎，故其硬體運作轉向 AI-based 伺服器電腦、穿戴式裝置、智慧物品和具有感知功能的智慧型手機。綜合上述，其運算分析方式歷程如表 8-1，包括資訊程式分析、描述式分析 (descriptive analysis)、診斷性分析 (diagnostic analysis)、預測性分析 (predictive analysis)、規範性分析 (prescriptive analytics)、認知性分析 (cognitive analytics) 等階段。

一、認知技術運算步驟

認知性分析是結合預測分析和機器學習 (predictive analytics & machine learning, PAML)，並將認知行為注入業務工作流程內，包括統計分析、預測、建模、數據挖掘、文本分析等先進分析功能。而要運作此認知性分析，則須發展應用一連串的認知技術運算步驟，包括參與、探索、發現、洞察、決策、學習等過程，說明如下。

- **參與**：讓使用者理解和認知運算系統之間溝通的相互作用方式。參與是將認知行為運作過程結合人為和電腦系統共同協調的互動交易，它是由系統自主驅動整個行為的發展。這種發展中，會串聯相關的參與者，以便能真正深入於運作行為中，以達精實作業的成效，才能發揮認知的成效。上述參與機制須建立在無縫連接的平台上，如此才能即時回應交易事件的互動。而在互動過程中是以模擬人類認知的理解思維，來驅動下一步事件，並自動化擷取資料，以利整合數據、參與者、作業流程、交易事件、商業規則條件等認知行為各項元素。
- **探索**：使用者透過網際網路平台來參與交易事件的行為，從中會產生大量數據資料，以及經過統計分析所轉換成的資訊。此目標性資訊，是為了提供企

表 8-1 運算分析方式歷程表

運算分析	內容需求	技術方式	運作標的	例如
資訊程式分析	處理了什麼？	自動化處理	控管數據的運作流程	超市進貨狀況
描述式分析	發生了什麼？	可視化工具	歷史數據的分析和了解趨勢評估	現金流量分析，銷售和收入報告，績效分析
診斷性分析	為什麼發生？	細分的數據	歷史數據的原因判斷和細化數據的關聯	問題原因診斷分析
預測型分析	可能發生什麼？	模型完成	百分之百準確度預測未來	情感分析和信用評分 (Sentiment analysis and credit score)
規範性分析	需要做什麼？	最佳行動方案	解決問題的可行方案以及考慮解決方案對未來趨勢的影響	自動駕駛汽車 (self-driving car)
認知性分析	以資料為中心的認知行為	AIoT 先進技術	商業智慧的預測	大數據處理與分析、自然語言處理、語意分析、資訊擷取、機器學習、自動推理 (automated reasoning)

業組織能掌握更精準的客戶服務，故須再發展探索機制，它欲從目標性資訊中，試著找出更有用的線索，此線索能提供如何進一步進入「發現」機制，也可說是發現價值的入口，故探索機制是發展認知運算行為的關卡。

- **發現**：在經過參與和探索作業後，整個認知行為已掌握從感知創建資料的現象，和進一步統整轉換成資訊的見解，故接下來就是如何從中了解大量訊息，並挖掘這個認知行為有何未呈現的潛在性價值，這個價值原本是存在的，只是沒有被找出，因為在上述大量資料資訊下。無法輕易或從現象見解中看出，它必須經過數據挖掘過程，也就是將看似無關的各類型資料之關聯串接在一起，才能創造發現的機制，例如：預測其購買機率、潛在流失機率。

- **洞察**：根據發現機制而挖掘出潛在的價值，但在認知運算行為上，更需要能預知未來變化所造成的新價值所在，此價值原本是不存在的，但因經過認知行為運作過程，其未來運作產生了改變。身為智慧營運的企業應用系統，應能預知在這樣的作業流程運作軌跡下的發展，未來可能會有什麼結果？這就是洞察預知機制，它不需要等到已發展結束才後知後覺地了解結果。若此結果是無價值的，則欲改善或轉換就已來不及了，這是不具優勢競爭力。故洞察機制就是預測消費者的未來行為，它將「資料分析」轉換為「模型分析」，其模型分析是以客戶特徵來建構認知模型，如此可適用於解決離散問題，以便尋找趨勢和模式，進而能即時洞察商業價值的創造。
- **決策**：決策重點是基於證據行動發展資料處理程序。在資料經過處理和管理後，對於資料結果期望能在做決策判斷時有所輔助，亦即是決策資訊。一般而言，其決策系統是利用資訊科技針對企業組織中每日營運資料，做結構化的分類儲存，然後依照企業目標所擬定的計畫，就此結構化的資料收集、分析，提出某些可行性方案，最後在這些方案中，經過條件考量和標的設定，例如：外在環境限制條件和最低成本標的等，決策出所謂相對最佳的方案。
- **學習**：從認知行為方面來看，「學習」就是一種與用戶互動過程中，基於知識歸納和演繹，並透過大規模學習改進的過程，以「訓練」，解決方案的智慧認知行為方式。智慧認知行為的運作精髓在於盡量消弭人為資訊系統應用的作業執行和管理分析這兩個層次，期望藉由資訊系統和機器彼此間自主性自動化的運作，使人為運作專注於決策行為上，故認知行為是期望創建智慧型決策運作，但為了達到智慧型決策目的，則須將決策和學習做優化性的結合。因為透過不斷且深度的學習，則可優化決策的品質，包括預知的廣度／深度、決策目標高精準、創新商業模式的價值。而在此學習主要是利用資訊系統和機器彼此之間的自主性運作，此時演算法、軟體設計程式、先進硬體運算等技術，則扮演非常關鍵的智慧科技。

從上述認知技術運算步驟，可知「認知運算」是運用類似人類思考方式，透過模仿學習來解決問題的人工智慧方法。它期望如同人類思考、推理和記憶一樣來分析大量數據，它運用認知互動 (cognitive interaction)，也就是認知行為是在認知互動下所進行的人類和電腦相互溝通，包括語音和手勢的協作行動，而人機互動 (human-computer interactions) 是一種透過人類互動的電腦系統環境體驗來學習推理，這裡包含了專業知識語言，並利用程式撰寫認知運算邏輯到其軟體中來運作認知分析 (cognitive analytics)。認知分析是指在認知運算環境下，結合大數據分析、機器學習認知科學方法，並運用處理器驅動多核 CPU、GPU、TPU 的高性能運算，以及建構平行和分布式運算。這其中也包括軟體支援機器學習演算法，而這整個過程就是要建構認知分析和認知模型環境來模仿人類認知過程。認知分析是一種從以往數據挖掘和可視化分析的下一代智慧分析演變科技，例如：線上即時分析處理 (OLAP) 是一種可視化分析。綜合上述，可知認知運算分析是欲往智慧演算法融入電腦資訊系統的方向發展，其有關演算法技術，包括特徵提取 (feature extraction)、資訊萃取 (information extraction)、強化學習 (reinforcement learning) 等三種，茲說明如下。

1. 特徵提取：從欲認知項目中提取能代表其內容的樣本屬性，它可試圖減少數據維度的複雜性和增強認知意圖的代表性，以及更可運用分離數據方式來分別運作資訊（內容）計算和媒介（呈現）可視化。
2. 資訊萃取：是一種資訊檢索 (information retrieval) 方式，從非結構化數據中，自動檢索出與認知主題相關的語意定義良好 (well-defined) 之結構化數據。非結構化資料是指資料呈現上無特定型態或格式，例如：手寫醫療記錄。
3. 強化學習：強化學習是一種運用行為主義心理學的機器學習技術，利用監督學習算法，在未知情況下，以在互動式環境中不斷試錯和累積誘因最大化的方式，並驅動代理人學習認知行為。同時，強化學習系統也能解決分類等問題 (Polikar, 2009)，又稱為多分類器系統。上述監督學習算法是指有特定目標標記的資料，而沒有明確目標的無標記資料，則是非監督學習算法。

認知運算 (cognitive computing) 在 AIoT 企業應用系統的新時代下，須利用思維機器，它可從原來不透明實體環境中獲取數據， 並能夠識別大量數據，例如：監測海洋環境中的汙染數據，而這些數據透過思維機器的認知運算法來創建預測性行為模式。John E. Kelly III 和 Steve Hamm 在《智慧科技：推動大智移雲的利器》著作中說到：「設計新電腦的目的，並不是為了複製人腦，也不是要用機器的思考方式取代人腦的思考方式。」故可知認知運算是新電腦運算的現在和未來，它是以「數據驅動」(data driven) 和「模式決策」(pattern decision) 作為企業應用方式，其放棄以運算為中心的舊架構，而採用能支援大規模平行運算資料為中心之新架構，因為電腦硬體運算、儲存、存取資料的能力大幅提升，例如：PB 等級巨量資料的儲存應用記憶體、固態硬碟、相變化記憶體 (phase change memory)、多核心處理器、FPGA 晶片等，使得認知運算被期望能解決以往人為後向數值計算的限制，進而以人工智慧整合問題解決，此時發展出一種創新見解之決策分析，最後獲取競爭力價值。

認知行為用表現方式難以或無法察覺，例如：語氣、情緒等，因為其特徵是模糊的不確定複雜情況，因此須利用 IT 和人工智慧結合之解決方案。此方案可使資訊系統能增強、擴展及加速發揮模擬人類認知行為，認知運算的企業應用系統將從根本上重新定義消費方式，和改變企業作業工作方式，也就是欲在表現方式內識別和發現出行為模式，其表現方式一般有語音和文本兩個。所以如何識別語音和理解富媒體文本上下文的技術，也就是認知行為的起步，它解決了以對話 (dialog)、語音轉文字 (speech to text)、文字轉語音 (text to speech)、語意分析、資訊擷取、自動推理 (automated reasoning) 的認知運算，它們能發展出讓人類理解更自然地進行互動溝通之自然語言，以及融入建構的最佳專業知識，進而提高改善整個組織決策的品質一致性。目前已有商業化的方案，例如：針對語音最佳化的深度學習演算法，包括 IBM 的 Watson、蘋果的 Siri、Google Now、微軟 Cortana 等智慧型語音助理的 App 服務，具有學習思考洞察能力，可從結構化和非結構化資料中萃取出更智慧的營運，如此成為 robot 代理人來擴展人類的能力，並造就產業創新的關鍵技術。例如：Syniverse 利用智慧環境感知出精細化天氣數據，以發展廣告行銷服務解決方案；利用 Watson 語意分析技術結合氣象服務，並整合個人行事曆，以預測安排會議；CRM portals 利用機器學習、深度學習和人工智慧方式，發展顛覆性的大數據應用。

二、模糊認知圖之認知運算

智慧認知是運用認知運算來達到智慧化應用，其模糊認知圖就是認知運算的其中一種人工智慧演算法。Kosko (1986) 提出模糊認知圖 (fuzzy cognitive maps, FCM) 的建模方法，用於使用複雜決策系統的隨機鏈接資訊來制定鄰接矩陣，以圖形說明來相互連接，利用符號方向圖來達到進一步鄰接矩陣使用模糊程度的因果關係度。FCM 由問題的概念節點 (C)，以帶符號的有向箭頭和因果值 (Cij) 組成，節點表示以變量 Vi 為特徵的概念，其 Cij 表示對概念節點之間的因果關係，其 Cij 由因果概念節點 Vi 對概念節點 Vj 的影響形成。Cij 在模糊區間 [-1,1]

中定義其數值。Cij = 0 解釋為沒有關係，Cij > 0 表示正因果關係（增加），Cij < 0 表示負因果關係（減少）。為了描述節點之間關係的程度，可以使用模糊語言術語，例如：「大」、「中」和「小」。在本計畫中，選擇 FCM 方法，是因為它可允許追蹤區塊鏈中的不同區塊，並量化交易之間相關數據中的模糊程度。因此，FCM 可以用來表示使用總效應 T (I, V) 的狀態轉換機制，以便來表示狀態轉換鏈中的最佳因果效應。若以最小—最大策略 (min-max strategy) 方式，藉由 {a little ≤ often ≤ some ≤ much ≤ a lot} 比較，在計算 T (I, V) 值時，我們使用模糊數值，例如："a little" [0~0.2]、"often" (0.2~0.4]、"some" (0.4~0.6]、"much" (0.6~0.8]、"a lot" (0.8~1] 等來表示節點之間的相關程度。總效應 T (I, V) 是所有間接效應 (I, V) 的總和，以運算出其因果關係從連接 I 到 V 的所有可能路徑鏈接。其總效應 T (I, V) 描述路徑 (k) 等式之計算如下：

$$T(I,V) = \max\left\{\sum_{1}^{i} E_1(I,V), \sum_{1}^{i} E_2(I,V), \ldots\ldots, \sum_{1}^{i} E_k(I,V)\right\}$$

例如：路徑是：$E_1(I,V)$：(I, III, IV, V) 和 $E_2(I,V)$：(I, IV, V)

則計算出 $E_1(I,V) = \min\{\text{a little, some, often, a little}\}$

$$E_2(I,V) = \min\{\text{some, often, much}\} = \text{often}$$

$$T(I,V) = \max\{E_1(I,V), E_2(I,V)\} = \max\{\text{a little, often}\} = \text{often}$$

Glykas (2010) 提出整理 FCM 建模的應用和發展的文獻回顧，FCM 已經廣泛應用於工業應用領域。Jose 等人 (2012) 提出了模糊灰色認知圖，應用於其具有變壓器部件的可靠性分析，以幫助電力系統決策。Lee 等人 (2013) 提出了基於反饋的 FCM 用於產品問題的反饋設計，並指出應用於 FCM 評估的回饋作業。Wooi 等人 (2011) 提出了 FCM 構造函數來驗證產品設計決策問題，以及用於建模和推理因果設計知識 (Gopnik et al., 2004)。Lee 等人 (2012) 提出了一種基於使用模糊認知圖和模糊隸屬函數的偏好數據，來發展醫學專家對這些患者的知識和經驗，以便建構基於 Web 的決策系統之方法。

其智慧認知作業發展包括七大步驟，說明如下：

步驟 1：設定業務情境和欲達成目標。

步驟 2：根據上述情境來分析欲探討之客戶問題和相關命題。

步驟 3：根據上述命題和目標來擬定認知分析策略。

步驟 4：從上述策略所需資料來盤點目前實際營運數據是否完整？

步驟 5：根據上述目標和數據來建立與訓練認知 AI 模型。

步驟 6：驗證認知 AI 模型和分析運作結果。

步驟 7：評估認知行為成效和改善方案。

8-2 智慧認知的 CRM 應用

傳統 CRM 的資料分析知識是有限的，資訊也增加整合的困難度，且無法立即對應決策速度，以及難以掌握客戶資訊全貌，故無法提供正確且品質好的資料供分析使用。而智慧認知 CRM 則是利用建置大數據，藉以更了解消費者與市場，進而協助 CRM 系統自動化後端業務流程，以便更聚焦在關鍵任務上。例如：行銷部門的企劃案分析、營運部門的商品銷售分析、投資報酬率預測分析、銷售部門的客戶關係分析、財務部門的客戶帳款分析。

一、智慧認知 CRM

智慧認知 CRM 是建立在傳統作業型和分析型 CRM 功能上，如圖 8-1。它運用模擬人類在感官基礎上的認知行為，包括眼、耳、鼻、口、身等五大類，進而發展感官動作。目前發展較成熟的主要有聽覺、視覺兩個資訊科技應用功能，聽覺是指透過電腦來運作語音播出與輸入，可取代以往文字呈現和鍵盤輸入，目前有文字互轉語音功能，其人工智慧演算法是採用自然語言處理方法論；而視覺是指電腦對實體物品觀看辨識，革新了以往在電腦中圖片無法分析辨識，只能靠人眼判斷的情況，其目前有人臉和物品自動化辨識，其演算法是採用深度學習方法論。上述這種感知行為會促發電腦資訊系統影響認知行為，就好像人受到感官驅動下來連接至人腦思維的認知行為。而上述認知行為就是指因感知行為所擷取的資料，會自主性驅動下一步判斷後的行動方案，也就是指作業型 CRM 功能，包括業務銷售、行銷企劃、客戶服務的流程，而這些流程都是由此智慧型 CRM 系統自動化運作，而不是人為輸入設定在此應用系統內。例如：CRM 系統以具有語音處理的聊天機器人來擷取客戶反映的訂單退貨資料，此時當客戶確認無誤後，系統就會自動產生在銷售模組的退貨作業功能，而這整個退貨功能，無須客戶和業務員人為輸入，只有在退貨重點內（例如：退貨金額），須進行人為審閱確認的權利、義務之作業外，這就是應用系統認知行為。但這種認知行為主要

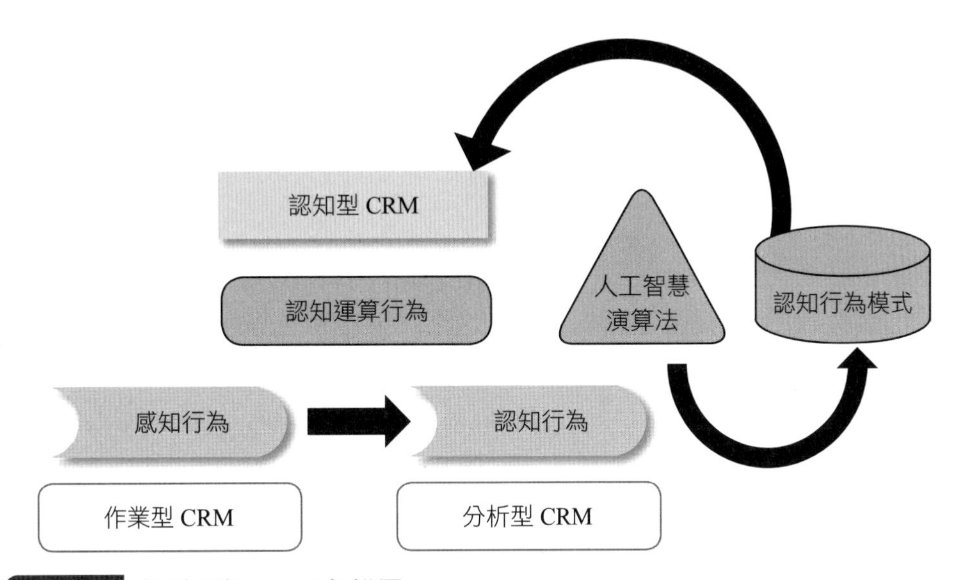

圖 8-1 智慧認知 CRM 架構圖

是來自於感知行為，尚未有認知運算行為，也就是認知行為自動產生模式運算功能，故此時仍透過感知行為在分析型 CRM 功能發展認知運算，因為在分析型 CRM 功能內已有大量資料轉換成資訊，乃至於知識內容，此時就可利用機器學習演算法建構模式運算功能。

延續上述退貨例子，可在分析型 CRM 功能得知大量退貨匯總統計資訊，進而利用決策樹分類演算法來運算出各種退貨類別，並洞察得知商品和服務品質狀況，以作為日後改善補貨和服務流程之依據，這就是認知運算行為，其所創造之價值更具有競爭力。綜合上述，可知模式運算是將欲認知運算行為轉換成人工智慧演算法模式，此模式須透過軟體開發來實踐。在軟體開發程序上，有「開發」、「測試」、「維運」三階段，而 DevOps（development 和 operations）就是欲結合軟體開發人員和運維技術人員，是屬於敏捷式系統管理 (agile system administration)，可提升軟體實力，這對於智慧認知的客製化邏輯行為是非常重要的。

智慧認知的 CRM 應用技術有以下幾種：

- **推論與推薦 (reasoning and recommendation)**：搜尋引擎、專家系統等。
- **電腦視覺 (computer vision)**：視覺定位、人臉、情緒、行為等辨識。
- **電腦語音 (computer voice)**：文字轉語音 Web 服務。

- **自然語言處理 (natural language processing, NLP)**：針對文章和對話內容進行上下文的意涵處理。
- **機器學習 (machine learning)**：以資料分析及理解的方法進行學習，歸納判讀。

上述種類可整合聊天機器人 (Chatbot) 的認知 CRM 應用，透過客訴、訂單記錄、購物車清單、網頁瀏覽記錄等資訊數據，將認知能力融入上述內部和外部來源的數據所發展之業務流程。例如：以自動化認知方式來執行將點擊率 (click-through rates) 提升為轉化率 (conversion rate)，也就是將網站訪問者轉換為付費客戶。上述認知行為就是欲了解使用者意圖認知 (audience intent recognition)，進而發展認知運算功能，而這種認知運算也成為「擴充智慧」(augmented intelligence)。擴充智慧技術是利用結合自然語言處理和機器學習，來即時監控流程和實現仿真，以便增強數據分析系統，更易於理解數據，進而優化預測最佳化，故擴充智慧是發展出人工智慧驅動的技術和工具以增強商業用途的科技，以提高效率和提升生產力。例如：MondoBrain 提出擴充智慧解決方案。

從過去的歷史可知，若產品和服務能夠感知、推理和了解客戶，則可啟動自助客戶服務系統 (self-service customers)，其中虛擬客戶服務系統可與客戶溝通對話就是一例，它是利用自然語言認知技術。戶外服飾品牌 The North Face 透過由 Watson 和 Fluid XPS 提供的互動購物體驗平台，發展互動購物體驗，其可使用自然語言認知對話來尋找適當產品，而且可在基於對話框的推薦引擎來做自然語言分析，例如：客戶尋找何種產品最多。Hilton McLean 飯店利用 Watson 機器人 Connie，這其中運用 Watson API 結合 WayBlazer 旅遊平台來支援連接多項系統功能，包括提供飯店設施、餐廳、服務、旅遊景點等資訊對話、自然語言分類器。IBM 發展 Bluewolf 諮詢服務，協助 Salesforce 客戶、IBM Watson 和 Salesforce Einstein 發展新的智慧客戶關係。UA Record 是智慧連結健康與健身系統，透過 UA Record 應用程式，可用來追蹤睡眠、訓練、活動和營養數據，以便提供健康評估與健身建議、資訊分享。例如：透過結合天氣領域的資料庫地理空間資料，以調整健身方案與建議。視覺辨識技術以辨識食物圖片，來追蹤食物攝取整體營養管理。智慧型手機照片的自動分類、自動過濾垃圾郵件，以及可透過近場通訊 (NFC) 的智慧設備，在隨時隨地 (pay-as-you-go) 的模式下，為消費者實現無縫支付。

二、API 發展認知分析

機器學習結合 API 來發展認知分析功能，包括圖像標註、概念標註、語氣分析器、異常檢測、聚類分析、權衡分析、推薦引擎、人臉識別、文檔分類、語音識別、預測模型、情感分析以及模式識別等。這些功能可結合智慧電視、機器人、智慧型手機、穿戴式裝置等智慧物品，以便發展出 AIoT 智慧商業，其 API 方案有 api.ai、Cogito、Watson API、Diffbot、AlchemyAPI、DataSift、iSpeech、Microsoft Project Oxford、Mozscape 以及 OpenCalais。

Wit.ai 是智慧語音功能的自然語言處理平台。AlchemyAPI 提供一套基於深度學習的雲服務，包括 AlchemyLanguage、AlchemyVision 和 AlchemyData News 等。IBM Bluemix 雲端平台以 Watson API 軟體程式碼技術，來發展更多新的認知技術產品。Diffbot 平台提供了一套自動化 API 和知識圖譜，可讓使用者客製化從網頁中提取不同類型的數據，以自動生成語意內容。BigML 提供預測建模的機器學習平台。PredictionIO 是一個 Open Source 開源的機器學習服務器。Microsoft Azure 機器學習提供大數據來建構預測型應用程序的平台，而在這種 API 超連接下，可使電腦機器對智慧物品機器 (M2M) 做溝通，以取代人為輸入記錄於資訊系統的無效率繁瑣工作。

在未來企業應用系統應具備認知運算機制，其主管資訊系統就是一種融合決策和資訊應用的認知運算系統，認知運算時代 (cognitive computing era) 也促發了全球企業進行數位轉型。

三、主管資訊系統

主管資訊系統主要包含企業決策支援，和主管在企業資源規劃系統的作業流程，也就是主管在運作企業資源規劃系統作業時，所須展開的決策作業。一般而言，其決策支援系統是利用資訊科技，針對企業組織中每日營運資料，結構化分類儲存，然後依照企業所擬定的目標計畫，收集、分析結構化的資料，並提出某些可行性方案，最後在這些方案中，經過條件考量和標的設定，例如：外在環境限制條件、最低成本標的等，決策出所謂相對最佳的方案。若和管理資訊系統 (MIS) 比較，MIS 是將重點擺在提升資訊活用的活動上，特別強調資訊系統內應用功能的整合與規劃。而決策支援系統則不然，它是強調對企業的組織結構和各層次管理人員的決策行為進行深入研究，所以資訊活用的活動並不是重點，反而是在資訊基礎上，如何依高級主管的不同維度來分析資料，以作為決策之用，才是決策支援系統欲設計的核心。不過這兩者資訊系統對於資料結構化的依賴程度，都是一樣很注重，仍然相當依賴資訊的流動及資料檔案結構。但不同點在於 MIS 設計系統時，總是從最原始的數據、資料出發，而不是從管理人員決策的需求出發，決策支援系統 (DSS) 設計系統時，則是從輔助決策的功能出發。決策支援系統與 MIS 最大的不同點，在於決策支援系統更著眼於組織的更高階層，強調高階管理者與決策者的決策，而 MIS 則是著眼於一般使用者的彈性、快速反應和調適性的功能應用。從這段話可了解決策支援系統和 MIS 系統的資料有很大關係，這也是決策支援系統和 ERP 系統必須整合，亦即以 ERP 系統的資訊為基礎，來發展決策支援系統應用。

企業在做決策時，不僅要考量資訊來源即時、正確、廣泛的問題，而且最重要的是須考量決策時所需的需求服務，必須能被完成的問題，因為企業資源在運作時，必須同時考慮到往後營運作業的各項資源整合。而這樣的資源整合，在企業做決策時，就是一種需求服務，其可能呈現一種邏輯規則及事實。從這段話可了解決策支援系統不僅和資訊基礎有關，也和作業流程有關。因此，這樣的需求服務在網路經濟下，需要的是一個服務整合平台，而不同於以往只是一個資訊整合平台。這樣的資訊技術通常須遵循一套新的資料及邏輯規則定義方式，而且轉換過程複雜、成本高，所以通常只有大公司才有能力採用。例如：在新產品開發流程的價值鏈中，其中所謂的製程設計，即是從一個原始產品的概念發展開始，而為使產品能在市場上成功，工程師往往被要求發展一種創新的方法或觀念，以促使原材料（或生產成本）能夠大量節省，或使產量在短期內大幅攀升，因此負責研發及設計工作的工程師們須具有生產管理、設計及製造、企業整體運作等工程經濟方面的相關知識，如此在做新產品開發流程時的決策，才可達到價值鏈的資源整合效益。想要達到這樣的效益，就必須把資源整合轉換成符合需求的邏輯規則及事實的服務，而不只是資料，並透過資訊技術運作，可以讓即時服務的收集、整理、交換、傳輸都變得非常簡單，及不受分散式系統各自使用不同機制而整合困難之限制。企業在做決策時，除了以上所提的兩個問題考量外，第三個問題就是資訊關聯認知，因為在各資源之間做整合時，就牽涉到彼此之間的語意認知是很模糊的，無法確認之間是否有關聯。例如：新產品每個零件都有其工程邏輯，若有某一零件其設計必須做修正時，會依照其工程邏輯而做修正，但對於客戶銷售行為是否有關聯影響，則會依當時不同使用者構面做主觀的認知，當然，這種不同角度構面和主觀認知就會影響到做決策的結果。故如何建構企業做決策時的多維角度觀點及關聯性，就變得非常重要。

8-3 AIoT-based 智慧認知 CRM 系統

AIoT-based 智慧認知 CRM 系統是部署深度學習模型和 AI 在 IoT 裝置執行 CRM 系統的智慧化認知行為，此 CRM 系統將和物聯網做人機協同工作。人機協同從根本上改變人類和系統的互動溝通方式，也是從事後補救解決問題，轉向預先避免問題發生的智慧決策，而這樣運作模式，正是 IBM 認知物聯網 (Cognitive IoT)，也就是「認知商業」。它可整合開源技術 Apache Spark，來發展更具資料存取速度效率與預測分析能力，如此一來，利用認知運算技術使得物聯網成為能思考的系統，其基礎就在於大數據海量資料和物聯網分析能力，這個大數據特性包括龐大數量 (volume)、種類多樣 (variety)、速度 (velocity)、價值 (value) 與真實性 (veracity)。而物聯網分析能力是指有別於傳統運算系統的具有感知與判斷能力，融入產業領域知識 (domain knowledge)，以加速、增強、擴展人類的專業知識。例如：Elemental Path 利用 IBM Watson 認知運算技術，開發了一款具有回答問題能力的 CogniToys 玩具。上述運作模式有賴於數據自動化的擷取、轉換程序，才有認知運算成效，其擷取、轉換程序包括感知 (sense)、觀察 (observe)、傾聽 (listen)、抓取 (crawl)、重新認可 (recognize)、識別 (identify)、重新配置 (reconfigure) 等，茲說明如下。

- **感知 (sense)**：透過傳感器擷取實體物品的物理性原始數據，而這些數據須有時間和其因應環境變化的內容，因為實體物品本身是在實體環境中運作，故其如何因應作業所需，就是感測的價值所在。
- **觀察 (observe)**：在傳感器感知擷取原始數據，從這些數據轉移到欲分析出和目標事件有關的認知，其中智慧過濾器是一種技術，它可進行基於過濾標準的系列觀察，以便識別出觀察重點。
- **傾聽 (listen)**：系統利用自然語言處理 (NLP)，在實體物品的互動溝通過程中，來自動處理和理解語言的不同技術。透過理解語言系統，可從經驗中學習到欲認知的目標。
- **抓取 (crawl)**：在上述實體擷取資料後，轉換成數位格式，並且和數位軟體所產生的資料結合，包括社交媒體，而這些資料有可能是半結構和非結構化格式，故須在這種數位格式文本內搜索和標記相關頁面，可結合文本分析 (text analytics) 或文本挖掘 (text mining) 來生成結構化數據，並提取結果解釋。

- **重新認可 (recognize)**：經過上述程序步驟後，其數據已處理轉換至接近目標需求階段，接下來是如何組織這些數據成為目標需求型式 (pattern)，而重新認可之步驟，就是從感知世界認識到作業行為的具體型式，以了解如何與作業需求進行有效溝通，作為後續分析模式的基礎所在，進而滿足人類感受需求。
- **識別 (identify)**：有了上述組織的行為型式後，接下來就是欲識別數據中的這些型式，是否能滿足目標需求。例如：型式變量和目標變量之間的屬性是否存在關聯，而這種關聯必須利用數據驗證，其為了驗證之用，須將數據分成訓練組和驗證組，使得運用識別方式來達成認知行為更加有效。
- **重新配置 (reconfigure)**：上述識別出型式後，經過實際運作，其結果和預期目標需求若不一致，則須重新調整配置其型式內容，包括特徵屬性和其索引值的重新篩選，如此重新配置可使得調整後型式更能滿足認知行為的分析需求。

經過上述自動化的擷取、轉換程序後，其數據和型式都建構完成，接下來就是進入交易行為。在 AIoT-based CRM 系統，是利用智慧物品互動來執行交易，故隨著智慧物品在認知行為中參與交易，這些連接智慧物品之間須建立誠信，其可由受信任的第三方平台見證，並結合智慧手機通訊的環境（包括無線天線、路由器、網絡交換機等），以實現 AIoT-based 智慧認知行為的競爭差異化。例如：智慧遠程監控解決方案功能，可追蹤資產物品使用數據，以便檢測異常情況，進而及早警報通知，以實現對機器或設備可能出現的異常可提早即時回應。以無人駕駛汽車為例，此汽車是智慧物品，可識別可能與汽車碰撞的移動物體，根據不斷變化的條件動態，判斷改變更換車道的時機。智慧城市中的停車計時器若和汽車連接起來，就可在遠程即時知道何處有車位，減少尋找車位時間。上述這些 AIoT-based 認知行為，都可融入 CRM 系統內，以創造先進的 CRM 功能，例如：情境行銷功能、智慧廣告功能等。

一、情境行銷和智慧廣告功能

情境行銷功能是來自於物聯網技術的使用下，在營業銷售場景內偵測位置數據，進而發展出認知行為情境，以達到 CRM 應用效果。例如：ShopAdvisor 為零售品牌提供移動購物應用方案，它可精確地確定目標顧客的位置，進而在多管道移動購物平台上，使零售商能夠向附近的目標客戶發送適合的優惠商品。電信提供商 Etisalat 利用傳感器來追蹤記錄用戶日常活動，並在用戶許可下，進而觀察用戶觀看媒體之偏好。智慧廣告功能可以追蹤位置數據，從中識別感興趣的客戶，並在適當的時候，適當地配置廣告，進而為目標客戶提供上下文行銷 (contextual marketing)，以便匹配需求和供應，如此可提高廣告收益率。另外，也可細緻地解析識別客戶身分，包括故意欺騙或身分盜竊的假冒，故如何利用客戶上下文背景訊息和行為數據源來消除此假冒，即是 KYC (know your customer) 應用的認知行為重點，這同時也是一種微細分行銷服務。

二、AIoT 智慧認知架構

智慧認知是整合物聯網、人工智慧、大數據、雲端邊緣運算等先進技術，來模擬人類智慧的行為模式。它是運用認知運算方式來創建智慧化行為，其 AIoT 智慧認知架構如圖 8-2，分成實體基礎層、物聯網層、網際網路層、大數據層、

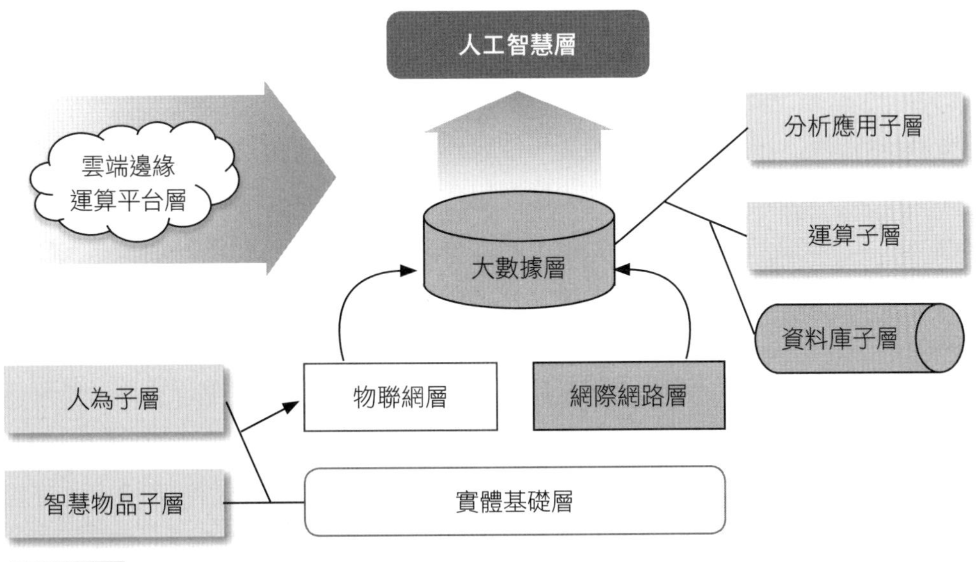

圖 8-2 AIoT 智慧認知架構

人工智慧層和雲端邊緣運算平台層。

首先，在實體基礎層，又可分成人為子層和智慧物品子層，前者是以人類實體為主來擷取資料，後者是以智慧物品實體為主，例如：穿戴式裝置、環境感測器、視訊監控系統、智慧家電等，它們利用感應、感測、感知技術來擷取實體數位或物理性資料。在感應上是指數位資料流通，例如：用悠遊卡感應捷運閘門進出狀況；而在感測是指利用感測技術（例如：RFID 感測晶片）來偵測其實體物理性資料，例如：用穿戴式裝置感測人的心跳數據，或是用 RFID 輪胎晶片來感測其胎壓數據；在「感知」是指利用感測結合實體圖形掃描技術來創建模擬人類感官的行為資料，例如：人類在面對突發事件的血壓變化。上述這些擷取數據就是透過物聯網層來創造第一次原生資料，並互相溝通傳輸，進而成為大數據層來源。但還會透過網際網路層來儲存虛擬數位資料，如此大數據層又可分成資料庫子層、運算子層、分析應用子層。在資料庫子層主要儲存呈現結構化和非結構化資料格式，它是儲存在雲端邊緣運算平台層；而在運算子層是指利用人工智慧機器學習演算法來運算出智慧認知行為，這時會連接人工智慧層，而在此「認知」是指模擬人類感知擷取反應在腦袋中的思考認知，例如：人類在經過人臉辨識後，當時的情緒反應認知，而這部分正是智慧認知運算的核心所在，但為了能立即執行如此複雜大量數據和演算法的效用，則須依賴強大的電腦運算能力，包括 GPU、TPU、記憶體運算，以及雲端邊緣運算平台等硬體技術；在分析應用子層，它包括呈現方式和思考邏輯，其主要分析呈現出人類智慧化思考邏輯，以往在分析呈現方式上，是以 OLAP 和虛擬視覺化呈現，而認知分析除了結合上述內容，也創造出虛實視覺化和人類智慧的分析應用，前者利用擴增實境技術，而後者是指預見、洞察、推理、模擬等智慧分析。最後，在分析應用上須結合產業領域知識，來創造先進智慧應用上的認知分析，例如：在大賣場行銷空氣濾淨器商品時，可在當地感測客戶過敏狀況的物理性數據，並結合此客戶過敏狀況歷史數位數據，以「過敏等級現況分析」人工智慧軟體，來運算此客戶使用此商品後的改善效果，這時可得出具有過敏和清淨器領域知識的分析，進而促使影響此客戶在人類思維決策上的邏輯思考，最後達到客戶購買此商品的營運目標，這才是真正的智慧認知運算分析精髓所在。

綜合上述，可知 AIoT 智慧認知是一種整合性的先進創新科技和管理的智慧營運，它可創造出需求價值的創新商業模式，目前很多大企業已提出相關的解決方案。例如：Azure IoT Edge 的 AI 工具組、Microsoft Azure AI 深度學習模型：

深度神經網路 (DNN)、卷積神經網路 (CNN) 和循環神經網路 (RNN/LSTM)、Visual Studio Code Tools for AI 編碼生產力工具、Azure 機器學習套件、免費開放原始碼的商業級工具 Azure Cognitive Toolkit。

以往 CRM 系統主要運用在程序作業和商業智慧 (BI) 上，而 BI 運作又可分成兩大部分，一是決策型可視化的彙總分析，例如：客戶 RFM 應用於樞紐分析表或 OLAP 分析；另一是人工智慧演算法分析，例如：客戶購買商品的關聯分析，或以決策樹分析客戶市場區隔分類等。而在後者勉強算是認知運算內容，但若以 AIoT 認知運算來看，則缺少物品自主和人腦思考這兩者的運作。所以未來 CRM 認知運算應用上，須有 AIoT 資料擷取和模擬思考認知運算這兩項先進科技功能。在 AIoT 資料擷取方面，可分成兩個運作，首先在物聯網的感應、感測技術上，針對實體物理性變化資料，進行創建、收集、整理、匯總、上傳、傳輸資料等功能，接著是人工智慧嵌入晶片所呈現的感知技術，其重點在於模擬人類感官經過腦袋思考所辨識的資料。這就是感知運算，但還不是真正的認知運算，其認知技術是從模擬人類腦袋思考為主來驅動認知運算，例如：情緒認知就是典型案例。在 CRM 認知應用功能上，可透過辨識臉部表情或肢體動作等感官行為所收集的資料，作為模擬人類腦袋情緒思考邏輯的人工智慧運算來源，進而分析此時此客戶的購買傾向，以掌握其想法來促發行銷的下一步方案，故整個認知運算包括感應、感測、感知、認知等一連串作業。在 CRM 認知運算中，須以 AIoT 環境平台運作，它和之前網際網路環境所運作的智慧型軟體不一樣，例如：商品輿論分析是指在網路社交網站收集資料後，進一步以人工智慧演算法來運算客戶對某商品的看法，並洞察客戶對商品喜好偏好狀況，以此來行銷適合的商品。

AIoT 智慧認知 CRM 系統就是一種虛實整合的資訊科技應用，它和傳統 CRM 在結構上不同，可說是一種破壞式創新的企業應用系統，因為其創建三種創新技術。首先，它利用物聯網感應、感測、感知技術，來產生傳遞實體物理性資料，以及在設定滿足某交易條件時，可自動化驅動一連串作業流程，故實體物品在 CRM 運作中就可掌握其狀態變化資料，更重要的是，不須由人為輸入資訊系統的冗長轉換功能，接著就是模擬人腦認知的運算分析機制，它是一種智慧化有機生命體的企業應用系統，就如同先前超級電腦自我學習因應圍棋比賽，雖然還是有所差異，但 CRM 軟體系統是具有人腦認知的智慧型應用系統。最後，它是以建置在一連串自主性追蹤，進而在策略決策分析上運作 CRM 的各項功能，而非如傳統 CRM 注重在人為操作執行、管理分析等層次上運作；也就是說，期望降低人為在資訊系統的涉入作業，因為人為作業無效率和失誤，都造成企業應用系統負面影響。因此，AIoT 智慧認知 CRM 系統是透過理解 (understand)、推論 (reason)、學習 (learn) 等人類認知行為歷程。人類認知行為識別是運用在特徵提取作業中，發展深度感知來自我學習其認知主體的行為，這些認知行為將融入智慧物件、系統與程序中，而這種認知行為是可從根本上來改變所有產業，例如：醫療保險作業。在保險業務程序中，可即時掃描識別法律理賠文件和圖像，和自動化擷取交叉引用的法律相關訊息，以及透過擴增實境技術，即時識別天氣數據、地理定位數據，以便進行個性化風險評估、自動化計算續保、個人保險計畫、防範措施和保費計算等，如此可達到即時智慧決策，和減少理賠所需的作業時間。另外，也可改變和強化客戶關係、提供行銷狀況、預先示警、預測客戶行為、自動分析銷售資訊和學習客戶經驗等。故從上述可知，認知運算是企業運用資料架構的自主學習新能力，可使電腦資訊系統如同專家般，得以「理解、推測、論證、互動、學習」人腦中的思考邏輯，而其思考基礎來自使用者身處環境中的資料，並且從不斷試圖錯誤失敗當中，和資料動態變化 (data in-motion) 之間的關聯性，進而自動發展適應性學習，而這正是 IBM 的江河運算 (stream computing)。

三、CRM 系統融入 AIoT 產業

透過 AI 與 IoT 兩者整合運用，可達到軟體和實體相輔相成的智慧型成效。也就是藉由 IoT 感測器收集大量的實體物理性資料，之後 AI 運算這些資料數據，產生出應用的附加價值，而這樣形成 AIoT 的架構，將會影響所有產業，故 AIoT CRM 須融入 AIoT 產業，例如：AIoT 產業包括車聯網產業、智慧交通、智慧零售、無人經濟、智慧製造、智慧醫療、穿戴裝置、智慧能源產業、智慧城市、家庭能源管理系統 (home energy management system, HEMS) 市場等，才能發揮出專注於個性化實踐行動，而不是實施一般化管理的智慧型 CRM 系統，智慧零售業店鋪的差異化服務，可形成 AIoT 的營運架構，它結合連鎖零售的 POS 和 Kiosk、數位看板、安全監控系統、人臉辨識等物聯網應用。此外，自動識別客戶合同運作狀況、洞察客戶真正意圖和映射客戶的旅程、推薦一個合適的產品等也是智慧型 CRM 功能。Think Automation 是以軟體機器人 software bots 根據 CRM 規則和條件，來監控與處理業務事件的一種業務自動化軟體平台，其可自動地更新 CRM 系統，而不需要人為作業。例如：監控到客戶的合同即將

到期，進而提醒建議客戶續約。CRM 可利用反向連接客戶 IP，以便自動地與客戶聯繫。CRM 系統融入 AIoT 產業的例子尚有 Apple HomeKit 居家監控；AIoT 視覺感測器收集數據，以輔助檢測產品的良率；訊連科技發展出以深度類神經網路學習演算法作為 AI 人臉辨識引擎 FaceMe；遠傳電信發展出以窄帶物聯網 (Narrowband-Internet of things narrowband-Internet of things, NB-IoT) 為技術的全球資產即時監控追蹤應用系統，它利用 GPRS 技術雙模設備、GPS 定位追蹤、雲端平台系統、NB-IoT平台等技術，達成全球漫遊、網路覆蓋率與設備電池續航力等效用。

四、認知流程自動化

認知流程自動化是將 AIoT 與軟硬體自動化結合，和以往電腦桌面自動化所強調的以人工錄製巨集或螢幕擷取是不一樣的，它將人工智慧的記憶、學習和推理能力融入機器人流程自動化 (robotic process automation) 的虛實整合和現實物理整合，以便提高優化新智慧的流程生產力與效率。例如：訂購旅遊最適切的個人化機票，而不需要人為資訊化不斷無效率的查詢各家航空公司與行程安排；以交通運輸規劃行徑來避開塞車路段的最佳化路線；以往須花費大量時間，以人工利用資訊系統來審核對帳的繁複支票付款流程，在認知流程自動化運作下，不需要人為資訊化作業，就能完成支票付款流程，如此便能準時付款給供應商，減少處理時間成本和降低錯誤率。而為了讓 AIoT 融合與演化能更加實踐，未來 5G 技術、edge 技術和量子電腦等來臨，對於 AIoT 時代將有推波助瀾之效，例如：IBM 在 CES 2018 中，推出比一般電腦更高的運算效率之量子位元 (qubit) 的新一代量子電腦，這對於認知流程自動化的人工智慧運算是更加快速。研究機構 Gartner 預測在 2022 年，AI 相關商業價值估計將達到 3.9 兆美元。而在 2020 年會發展出 204 億個 IoT 設備數量。目前產業有推出消費性產品市場運用認知功能的 AIoT 方案，並整合認知技術和現有企業應用系統，如 Amazon Echo、Google Home 及 Microsoft Cortana 等，其中 Amazon Echo 語音辨識認知科技功能應用於財務報表的快速詢問，如此就不必費時透過儀表板 (dashboard) 查看財務試算狀態。

案例研讀

問題解決創新方案→以上述案例為基礎

問題診斷

主題構面：如何從企業資源規劃來探討主管在決策支援系統的價值功能？

問題 1. 從主管作業流程思考主管決策行為。
問題 2. 主管在決策支援系統運作下的價值。

創新解決方案

通路營運和作業流程結合

面對消費者的市場需求，該公司欲掌握整個消費者的通路，從經銷代理到加盟店面，如何能快速增加公司的營業規模。而為了達到市場上的營業規模，其通路流程再造就是非常關鍵的因素。

下單出貨和售後服務的整合

陳顧問舉了上述的公司例子，他認為 ERP 系統功能，應該具有通路營運的作業功能，最主要是結合訂單功能，包含詢報價、電子下單和出貨功能，包含出貨訂單沖銷、出貨狀況查詢等，以及售後服務，包含產品維修、維修進度、客訴等。而這整個功能，會改變公司作業流程。

員工的管理思維改變。就張經理使用者而言，隨著 ERP 系統功能的規劃導入，不僅影響新功能使用，也深入日常生活工作方法。他聽完該公司個案後，認為這樣的營運作業可應用到自己公司內，惟這些作業流程改造，對於員工使用者的管理思維也造成衝擊，例如：從維修服務作為買賣銷售的行銷手法。

管理意涵

在企業流程再造的要求下，主管資訊系統之資訊如何以彈性化的技術，快速設計符合其流程再造的功能，例如：跨多個據點的庫存掌握，就必須以彈性據點和庫存型態設定，才能因應買賣流程的變化，這是主管資訊系統的功能定位，從此定位來發展企業流程再造。

個案問題探討

請探討主管資訊系統呈現了什麼認知運算內容？

實務專欄（讓學員了解業界實務現況）

企業導入 AIoT 認知科技的實務考量

當人工智慧和物聯網的時代來臨時，其資訊系統的認知應用，已開始融入各企業的營運，故對於企業的內部流程和員工技能，也造成結構化的改變，目前仍在混沌應用階段，其實施績效仍待觀察和觀望。因此，未來若欲有競爭力，須先建立一個認知科技融入企業環境和文化，以及員工技能轉型培訓、執行企業流程再造計畫，如此才可望將企業營運轉型成智慧營運管理。

習題

1. 何謂企業決策主管資訊系統？
2. 請說明 AIoT 智慧認知架構和應用例子。

AIoT CRM 功能

「在數位程式化思緒中，企業營運模式能產生無限可能性。」

學習目標

1. 智慧作業演算法應用於決策和營運管理解決方案
2. 說明數據挖掘／流程挖掘的發展程序和架構
3. 探討反欺詐的系統功能
4. 說明客戶流失分析運作步驟
5. 探討問題結合個案的人才挖掘
6. 探討產品推薦使用機器學習演算法
7. 探討隨選決策系統的意義

案例情景故事

服務導向對於企業資訊系統的衝擊

該公司的資訊化歷程與成敗經驗說明如下：

1. 目前有會計管理系統、客戶基本管理系統（Windows 單機版），有少數幾台 PC，有一個 hub 連接小區域網路，沒有企業網站和企業 Internet 網路設施及管理。
2. 沒有一個資訊科技策略夥伴。
3. 目前個人電腦應用僅在 Word、Excel 試算，沒有辦公室自動化作業。
4. 客戶服務、業務推展仍沒有 Web 化的線上服務機制。
5. 沒有 Internet 網路運作、設施、管理。

該公司對現行系統的評價與期待說明如下：希望能改善現行的問題，但在執行階段須考慮由小而大、循序漸進運作，並且簡單化、有效果，然後從最急的問題先解決，除了考慮執行狀況外，規劃的整體性也須一併考慮，否則，因應新的變化或功能增加將無法獲得完整性，甚至無法建置，至於在結果上期待成本降低、效率提升、營收增加。該公司的主要使用者對現行系統的使用經驗說明如下：對於共同性部門文件或訊息的製作、告知、回覆等作業，無法有連貫性、一致性、時效性，往往各做各的，造成很多問題困擾。客戶基本管理資料無法共同分享，並且資料產生往往重複輸入。硬體基礎網路環境沒有完整建置，使得檔案文件儲存、工作者彼此之間溝通、硬體設施分享等，都無法有效運用。

企業案例背景

YY 留學公司主要是以國內學子欲前往國外（例如：美國、英國等）留學深造而提供留學服務，它包含代辦申請學校手續、文件準備、補習英文、出版留學英文相關書籍等產品。依照產品服務內容，該留學公司將組織分成代辦部、補習部、出版部、管理部四個部門，並有工讀生和約聘外籍老師。其經營方式是有一個共同櫃檯作為客戶諮詢、洽辦窗口場所，業務推廣則運用 DM、口碑、地利方式，至於各部門運作是以目標導向，但整體而言，並沒有真正運用資訊科技的整合。隨著知識經濟時代來臨，企業需要新的因應之道，而目前該留學公司所面對的問題方向也是如此，它包含新競爭者進入威脅、留學產業生態變遷、營運作業服務模式等三大項，而從這三大項會引導出很多小問題，例如：人工作業成效低、如何業務推展等。目前該留學公司並沒有運用知識管理結合資訊科技策略來架構企業經營，進而提升績效，最重要的是，將 IT (information technology) 融入企業工作型態，每日的運作和稽核評估都運用 IT 來落實。

1. 如何發展資訊化歷程與克服成敗關鍵能力？
2. 企業營運如何面對資訊科技的挑戰？
3. 資訊系統功能如何從自動化到人工智慧化？

前言

企業競爭已經從知識營運轉向智慧營運，而 AIoT 營運模式就是一種企業營運，它的重點是以事先預防的決策策略層次，來取代管理分析和作業執行的營運，以達到營運目標和目的。而智慧作業演算法方案是扮演企業在 AIoT 數位轉型的關鍵科技，由此發展出各種智慧營運作業：數據挖掘／流程挖掘／檢測欺詐／客戶流失分析／人力資源深度媒合／產品推薦／隨選決策系統／客戶分類／KYC 等方案。

閱讀地圖（以地圖方式來引導學員系統性閱讀）

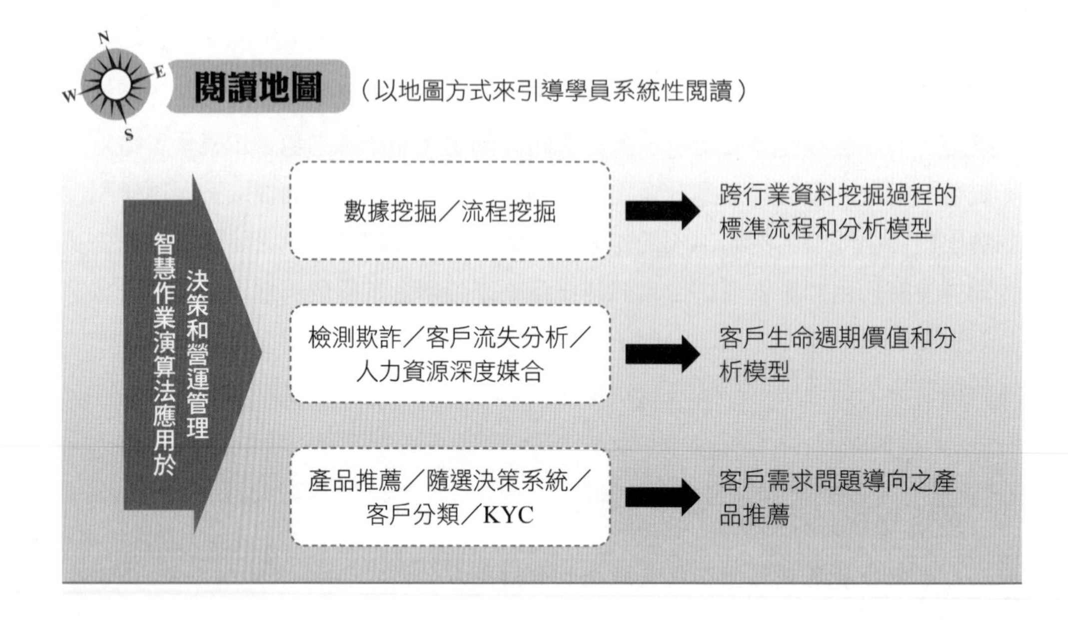

9-1 數據挖掘／流程挖掘

在現今物聯網、金融科技、人工智慧、大數據、雲端運算等資訊科技衝擊下，企業競爭已經從知識營運轉向智慧營運。也就是人工智慧企業應用資訊系統，它是將智慧作業演算法應用於決策和營運管理，包括精準行銷、智慧客服、交易與理財諮詢 (robot advisor)、人工智慧分析能力的人力資源服務、人工智慧追蹤會計服務等。企業的競爭優勢不再只能依靠營運作業層面和管理分析層面，必須更提升到自主性決策分析層面。智慧作業演算法於企業經營猶如血濃於水般的鬆緊，一旦商品標價的資訊處理錯誤，會造成公司營業額大失血，緊密如企業攻城掠地之作戰策略，須依賴智慧作業演算法神來一筆的實踐。其智慧作業演算法應用於決策和營運管理解決方案，如圖 9-1，也就是 AIoT 企業營運模式，包括企業決策模式、決策資料管理、Weka 機器學習軟體、演算法應用設計、教育訓練等（思海特科技公司提供智慧作業演算法應用於決策和營運管理顧問輔導服務）。企業營運流程可應用資訊科技化系統來提升經營績效，並轉型成資訊科技化企業。資訊科技化企業是指經營流程皆以智慧系統作為其營運平台，將整個流程活動轉換為自主性的智慧系統功能，以期提升企業經營績效和競爭力；企業更可利用資訊科技化來創造新商業模式。企業資訊科技化顧問輔導服務方案步驟如下：

1. 診斷：現況問題分析，資訊化診斷規劃書。
2. 策略：企業藍圖與營運模式、解決方案供應商選擇、科技策略三構面，精實企業流程再造。
3. 設計：架構規劃設計，系統產品的評估和選擇，系統的需求和系統分析。
4. 輔導：資訊軟體系統的建構，系統導入方法論。
5. 建置：導入專案管理。
6. 教育訓練：流程訓練、功能訓練、經營訓練。

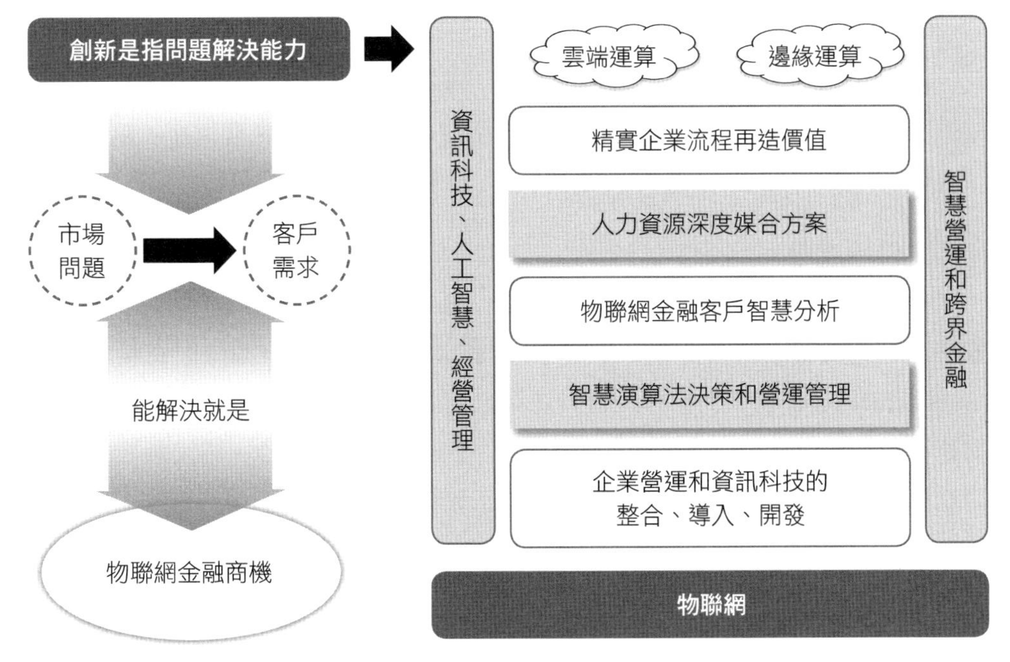

圖 9-1 智慧作業演算法應用於決策和營運管理解決方案

在 AIoT 企業營運，是透過事先預防的決策策略層次營運，來達到營運目標和目的，故以往透過管理分析和作業執行的運作，則可部分、全部省略或被取代。若是被取代的話，就是用軟體人工智慧化、自動化自主性的取代執行，如此可避免事後補救或冗餘作業的人力時間成本，這就是智慧營運的優勢競爭力。例如：有一位業務員欲推銷商品給客戶，故在可能成交名單中做業務拜訪的作業執行，並透過資訊匯總掌握客戶行為的管理分析，最後，終於發現其中一位顧客是目標客戶。上述是傳統做法，即使有用到 CRM 資訊系統，但在作業執行和管理分析層次上的運作，若以 AIoT RPA 來運作，就不須此業務員人為運作，也就是可以機器人流程自動化 (robotic process automation, RPA) 取代之，此時，直接得知目標客戶。因此，在 AIoT 技術應用下，可洞察出真正成交客戶，進而發展策略和其行動方案，來促成下單績效的完成。例如：Google Cloud AI 提出解決方案自動分類圖片和影片，故現代化企業應朝向 AI 企業來發展，其可展開企業圖譜來運作智慧作業的分析。從上述說明可知，智慧作業演算法方案是企業在數位轉型的關鍵科技，本章將介紹數據挖掘、流程挖掘檢測欺詐、客戶流失分析、人力資源深度媒合、產品推薦、隨選決策系統、客戶分類、評分、KYC 等方案。

一、數據挖掘

數據挖掘是指從資料統計匯總至資訊，再從資訊轉化挖掘至知識，最後從知識學習洞察至智慧。而為了得到好的資料品質，必須做資料處理程序，包括資料預處理、準備、模式、篩選、訓練、發展、分析等，茲說明如下。

(一) 資料預處理

也就是 ETL (extraction transformation load)，它可提高數據挖掘的準確度和效率，包括三個不同的步驟：萃取 (Extraction)：由資料來源讀取資料；轉換 (transformation)：將資料轉換成適合決策分析的型態；匯入 (load)：將合適型態的資料匯入資料倉儲系統平台。ETL 預處理也針對噪聲數據、錯誤數據（運用刪除錯誤方式）、缺失數據（運用數據補正和數據預測方式）進行數據處理。

(二) 準備

針對預處理好的資料，進行後續欲挖掘作業做資料區隔和視覺化。在資料區隔上，以數據挖掘目的分類出各種不同主題的區隔，此區隔可滿足挖掘需求過程中的效率和專注。在資料視覺化，則是為了達到決策層次面貌的直覺化認知，以利協助數據挖掘程序能快速了解資訊階段對客戶需求的成果呈現，進而做出決策上的行動方案。

(三) 模式

在資料區隔和視覺化的基礎上，透過機器學習演算法來建構在數據挖掘目的上的知識模式 (pattern, model)。此模式是客戶實體上需求所轉化的數位化模式，有利於數據挖掘在此模式內做模擬分析，以及進一步推理預測出客戶需求，這就是挖掘的精髓。

(四) 篩選

當模式建構完成後，接著如何在新的資料產生時，可推理預測出新的模式案例，也就是客戶需求，這時須做模式篩選，它的重點在於資料屬性選定和判斷，以及資料驗證和篩選。其資料屬性是客戶需求的特徵，從此特徵處理運作，是欲深度精準了解得知客戶的真正需求，故如何選定和判斷則成為挖掘需求的關鍵依據，之後做驗證新資料的適切性，進而篩選出正確的新資料。

(五) 訓練

為了確保此模式可推理預測出新的模式案例，可透過訓練資料作業，來測試此模式的品質。一般會先依據資料屬性，來收集訓練用的相關資料，和設定相關商業規則，以及需求目的結果答案，之後將此資料匯入至此模式，並運算和得知其結果內容，再將此內容和之前設定的答案做比較驗證，以了解確認此模式的合理性。若有不符合，則修正模式結構，如此經過多次訓練，以期得到正確的模式。

(六) 發展

一旦模式訓練完畢後，就必須發展出正式應用的模式平台，它的重點在於部署、建置、啟動等三個運作。在部署活動上，包括硬體組態設定、軟體安裝傳遞、環境變數調整等作業，其目的就是要確保機器學習模式能正常運作。在建置活動上，是欲在模式軟體相關資源動態分配下，建置應用程式和資料庫的發布，其中會運用軟體重構方式，來擴展改善模式軟體的功能。在啟動活動上，是指在部署和建置完成後，告知相關使用者欲發展使用此模式的步驟程序和操作方式等，並開始準備產業應用的資料數據和欲達成之目標等內容，如此就可正式開始使用此模式。

(七) 分析

在機器學習模式的企業應用上，主要在於以分析程序的方式來達成應用目的。模式應用可展開成分析前、分析中、分析後等三階段，在分析前，是指先整理以下內容：各種模式演算法指定、模式運算路徑設定、各種不同情境案例推演等，其重點在於了解確定分析的應用目的。而在分析中，是指已開始使用此模式，此時在過程中會去監看目前分析狀況和進度，並利用模擬方式來理解在不同模式演算和情境案例下，其運算出的結果，並依結果目標值做出適當回應修正模式的變數設定，進而再次分析結果的合理性。而在分析後階段，是指有了運算結果後，針對產業應用需求，來探討企業在此匯入資料數據的營運現況下，如何洞察對企業營運之影響，以及推理未來應用結果，例如：利用客戶消費行為分析來篩選出目標客戶、客戶流失分析可協助理解潛在客戶購買的增減趨勢。

綜合上述，其在資訊科技上數據挖掘的前後流程如下：資料屬性選取 (feature selection)、目標資料 (target data)、前置處理 (data processes)、前置處理後資料 (cleaned data)、轉換處理後資料 (transformed data)、規則／型式 (rules/patterns)、資料轉換 (data transform)、資料庫／資料倉儲 (database/data warehouse)、資料挖掘 (data mining)、知識 (knowledge)、結果評估 (evaluation)。

CRISP-DM (cross-industry standard process for data mining) 為一個開放的跨行業資料挖掘過程之標準流程和分析模型，包括業務理解（business understanding，確定目標並建構業務問題／收集有關資源、約束、假設、風險等之訊息／準備分析目標／流程圖）、數據理解（data understanding，數據，描述和探索數據）、數據準備〔data preparation，異常值處理 (outlier treatment)、標準化或數據擴展 (standardization or scaling of the data)、特徵工程 (feature engineering)、維度降低 (dimensionality reduction)〕、建模〔modeling，演算法 (algorithm)〕、評估（evaluation，選擇完全取決於評估標準、最終模型所需結果、業務需求和使用的模型算法）、部署（deployment，測試及驗證數據上的創建和評估）等六個步驟。

二、流程挖掘

流程挖掘是一種從事件日誌中提取訊息內的商業潛能，在此日誌文件可用 XML (Extensible Markup Language) 標籤 (tag) 來描述其內容元素和對應其屬性，並在發現流程的實際運作順序後，立即了解各種流程執行情況過程，進行即時評估與優化，包括分析流程內日誌數據、找出流程中的瓶頸和分析影響瓶頸的因素，並進而系統化改善或重新設計流程以及組織和相關設施，以期預測流程問題（延遲、偏差、風險等），透過流程透明度而獲得流程運作的最佳化，以及自動化業務流程可視化，故它的功能包括業務活動監控、業務流程管理、業務流程智慧三大模組。在併發性事件多和日誌數量大的情況下，在此事件是指一個在某時間戳記的過程動作，其流程挖掘中可利用 KPI (key performance index) 來發現流程變異，尤其在長時間且重複循環的作業干預下（例如：spot process 現場流程），更會造成流程無效率和無價值的影響。因此如何以 KPI 來確定流程執行中的正確 SOP 標準路徑，對於流程營運績效而言是關鍵的。所以，可從 KPI 的經營維度來對流程性能進行優化分析和基準測試，並比較實際流程與經過流程挖掘後重新設計流程的差異，進而發現不符合和不一致性的問題，包括：過濾數據、流程一致性檢查等問題方案，以便改善流程，最後重現創新業務流程模型。流程挖掘的效益是可減少流程處理、降低流程管理成本、縮減流程時間和提高工作效率。基於流程挖掘的分析模型有 ProM 框架，它以插件的形式，在各企業應用系統上實現，目前有關流程挖掘的組織有 ARIS、ProM Tools 與 Process Mining。流程挖掘在目前人工智慧時代，可實現一站式客戶管理服務各種業務管道的運作。例如：以時間序列的流程挖掘來預測客戶未來的行為偏好、以 Apriori 演算法在服務流程日誌中挖掘出關聯規則。目前已有新創獨角獸公司，如德國 Celonis 公司提供分析多變化業務流程的流程挖掘方案，其從採購、物流、生產、訂單處理到客戶交付的業務流程，執行數據挖掘和流程挖掘之整合，如圖 9-2；也就是從流程日常記錄中提取數據，並執行數據挖掘，來發現關鍵流程因素，進而及早洞察業務流程活動之間的關係和未來變化情況。以目標為導向的流程挖掘，可發展出業務流程智慧 (business process intelligence)，它可追蹤事件日誌中數據識別並發現流程挖掘，發現流程挖掘的主要目標，是欲發現建構新模型，例如：社交網絡模型、決策規則模型、判別規則模型、用戶行為模型和風險行為模型，RiskMethods 提供供應鏈端到端風險的管理服務解決方案。

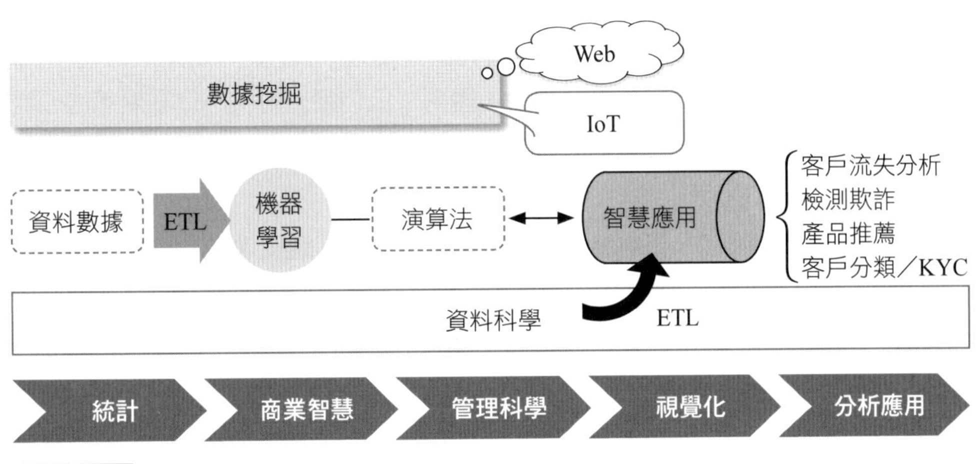

圖 9-2 數據挖掘和流程挖掘架構

9-2 檢測欺詐／客戶流失分析

一、檢測欺詐

在蓬勃發展的數位銀行、金融科技與社交商業等模式正如火如荼地進行時，其金融服務、電商平台和社交平台都已融入人類消費生活和企業營運型態中，但也因為如此，造成了許多欺詐行為，其欺詐行為會使得經濟和信譽損失。欺詐行為可分成第一方欺詐和第三方欺詐，根據 Uslegal 定義：「第一方欺詐是指個人或團體透過開設無意還款帳戶，而在自己帳戶上實施的欺詐行為。第一方欺詐包括預付款欺詐、破產欺詐、友善欺詐、應用程式欺詐和睡眠欺詐。」「在第三方欺詐中，欺詐行為人使用另一人的識別訊息。」故反欺詐的系統功能就應運而生，反欺詐是指在保險索賠、納稅申報、信用卡、網路購買等商業行為上，進行偵測識別可能有欺詐行為的一項資訊系統應用服務，它是植基在大量基礎交易上，以人工智慧自主學習演算技術檢測欺詐行為及區分欺詐型態的智慧型功能，它利用不須標籤 (label) 的監督學習 (supervised learning)，運用無監督學習 (unsupervised learning)、無監督機器學習 (UML) 引擎能夠學習偵測欺詐交易，在不需要欺詐性交易的樣本下，因應它面對多個欺詐問題。這些問題須以分類方式來因應不同欺詐型態，以區分出集中度高的組別，動態檢測識別誤報狀況，同時克服噪音 (noise) 和異常點 (anomaly) 的資料處理，進而提出相對的解決方案。在欺詐型態上，以概率方式來解釋決策欺詐的可能性，並重新組合學習未經分類數據的欺詐型態。在不同行業會有不同欺詐型態，故除了以人工智慧運算、規則模式 (rule-based) 引擎外，此規則模式是可在監督學習算法來識別推斷規則：使用 If（滿足特定條件）和 Then（適當類別）規則，但仍須有對某一行業熟悉的領域專家 (domain experts)，此專家可驗證人工智慧運算的預測，進而即時提供反饋和調整反欺詐運算模型。

某種形式的欺詐每年都在增加，可能從信用額度、透支保護、貸款金額等內容，其內容定位欺詐的來源：交易量異常、無還款意願、短時間內多筆申請、內部欺詐、多重申請、多重借貸、違約等，這些欺詐來源會發生在小額信貸交易、司法判決、社會欺詐等商業行為上，故反欺詐資訊系統應用服務可防範金融風險，發現隱藏的威脅，從互相傳達潛在的欺詐行為標識潛在問題，進而檢測數據分析錯誤或缺失數據，並執行數據糾正和清除非完整數據等數據驗證作業，以發現異常、追溯異常起源，如此就無縫地整合來自多個數據源的數據。其所運用方法有身分反欺詐、履約風險檢測、借款人深度分析、交叉對比、智慧關聯等數據挖掘。反欺詐在數據運作的主要步驟如下：數據採集、數據準備、數據分析、報告和結果解譯，它期望從數據格式及屬性結構挖掘出欺詐模式識別。欺詐模式識別是以制定決策模型和建立欺詐案例管理（比較此事件與典型行為）、風險黑名單資料庫等管理方式來即時偵測欺詐風險資訊、減少欺詐和經濟損失、欺詐活動風險，以及減少誤報、計算時間過長、欺詐概率、攻擊目標等指標。反欺詐作業目前發展出更廣泛的應用方向：(1) 在其利用 AIoT 科技的應用上：如身分一致性檢驗利用驗證客戶身分證晶片、人面識別等科技，個體欺詐檢測可利用動態圖形來檢查數據的完整性、準確性、許可、信用度等，將 AIoT 科技嵌入社會網絡分析，來預測數據挖掘技術，並加入全文搜尋引擎軟體，利用反向索引更快速偵測欺詐行為，如 DataVisor 推出「DCube」AI 賦能企業反欺詐的軟體系統。(2) 在利用協定的應用上：如 GBG DecTech 簽訂申請欺詐偵測方案 (instinct application fraud detection solution) 協定，來實現快速比對借款人間的信用資訊。(3) 在利用嵌入於業務流程管理的應用上：也就是結合業務流程管理的檢測欺詐，如 TIBCO Spotfire Analyst 在 TIBCO ActiveMatrix BPM 中，創建發出警報來調查潛在的欺詐行為，它在業務交易過程中萃取不規則特徵來進行即時檢測欺詐模式。此萃取 (extraction) 是指在大量單據（包括護照、保險文件、當前貸款、駕駛執照等）中，於看似無關的數據當中分辨出有用的資訊，發現業務流程數據內的可疑異常行為，如時間的推移增加循環信貸額度。另外，Arcade Analytics 以 Graph Widget 儀表板工具，來發現欺詐行為的可視化數據結果。

二、客戶流失分析

從業務問題來重新定義需求，以及從多元的客戶資料收集反映消費行為的變動，不斷嘗試發展需求分析的過程和分析客戶流失的原因，進而建構客戶流失分析模式。此模式功能包括自動匹配、規則定義、評估反饋的作業，它透過分析流失客戶特徵，來預測客戶流失的概率，並根據此概率來重新盤點客戶，尋找新的客戶定位和提出挽留客戶活動，並考慮須花費多少挽留成本及所得到的挽留收益評估。而評估指標可使用客戶生命週期價值 (customer life value, CLV)、客戶獲利分析 (customer profitability, CP)。CP 是衡量客戶過去的表現，CLV 則是預期客戶可能帶來的未來價值之淨現值，從這些評估轉換成預期利潤，進而有效地分配行銷預算至目標客群，並設計客戶之需求個性化的行銷策略。

客戶流失分析運作步驟簡介如下：(1)主題目標：主題細分客戶群流失客戶的特徵及流失程度；(2) 數據選擇：有價值的數據變化情況；(3) 分析數據：收集流失客戶數據，並就預測方式來發展建模樣本和測試樣本；(4) 模型建立：業務專家反覆更換最合適的模型；(5) 模型的評估與檢驗：棄真錯誤、存偽錯誤；(6) 應用模型：支出愈少欠費頻率愈高的客戶。

在 Azure Machine Learning Studio 中，透過特徵選擇和模型化來實作客戶流失模型，其中客戶流失預警模型是很重要的，若模型無法產生有效性，則會喪失預警意義。客戶流失預警預測模型可用多個指標加權評分，其指標變量可選取流失客戶特徵，而在選擇和準備資料上，為了提高準確性和避免過度訓練，其中過度抽樣會導致模型失效，故運用 ETL 分析、訓練數據建立模型、用測試數據驗證模型、資料分類等方式來因應。而資料分類是運用在模型建立前，以增加模型的準確性，其中曲線下面積 (AUC) 是一種分類誤判率度量，故 AUC 是一種評估分類器表現的普遍工具。而在模型化它可利用機器學習演算法、邏輯式迴歸 (LR)、推進式決策樹 (BT)、平均感知器 (AP)、支援向量機器 (SVM)、決策樹算法來建立模型，以分群的方法找到用戶流失特徵指標，例如：顧客流失率、顧客流失數量和服務顧客數量比例、相對顧客流失率、絕對顧客流失率、營收計算流失率，這些指標可透過進行流失傾向的評分，來了解客戶流失傾向的認定，進而發現挽留機會來制定策略。此策略是以高價值客戶為挽留對象，而非高流失傾向比例。顧客流失分析模式會因欲發展主題角度不同，而有不同種類的分析方式，包括用戶主動型流失分析、被動型流失分析、垂直型流失分析、滿意型流失分析、計畫型流失分析、集群型流失分析等。

以客戶智慧 (customer intelligence) 為基礎的客戶流失分析，在人工智慧演算法可發展人工智慧的應用，例如：客戶行為偏好分析、潛在流失客戶分析、顧客流失分群，其演算法包括時間序列分析側重於數據在時間先後上的因果關係、關聯分析中的平行關係分析、分類與預測分析是判斷分類的新觀測值或者預測未來數據的趨勢、人工神經網路學習客戶流失趨勢。茲以顧客流失分群模式說明如下：以顧客流失分群進行實施挽留行動，因為不同消費群之間，客戶流失的問題也不同，其分群技術作業步驟包括 (1) 收集客戶反饋資料；(2) 客戶行為和客戶價值做分群基礎；(3) 以考慮利潤函數風險容忍度來執行分群運算等。其中客戶資料主要包括客戶基礎資料、客戶認知行為、客戶消費行為等三種，它是利用數據關係的一種探索過程，係可利用介入程度因素（例如：實體客戶活動、支援客戶作業等因素），來探討影響客戶流失機率和客戶流失問題的巨量資料做法，此方式是顧客流失正確性比準確度更重要，因為此分群期望增加新顧客比留住舊顧客來得迫切，進而發展成目標型的積極客戶行銷活動。

9-3 人力資源深度媒合／產品推薦／隨選決策系統

一、人力資源深度媒合 (HR deep match program, HRDM program)

在知識經濟時代，核心競爭要素是「知識」，因此，在現今產業板塊內，企業必須以「知識」為其公司核心能耐。然而，知識為其核心能耐，並不是指知識工作者，因為，在農業、工業時代就有知識工作者，所以，知識應用在每位員工技能上，才是真正競爭要素。每位員工都應成為知識性人才，這和員工本身專業知識技能是截然不同，它是指如何運用知識技能來輔助企業經營，任何職能等級和知識層級都不是運用知識好壞的藉口，知識性人才強調的是，每位員工如何應用知識，以及建構知識管理的環境。所以，每位員工都應具備知識性人才的能力。

現今企業所需人才除了本身職能專業功能之外，仍要具備基礎的核心能力，也就是英語（其他語文）和電腦資訊應用這兩大能力。若再以知識經濟時代考量，資訊化人才也是一種能力。什麼是資訊化人才？資訊化人才並不是指具有資訊管理專業術科的功能人才，而是指每一個員工在此高度資訊化產業環境下，須具有資訊應用的能力。因此，資訊化人才特別強調在企業營運作業中，如何利用資訊科技應用於經營績效的提升。這是每一位員工所須具備的觀念和技能，它是超越任何員工本身專業職能之外，因此，每位員工都須具備資訊化應用能力，而成為資訊化人才，如圖 9-3。

創新就是指問題解決的能力，在現今產業板塊快速變遷下，唯有創新才是王道。但創新要如何在企業營運過程中運作和落實呢？這就須融入企業日常營運所發生的情境實例。此情境實例就是潛在反應出企業營運績效的未來可能走向，和可能發生問題的所在，這些是會影響到日後企業營運績效和作為經營管理再造的契機。所以，企業日常情境實例所呈現的是問題，並且此問題的呈現風貌是以白話文故事方式來發展。因此，唯有以情境故事結合問題導向的個案分析，才能落實創新能力的發展，這正是企業營運所需要的人才。而 PSIS 就是結合情境故事和問題導向的個案分析之創新方法論。PSIS 是融合以往個案分析技巧，再加上有別於以往個案從日常細節的白話文情境故事和問題診斷剖析。

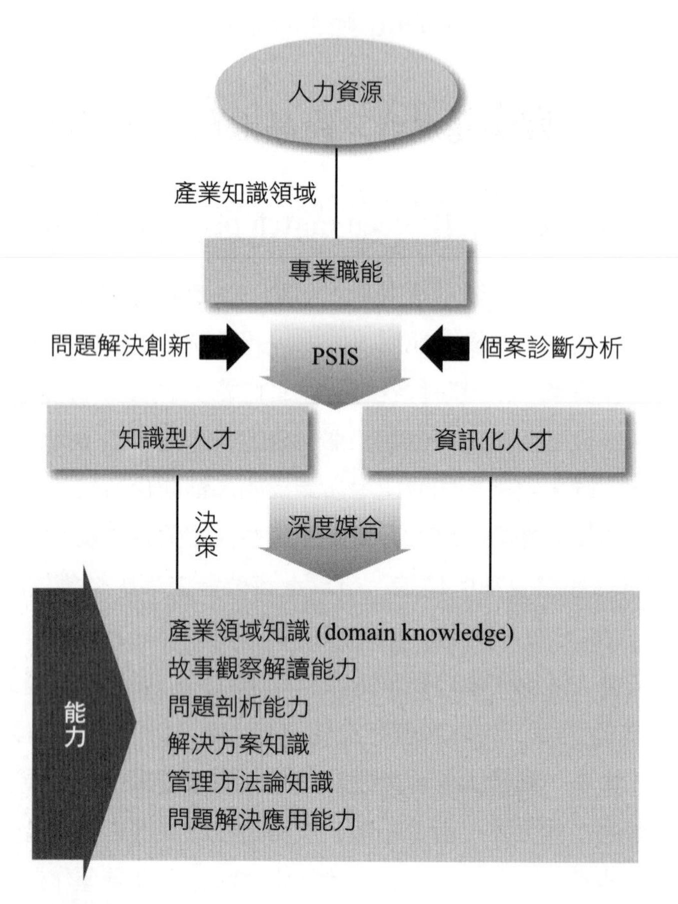

圖 9-3 人力資源深度媒合

問題結合個案的管理知識和以往個案不同處，如圖 9-4。

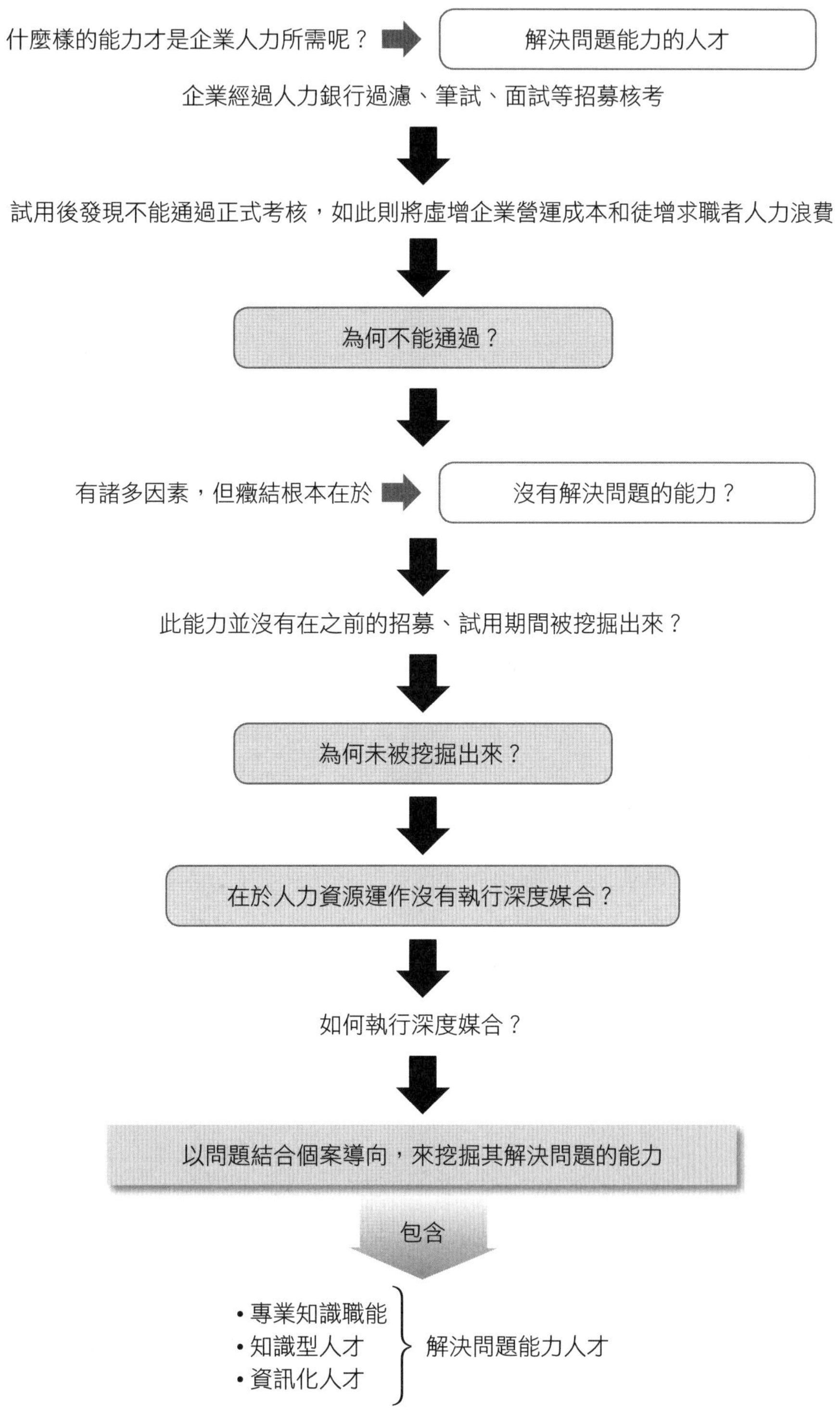

什麼樣的能力才是企業人力所需呢？  解決問題能力的人才

企業經過人力銀行過濾、筆試、面試等招募核考

試用後發現不能通過正式考核，如此則將虛增企業營運成本和徒增求職者人力浪費

為何不能通過？

有諸多因素，但癥結根本在於  沒有解決問題的能力？

此能力並沒有在之前的招募、試用期間被挖掘出來？

為何未被挖掘出來？

在於人力資源運作沒有執行深度媒合？

如何執行深度媒合？

以問題結合個案導向，來挖掘其解決問題的能力

包含

- 專業知識職能
- 知識型人才
- 資訊化人才

} 解決問題能力人才

圖 9-4 問題結合個案的人才挖掘

1. 融入具體、細節、白話、企業營運或個人生活周遭故事、範圍聚焦、情境事件手法等特性。以往個案分析：範圍太大（包山包海）、太多專業術語、探討議題太過廣泛而不甚清楚細節，須先有個案的產業經驗，個案描述偏重公司整個發展、太多專業名詞一語帶過。
2. 以循序漸進、深入淺出、結構陳述等層次來鋪陳整個問題個案的進行。以往個案分析：整個個案描述就占了 1/3，接下來 2/3 是解決方案，很難讓一般學員可自學。
3. 以不同主題構面和問題挖掘導向來引導學員研讀。以往個案分析：少許有提及問題的部分引導，但並沒有全然以問題導向來診斷，而且也沒有從不同主題構面來剖析。

二、產品推薦

使用機器學習演算法，例如：協同過濾、案例式推理等，運算客戶購買履歷的行為資料和基礎資料，以達成客製化預測客戶可能喜好之產品，並進一步推薦給客戶，以期有效且即時媒合供需。其數據擷取來源可分成外顯偏好和內顯偏好，外顯 (explicit) 偏好，例如：電影的評論分數；內顯 (implicit) 偏好，例如：購買記錄、停留網站時間、網頁記錄、點擊次數、頁面瀏覽量等。它的演算法方向可分成：基於關聯規則的推薦演算法 (association rule-based recommendation)、基於內容的推薦演算法 (content-based recommendation) 、協同過濾推薦演算法 (collaborative filtering recommendation) 三種。常用演算方案有 User Tags、model-based collaborative filtering、KNN and approximate KNN search、random forest、greedy algorithm、rule-based classification。

協同過濾（collaborative filtering，也稱為群體智慧）是以使用者群體的興趣偏好，來比較及過濾相似偏好，客戶的互動和反饋，以預測目標者的偏好，進而推薦此偏好產品給此目標者。基於項目 (Item-based) 的協同過濾，也是一種模型演算法 (model-based algorithm)，利用相似性度量來計算數據之間的相似性，例如：最近鄰算法。Google 推出 Google cloud，有推薦系統、圖像識別、自然語言處理、語音識別等功能，可利用客戶的偏好和收集數據，向客戶推薦電影、歌曲、服務等。其中深度神經網路 (deep neural network, DNN) 學習 TensorFlow 應用於推薦系統上，深度神經網路學習是近來興起的人工智慧方法，促使認知辨識化的發展。認知辨識化是以深度神經網路學習讓客戶服務能有直覺化購物的體驗，故可用來學習產品探索，進而推薦個人化產品。評估推薦系統在於好的預測器 (predictor)，例如：開源函式庫 RankSys。

另外一個機器學習演算法是案例式推理，案例式推理可針對產品在客製化需求資料下，推理出客戶對產品可能的偏好，以模擬人類的學習行為，從過去解決問題經驗案例，來推測現有案例的可能解決方案。包括六大步驟：案例擷取 (retrieval)、案例再用、案例修正 (adaptation)、案例更新、案例證實 (validation)、案例儲存。Case 描述了使用一些參數解決的問題，解決問題的方法可以從過去的經驗中獲得，提出了使用電子病歷系統的案例式推理決策支援 (CBR) 系統。案例式推理是一種解決問題的方法，使用過去解決案例經驗來解決當前問題。雲環境中提出了一種節能和案例的推理訊息代理，它是一種解決問題的決策形式，透過識別新問題與特定已知問題的相似性來解決新問題。故案例式推理可用於 CRM 系統功能，例如：推測顧客有興趣的新廣告、推測市場接受度高的新商品。

以下是客戶需求問題導向之產品推薦方案說明，如圖 9-5。首先，從 PSIS 做客戶需求問題分析，包括產品（服務）使用問題和客訴問題，它從問題中可整理出相對的回應和答案，接著從中整理分析成 Q&A (query & answer) 格式。其 Q&A 結構可運用 XML 方式來建構，以便利用此開放通用 XML 結構來達成互通連接的功能。接著從問題中分析挖掘出其客戶需求所在，以進行客戶需求組合作業，這項客戶需求組合作業，是利用案例式推理方法，以學習發展出主動關聯的結構，來媒合供需組合，並從客戶需求組合中，推出產品（服務）促銷組合方案，此時以行銷設計規劃出行銷方案，進而從推展行銷內容分析出客戶關係管理 CRM 的系統功能。上述作業須將商務和商業行為整合，因為商務和商業不是切開的，也不是結合的，而是生命共同體的整合——綜效 + 匯流 + 生命共同體。

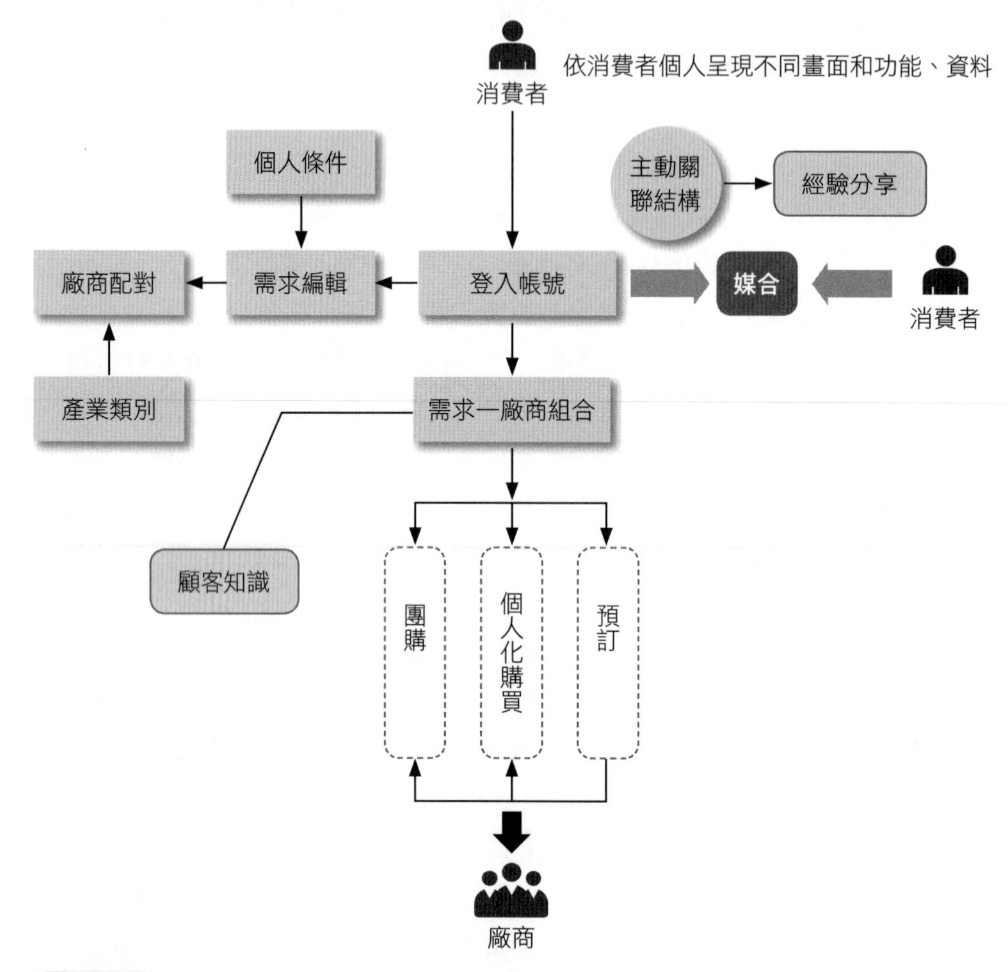

圖 9-5 客戶需求問題導向之產品推薦方案

此產品推薦方案是建立在客戶需求挖掘問題之基礎上發展的，真正客戶需求應是由點→線→面等過程所串起的，它的觀點是在於客戶需求生命週期。客戶需求生命週期是在探討「客製化」和「深層人性心理」的層面，也就是客戶需求生命週期 = 需求挖掘 + 需求條件 + 供應尋找 + 需求使用 + 需求撮合。以往一般 B2C、C2B、C2C 都是只做「供應尋找」，但產品推薦方案是在滿足客戶需求生命週期，並可針對不同階段客戶，轉化給予不同推薦方式，因為任何促銷、廣告都是為了契合客戶需求，故客戶需求不是表面上的供需撮合，它不是只將廣告費用轉為客戶服務費用而已，它須考慮客戶價值，而客戶推薦價值 (customer referral value, CRV) 就是其指標，CRV 能推出更有效的推薦活動，來讓客戶推薦得到滿意，以獲得新業務留住老客戶，並評估客戶推薦價值的有益和有害影響。利用產品推薦方案的效益，在於別人推薦可使客戶更忠誠。口碑推薦對於購買決策定位正確的廣告到合適的客戶，以強化顧客的購物並體驗產品品質，就是一例。目前已有很多公司利用推薦方案來發展產品銷售營運。例如：由 Schilit 等人 (1994) 提出利用情境感知 (context-awareness) 所挖掘之資料，作為標籤內容的推薦查詢。美容新創公司 PROVEN 根據護膚產品評論，透過建構訓練 AI 引擎分析顧客的皮膚類型與需求，提供護膚檢測，將顧客皮膚分類，並依據結果提供顧客購買適合的護膚產品，例如：HelloAva 以聊天機器人向顧客推薦護膚產品。

三、隨選決策系統

所謂隨選決策系統是指在隨選運作模式下，可運用決策支援系統的架構和功能，來達到決策支援系統的功能，也就是可做到決策分析的效用。以往軟體執行的方式，是以 AP (application program) 應用程式方式來運作，也就是說，每台電腦都必須安裝該 AP 軟體，若這個 AP 軟體是資料庫軟體，則所存取的資料就必須依賴該 AP 軟體，故該 AP 軟體就必須隨時能為你所用。但在目前 Internet 和行動無線技術盛行下，其無所不在 (anywhere) 的特性，使得使用者何時何地都可應用其軟體效用，而不受平台、電腦、程式的個別影響，如此帶給使用者更有效率、便利等優點。這就是「隨選服務」的觀念，也就是當使用者需要何種需求時，就提出該服務的申請，進而提供滿足需求的軟體服務。上述所提及的 AP 方式，並非依使用者當時的需求才提供，而是所有的功能需求全部提供，如此不僅浪費成本，其執行績效負荷 (performance loading) 也很大，並且最大的問題是，你要使用該 AP 軟體時，必須將該 AP 軟體安裝完成，若剛好使用的這台電腦沒有該 AP 軟體，則無法使用。故軟體執行的改變，應從「AP 功能」概念轉換為「隨選服務」的概念。也就是說，在任何可上網的電腦或行動設備中，都可呼叫其需求的軟體服務，例如：使用者欲做文書繪圖編輯，就不需要在電腦安裝該 AP 軟體，而是直接呼叫需求服務，待執行編輯後，就關閉該服務，如此運作使得使用者可在任何時空依自己所需服務，達到效率便利的效益。隨選服務不只是在文書編輯功能上，也可運用在存取資料方面。以往使用者所存取的資料，都是放在某台電腦硬碟內，除非隨身攜帶，否則當你要存取資料做查詢編輯時，就會很不方便或無法存取，故隨選服務也可應用在存取資料上，也就是隨選資訊服務在任何上網電腦或行動設備上都可存取使用。隨著近年來 Web

ServiceAjax 的發展，隨選服務的系統應用愈來愈可行，進而造成 ASP 經營模式更加可行。這裡所謂 Ajax (Asynchronous JavaScript and XML)，是類似 DHTML 程式 (Dynamic HTML)，它利用非同步的程式執行，使其效用能提高 Web 網頁的互動性 (interactivity)、可用性 (usability)，以及速度 (speed)。Ajax 目前大量應用於 Google 的網頁上。在隨選資訊服務的重點，除了上述所提的無所不及存取使用重點之外，另一個重點就是資訊的結構化關聯。就使用者而言，存取資訊過程中，希望能有效率和能執行分析功能，因此資訊之間的結構化關聯就變得非常重要。以往企業本身會建立資料庫管理系統 (relationship database management system, RDBMS)，任何透過該系統存取的資料都具有結構化，但透過其他方式，則就不是結構化，而是半結構化或非結構化，例如：一篇文書的編輯報告文章和企業 RDBMS 沒有任何關聯，但實際上就企業而言，是非常需要做關聯的。因此如何在結構化資料和非（半）結構化資料做關聯整合，是隨選資訊服務的關鍵效益。在隨選資訊服務的趨勢下，產生了服務導向架構 (service-oriented architecture, SOA) 的理論和實務，針對企業需求組合而成的一組軟體元件，包含軟體元件、服務及流程三個部分，透過 SOA 讓異質系統整合變得容易，程式再用度也提高。它是以「流程」為基礎，也就是說，整合服務導向應用程式開發與業務流程管理，已成為現今軟體發展的重要技術。

9-4 客戶分類／KYC

客戶分類 (customer segmentation) 是指按照客戶價值、客戶屬性（購買歷史、人口特徵、客戶的銷售歷史和收入、客戶的地域分布、客戶的生活方式資料）劃分來區分客戶，也可利用客戶規模、客戶的信用等級和客戶市場成長性組合，來作為區分客戶的基礎，以便有效做客戶評估，進而做出合理分配資源。客戶分類的結果，有利於針對顧客需求的異質性，進而在企業有限的資源下，分別針對不同市場競爭做銷售。它也有利於分析顧客的消費心理，進而了解現有客戶和潛在客戶的差別。客戶分類可排列不同客戶需求的優先次序，以便執行識別有效客戶的個性化，進而發展以客戶為中心的行銷服務。在以客戶分類為方式的行銷服務部分，是著重於顧客關係行為的運作，其運作如下：首先了解顧客來發展目標客戶，進而鎖定產品或服務，同時將和顧客互動的行為資訊轉化為顧客關係，此關係可作為預測客戶未來行為的分析模式，例如：RFM（最近購買日期、購買頻率、消費金額）客戶行為模式，並依其訂定即時因應市場不同變化的行銷策略，最後來實踐一對一行銷。這樣運作下，若從顧客生命週期角度結合 RFM 客戶行為來看，可將客戶分類為如表 9-1。

表 9-1　客戶生命週期分類表

	忠誠客戶	一般客戶	準流失客戶	流失客戶
消費金額	高	中	低	無
消費頻次	高	中	低	無
信任度	高	中	低	無
品牌忠誠度	高	中	低	無
價格敏感度	低	中	高	高
不確定度	低	低	高	高
經濟型	低	低	高	高

一、客戶分類評分

在企業資源有限下，如何以有效率的方式來管理顧客？可用客戶分類方式，針對不同價值等級的客戶，有效分配不同資源運作最佳化成效，也就是運用百分之 80/20 原則的重點管理，而此時可用客戶評分方法來達到上述目的。客戶評分方法可用顧客終身價值 (customer lifetime value, CLV) 來評估，也就是從顧客獲得淨值，一般都用客戶投資淨現值法，它是考慮資金時間價值，因為企業利潤貢獻的折現影響顧客終身價值，而除了用 CLV 評估外，也可用客戶成本貢獻率評估，即客戶投資收益率，其因素有計算週期和貼現率，它是交易利潤與行銷成本的比值。從上述可知，在計算客戶評分時，其考量項目有：(1) 顧客購買概率；(2) 貼現率；(3) 時間週期內顧客購買頻率；(4) 顧客購買平均貢獻；(5) 顧客購買時間週期。另外，客戶評分方法也可用意願調查價值評估法 (contingent valuation method, CVM) 和客戶價值管理 (customer value management, CVM) 等。

客戶分類方式有很多種，例如：重要因素分類法和 RFM 消費行為分類法。茲說明 RFM 分類法，RFM是指最近購買時間 (recency)、某段時間的購買頻率 (frequency)、某段時間購買的平均金額或總金額 (monetary)，其又可分成不同計算方式，例如：顧客五等分法和利潤導向 RFM 值正規化法。顧客五等分法是指將最近購買時間、購買次數及購買金額等三個維度分別平均分成五等分，並給予 1 至 5 的分數，亦即 (R, F, M) = (1, 1, 1)，(1, 1, 2)，(1, 1, 3)，…，(5, 5, 5)，其中 (1, 1, 1) 表示 RFM 分數為 3 分，(5, 5, 5) 則為 15 分，因此最多可分出 125 個等級的顧客，其 RFM 分數則介於 3 至 15 分。而利潤導向 RFM 值正規化法是從利潤導向的角度，將 RFM 值正規化如下：例如：$R' = (R - R^S) / (R^L - R^S)$，這裡 R' 和 R 表示標準化 (normalized) 和原始的最近購買時間值。R^L 代表所有數字的最大值。R^S 代表所有數字的最小值。同樣的，也可計算出某段時間的購買頻率 (frequency)、某段時間購買的平均金額或總金額正規化數值。顧客分群可根據靜態和動態的資料，包括訂單資料和行為（日期、金額、產品、回應）、人口統計資料（年齡、收入、家庭人口數）、區域（城市、郵遞區號）、意見（訪查結果、抱怨）、生活型態（運動、餐廳、旅遊）等，並利用資訊科技發展能如此利用這些資料以追蹤客戶的過程環節，進而因應改變來調整適合顧客分群的內容。

客戶分類演算法可採用聚類方法，其分類方法是預先給定類別客戶相關屬性的數據演算法（如決策樹、神經網路等）。而依照有無特徵標記數據，可分成 (1) 監督式學習網路（supervise learning network，有特徵標記）：感知器網路 (perceptron) 及倒傳遞網路 (back-propagation network, BPN)。(2) 非監督式學習網路（non-supervise learning network，無特徵標記的相似特徵學習）：自組織映射圖 (self-organizing map, SOM) 網路及自適應共振理論 (adaptive resonance theory, ART) 網路。客戶分類後，期望結果是欲產生客戶細分 (customer segmentation)，據此細分種類來擬定差異化行銷策略，其客戶細分運作步驟：客戶細分目的、長期／短期目標、設定細分指標和特徵、細分演算方法、運作資源和方法、分析客戶細分群。

在智慧化客戶分類運作過程中，可依事件資料掌握前後方式，而分成事前資料、事後資料等人工智慧運算。前者是指先定義好客戶類型和標記分類 (classification)，例如：歷史資料、決策樹、Logit 回歸。而後者是指發現未知領域或不確定目標的同質分組 (clustering)，例如：聚類分析 K 平均值，此集群分析是歸類相似者於同一集群，此同群有高度相似性和同質性 (homogeneity)，而不同群則有高度相異性 (heterogeneity)，K 平均值是一種非分層法 (non-hierarchical methods)。它也可產生在未標記分類下的非監督式學習，例如：Fuzzy clustering 演算法、模糊 c-平均值演算法 (fuzzy c-means algorithm, FCM) 以及 GK 分群演算法 (gustafson-kessel clustering algorithm)。上述也可結合這兩個來發展出智慧化客戶分類，例如：由自組織映射圖 (SOM)（顧客分幾群）和聚類分析 K 平均值這兩階段，將顧客分群分析。上述從相似性和相異性來做客戶分類方式，也可用關聯規則挖掘 (association rule mining) 的方法，從相關大量客戶資料發現相似性，利用支持度 (support) 與可信度 (confidence) 衡量值來進行運作購物籃分析，並進而達到交叉銷售的活動。

客戶分類可分成 A、B、C 三類目標，A 類客戶是關鍵客戶（有價值、價格高、購買量大）、B 類客戶是重點客戶（客戶訂單明朗、營業額持續提升）和 C 類客戶是需求尚未明確的市場客戶（偶有訂單，營業額不高）。另一種 ABC 管理法 (activity based classification) 是指根據在不同交易階段所產生的企業利潤額，分類出不同的客戶重點管理方式，也就是客戶 80% 的利潤來自於 20% 客戶的活動重點管理，此方式也可促使客製化的客戶活動達成。

客戶分類欲發揮智慧化功能，人工智慧是其關鍵智慧科技，例如：模糊理論與模糊資料利用模糊分群法 (fuzzy clustering) 模型、關聯規則採掘應用購物籃分析 Apriori 演算法。後者運用關聯法則所涉及的資料維度，靠支持度 (support) 及可信度 (confidence) 作為有效的評估，其支持度及可信度必須要大於或等於使用者所訂之最小門檻值 (threshold)。模糊決策樹是透過從樹根節點到葉節點對樹進行排序，為未知情況生成具有高分類精度的樹。模糊語言術語中的模糊，表示在處理不確定性分類中變得愈來愈重要 (Chen et al, 2005)。模糊決策理論的一個主要過程是，它能夠透過模糊決策樹方法，導入各種類型的模糊 (Yuan et al, 1995)。因此，可以使用決策樹集成模糊集方法，對不同類進行分類，以減少大量數據處理工作。決策樹透過從樹根節點到葉節點對樹進行排序，來對數據進行分類。另一方面，模糊決策樹允許數據同時跟隨一個節點的分支，其不同的滿意度在 [0.1] 範圍內。有學者提出了有效建構決策樹的雙訊息距離 (DID) 方法。模糊決策樹是一個簡潔案例的概括，定義用於建構樹的模糊項的模糊集被強加於算法上。模糊決策樹構造方法，是針對模糊語言術語中表示的屬性和類別的分類問題而設計的，它使用預先定義的模糊語言，訓練數據的屬性值模糊不清。因此，模糊表示在交易中愈來愈受歡迎。存在不確定性，噪聲和不精確數據的問題。它已成功應用於許多工業領域問題上。模糊集理論已被用於處理模糊決策問題。模糊決策樹歸納的主要目標之一，是為未知情況生成具有高分類精度的樹。實驗結果 (Buntine & Niblett, 1992) 至少表明，擴展屬性的選擇是一個重要因素。

二、認識你的客戶程序 KYC

認識你的客戶程序，主要在於收集、記錄、確認、識別、管理、洞察等六個運作步驟。

(一) 在收集步驟

指尋找和填寫客戶基本資料、行為資料（指信用交易等），這時須考慮到資料完整性、有效性、即時性、正確性等重點。而在收集時，須考慮到收集方式（人工填寫、電腦輸入、自動擷取）、管道（他人代寫、系統資料）、格式（Web 數位、IoT 實體）、時間、場合的狀況資料，這種資料也將併入中介資料 (metadata) 的控管。上述收集格式中的 Web 數位，是指不論用何種收集方式，其來源生成都是數位格式，而 IoT 實體是指從物聯網環境感測、感應到之實體物理性資料來源生成的。

(二) 在記錄步驟

當收集完成後，須把這些認識你的客戶資料做成記錄儲存，其記錄作業的重點在於資料關聯、資料履歷、資料保全、資料整合和資料分類等五項機制。在資料關聯是指原生第一次產生資料，必須建立關聯式結構儲存方式，以便事後易於存取和管理。資料履歷是指建檔修改的過程歷史資料，必須有追溯履歷的功能，如此才能控管所有資料。資料保全是指記錄儲存資料如何確保安全機密和個資保護，其做法可用區塊鏈的加密演算法和共識機制，來達到保全目的。資料整合是指將認識客戶的相關資料集中匯總，包括基本個資、特徵、信用、評價、行為等內容資料，它們攸關 KYC 的目的和效益是否能達到。在資料分類是指在運用 KYC 程序時，能從不同角度的分類關鍵字來活用這些資料的重組，以便達到商業識別的營運活動，而這種分類可利用人工智慧演算法來自主產生智慧化分類功能。

(三) 在確認步驟

主要是經過上述步驟記錄儲存後，接著就是查核資料在後續交易運作中變動更新是否即時執行，以及在相關法律要求（例如：「洗錢防制法」）下，其當初提供的資料是否足夠、是否牴觸等確認程序。而這種確認程序的目的，是要確保在 KYC 程序運作中，仍有其效力和品質。

(四) 在識別步驟

主要指在後續交易運作中，了解客戶是否能執行此交易，透過上述 KYC 資料庫做相關性資料擷取和查詢，並進一步交互查詢、勾稽，以確定此實體客戶和資料庫客戶是同一人，以及資料的一致性。為了達成這種識別程序運作是很複雜耗時的，故應利用 AIoT 企業應用系統來自主性、自動化地完成識別程序。

(五) 在管理步驟

主要是指審閱、稽核、檢驗三個活動。審閱活動是定期審視 KYC 的資料是否有在運作，還是靜止戶？以及了解資料變動狀況，並做變動分析，以了解此 KYC 的績效，進而評估此客戶的價值。而稽核活動是以異常事件驅動來觸發此活動，當有提早及時示警 (alert) 時，就立即啟動稽核作業，包括異常點深入解決修正，快速掃描、檢視整個 KYC 程序是否有其他異常勾稽，異常點其他相關資料是否也有錯誤等。檢驗活動是不斷檢視已知未來有交易事件或可能潛在未來會有交易發生時，就啟動事先檢查該交易相關 KYC 資料，以利及早因應。從上述可知，此管理步驟是強調事先管理，而不是事後補救。同樣的，也應利用 AIoT 企業應用系統來自主性自動化完成此管理程序。

(六) 在洞察步驟

一般而言，透過上述 KYC 程序，應大致已能確保可達到 KYC 預期效益。但若站在優勢競爭角度來看，則是再加上洞察步驟，它更強調智慧化的營運，其做法是以 AIoT 科技來分析 KYC 程序和資料的行為趨勢及偏好，它的效益是能從這些分析結果來預知此客戶 KYC 風險屬性價值評等分類基礎。這些預知內容可融入 AIoT CRM 系統內，以利支援其他功能的成效，進而強化以智慧決策層次來運作顧客關係管理的應用競爭力。

案例研讀

問題解決創新方案→以上述案例為基礎

問題診斷

補習班的作業流程如何以服務導向決策系統來做決策分析？

創新解決方案

從企業流程管理的運作來探討服務導向決策系統如何影響企業資訊系統的運作。服務導向決策系統平台不是從軟體工具、程式開發角度及目的被動執行，而是從企業 e 化資訊科技整合來構思及規劃，並執行運用知識管理生命週期（知識形成與創造：企業前端；知識儲存和蓄積：檔案資產管理；知識加值與流通：企業內部），和企業目標動因、企業作業服務、企業營收作業三維度交叉得出企業知識管理 e 化模組功能，並以手法分析合理化及改善點，達到管理內部作業的資源效能、效率及整合，最後提升企業競爭力。

管理意涵

服務導向決策系統平台規劃不僅在於解決操作性階層問題，最重要的是，運用資訊科技策略，構思出企業資訊化架構，包含組織角色、系統架構、網路架構，並且從此架構展開層次關聯的功能模組。它不是以軟體工具來評估目的，應是融入日常運作的管理制度面。也就是應以制度策略階層面、管理分析層面、操作運用階層面等三方面，來解決分割不完整、規劃無整體性、維護無彈性化等問題。

個案問題探討

請探討在 AIoT 企業營運模式下，如何做決策分析？

實務專欄（讓學員了解業界實務現況）

在 AIoT 環境運作下，必須規劃相關智慧型的設施和設備，而為了使它們能在日常營運中運作，則需設置防範措施和維護計畫，當然，這是在智慧型 AIoT 環境內，故其措施計畫也是由它們能自動化和自主性的運作，最後須有回饋機制，一旦發現有失誤，立刻啟動相關補救作業，當然這也是運用事先預知機制，發現未來可能的錯誤，進而補救，以上做法必須融入企業營運模式內。

習題

1. 何謂客戶分類評分 (scoring)？它對客戶評分時，其考量項目有哪些？
2. 請說明 ETL (extraction transformation load) 的步驟？
3. 請說明客戶流失分析如何以評估指標來進行？

Chapter 10

AIoT 智慧商業

「不知不可怕，無知才是走向失敗之路。」

學習目標

1. 探討智慧商業模式為何，AIoT 智慧商業模式為何
2. 說明何謂 AIoT-based CRM 企業應用系統
3. 分析 AIoT 企業應用系統和 Web-based 應用系統之差異
4. 說明 AIoT 產品服務系統以及產品演化情況
5. 探討企業在整個產品需求發展規劃圖
6. 探討 AIoT 技術所創造的創新商業模式
7. 說明平台生態體系和一條龍需求服務之應用內容
8. 介紹 AIoT 創新商業模式案例——智慧路燈
9. 說明供應鏈追蹤預知區塊鏈平台系統

案例情景故事

群體決策支援系統規劃的必要性

工程研發的封閉

研發主管陳協理在開會會議中，大聲疾呼：「研發部門通常都是被忽略的部門，例如：上次 ERP 的導入規劃，就沒有考慮到研發作業流程」，資訊主管張經理不服氣的說：「每次開會都有請你們工程師列席，但不是太忙就是不積極，況且 ERP 系統本來在研發作業功能就不多」，眼看爭吵就要開始，這時，副總經理出來打圓場說：「我以前原是研發出身，知道研發就是較注重技術，其作業程序和人為溝通較不易發展，但這是不對的，工程研發應是全公司的發展。」

企業的研發

陳顧問就上述的問題，提出他的看法：「一般 ERP 系統在研發作業上是比較沒有規劃到，主要有物料清單 (BOM)／工程變更 (ECN) 這兩項重大功能，因此在 ERP 之外，就有所謂 PDM 和 CPC 兩個系統，這些系統才是真正的研發作業系統。」目前最主要是 CPC 系統，它是以企業為主的研發作業，而不是以研發部門為主而已。

研發的協同

以往研發因太注重技術，而忽略管理，使得整體企業效益無法彰顯出來，故研發應從封閉作業整合成全企業的發展，並從這發展中，和客戶、供應商做協同上的共同合作，以便研發客戶所需的產品規格，以及符合產品所需的零組件要求設計。

ERP 和 CPC

要發展企業協同的研發作業模式，必須將 ERP 和 CPC 整合，其整合的基礎在於 item master 和 BOM 這兩個作業，故不論是研發主管，或是資訊主管，還是生產主管，都不應認為研發是不重要或是自大封閉，因為在系統運作上都是會影響到的。

以同步研發為導向的 ERP 系統

研發是所有作業的起頭，它的設計作業會影響到後續作業的發展，例如：是否容易生產組合？運輸搬移？銷售產品？故在研發設計時就同時考慮後續的生產、採購、業務功能等，此就是以同步研發為導向的 ERP 系統功能。

就一般性的製造業而言，前面幾個章節是在說明 ERP 的主要功能，但在 ERP 的整體而言，會有其他支援性功能，例如：人力資源功能、品質管理功能、工程管理功能……，在此以工程管理功能做介紹說明，但請注意的是所謂支援性功能，會因公司定位和核心能力的定義或移轉，則會有可能變成主要功能。

企業案例背景

MM 資訊股份有限公司，創立於民國 96 年，主要從事 Web 軟體開發設計和經營服務。由於負責人是已從事資訊顧問近二十年，因此該公司成立後，就以經營資訊化輔導、Web 網站設計、軟體程式開發為主要服務項目。其產品主要有企業入口網站、企業作業功能網站設計，及 Web 經營化整體包裝等。在企業作業功能網站設計方面，有一群專業的人員為客戶進行相關的服務，包含有一般簡介形象網站、電子商務網站及行銷活動網站的建置。但客戶隨著企業本身成長，對於企業經營的需求服務更是重要和功能改變。因此該 MM 資訊公司，就發展了一套「經營資訊化諮詢平台」，該公司以此平台用來對客戶進行經營需求上的服務，此平台主要是以「經營資訊化」的方法論，來為企業做規劃和服務。包含經營資訊化的諮詢、診斷、分析、規劃（含策略規劃）、輔導教育等，也包含 ERP、CRM、SCM、KM、BI 系統的評估、規劃、分析與建置導入，以及企業資訊服務網路服務的規劃、分析與設計。

問題 Issue 思考

1. 企業如何發展出 AIoT 智慧商業？
2. 在 AIoT 智慧商業運作下，企業如何規劃 AIoT 三大創新商業模式？
3. 企業如何定位本身的 AIoT PSS 產品演化？

前言

在智慧商業運作下，其營運管理是朝向跨業種、跨業態的創新科技發展，故智慧商業須在 AIoT 技術下來發展其企業應用系統、AIoT 系統是朝向直覺思維的決策化而非程式編碼的邏輯化。而 AIoT 企業應用系統和目前 Web-based 應用系統是有差異的，故智慧商業是欲發展出 AIoT 企業應用系統整體架構，其中以服務化方式來強化企業精準行銷，而產品服務系統（product service system，簡稱 PSS）是一種創新的產品服務化方式。AIoT 技術所創造的創新商業模式，主要可分成三大模式，分別是平台生態體系、產品服務系統、一條龍需求服務等，故智慧商業運作是欲將理論和實務結合的問題創新案例，從問題解決創新方案的思路，可透過問題挖掘創造出新的商機模式，進而舉一反三，演化應用到本身企業的經營模式，其「產學生態化」商機模式即是一例。

閱讀地圖

（以地圖方式來引導學員系統性閱讀）

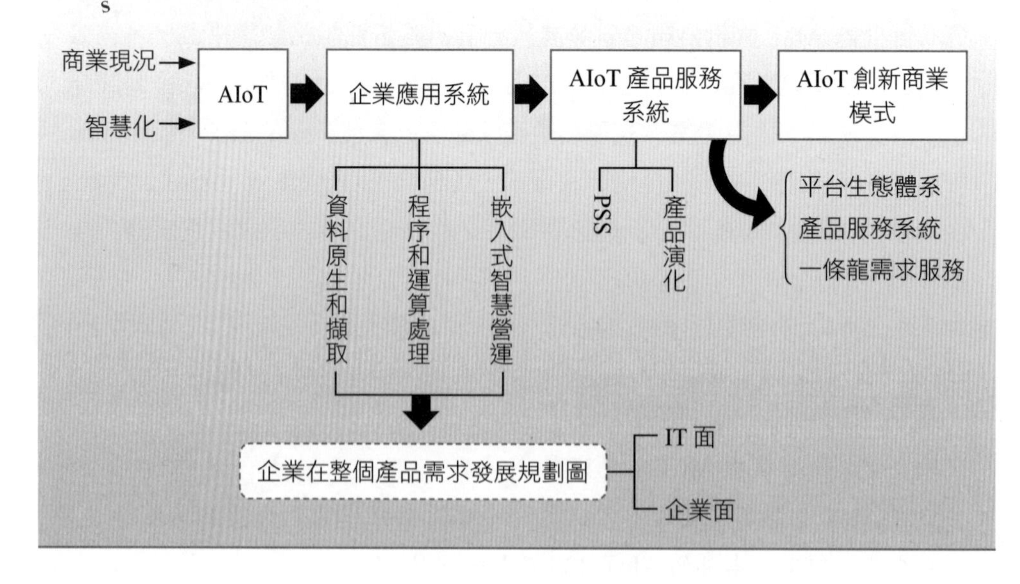

10-1 AIoT 智慧商業概論

智慧商業主要是指在服務業產業鏈中如何呈現以智慧化科技，來促進其整個商業營運流程的精實化、效率化。其中，智慧零售和智慧物流就是未來興盛的智慧商業。而智慧商業對於整個產業鏈相對來看，是對應到智慧製造，故智慧製造的績效也會影響到智慧商業成效。而在 AIoT-based CRM 系統，就是屬於智慧商業的資訊系統，故 CRM 系統是可促進智慧商業的實踐。智慧商業的精髓就是在於智慧化，包括人工智慧、區塊鏈、大數據、物聯網等。它利用這些科技來促進商業營運作業流程的智慧行為，但科技是一種智慧技術，原則上並不是真正客戶需求，故為了能產生具有競爭力的成效，必須回歸至企業營運管理，當然此營運管理也會受到智慧科技的影響而有所改變，可是真正奏效關鍵仍在於企業管理的精髓，故在智慧商業運作下，其營運管理是朝向跨業種、跨業態的創新科技發展，它的發展須具有擴散度、滲透率、示範性等特色，才能達到智慧商業成效，其中主要有兩項創新作業，第一項是數位科技導入整體消費行為體驗，第二項是數位科技支援營運服務的流程，前者是期望消費者可在豐富有趣、便利直覺的數位科技環境下，親身體驗整個消費過程，進而加速消費購買的最後一哩行為產生。而後者是欲用數位科技的自動化自主性之智慧能力，讓整體營運服務作業流程更加精實和有效率，使得供應銷售達到智慧商業行為：也就是說，它們是欲發展出創新供應銷售的虛實和實體物理整合模式。在此，虛實整合是指線上線下 (online to offline) 的虛擬實體之結合。所謂虛擬主要是指網際網路上的數位化資料和流程，而實體是指物品和現實環境，故從數位和實體互相溝通就是 O2O 模式，但接下來在物聯網環境下，如何從實體物品環境可自主溝通其狀態變化的資料和流程，這對於智慧商業運作就非常重要，而這也就是實體物理 R2P (reality to physical) 模式。當實體物品環境參與智慧商業運作時，就必須了解實體本身的物理性資料，而此物理性資料是會隨著本身作業流程的運作，而導致其資料狀態有所變化，故上述所有資料流程就結合成 O2O2R2P 模式。例如：透過網站下載 QR code 折價券 (online)，再到實體店面消費購買此折價券商品 (offline)，此時實體店面會透過物聯網技術感應此商品存貨 (reality)，因為資訊系統上的存貨資料可能有誤，以及在商品移動過程中，造成不知遺失在店面何處，接下來，在此實體店面推出其他推薦相關或適合的另一商品，讓客戶進而瀏覽這些實體商品，而後自動擷取實體商品瀏覽行為的資料狀態變化，以作為洞察客戶對此另一商品的興趣偏好，最後，提出進一步再銷售的行動方案。

上述 O2O2R2P 模式是結合網際網路和物聯網這兩個殺手級應用系統，其可創造出新一代的創新智慧商業模式，因為它是在 AIoT 技術環境下的最佳優化模式。故智慧商業須在 AIoT 技術下，發展其企業應用系統，例如：AIoT-based CRM 企業應用系統，它和以往企業應用系統有很大的不同，其中之一就是 AIoT 系統是朝向直覺思維的決策化，而非程式編碼的邏輯化。在程式編碼的邏輯化是先分析好欲撰寫的程式邏輯程序，而此程序就是依照事先欲達成的企業應用邏輯來規劃。若在未來遇到和之前邏輯規劃不同時，就必須回來改寫程式邏輯，如此會造成當時無法解決問題和無效率程式運作。當然，也可事先假設各種不同問題情境，設定好相對應的程式邏輯方案，如此能降低不可預期的問題風險，其實這是一種事先設定好（設定標記）的監督式學習程式邏輯。但在 AIoT 企業應用系統內，欲達到人工智慧境界，應朝向非監督式學習（未設定標記）的直覺思維，進而做出因應環境問題解決的即時決策。因為，直覺思維決策化是在程式運作過程，學習在環境問題中大量未標記資料的解決方案。故就算有當時未思考到的不可預期問題，仍可迎刃而解。

從上述可知，所有產業都應朝向 AIoT 智慧商業，例如：整合線上訂購、線下取貨多元化不同營運銷售通路，使得在供應端與消費端有無縫式之智慧商業服務。例如：在問題情境需求下，大賣場提供消費場域體驗，來創造互動式智慧零售新體驗，以便能快速在商品撥補預測的營運決策上達到精準行銷。此外，在考量天候、地理資訊、車流等資料下，設定客製化最佳行車路徑。從上述可知，在 AIoT 運作下已由單一產品與技術導向轉換成規模化作業流程應用，透過關鍵作業流程（包含商流、資訊流、金流、物流），可實施流程檢視與改善服務流程功能，並以有價數據驅動智慧零售模式，進而完成智慧商業的運作，例如：洞悉開發新產品、新市場或新客戶作業流程、及時知會或提醒客戶行為作業流程。結合 AIoT 科技應用的零售服務流程，可完成資訊應用整合，並以顛覆性的創新思維來發展產品／服務的創新加值，這就是 AIoT 智慧商業的精髓，故現在企業都應轉型成人工智慧「商業化」的智慧型企業。

而在 AIoT 智慧商業的作業流程方案，其中機器人流程自動化 (robotic process automation, RPA) 就是一例，它是運用在人工以電腦進行之規律、高重複性流程加以自動化之軟體，並轉化為商業決策之基礎，以實施營運決策自動化，此軟體的精髓在於以應用程式之間互動，來取代人和應用程式互動，自動開啟電子郵件、自動填寫輸入表格資料、自動檔案開啟編修等。但 RPA 仍是軟體技術，缺少和實體自主性的結合，而 AIoT 科技可讓實體環境數位化，故當 RPA 結合 AIoT 科技，可發展出聚焦於 AIoT 資訊的平台服務。如此 AIoT 資訊平台崛起，可改變消費者行為、解決產業特定問題，以及創造附加價值，它運用科技供應者所提供的人工智慧軟體開發工具及硬體設備技術，例如：通訊標準（如 TC/IP）和雲端服務 (cloud)、行動化 (mobile)、社群 (social)、數據分析 (data analytics)、網路安全 (cyber security)、認知系統 (cognitive system)、虛擬實境／擴增實境 (VR/AR)、Google TPU (tensor processing unit)、機器學習開源框架 TensorFlow、Intel 仿人腦機器學習晶片 Loihi 等技術，而這些技術可進一步使得整體消費作業碎片化，例如：生產、運輸、分配、派送、查詢、展示、體驗、購物、支付、取貨到售後服務等作業。作業碎片化的效益是能將作業流程細分化，以便能照顧到更細緻的內容和重排組合，以達成客製化產業價值鏈。這樣的運作在智慧商業流程中是強調完整度、合理性、流暢度、適配性及整合性等特性，如此特性使得能發展出即時收集資訊，接著資訊系統根據即時資訊來分析決策，例如：分析客戶行為模式，而此客戶行為模式是以機器學習方式所形成的模擬人類潛意識之即時神經活動應用，這就是 AIoT 在認知行為的應用，故傳統行銷功能，例如：會員分級、社群行銷、商品資訊顧問、電子折價、紅利促銷機制、行動購物數據等，也將會朝向具有認知行為的機制，如此更能深化客戶忠誠度與黏著度。

而在認知行為上，就是欲把作業流程資料化，資料化轉成軟體化，軟體化轉成演算化，其演算化再轉成作業流程的控制和行為邏輯運算。它運用演算法語意理解、情境對話、知識圖、資料分類 (data classification)、資料關聯 (data association)、資料分群 (data clustering)、神經網路的深度學習技術 (deep learning neural networks)、遷移學習 (transfer learning)、增強學習 (reinforcement learning)、知識推論過程自動化、循序樣式挖掘 (sequential pattern mining) 等方式來進行消費者特性描繪 (consumer profiling)，例如：利用循序樣式挖掘運算，從中了解消費行為狀態轉變，來預測未來的狀態，這樣的運算可產生顧客分群、群組推薦、廣告推播、股市行情預測、知識規則式系統 (rules-based systems) 等企業應用。

而為了讓上述企業應用更能發展具有生態系統創造的價值，則可利用應用程式介面 (API) 的互通 (interoperable) 功能，透過 Open API 與生態開創者、系統建置顧問服務業、開發者、新創團隊、新創公司等產業角色，來建構供應鏈連結智慧數位零售之無主從關係的平台共享模式，它可發展出資訊透明、流程簡單、直覺幾秒鐘、非結構化資料分析之應用。例如：Open 銀行就是一例，它讓使用者都可利用銀行內的 Open data 來達成理財投資之應用；響應式網站無縫回饋循環決策，可大幅改善消費者體驗；多種新技術與現有技術整合 QR 碼和 POS 系統的結合，可讓下單結帳支付作業更無縫化；智慧語音助理優化餐飲訂位服務，可大幅避免人力訂位無效率；Sentient 藉由大量隨機的虛擬股票交易來提供服務，篩選最佳績效基金；Amazon Echo 與運通卡合作推出語音支付；Amazon Look 結合電腦視覺，推薦用戶適合的產品；銀行透過 App 推出聊天機器人 Erica，協助客戶理財建議；PChome Fastag 智慧標籤系統；Noodoe 服務方塊內建藍牙傳輸、微處理器 (MCU) 與加速感應器，可收取最新的快遞派送資訊，找尋加油站與便利商店等，並及時提供點餐服務。

AIoT 企業應用系統

AIoT 企業應用系統和目前 Web-based 應用系統的最大差異有下列三點，也就是 AIoT 企業應用系統的整體系統架構，如圖 10-1。

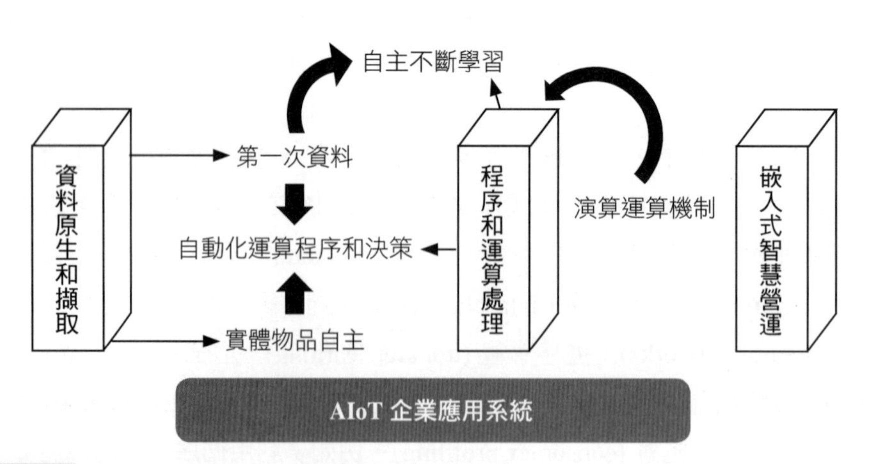

圖 10-1 AIoT 企業應用系統整體系統架構

(一) 資料原生和擷取

以往資料擷取主要來自於虛擬數位軟體系統，如此就可運用程式設計／軟體運算來加值更多應用功能，但也因為如此，對於一開始就沒有資料的作業，就必須從無到有產生第一次資料。目前做法是用人工登錄，但這種做法非常無效率，因為第一次資料產生的延遲，而造成後續作業連鎖性的無效率。上述現象最常發生於實體物品的運作作業過程中，例如：商品入庫作業往往須人工登錄，其中商品就是實體物品，因為實體物品不會主動、自動的產生其作業的資料。商品入庫資料若能主動、自動產生資料，是不是更有效率和智慧？這正是 AIoT 企業應用系統精髓之一。上述物品自動產生第一次資料，就是利用物聯網技術。

(二) 程序和運算處理

以往運用企業應用系統的好處之一，就是利用此系統的自動化程序和快速運算能力，雖然如此，但仍須人為憑經驗做確認，如此應用系統才能繼續往下發展。例如：會計傳票過帳作業，一般首先是輸入傳票，再經人為經驗確認資料無誤和借貸平衡後，最後就產生過帳行為。上述這種資訊系統做法，若在以往競爭情勢來看，是有其競爭力。但對於未來極致競爭情勢下，已不具競爭力，因為所謂競爭力是站在相對比較局面上，也就是當別人比你更有創新先進的能力時，你以往的能力就已被淘汰了。而目前正是從傳統資訊應用系統走向具有 AIoT 能力的資訊應用系統，那麼這兩者的差異在哪裡？前者是注重自動化運算程序和決策能力，而後者不僅有前者之能力，再加上資訊系統本身自主不斷學習可創造之自主決策能力，也就是人工智慧，它包括機器學習和深度學習，如此能力就是模擬人類智慧，講更直接一些，就是取代人類工作，例如：上述會計傳票過帳作業，將完全由 AIoT 企業應用系統全權負責，上述人為確認和審核工作，完全不見了，這就是知識時代開始走向智慧時代。

(三) 嵌入式智慧營運

人工智慧理論和應用其實很早就已經不斷發展，但並沒有普遍化和商業化，並不是人工智慧本身的問題，而是商業模式尚未發展起來，由此可知一個觀念：那就是智慧科技（也就是人工智慧），並不是客戶需求，唯有能解決問題才是需求。因此此刻人工智慧會興起，是它解決了一些問題，例如：人臉辨識、語音溝通等，但這些問題解決也不能沒有智慧科技，原因是無法達到解決問題的成效，故透過具競爭力智慧科技來解決客戶問題需求，才有成為商業模式的可能性。但商業模式是需要整體性的，也就是需有其他配套的智慧科技，人工智慧能興起，就是搭配了物聯網、大數據和雲端平台等，其中，AI 晶片化和物品自主擷取資料這兩項即是關鍵性因素，而人工智慧本身關鍵因素就在於機器學習和深度學習，它呈現了系統或物品能不斷自我學習，從頭到尾都不需人為運作。深度學習是屬於機器學習的子領域，而機器學習是屬於人工智慧的子領域。因此若只有人工智慧本身演算方法論的話，是無法成為商業模式的。上述提到 AI 晶片化，就是指將 AI 演算法寫入晶片內，讓晶片有演算運算機制，因晶片具有嵌入式能力，例如：個人數位助理手持裝置 (PDA) 就是將整合式晶片嵌入此裝置，如此裝置就具有電腦運算功能，這就是嵌入式技術，而將 AI 智慧透過寫入晶片，進而嵌入裝置中，這成為嵌入式智慧。

AIoT 企業應用資訊系統強調的是營運功能的整合，不只是某局部功能智慧化，例如：預測消費者行為模式，此例主要在行銷的消費者洞察功能，但當了解此行為後，接下來就是促銷，乃至出貨，再到售後服務等其他一連串作業，若這些作業處理不當，就算預測再精準，也會影響其整體績效。另外一個強調的是經營管理智慧嵌入實體物品，以往智慧運算都是在雲端計算，但現在已有霧端運算 (fog computing)、邊緣運算 (edge computing) 和裝置 (on-devices) 運算等接近實體物品的運算，好處就是能更即時發展物品本身呈現的智慧能力，故嵌入式智慧將創造出更新一代的企業應用系統。

綜合上述，可知程式化、嵌入化的運作將改變未來的商業模式，也就是將企業營運轉換為人工智慧程式、晶片化嵌入的機制，此機制可將有限的邏輯學習成為無限的需求，這就是 AIoT 企業應用系統的殺手級應用 (killer application)。AI-based 企業應用系統的精髓在於認知 (cognitive) 運算，AI 為何能漸漸取代人類知識性的工作呢？因為 AI 就是模擬人類，而 AIoT-based 企業應用系統的精髓在於實體物品數位化，例如：數位分身 (digital twin)、O2O 虛實整合、智慧物品混搭等數位化，而在 IoT 的技術應用則是智慧物品、感應／感測／感知、霧端 (fog)／邊緣 (edge) 運算這三項，故創新資訊科技在 AIoT 企業應用系統的精髓是立即去蕪存菁，直達目標績效的精實流程和智慧營運。

10-2 AIoT 企業營運和產品服務系統

AIoT 企業營運是在 AIoT 技術環境下來探索商業模式，並形成一個多元複雜互補的產業聯盟、協同分工、聚合生態系統，因為 AIoT 是整合在產業範疇內的角色，例如：IoT 平台廠商、產業解決方案商、應用開發者、最終用戶等，並形成「產業生態化」。所謂「產業生態化」商機模式，就是一種可透過問題挖掘來創造的新商機模式。在目前科技不斷的極致蛻變和全球在地化、在地全球化的趨勢衝擊下，地球的經營環境，已成為一個有機化的超大型共同生命體，其中的任何組成分子，包含消費者、產業上中下游廠商，乃至實體產品、裝置、設備，以及動植物等都是息息相關的智慧物件。這些智慧物件在未來雲端環境（天）和物聯網（地）普遍成熟建構完成後，就如同大自然生態食物鏈一樣，會發生物競天擇、物物相剋的產業生態競爭。產業生態競爭就是指全球產業環境如同大自然生態一般的競爭模式，它具備「主動感知環境變化」、「智慧自主本能」、「產業群聚發展行為」、「產業生機鏈」等特性。

- **「主動感知環境變化」特性**：在宇宙之間，地球的大自然生態有其生生不息、自找出路的生命力，因為大自然生態的任何組成分子都會主動感知到環境的變化，並做出順應大自然的調適和回應。
- **「智慧自主本能」特性**：在大自然生態風暴侵襲下，有機生命的物體會以不斷自我學習來增強智慧自主性的求生本能，也就是改變自己的形態和風貌來適應無情的大自然反噬。
- **「產業群聚發展行為」特性**：於大自然叢林生態中，當有危險即將來臨，其群體動植物將會以群聚方式，提早面對因應風雨欲來的局面。
- **「產業生機鏈」特性**：就如同大自然生態的食物鏈一般，鏈中的有機生命物體發展是環環相扣、物物相剋、牽一髮而動全身的，如同神經般即時互相影響。

從上述這些特性之發展，勢必影響企業生存和經營模式，所以產業生態化生機競爭就是指須把整個企業生存和營運環境，視同大自然生態般的有機生命，進而從產業生態化競爭型態來思考企業該如何經營！

AIoT 企業營運是將產品需求發展轉化成數位化模型，而企業在整個產品需求中發展。首先是最終消費者向客戶服務中心或零售商提出需求，然後該需求會成為製造廠的生產計畫來源，並作為產能負荷的需求，進而展開產品的零組件需求，此零組件需求可分成向合格供應廠購買、新零組件的尋找及評估，當然，也可向各地的供應商購買。以上描述是企業發展之需求，但從圖 10-2 中，可知過程中有顧客關係管理、供應鏈規劃、詢報價、電子化採購、拍賣、交換等資訊系統產品在應用，這就是企業發展之需求和 ERP 系統產品規劃的同步思考。

圖 10-2 是一個從消費者購物到產業生產供應的循環流程圖，茲說明如下。

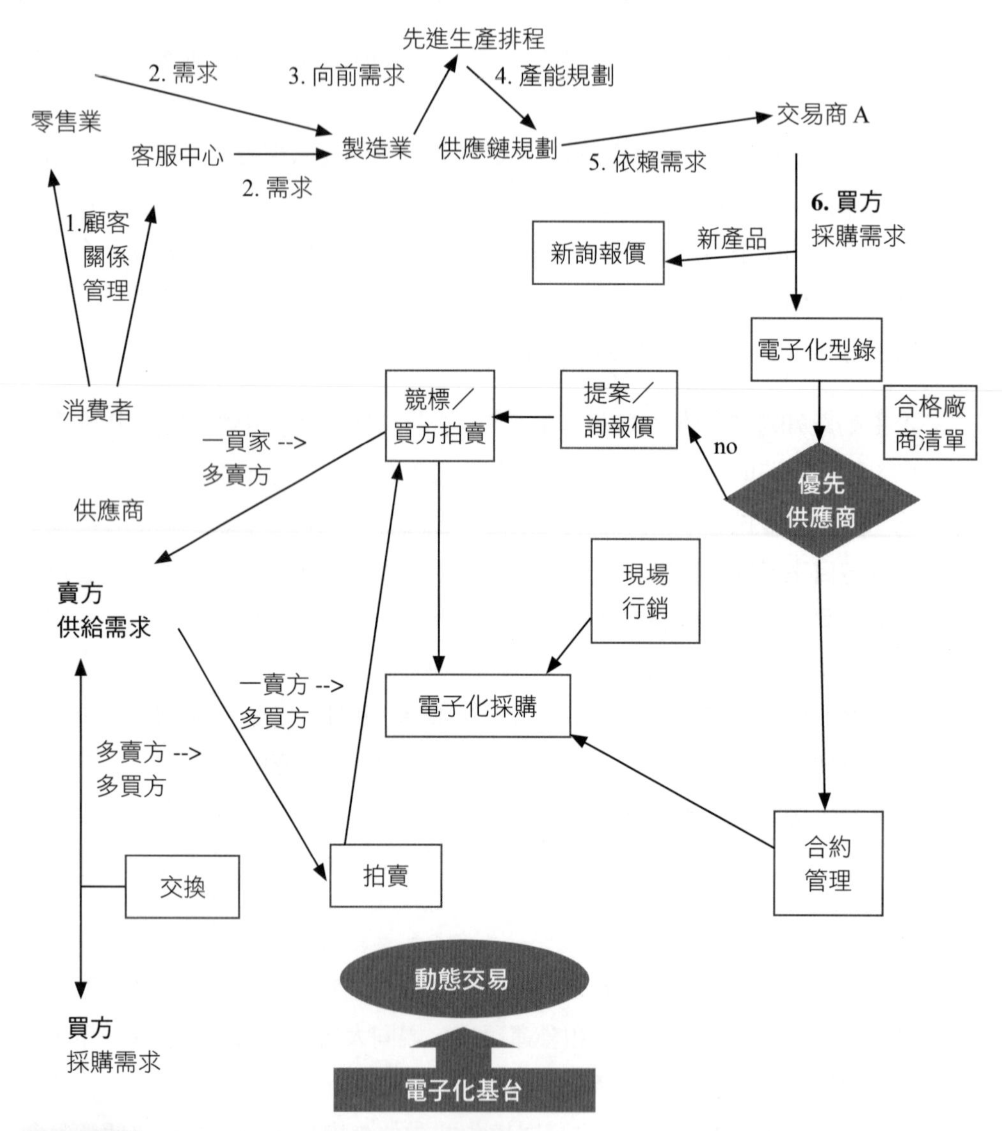

圖 10-2 企業在整個產品需求發展規劃圖

首先，從消費者 (consumer) 透過通路商 (retail) 或客服中心 (consumer center) 進行消費物品，而在這消費過程中，企業可以 CRM 系統做消費行為分析，以掌握消費者的行為模式及需求。接下來，這個需求可收集整合到製造廠，製造廠根據這個需求做先進生產排程 (APS) 的來源，進而產生生產工單排程和物料採購依據，而在生產工單內容會確認企業產能 (capacity) 是否能滿足訂單需求，至於物料採購內容，會產生採購 (procurement) 需求，這是企業成為買方角色，它會從研發需求和生產需求，分別產生新詢價報價 (request for quotation) 和根據電子化型錄製作物料型錄，而在電子化型錄部分，會根據合格廠商清單 (available vendor list, AVL) 的合格供應商，找出優先廠商進行採購行為。若是優先廠商，則採購行為就以合約方式做採購；若不是，則以提案 (request for proposal, RFP) ／詢報價 (RFQ) 方式。一旦採購行為確定後，就以電子化採購 (e-procurement) 做採購流程。上述是從買方角度發展。若以賣方角度發展，可透過交換機制 (exchange)、拍賣（一買方 → 多買方）、競標 (bid) 等方法，在 E-HUB 平台中，來和買方做交易接洽。

企業營運的行業別種類和經營方向，會隨著時間、環境所影響，例如：網際網路的技術興起，使得相關電子商務行業因應而起。半導體的技術興起，使得相關晶片生產製造行業因應而起。而這些新的行業興起，也可能造成舊的行業沒落，但對於 ERP 系統產品的規劃而言，最重要的是新的行業興起，會使用到 ERP 系統產品，故這時 ERP 系統產品須能符合該新行業需求，若當初 ERP 系統產品沒有考慮到該行業的營運模式，則無法全部適用。因為它是新的行業需求，所以 ERP 系統的未來就在於這些新的行業需求。至於所謂新的需求，是指營運模式是否和以前其他行業有所不同，若是有很大不同，就是所謂管理方法論的創新，例如：現在的全球運籌管理在以前是沒有的，但因為大量客製化、產品組裝延後、客戶當地生產等新觀念作業產生，使得產生全球運籌管理的營運模式創新，這時對於 ERP 系統產品的規劃而言，就必須能因應。一般而言，會使得 ERP 系統產品的結構都改變，因為它是一種管理方法論的創新。又例如：以前在製造業是用 MRP 邏輯方法，但因為管理方法論的創新，有了所謂的先進生產排程 (APS)，這時在企業資訊系統上就須加入 APS 功能。從過去是以產品 (product) 為核心的思考模式，目前已轉換到由解決方案 (solution) 與服務 (services) 為重點的新趨勢。這就如同第二章所提及的企業資訊系統整體架構圖，亦即企業的 ERP 系統和供應鏈規劃 (supply chain planning, SCP)、顧客關係管理 (customer relationship management, CRM)、商業智慧 (business intelligent, BI)、電子化採購 (e-procurement)、產品資料管理 (product data management, PDM) 等應用的整合發展。這些系統就是要達到產業資源最佳化，從以前 MRP → Close MRP → MRP2 → ERP → e-business ERP 的演進過程，可知其實企業應用資訊系統都是期望達到資源最佳化，只不過演進過程是從物料資源、製造資源、企業資源到產業資源的提升，這就是 ERP 系統的未來。不過要達到產業資源最佳化的資訊系統功能，遠比以前的系統更難發展。但這裡有一點要澄清的是，有人可能會認為 ERP 是 ERP、SCM 是 SCM，如此的整合，並不能說這是企業營運系統的未來。其實，若從企業真正需求來看，企業要的不是所謂的資訊系統名稱，亦即 ERP 和 SCM 名稱不是重點，重點在於企業資訊應用系統是否能解決企業的需求，所以企業資訊應用系統的真正整合，才是所謂企業營運的未來，故不應侷限在狹窄的企業營運名稱，而是在於企業資訊應用系統的未來。

AIoT 產品服務系統

企業營運收入在於銷售產品，並以服務化方式來強化精準行銷，而產品服務系統（product service system，簡稱 PSS）是一種創新的產品服務化方式。PSS 為實體產品 (tangible product) 與非實體服務 (intangible service) 的結合，它的重點是以使用方式付費或租用產品提供販賣服務與有價值的數據，來取代購置買斷產品。PSS 定義為：企業將產品轉向為客戶提供服務來發展特定價值主張 (Kim et al, 2012)，同時是一種製造服務化 (servitization)(Vandermerwe & Rada, 1988)，結合產品、服務融入「產品服務化」之概念，從產品轉向為高度個性化需求 (Morelli, 2006)。另外，「一個產品、服務、支持網絡和基礎設施系統，旨在滿足客戶需求的競爭力，並且比傳統商業模式具有更低的環境影響」(Mont, 2002, Williams, 2007)。另外，PSS 也將環境效率考量於產品設計內，也就是在 PSS 運作中降低能源消耗 (Hashitani et al., 2004)。以往已經有一些企業利用 PSS 來營運，例如：專業除塵拖把 (DUSKIN) 生命週期、嬰兒車新的租賃模式 (Mont et al, 2006)、補充家庭清潔劑 (Manzini & Vezzoli, 2003)。

Porter & Heppelmann 定義了物聯網產品體系之五類產品：原始產品 (product)、智慧產品 (smart product)、智慧聯網產品 (connected, smart product)、產品系統 (product system) 與系統體系 (system of systems)。世界經濟論壇 (WEF) 提出四大新興經濟模式：分享經濟、個人化經濟、隨選 (on demand) 經濟與服務經濟。Alexander Osterwalder 的商業模式九元素，包括價值主張 (Value Proposition, VP)、目標客層 (Customer Segments, CS)、通路 (Channels, CH)、客戶關係 (customer relationships, CR)、關鍵資源 (key resources, KR)、關鍵活動 (Key Activities, KA)、關鍵合作夥伴 (key partnership, KR)、成本結構 (cost structure, C$) 與收益流 (revenue streams, R$)。H. Igor Ansoff 於 1957 年提出 Ansoff 創新矩陣。Ansoff 矩陣是一個二維矩陣，橫軸為產品 (products)，縱軸為市場 (markets)，依

此分割成四象限，包括舊產品 × 舊市場 (old-old)、舊產品 × 新市場 (old-new)、新產品 × 舊市場 (new-old)、新產品 × 新市場 (new-new)。

Tukker (2004) 的產品服務系統 (product service system, PSS) 觀點，產品系統服務包括三類，(1) 產品導向服務 (product-oriented service)：客服、維修、保養售後服務；(2) 使用導向服務 (use-oriented service)：使用次數或是使用時間，例如：「租車服務」；與結果導向服務 (result-oriented service)：最終使用的目的，例如：「叫車服務」。在產品導向中包含產品關聯 (product related) 及建議與諮詢 (advice and consultancy)，使用導向中包含產品租貸 (product lease)、產品租用或共享 (product renting/sharing) 以及產品共有 (product pooling)，結果導向中包含行動管理 (activity management)、每單位服務付費 (pay per service unit) 與功能結果 (functional result)。另外，其產品服務系統之特性為：產品使用與壽命最佳化、產品共享及產品績效責任 (James & Hopkinson, 2002)。故 White 等人 (1999) 提出將產品延伸至服務內效用最佳化。

而在 AIoT 企業營運方式上，其產品服務系統 (PSS) 也將利用資訊科技 (information technology, IT) 來完成 AIoT-based 的產品服務系統。這種科技平台資訊系統，可將產品運作融入服務作業，進而轉化為數位化流程，成為產品即服務 (product-as-a-sercive)，故「產品體系」或「系統體系」將成為 AIoT 智慧商業模式的可行性實踐方式，包括產業競爭未來將會加速驅動變革、少量多樣的製造轉移，以滿足長尾效應之大量客製化與個人化、產品品牌壓縮成本和低價競爭轉移，以軟硬整合系統資料分析應用價值創造、封閉的垂直分工供應鏈轉移以開放式資料和程式水平整合生態體系。AIoT PSS 在於產品演化中所創造的一條龍式服務需求，所謂產品演化是指在 AIoT 技術環境下，造成產品有不同功能程度和使用範疇的演進，可分成四項產品演進方式，如圖 10-3。

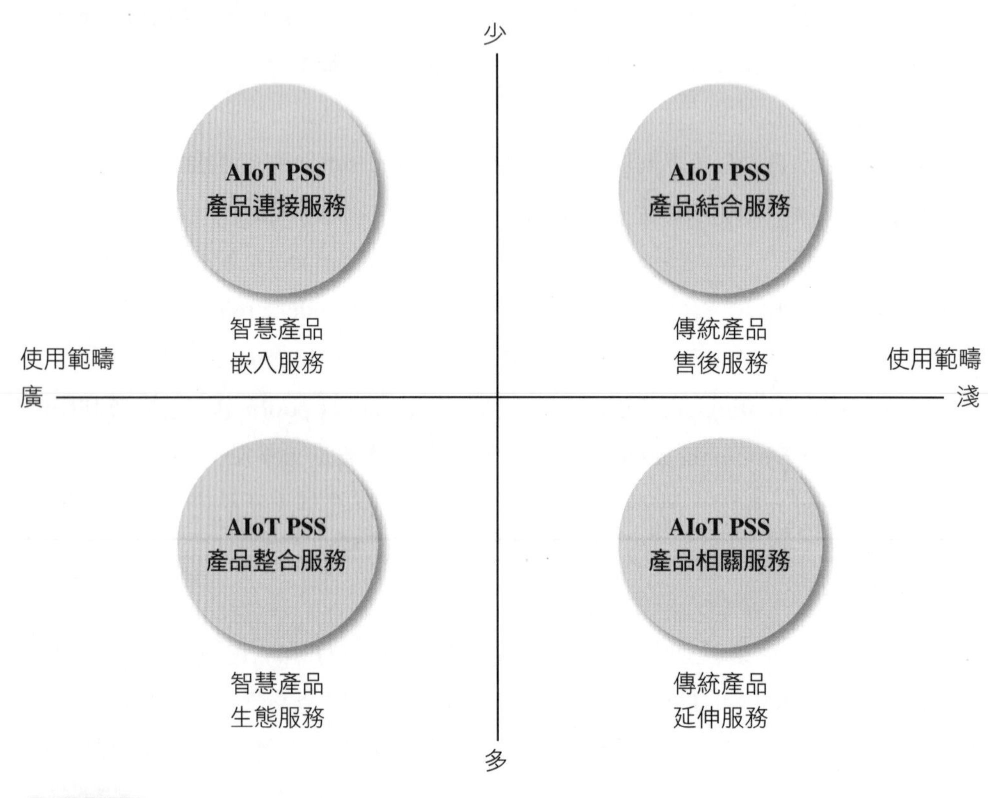

圖 10-3 AIoT PSS 產品演化

(一) 傳統產品售後服務

產品銷售給消費者後，為了讓使用產品能有更好的經驗，故利用在各服務據點廣設售後服務作業辦公環境，包括維修、保固、諮詢等功能，如此可使產品銷售更順利，而此種方式使得功能程度主要在於產品本身功效，且使用範疇也是專注在產品本身功能，這是產品轉化服務最基礎的方式，也是 AIoT PSS 的先前準備方式。例如：筆記型電腦產品因有售後服務據點和作業，促使消費者更能購買此產品，因為客戶買到的是安心使用產品的服務。

(二) 傳統產品延伸服務

此方式是建構在有 AIoT 技術環境下來使用產品功能，由於一般產品功能皆是屬於「點」層次上的功能，故欲讓消費者能得到「線」的需求效用，必須結合更多相關的其他產品功能，此時功能程度不僅在於原產品本身，也結合更多相關功能，因此，為了讓某產品能得到具有對客戶更滿意的成效，須從此產品延伸出非產品本身的更多服務，如此使用範圍就擴展到相關需求的服務，但欲達到此延伸性服務的實踐，須利用 AIoT 技術，如此可讓消費者更能以 PSS 模式來使用或租賃此產品的服務方式，這是正式進入 AIoT PSS 的初步演進方式。例如：空氣濾淨器產品在 AIoT 智慧家居環境下，可感測到消費者使用此濾淨器後的空氣品質效果。但消費者購買此產品的真正意圖是欲讓過敏氣喘作用降低，故有關濾芯材料更換、當地空氣品質數據、過敏醫療資訊和知識等服務，就是此產品的延伸性服務。因此，此產品企業為了強化競爭力，不能只是進行該產品的銷售而已，須將產品轉化成整個延伸性服務，如此讓消費者能以些許金額來使用或租賃整個「線」的需求效用服務，這種方式可促使產品銷售更加容易和快速。

(三) 智慧產品嵌入服務

任何企業銷售行銷作業，無非是欲加速客戶真正下單的最後一哩路。若能讓消費者直接使用產品時，即可利用產品本身介面取得需求服務，可說是即時無縫的達成。這種運作就是在智慧產品內嵌入連網服務通路，消費者透過此管道，就可直接完成需求，不須再透過其他介面間接運作才能完成服務。這種功能包括產品本身、雲端或邊緣運算服務、另一產品本身功能等，因為透過連網至雲端／邊緣平台，就可得到來自資料庫更多的資訊服務；若連網至另一產品，就可得到此產品功能，故如此運作能在使用範疇上無限地擴展其需求服務。這種方式使得 PSS 模式運作有更具彈性和客製化的組合方案，企業可發展出套裝方案，其中有各種服務項目，讓消費者能依自己的條件隨時設定，再依使用、租賃、效果等各種計價方式，進行創新商業模式，智慧音箱就是一例。透過此產品連網雲端，擷取今日股市狀況資訊，或連網至冷氣機產品，進行開機並調整風向等功能需求，如此一來所有需求服務都可利用 PSS 模式來達成，也包括產品硬體，而非如同傳統買斷的單一購買方式。

(四) 智慧產品生態服務

從 PSS 模式定義可知，它對消費者使用產品概念和方法，都是朝向一條龍需求服務發展，這是有別於傳統產品買賣方式。當企業在銷售特定產品時，不能單打獨鬥，須能結合上述一條龍需求的產業鏈，如此透過產業鏈商機成長，進而帶動該特定產品的銷售營業，這就是一種創新銷售模式。而上述做法欲有發展成效，須依賴智慧化生態平台的實踐執行，故欲使 PSS 發展茁壯，必須將 PSS 融入智慧化生態平台模式內，這就是智慧產品生態服務，它利用 AIoT 技術環境形成智慧生態平台，將相關產品串接成主題式需求效用，並利用此平台將產品功能應用轉換成服務流程和資訊，進而讓利害關係人和消費者一起加入此平台。如此 AIoT PSS 模式的功能程度會創造出以產品為主的水平和垂直營運作業之不同需求效用，進而讓使用範疇專注在生態平台內，而不是毫無目的的無限擴展，如此才能發展具有價值鏈的主題需求，而這種方式目前仍是在摸索中，因為要結合跨組織的不同利害關係人在共同平台中運作是不容易的，但卻是未來創新的競爭性商業模式。例如：建立以疏導交通安全為主題的車聯網生態平台，假設以製造銷售智慧輪胎為其特定產品，其功能為能感測胎壓。然而，若以之前傳統銷售方式，顧客只得到智慧輪胎產品，一旦使用此產品功能，也就是在汽車行駛時感測到胎壓不足，若繼續開車太久，恐會造成交通安全問題，因是產品買斷，並沒有後續相關服務；也就是說，對於接下來該如何以快速、便宜、方便等智慧化方式來解決問題，並沒有被規劃成解決方案，此時若能提供這種整體服務方案，就成為在販賣輪胎同業競爭的關鍵能力。當然，要達到這樣智慧化方案，就須依賴 AIoT 科技和導入 PSS 模式，即時以使用租賃效果計價方式，來取得各種相關應用服務，而不是買斷產品，這種生態平台使得疏導交通安全的主題式營運模式，創造出具價值鏈的商業模式，如此相關企業組織才能生存和賺錢，以及消費者獲取最佳化滿意度，這就是雙贏局面。

要透過原產品更加智慧巨量的資料提供延伸服務，來解決終端使用者的痛點，例如：管理飛機航班、提供油耗管理服務或是農業設備保養雲端平台服務客製化，如此使得工作流程競爭對手也無法輕易模仿；美國 GE（奇異電子）智慧噴射引擎，提供預防性維修 (preventive maintenance) 機隊管理；米其林輪胎 (Michelin) 輪胎感測器方案，提供油耗管理服務，是一種使用「導向服務」與「結果導向服務」之服務；德國農業機械公司 CLAAS 販賣農業設備外，也提供以農業設備感測器為核心的自動化遠程診斷服務，CLAAS 也和農業資訊平台合作，提供資訊服務給使用農業設備的農業企業與農民。

10-3 AIoT 創新商業模式

AIoT 技術所創造的創新商業模式，主要可分成三大模式，分別是平台生態體系、產品服務系統、一條龍需求服務等，如圖 10-4，玆分別說明如下。

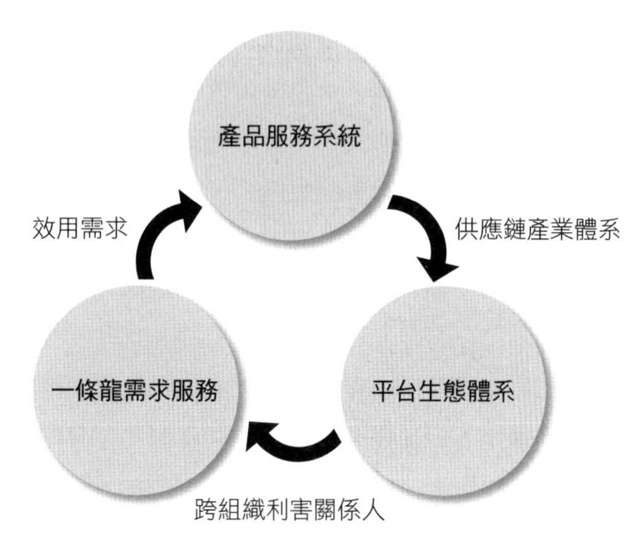

圖 10-4 AIoT 三大創新商業模式關聯圖

一、平台生態體系

由於 AIoT 技術成效是在於形成技術環境的運作，而不是單一技術功能，也就是說，各技術功能須互相串聯來達到點、線、面等功效。而這些技術背後都有參與者和相關事件，例如：人臉辨識技術在掃描客戶進入無人商店時，其微定位技術可讓客戶得知，在此商店可有哪些優惠或是偏好商品，如此可加速和精準的選購商品事件被自動化觸發。故線、面功效就是仰賴 AIoT 技術環境形成的一種平台生態體系，透過建構成共同平台，來運作如同生態般的商業營運模式。因為在共同平台上可集中控管串聯相關的作業事件，而這些事件在產業生態中由不同利害關係人互相協同和競爭，例如：在無人商店，其商品供應商和商店業者、技術科技供給者，和銀行行動支付等利害關係人，彼此協同來促進商品銷售事件，但也同時是競爭，因他們都必須能加入此無人商店生態內，才能有生存發展機會，而不是如同以往，只是單一組織企業的供需銷售事件，或只是聯合行銷事件。接下來為了控管此生態營運作業，則必須以共同平台方式來運作這些相關串聯事件，例如：建構一套雲端應用資訊平台，以往做法會有各軟體廠商提出各自平台系統架構和設計，但目前有一種區塊鏈方法論，很適合建構生態運作的平台。

現在已開始朝向平台生態式商業營運模式，而這種模式可創造出創新商業模式。因為透過平台可客製化設定動態商業規則，並將相關跨組織角色和流程整合運作，而不是單一組織、單一功能的各自運作，故其商業模式可自適性改變，尤其結合在該產業鏈不同的其他價值角色，這些價值角色須加入此平台，才能發展營運作業，而不是各自競爭，如此形成了生態式競爭，這就是一種創新的生態式商業營運模式。例如：YouBike 自行車租用模式，就是一種平台生態式商業營運模式。

二、產品服務系統

這是一種融合產品生命週期於消費者使用的服務作業營運模式，其模式在之前就有學者研究和企業運作，但並沒有大放異彩和普遍化，其原因在於沒有一套精實的智慧科技來落實。而現在 AIoT 技術環境的智慧科技來臨，使得此 PSS 系統得以落實，也讓 AIoT 技術得以發展而不是泡沫科技。故 PSS 和AIoT 的結合可創造出創新商業模式，並發展出多方協同網絡的整合無縫運作；也就是從供應鏈協同運作串聯至 CRM 顧客銷售使用作業，因為在 PSS 模式裡，其主要是探討消費者的最終成品銷售使用，而此成品因有各零組件運作才得以使用，故零組件維修保固和回收，都會影響到成品效用和成本。因此，在 PSS 系統內，營運模式會考慮到從最終產品到其零組件的生命週期使用階段，所以 PSS 模式是包含供應鏈所有相關企業資源運用，如此能在產品生命週期階段中，達成減碳綠色環保與降低環境衝擊效益，進而活化資源效率、降低閒置資源，從此思維得知 PSS 模式也是產業生態體系。從此體系發展出的 PSS 創新租賃使用模式，是一種隨選 (on demand) 所需的共享經濟型態，它使消費者能從買斷擁有權到使用權，並且在 AIoT 技術環境下，使 PSS 系統能發展虛實和現實物理整合的創新服務營運模式。此創新模式優化，加速深入商品化的進程，讓消費者在可控制預算下能容易使用此商品，如此供應商相對也很容易切入客戶關係的銷售行銷服務作業，這就是 CRM 和供應鏈的無縫整合，最後發展出 PSS 的客戶效用需求之營運模式。

例如：電動機車 PSS 系統營運模式，結合電動機車製造廠和相關零組件供應商各分布不同據點的充電站、雲端營運模式資訊系統的平台業者等供應鏈組織角色，而在此模式內，消費者可選擇不同使用方式，如租賃方式使用約定年限後買回方式、使用時間計價方式等。另外，機車維修保養也可由參與 PSS 模式的相關角色共同運作，這可使消費者使用機車所需負擔大大降低，進而加速購買使用，達成雙贏局面。

三、一條龍需求服務

在供應鏈產業各企業組織對客戶消費者進行 CRM 作業時，主要是以該組織販賣的實體產品或無形服務為主，但以消費者而言，他們要的是產品或服務所帶來的效用需求。這樣的思維帶來兩個重點，第一是當有另一產品服務可替代原產品服務效用，並且其價格、品質有其優勢時，消費者就會轉向購買替代產品服務，例如：以往購買地圖紙本來找尋目的地，但當有電子導航設備時，就可取代地圖紙本，因為此設備尋找往返程目的地之效用更加具有優勢。而這個重點，其影響的不只是消費者訂單流失，更是產業競爭版圖的消長。故在企業的商業模式運作中，必須考慮到效用需求的變遷，而不是一味侷限於產品服務的運作。第二是消費者雖然獲得某產品服務的效用需求，但以人類點、線、面模式來看，其效用不是單一的，會有多個效用，而且須整合這些效用，才能達到消費者的真正整體需求。承上例，當消費者有了電子導航的尋找目的地效用時，仍不能滿足真正整體需求，原因是為何要到此目的地？假設是旅遊，那麼此目的地須票價嗎？多少票價？其旅遊設施、環境是否符合消費者個人化需求？以及其他效用等，以上這些資料所產生的效用，也是消費者的需求，而且這些效用必須達成，才能滿足真正整體需求。從上述可知，企業商業模式必須整合這些效用需求，而這就是一條龍需求服務。

四、AIoT 三大創新商業模式

在關聯圖 10-4 中，可知此三種創新商業模式是互有相關的。在 PSS 模式主要探討供應鏈產業上、中、下游各組織的整合運作，故由其供應鏈產業可創造出平台生態體系，因為此體系運作就是運用產業相關組織的利害關係人彼此協同互動所發展的，因此，這兩者結合可使商業模式進入創新變革的形勢，進而強化競爭力。另外，由於 PSS 模式是以效用需求來發展創新租賃使用的營運方式，故在此透過效用驅動方式的服務商業模式，可滿足消費者真正需求，因此，藉此連接至一條龍需求服務的商業模式，來實踐整體效用需求。最後，由於欲運作一條龍需求服務，須由不同企業組織依專業定位核心能力分別提供其服務方案，也就是在產業生態的不同利害關係人來實踐之，故可連接至平台生態體系的商業模式，而這兩者的結合，同樣也透過互相運作整合，可創造出另一創新商業模式。茲舉電動機車使用銷售為例說明，消費者參與 PSS 模式的使用約定年限買回之服務方案，而在維護保固也加入 PSS 模式，故此方案利用雲端平台生態體系，讓機車保養廠和其零組件供應商共同在雲端資訊系統平台參與此方案運作，包括保固條件設定、維修保養記錄、零組件供給管理等作業，而對消費者加入此方案，由於它可滿足多個效用需求，故消費者可得到一條龍所有需求服務，如此可降低其整體作業成本和消弭不信任疑慮，以及避免不必要的冗餘作業時間。

綜合上述，可知 AIoT 商業營運是從產品服務銷售轉為效用需求延伸性服務化的模式，例如：從賣引擎到賣動力管理服務，也就不是單純銷售引擎產品和售後服務而已，而是銷售引擎產品的動力效用，故客戶真正需求是指動力整個運作管理，因此，商業營運模式是動力管理服務的作業流程。同樣的，從賣電燈到電力能源最佳化服務，也是 AIoT 商業營運例子。

五、AIoT 創新商業模式案例——智慧路燈

在全世界都朝向智慧城市的國家競爭力前進時，在此扮演關鍵基礎的智慧路燈網，就成為此運作的開始。在智慧路燈的規劃建立下，會有三個特點：

1. 智慧路燈的應用功能種類眾多，由於它可能規劃智慧照明、環境監控、資訊公告、交通監控、無線基地站、即時充電站、商業傳播、緊急呼叫等功能，但是否每一功能都需要，或是應依當地條件狀況而有不同功能設置。
2. 智慧路燈的後續維護管理和成本，由於上述功能都須不斷維護，以及投入成本維持，故是否能持續發展是很重要的，而不是曇花一現，否則對智慧城市毫無貢獻。
3. 智慧路燈擷取資料數據，是它得以發展的主因。因為數據化經營已是任何組織企業在運作流程的基礎和方式，而智慧路燈屬於物聯網技術演化的智慧產品，就在於從實體世界內感測擷取資料，而這些資料就是其目的，因為有了這些資料數據，才能進一步做智慧化管理。

根據上述背景特點，可知智慧路燈已不是傳統照明路燈作用，它扮演串起智慧城市遍布各地點的傳號兵角色，以掌握監控城市運作脈絡，並追蹤過去、現在、未來資訊流程，以便使城市朝向更具效率化、智慧化，如此達到城市競爭和美好。因此如何以前瞻管理模式來做好智慧路燈營運，是本計畫的探討方向。

智慧路燈是智慧城市的各地區觸角，透過這些觸角，可讓城市產生網絡效益，故如何串聯這些智慧路燈而成為「燈聯網」，此網使得路燈們可彼此溝通傳

遞和整合管理，這對於有效管理路燈進而提升工務服務品質是重要的基石，故本計畫提出以區塊鏈為燈聯網的原創性思路來源，並以資料和商機這兩構面為研究方向。

首先，在資料方面，是智慧路燈所擷取資料（例如：路人、空汙 PM2.5、車輛、車流量等），因可能牽涉到個人隱私、憑據保全、竄改假造、資料品質、串聯關聯等需求，這時將以區塊鏈技術效用（例如：資料加密、去中心化、不容竄改、共識驗證等）來達到上述需求，而其中本計畫也提出區塊鏈 (blockchain) 資料庫及保險庫機制原創方法，如此區塊鏈為基礎的資料庫不僅有虛擬數位化運算運作成效，也連接至智慧物品，此物品就是指透過物聯網技術所形成的智慧路燈，這是有實體物理性運算運作成效，而本計畫就是要達到這兩個成效所建構的燈聯網，其具有虛實整合的綜效。

再者，在商機方面，欲讓城市某些地區內的這些智慧路燈，能因上述所擷取資料而造成某些應用功能（例如：車流監控、環境控管等），進而能發揮活絡地區生機，以及其相對投入成本須能彰顯投資利潤，它們欲有作用，就須依賴商機行為。因此本計畫提出利用近場通訊 (NFC) 和 App 技術的 WoT (Web of thing) 平台來促進商機的原創性想法，透過以 WoT 平台讓路人客戶可以很方便地用手機 NFC 和 App 軟體，來和智慧路燈中的 NFC 標籤商品訊息做感應溝通，以促進商機行為，進而讓智慧路燈營運有了營收，如此可應付其維護成本，使之能有維護管理，進而可發展智慧城市。另外，同時也因此商機行為，使得這個地區能有活絡生機之未來發展。

第三個原創性是本案例提出整合物聯網和區塊鏈的燈聯網平台，此平台可作為智慧路燈營運的基礎設施，它利用區塊鏈的追溯資料和物聯網的智慧產品來建構追蹤能力，此追蹤能力可掌握監控資料保全安全和營運商機狀況，此追蹤資料數據不僅包含物理數據，還包含數位數據。因此，物聯網（物理數據）和網際網路的訊息系統（數位數據）是燈聯網中的關鍵來源。它們結合成所謂的 Web 物聯網 (Web of thing, WoT)。WoT 促進了燈聯網中分散式物聯網的呈現。因此，先進的追蹤系統適用於燈聯網，以優化智慧路燈營運績效。

在智慧路燈營運中，若從資料和商機這兩個構面來探討，則其資料保全安全和提升營運商機的能力對於本市公共建設服務品質至關重要。因為資料數據加值應用和商機傳播活絡區域，對於形成智慧城市是非常關鍵的推動要點。故智慧路燈應從創新商業模式來規劃，而不是單一照明設備物品而已，而這也是本計畫重要的思考來源。在智慧路燈創新營運商業模式下，如何利用追蹤能力來掌握監控資料保全安全和營運商機狀況，是關鍵的管理績效所在。然而，傳統的追蹤系統面臨缺乏分布式可控平台，而先進技術在提高追蹤能力方面，發揮著重要作用，進而提高了公共建設利益相關者的業務績效。故本案例提出基於區塊鏈的智慧路燈追蹤營運平台，此平台透過數據共享，並以可見性方式建立關係，和發展出透明度所需的先進追蹤系統。透過從中心模型轉移到對等模型，來解決利益相關者之間的非信任問題。在智慧路燈營運需要更快速地控制追蹤狀態變化的交易數據，先進的追蹤系統依賴創新營運商業模式的價值鏈創建來優化其效率。上述說明就是本計畫提出的前瞻管理模式。在智慧路燈運作模式設計下，本案例提出從資料和商機構面，來探討區塊鏈的智慧路燈追蹤營運平台。智慧路燈利用物聯網技術來達到其在區域分散式地點的智慧化應用，而這樣的應用產生了很多資料和商機所在。所以本案例擬解決之問題，主要在資料和商機這兩個構面。

一、智慧路燈擷取資料的個人隱私和機密憑據

在智慧路燈擷取資料中，其眾多交通應用功能會產生相對性資料，例如：人臉辨識、經過車輛的車牌等，但這些資料都可能扮演牽涉到個人隱私和機密憑據的角色，因此這些資料如何保全和不容竄改等需求，就成為其發展智慧化成效的關鍵。

二、智慧路燈作業成本的經費來源和促進區域商機

在商機中，由於智慧路燈是遍布在廣大且區域化的分散式地點，故每位路人都會經過某區域的一些路燈，而因之前路燈主要功能是在照明，因此沒有路人會去注意它，當然其外觀設計也不甚典雅好看，這對追求觀光特色的城市會有負面印象，故智慧路燈此時也扮演了美化和商業傳播應用。在商業傳播應用上，重點主要在於自給自足的自負盈虧管理概念，因為傳統路燈在單一照明應用下，其作業成本費用相較於智慧路燈是不高的，但智慧路燈因有其眾多智慧化功能，例如：環境空汙感測器等，而這些功能造成作業管理複雜和高成本，也包括後續維護管理的成本。試想，若因維護不當，而造成智慧路燈成效不佳的後果，故如何做好智慧路燈管理是需要經費，但經費如何來？這時可讓智慧路燈本身也能有利潤，做法就是在路燈置入商機媒合功能，也就是讓廠商在其路燈放置廣告和商品傳播，如此引發路人查看，進而促發商機行為，這時就可向廠商收取費用，但欲

執行這樣的商機作業，其方法需有科技化和外觀設計等兩個。因科技化可使整個商機媒合行為有效方便，而外觀設計可帶來城市區域的觀光效益，只不過必須考慮路人安全設計，而且並不是每一個路燈都需要此商機功能，也就是每個路燈都依其本身區域特性，來規劃其應有哪些功能。本計畫的研究是以科技化商機媒合為方向，其效益如下：

1. 利用「燈聯網」可將路燈和路燈的交易資訊做交換，以及路燈本身上傳雲端運算或傳遞邊緣運算的交易，儲存在區塊鏈平台，以維護和確保資料品質，如此提升路燈使用稼動率，進而發揮當地區域資料加值的效益。
2. 追蹤監控路燈運作狀況，也就是了解連接路燈之間應用功能，是否達到智慧城市的成效和目標，進而改善功能的運作，以便提升其公共工務對路人的服務品質。
3. 結合廠商商業活動，使路人客戶得以善用智慧路燈，並且達到消費經濟效益，如此可活絡帶動該區域商圈，進而活化路燈資產綜效，提升公共公務創新創造價值，而不是傳統被動照明功能的單一運作而已。
4. 在 AIoT（AI 和 IoT）的區塊鏈模式運作下，可使智慧路燈的營運發展出資料保密和憑證保全的功效，如此消弭個人隱私洩漏之疑慮，以及在執行公務所需資料的完整性、確認性，以便增強路燈工務的可行性和貢獻度。

本案例目標就是欲發展智慧路燈營運的有效率、效益之前瞻管理模式，此模式是一種創新的主動創造需求平台，透過此平台使智慧路燈能在智慧城市發展中扮演著重要的關鍵推手，故路燈不再只有照明功能，它可提供很多應用功能，而更重要的是，它是一種以資料數據為基礎的商業智慧所呈現之科學價值。綜合上述，其目標展開細節有：(1) 讓各個智慧路燈可互相關聯成互通網絡的鏈，而透過此網絡來達到價值鏈的目標，例如：在擷取辨識路人時，運算出可能是某通緝犯時，就可利用區塊鏈資料庫分析此人在跨越不同路燈的行走路線，進而加速遏止再度犯罪機率的價值。(2) 追蹤監控智慧路燈的資料運作流程，以便了解在路燈上應用功能績效狀況，例如：在某地區多個路燈，可感測車輛流通狀況，這時追蹤其流量資料狀況，包括時間點、車子數量、車種、動線等資料流程，可分析其可能塞車時間和地點，以便適時通知用車人避開塞車路段，進而疏散交通成效；若能達此成效，則表示其感測車輛動線的應用功能有其績效。(3) 確保儲存路人在智慧路燈人臉辨識所掃描之個人隱私資料，並且以區塊鏈技術來加密其資料，如此可防止洩漏和適當使用個資合理性，例如：因兒童路人走散，則可合理調閱其路燈掃描人臉資料，以便快速尋找此兒童。(4) 建構在路燈設備上，NFC-based 商品訊息標籤可讓路人以手機方便且迅速得知其消費或其他公告訊息，以便提升路燈對該地區的利用率，例如：該地區里長欲讓附近居民或路過行人知道某路段何時道路維修施工的封路訊息。(5) 撮合廠商欲推廣的廣告行銷活動至路人客戶，如此可活絡該區域的商業活動，以便帶動地區的人潮，並且可從中收取使用者付費的合理利潤，來作為維護管理智慧路燈的經費來源，例如：附近區域的租房廣告，可讓路人利用手機 NFC 感應其數位資料，並進一步媒合適當房子。(6) 利用 WoT 技術以數位化呈現其智慧路燈運作全貌的視覺化狀況，如此可遠端了解其智慧路燈的實體運作，而不須那麼麻煩到現場勘查，例如：透過 App 程式來了解路人使用智慧路燈 NFC 標籤的狀況，進而分析那些路燈和那些訊息廣告的使用頻率，以便了解那些區域的商機活躍程度。在上述目標細節的 (1) 到 (3) 項，是以資料構面為主，而 (4) 到 (6) 項是以商機構面為主。

案例研讀

問題解決創新方案→以上述案例為基礎

問題診斷

問題 1. 群體決策在協同作業中如何做決策。
問題 2. 研發作業是否為群體決策行為。

創新解決方案

經營資訊化諮詢平台：該平台是提供可讓使用者自行登錄這個平台，將企業問題和環境等資料，輸入該平台介面，進而經過平台本身的資訊化邏輯，自動診斷出該企業的資訊化諮詢，提供企業未來的資訊化建議方案。該平台的核心服務，即「經營資訊化」是始於企業人性的需求，發展出具有智慧性的系統化解決方案，來為企業在經營上所遭遇到的問題，以資訊系統化方法，來分析、改善其經營方法，進而增加企業獲利。

「經營資訊化」的服務，應用於企業網站上，可將該服務轉換為數位化產品，如此就可運用數位化效益，使得該服務可自動化產生，及同時為多個客戶服務。

管理意涵

所謂 DfM (design for maintainability)，亦即在設計時，同時考慮產品在維修時會面臨的問題，其中最主要是描述在設計生命週期流程的有關維護最佳化於理論和數理上的發展。

DfO (design for originality) 創新，是指 DFX 分析的結果可能會影響到有關於產品相關的一些企業流程創新，例如：軟體開發流程、元件組合流程等諸多企業流程。也就是說，將 DFX 分析流程壓縮成一步驟，加入企業流程再造 (BPR) 程序中。

效益包含：(1) 提高客戶滿意度及滿足需求；(2) 降低軟體開發成本；(3) 易維護、提高軟體品質；(4) 將員工的內隱性知識具體化，有效管理知識及員工的原創力；(5) 增加公司競爭力；(6) 工作經驗能傳承，不會因員工的離職，而產生斷層或工作停擺。

顧客回饋資料上應用了 DFX 來設計，考慮了顧客回饋有關軟體設計階段的產品因素。然而，從顧客回饋資料而來的 DFX 知識，通常是模糊不清的。例如：當軟體研發工程師在為產品設計功能時，須考慮使用者需求的表達認知。

個案問題探討

請探討主管資管系統如何在群體決策中，得到智慧型決策？

（讓學員了解業界實務現況）

AIoT 企業應用系統在資訊安全的實務做法，可從兩個構面探討之。

構面一、企業普遍實施監控軟體

一般監控軟體有三種效用：

1. 監控工作現場員工的勞動，以及現場安全性和防止不明人士打擾。
2. 監控員工上網的行為，例如：上網到不正當網站或處理個人私事。
3. 監控設備環境運作的進度和安全性。

構面二、企業普遍建構資安環境

一般資安環境分成三個模組：

1. 內部資安：有檔案文件、存取權限、版本控管。
2. 外部過濾：有防火牆、特定 IP + password。
3. 資訊系統：針對企業資訊系統做資料庫、軟體系統的資安環境。

習題

1. 何謂企業 AIoT PSS 產品演化？請舉例。
2. 請說明 AIoT 企業應用系統和目前 Web-based 應用系統的差異處。

SuiteCRM/KNIME 系統

「當在洪濤之際，就在荒野之後。」

學習目標

1. 說明 SuiteCRM 系統
2. 說明 SuiteCRM 系統核心模塊和進階模塊功能
3. 說明 KNIME 系統整體功能架構
4. 說明 KNIME 系統功能
5. 探討客戶資訊作業整合平台

案例情景故事

如何利用五力分析規劃資訊策略？

位於郊區外的零售通路賣場，今早發生了一件事，那就是產品的標籤日期，發生了未來日期事件，被顧客抱怨和檢舉。所謂未來日期是指標籤上的製造日期大於今天日期，這是不合邏輯的，會使顧客聯想到廠商是否有造假的嫌疑。而這件事的處理原可大事化小，但因為現場客服人員處理不當，使得問題愈鬧愈大，直到賣場陳老闆親自處理，包含不斷向顧客道歉，才平息這件事。

經過這件事後，陳老闆開始追究分析原因，原因在於標籤上製造日期是由電腦程式控制並且列印，但由於電腦輸入員一時 key in 錯誤，導致製造日期超過今日 3 天，而造成今日事件的導火線。從這個事件，陳老闆感受到資訊化控管的重要，他想，雖然這是作業程序的錯誤，但為何會造成這種電腦輸入的錯誤？經過請益資訊顧問後，他下了一個結論：「資訊化操作程序會影響企業作業流程，而影響資訊化程序則是在於資訊策略的規劃。」。

問題 Issue 思考

1. CRM 資訊系統執行方法應依循客戶策略展開？
2. CRM 資訊系統有哪些功能？
3. KNIME 系統和 CRM 資訊系統如何應用？

前言

SuiteCRM 是一個企業級、多國語言、可彈性客製化的的雲端系統，SuiteCRM 應用功能主要分成：核心模塊 (core modules) 和進階模塊 (advanced modules) 等兩大模塊。KNIME 是一種結合人工智慧的開源企業級開放平台，它利用機器學習來挖掘預測和提供可視化數據分析的開源框架。「客戶資訊作業整合平台」分成四大模組功能：市場情報管理模組、營業及費用預算管理模組、經銷體制（客戶）服務模組、新產品開發管理模組等。

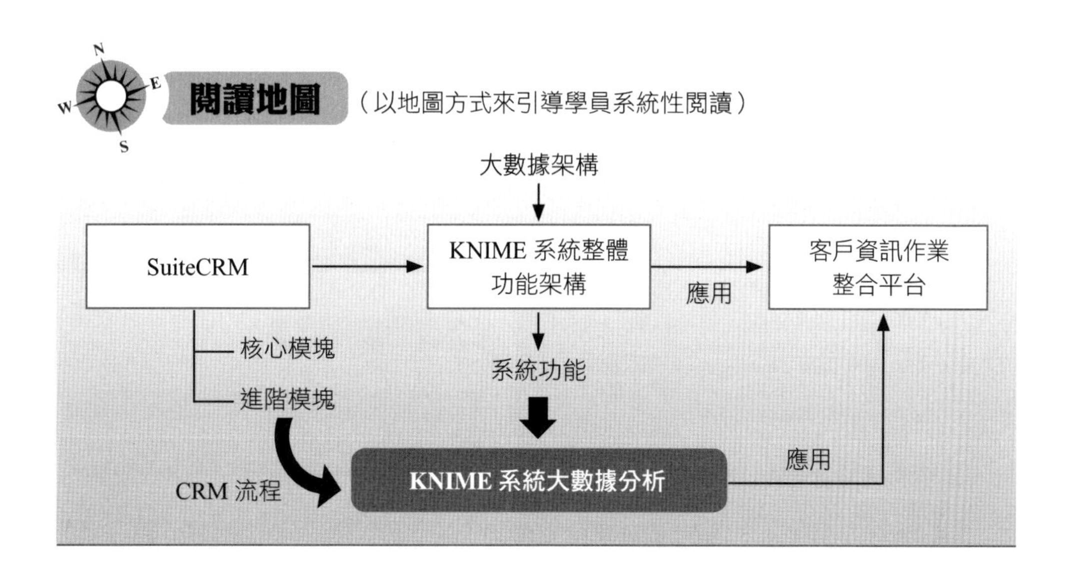

11-1 SuiteCRM 系統[1]

SuiteCRM 是由 SalesAgility 開發和維護的國際級 Open Source 開源顧客關係管理 (CRM) 系統，SuiteCRM 是一個企業級、多國語言、可彈性客製化的雲端系統，它的功能包括市場及銷售、客戶支援、工作流程、銷售財務等系統模塊 (module)，以加強與客戶可持續關係的效益。根據 FinancesOnline 公司的評分系統，提出對 SuiteCRM 整體產品品質的評價是 8.6 分。[2] BOSSIE 評比 SuiteCRM 可定位和 Salesforce、SAP 及 Microsoft Dynamics 等商業 CRM 軟體的競爭。如圖 11-1。

1 https://suitecrm.com

2 https://comparisons.financesonline.com/kreato-crm-vs-suitecrm

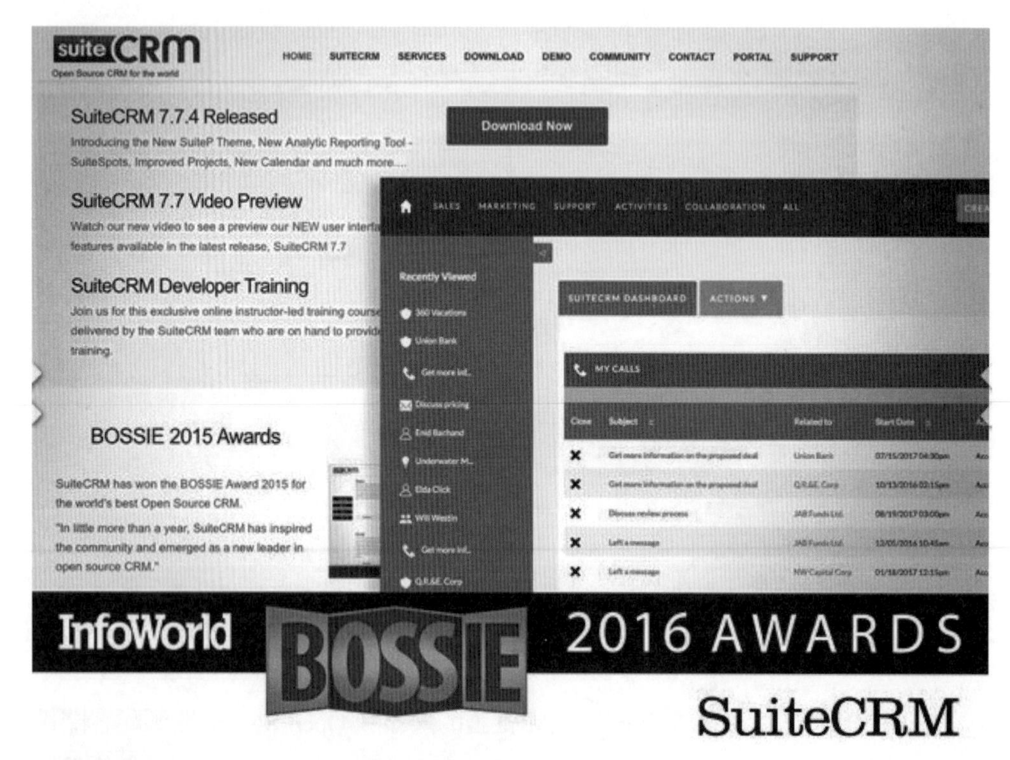

圖 11-1 SuiteCRM 整體產品品質評價

（資料來源：http://www.infoword.com/）

顧客關係管理的精髓在於客戶追蹤管理和客戶生命週期的整合，它可追蹤從初始收集階段直至購買決策等全部流程，如此可即時並且自動和客戶保持聯繫，以便掌握稍縱即逝的商業機會，而比別人更早搶得先機、在 SuiteCRM 系統內，有客戶服務模塊功能和行銷模塊功能。SuiteCRM 應用程序可設計、部署和跟蹤、有效地管理銷售線索等所有活動。當客戶下單後，接下來就是支付和應收帳款等作業，故 SuiteCRM 也提供財務模塊，包括合約文件、ROI (Return on investment) 計算、發票和報價等功能，如此可掌握有關客戶訂單財務狀況。SuiteCRM 應用功能主要分成：核心模塊 (core modules) 和進階模塊 (advanced modules) 等兩大模塊。

一、核心模塊 (core modules)

核心模塊包括帳戶 (accounts)、聯繫人 (contact)、潛在客戶 (lead)、轉換潛在客戶 (converted Leads)、機會 (opportunities) 等客戶數據應用功能。而這些客戶數據儲存和管理，可用記錄管理 (record management) 來控管。

帳戶是創建這些客戶數據的關係基礎，可以是合格銷售前景 (sales prospect)、客戶、供應商或再銷售商 (re-seller) 的組織 (business entity) 實體，帳戶記錄可以關聯到聯繫人、轉換潛在客戶、機會、活動等。帳戶可建立成公司型客戶名稱，可編輯負責人和關聯到聯絡人、潛在客戶 (lead)、機會 (opportunities) 等。聯絡人是客戶的員工，一個客戶可有多個聯絡人，如圖 11-2。

圖 11-2 核心模塊

（資料來源：https://suitecrm.com）

帳戶（也就是組織公司）會有聯繫人 (contact) 來管理相關的任何歷史記錄，也會關聯到潛在客戶、專案、合約、發票等作業，如圖 11-3。

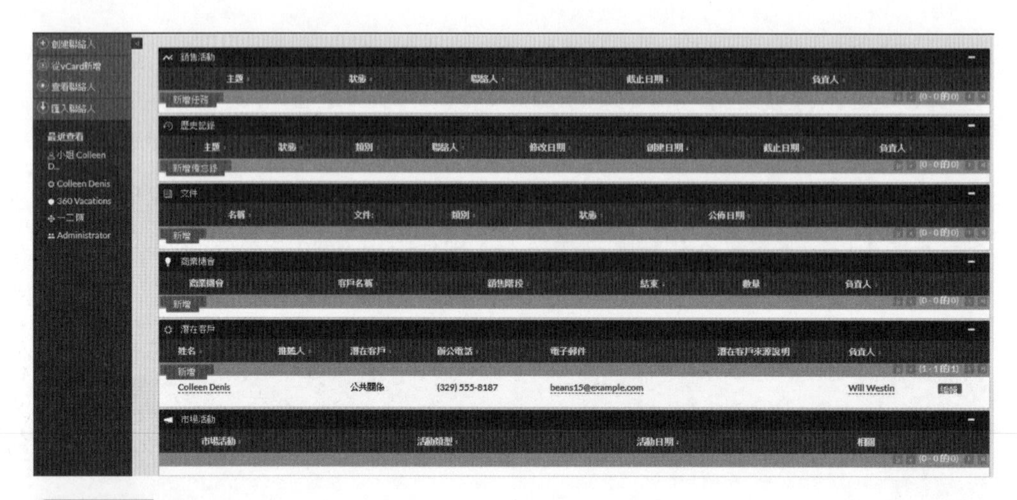

圖 11-3 帳戶功能

（資料來源：https://suitecrm.com）

商業機會 (opportunities) 是指可能產生訂單的機會，它會說明未來業務訂單內容，例如：一批 100 台電腦銷售，有可能是在銷售前景 (sales prospect) 的銷售階段，完整銷售階段包括銷售前景 (sales prospect)、資格合格 (qualification)、需求分析 (needs analysis)、價值陳述 (value proposition)、識別決策者 (identifying decision maker)、感知分析 (perception analysis)、建議／價格報價 (proposal/price quote)、談判/審查 (negotiation/review)、結束談成 (closed won)、結束丟單 (closed lost) 等，透過此銷售階段，銷售人員可以在整個銷售管道 (sales pipeline) 中追蹤銷售進行狀況，直至銷售階段成為結束談成或結束丟單等階段。商業機會的功能包括：潛在客戶來源〔意外來源、現有客戶、員工、合作者、公共關係、他人介紹、網站、市場活動 (marketing campaigns) 等〕，以及成交概率 (%) 和建立市場活動。

在細分客戶運作上，可用「客戶（帳戶）」、「潛在客戶」和「商業機會」等項目功能來了解客戶狀態上的管理重點，擁有 SuiteCRM 的企業員工必須掌握目前的客戶狀態，才能執行適當的銷售和服務方式。

市場活動的功能可為組織提供行銷和廣告工具，它可編輯活動名稱和描述內容，乃至活動預算和活動類型（電話行銷、郵件、廣播、網路），以及活動狀態（計畫中、啟用、停用、完成），如此可為潛在或現有客戶創建和追蹤電子郵件和非電子郵件（例如：電話銷售或廣播）的行銷活動。例如：建立一個市場活動 (marketing campaign) 是「市場微電影拍攝競賽」，它須選擇目標列表 (target lists) 功能，此列表須關聯到多個目標數量，在此所謂目標 (targets) 是指作為市場活動的接受目標者，此目標者可能來自電子郵件或貿易展覽會收集名單中，而欲在目標列表功能建立目標者資料，其目標列表狀態須設定為「default」。

在網站上填寫回應詢問資料，或者在貿易展覽會上討論商品市場等，可能成為客戶的市場行銷相關事件，是一種潛在客戶 (lead)，它通常由未合格的聯繫人 unqualified contact 建立，一旦潛在客戶被認可合格時，將可轉換為聯繫人、帳戶和機會，聯繫人可掌握能和誰溝通，帳戶可清楚知道客戶公司狀況，機會是可知道有什麼生意可做。

在活動 (activity) 功能上有電子郵件 (emails)、會議 (meetings)、案例 (cases) 等活動。透過建立案例 (cases) 可支援客戶尋求幫助或建議的客戶互動記錄。在案例的每個階段，可以追蹤和更新過程中的對話狀況 (conversation thread)，其中功能有案例類型（管理者、使用者、產品）和優先順序、案例狀態（新建、已指派、等待輸入），同時案例也可關聯到帳戶、聯繫人和錯誤 (bugs) 等功能。

會議功能可以創建會議記錄、會議狀態（完成、已計畫、未開始），以及邀請在系統內使用者參與或創建聯繫人和潛在客戶，並且建立提醒與會者功能，或是重新安排時間功能，並可連接相關帳戶、聯繫人、專案等。通話呼叫 (calls) 功能如同會議功能一樣，可允許用戶安排和記錄他們可能參與的系統內部 (inbound) 和系統外部 (outbound) 的記錄。

日程安排 (calendar) 的功能是應用在安排會議 (scheduling meetings)、呼叫和任務 (tasks) 來管理時間。提供待辦事項記錄和關聯的方法，以提高工作效率。

備忘錄主要在於創建用戶評論記錄，並關聯到帳戶、聯繫人、潛在客戶等，另外還關聯到與客戶相關的案例和錯誤的記錄。文件 (documents) 功能可以做為客戶發布或內部文件的檔案儲存庫，這其中還包括文件版本、文件類型、文件類別和子類別等功能。

專案 (projects) 功能在於創建成立專案基本內容，它會被專案任務 (project task) 所指派，也就是說，專案可包括多個專案任務，每個專案任務都可建立時間軸、關係類型（完成到開始、開始到開始）、使用率等資源狀況，它可用甘特圖 (Gantt chart) 和專案網格 (project grid) 來視覺化其專案執行狀況。

專案任務和任務是不一樣的，任務是提供一種待辦事項工作記錄，它可連接到相關帳戶、聯繫人、專案等。

二、進階模塊 (advanced modules)

在進階模塊中有兩大項目功能：AOS（進階銷售，advanced open sales）和AOW（advanced open workflow，進階工作流程）。

AOS（進階銷售）可創建管理售後機會銷售流程 (post-opportunity sales processes)，例如：產品及其類別、報價 (quoting)、發票 (invoicing) 和合約 (contracting) 等。AOS 可在管理面板 (admin panel) 內的「AOS 設置」頁面做報價、發票和合約的設定。合約設定是提供更新提醒期限 (renewal reminder Period) 功能，它定義了在合約結束日期之前多少天應該提醒通知。發票設定是提供初始發票號碼 (initial invoice number) 功能。報價設定是提供初始報價編號 (initial quote number) 功能。另外，在「稅額添加到項目總計」功能上，若選取此項，則稅額將會被添加到項目總計內，也就是說，總計 (total) 將包括稅收。

產品 (products) 功能可創建產品記錄，如圖 11-4，包括產品名稱、部件號、圖像上傳、產品頁面的 URL、聯繫人、產品的成本和報價價格、產品類別和類型等。產品分類 (products categories) 目的是將產品組織成分層的結構。產品類型是指實體產品 (goods) 和服務 (service)。

圖 11-4 產品類型功能

（資料來源：https://suitecrm.com）

報價 (quote) 是根據帳戶和聯繫人之記錄關聯，進而選擇代入帳戶地址和送貨地址，也包括選擇代入商業機會，另外可設定報價階段、付款條件等資料。再進一步，報價可轉換為發票和創建合約。當在創建合約時，「更新提醒日期」(renewal reminder date) 將根據 AOS 設置中指定的天數自動填入，此時，合約經理將會收到一個自動產生更新提醒日期的通話記錄。

AOW 是可讓使用者創建自行定義工作流程項目，包括：條件 (conditions)、觸發 (trigger)、行動 (actions)、事件 (events) 等。工作流程過程是根據以事件在不同的條件類型下，當滿足此條件時，則此工作流程就會主動觸發某一操作行動。AOW 提供過程審核 (process audit) 功能，可自動記載已經執行的所有工作流程詳細資訊，包括流程的詳細訊息、狀態和創建日期等。

在 AOW 功能內，可設定工作流程模組，可透過「工作流程模組」此欄位的下拉式選單功能來選擇各種模組，如圖 11-5。圖 11-5 是創建一個「案例提醒」(cases reminder) 工作流程，在三天內若沒有更新／修改案例時，會主動提醒通知特定的管理員使用者知曉。

圖 11-5 工作流程模組功能
（資料來源：https://suitecrm.com）

在行動欄位上有四種選項：「創建記錄」、「修改記錄」、「發送電子郵件」和「計算欄位」。而這些選項，都可增加欄位 (field) 和關係 (relationship) 這兩個功能。當選擇「創建記錄」時，畫面會自動產生「記錄類型」欄位，此類型欄位包括 SuiteCRM 本身所有項目，如圖 11-6。

圖 11-6 工作流程模組創建記錄功能

（資料來源：https://suitecrm.com）

三、SuiteCRM 軟體效用

SuiteCRM 系統除了上述企業應用功能外，也有其軟體效用的特色，包括 Dashlets、儀表板 (dashboards)、活動流 (activity stream) 等。Dashlets 主要功能是可依個別使用者登錄後，立即在首頁上顯示查看自己的記錄和活動，如此可減少查看／修改數據所需的時間成本。在 Dashlets 主要分成四大項：模組、圖表、工具、網頁等，如圖 11-7。

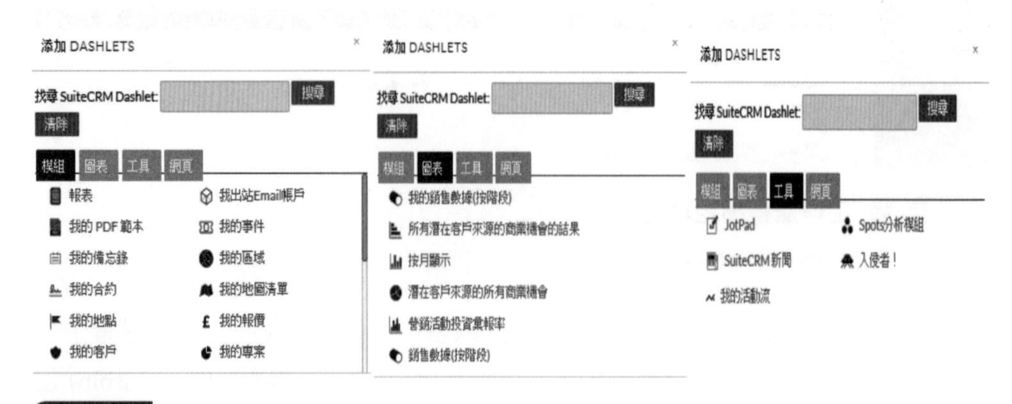

圖 11-7 Dashlets

（資料來源：https://suitecrm.com）

儀表板 (dashboards) 類似於 Dashlets 功能，它可利用「Add Tab」鏈接，來配置使用者增加各個不同主題的儀表板，如此方便分類以快速查獲相關整合的記錄和活動。

四、活動流 (activity stream)

SuiteCRM 的活動流 (activity stream) 功能，是可讓公司同仁互相溝通的方式，也就是組織內部消息傳遞的有用工具，它可顯示機會、聯繫人、潛在客戶和案例等最新狀態，另也可整合 Facebook 和 Twitter 包含在客製化 Dashlets 中。除此之外，也可做有附記時間戳的回饋評論和發送廣播給網絡中所有使用者的訊息。

在列表視圖 (the List View of a module) 中，可用在線編輯功能 (In-line editing) 來有效即時 (on the fly) 編輯記錄訊息。

在使用者介面 (user preferences) 功能的「Advanced tab」選項，可啟用設定桌面通知 (enabling desktop notifications) 功能，一旦桌面通知啟用後，使用者將收到任何日曆活動的通知提醒，例如：會議、通話等。圖 11-8 中的桌面通知選項可顯示是否有被點擊以及有多少通知數量，進而點擊呈現此通知的內容。

圖 11-8 'Advanced' tab 功能
（資料來源：https://suitecrm.com）

利用雲端技術，可將 SuiteCRM 系統架設成雲端客戶關係管理系統，這對於中小企業有以下列效益：

- 容易整合和擴展——透過 API 來使客戶關係管理系統可與其他應用程式整合，如此擴大應用功能，以及因應企業規模的改變，來彈性擴展調整使用者數目和頻寬或存儲空間。
- 立即建構實踐營運所需——在雲端環境下 ，員工透過自帶設備 (BYOD) 可有彈性地規劃及設定企業特性的 CRM 功能，以及直接隨時隨地操作客戶關係管理系統，不須做程式上編修和無須增加額外硬體成本，以便快速接應企業營運發展所需來提高生產力。

- 整體 IT 支出最佳化——SuiteCRM 系統是託管在數據中心內，它提供 IT 基礎設施，不須大量投資在軟體和硬體的資源上，就可被定期更新並持續維護和自動備份，以及電腦病毒監控，故初始前期投資額低，它提供了按期付款等出租收費方式的客戶關係管理解決方案。

從上可知，雲端式 SuiteCRM 是企業選擇 CRM 解決方案的不二之選。

一個企業應用系統規劃導入，攸關企業經營績效，故應以經營管理整合資訊系統運作方式，來協助客戶解決問題，而不是為了導入資訊系統而導入，這不是單純導入費用成本問題而已，更重要的是所投入的時間精力和機會成本。採用開源 SuiteCRM，好處是有自由軟體和共享資源。根據報導，它目前是全世界常用和歷史悠久（前身是 SugarCRM）的應用系統，但也因為如此，企業客戶必須清楚，它不像有購買專用 CRM 軟體系統一般，會有軟體系統付費級的專門服務，應循序漸進的來導入 CRM 系統和其管理流程，故提出以下 SuiteCRM 導入程序的解決方案。

步驟 1. 企業特性適用評估表

不同企業有不同行業、產品、作業、文化等特性，因此在導入 CRM 系統必須考慮其功能和流程適用性，此表即是協助企業在導入前的評估。

步驟 2. 入手課程——CRM 認知和 SuiteCRM 系統架構作業

CRM 系統是跨部門協同的企業運作，不是個人單獨的工作項目，因此企業所有員工都必須對 CRM 系統有其共識、認知和架構功能，故此課程就是要凝聚全體員工對 CRM 知識的方向，並根據企業特性適用評估表的結果分析，此課程為企業量身訂作課程，如此效益可強化後續導入成功性，而不會走冤枉路。並依企業規模和特性而有不同上課期間和天數，有不同報價和簽約。

步驟 3. 企業規劃診斷報告

根據前兩個步驟，只要有進行購買步驟 2「入手課程作業」，就會提供約 3~6 頁 Word（視客戶規模和特性而定）的免費企業診斷報告，作為企業導入前的決策參考。

步驟 4. 初步設計功能作業

若根據上述步驟，經過企業客戶初步確認可行性後，則為了讓客戶做出真正最後決策前，建議應再深入探討規劃其具體模組功能的初步設計作業。此作業可幫助企業客戶更認識導入後成效、導入成功性機率，以及目前欲運作 CRM 功能。此作業會提供的專業設計方法論（包括方法步驟、流程圖、表單等）為運作主軸，透過上述步驟結果資料，再加上引導企業客戶對 CRM 需求，來製作客戶本身 CRM 架構和模組功能（包括客戶量身訂作 SuiteCRM demo），進而完成初步設計功能報告。整個作業運作會以到客戶端輔導天數和報告，作為客戶購買確認交付的依據。其實際運作期間，也是依企業規模和特性而有不同輔導期間和天數。

步驟 5. 客戶決策是否導入

步驟 6. 導入作業

步驟 7. CRM 經營管理作業

11-2 KNIME 系統[3]

KNIME 在 2004 年 1 月由康斯坦茨大學發展，KNIME (Konstanz Information Miner) 分析平台是數據驅動創新領先的開源企業級開放平台，它是一種結合人工智慧的功能強大知識發現，利用機器學習來挖掘預測和提供可視化數據分析的開源框架。KNIME 分析平台提供超過數百個數據分析案例。KNIME 分析平台由一個可視化工作台組成，包括以下特色：數據轉換、節點配置和執行、互動式數據視圖和報告、Eclipse 平台、數學和統計功能、先進預測和機器學習算法、工作流程控制、簡單直觀 GUI 互動式用戶介面、遠程或計畫、產業領先 PMML 模型的可移植性和部署等特色，如此使 KNIME 數據分析過程可以集成到現有的環境中。KNIME 分析平台可擴展性到單機電腦和 Hadoop 大數據執行，並發展出在同一個可視化工作流程中進行組合的數據混合 (data blending)，它可結合文本文件、數據庫、文檔、XML、JSON、圖像、網絡等數據，並可連接擴充外部插件，包括：文本挖掘、圖像挖掘以及時間序列分析的方法。

KNIME 可連結到 R、Python、SQL、Java 和 Weka 整合。KNIME 提供不同

---

3 https://www.knime.com/

運作服務模式，如圖 11-9，包括 KNIME collaboration extensions 協作擴展（從小型工作組擴展到全球企業）、KNIME TeamSpace（工作組）、KNIME Server Lite（建立在 TeamSpace 上，但增加遠程執行、預定執行、認證和用戶權限等功能）、KNIME WebPortal（網頁瀏覽器發布擴展到 Server Lite）、KNIME Server 伺服器（旗艦型 KNIME 協作產品方案，以擴大增加網絡服務）、KNIME Cloud Server 雲伺服器（無須進行本地安裝或維護）、KNIME 大數據連接器 Big Data Connectors (Hadoop / HDFS)、KNIME Spark Executor Spark 部署（高效分布式計算分析工作流程）等，如圖 11-9。

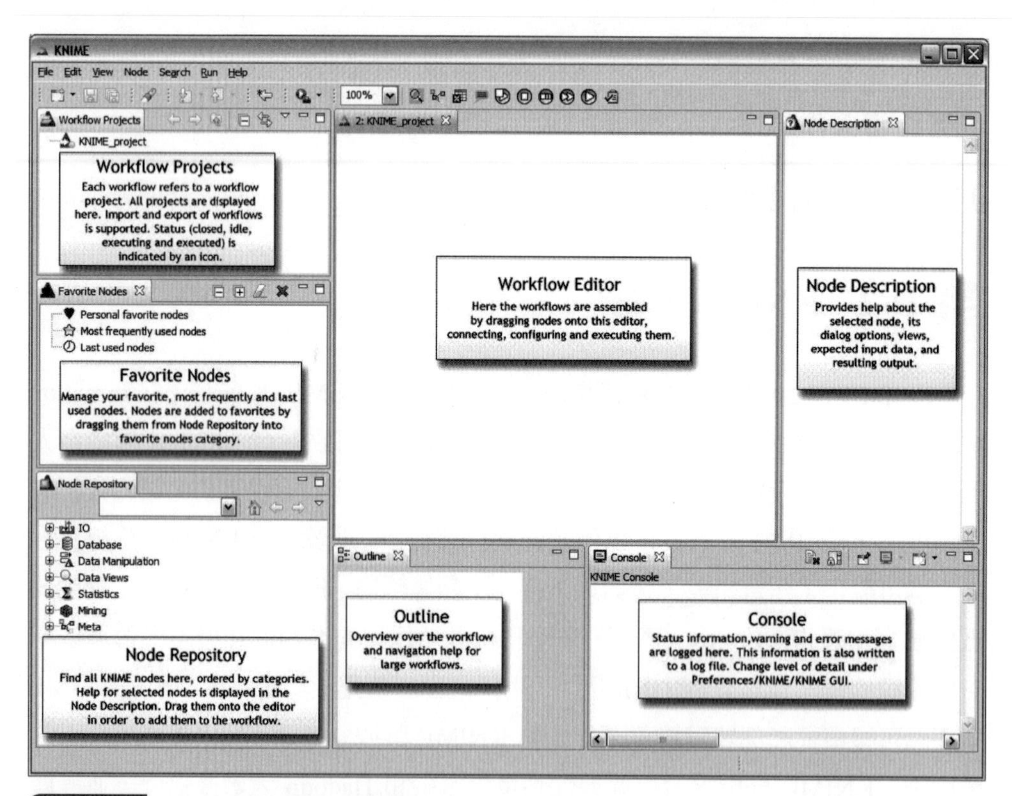

圖 11-9 KNIME 整體功能架構

（資料來源：https://www.knime.com/）

Hortonworks 提出和 KNIME 認證技術計畫，如圖 11-10。KNIME 大數據擴展與 Hortonworks 數據平台 (HDP) 整合的開源解決方案，KNIME 提供容易擴展的 API 模組，以及無程式代碼設置 (code free set) 和直觀的介面。

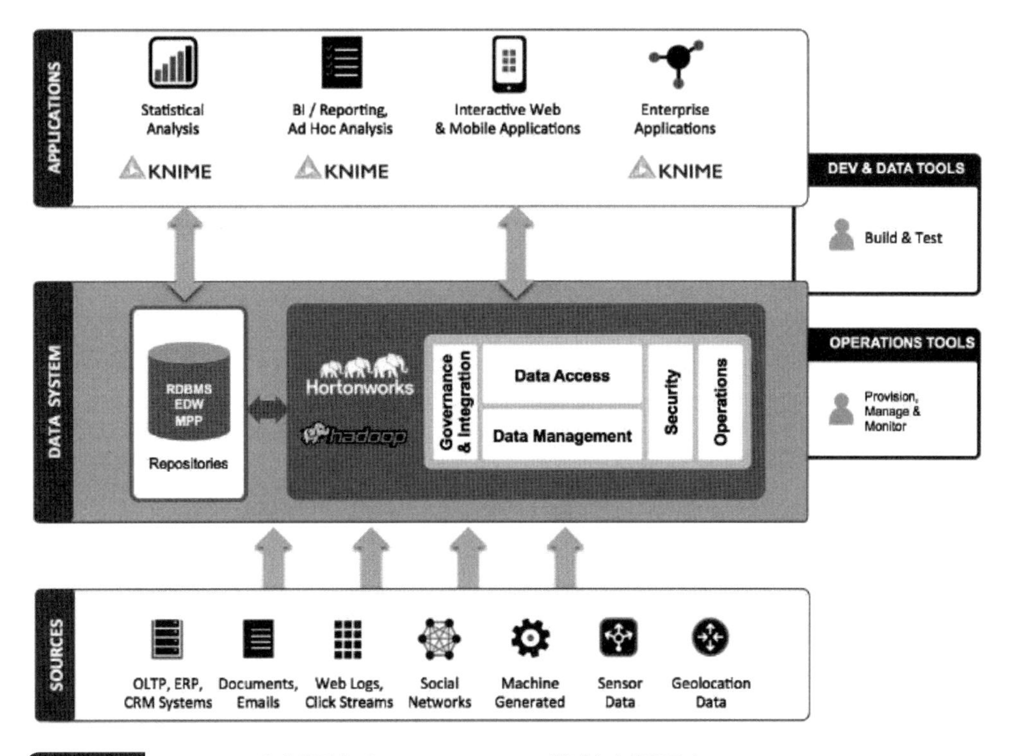

圖 11-10 KNIME 分析平台和 Hortonworks 資料支援平台 (HDP)

（資料來源：Knime-Hortonworks-Solutions-Brief.pdf）

KNIME 是以工作流程 (workflow) 方式來建立其商業分析運作，包括節點（node，工作流程的基本處理單元），以及節點儲存庫 (node repository)。Repository 是以樹狀結構表現，如圖 11-11，下面有上千種用於分析的節點，它可從此儲存庫將節點拖放到工作流程編輯器 (workflow editor) 來發展商業分析步驟，並於節點描述 (node description) 中找到相關訊息，其中數據〔data，或模型 (model)〕可透過連接從一個輸出端口傳輸到另一個節點的輸入端口，此輸入端口會來自前驅節點 (predecessor) 的輸出端口數據。

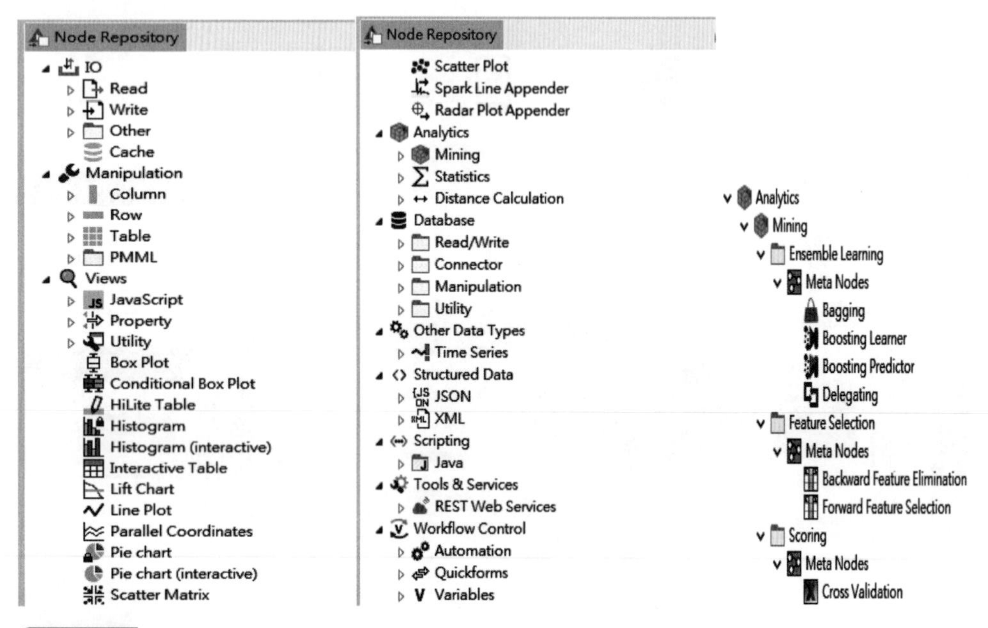

圖 11-11 Repository 樹狀結構

（資料來源：https://www.knime.com）

節點是隨著不同運作而有不同節點狀態 (node status)，節點之間相互獨立，以及可單獨執行。首先當節點被拖到工作流程編輯器時，顯示為紅色（無數據）；接著當節點已被配置 (config) 設定（接入數據），則狀態變為黃色；最後成功執行後，節點狀態變為綠色（正常運行），同時該節點的結果將會出現在出口端 (out-port)，以便提供給 successor 後繼節點。節點說明 (node description)：它可說明對話選項 (dialog options)、可用視圖、預期輸入數據和結果輸出數據。根據圖 11-11，可將節點分類為以下種類：IO 類（input/output，文件、表格、數據模型的輸入和輸出）、數據庫類（database，JDBC 驅動對數據庫進行操作）、數據操作類（manipulation：進行數據篩選、變換、計算和 PMML）、數據視圖（view：表格及圖形的展示）、分析類（analysis：統計學模型和數據挖掘模型，例如：線性回歸、多項式回歸、聚類分析、決策樹、神經網路等預測器）、結構化資料（structure data：JSON 和 XML）、工具和服務 (tool & service: REST Web services) 等。元節點 (meta nodes) 是指包含子工作流的節點，它可以包含許多節點和元節點。

KNIME 區域工作內容節點

喜歡的節點 (favorite nodes)：顯示最喜歡、最常用和最後使用的節點。工作空間 (workspace)：節點相互之間進行操作。控制台 (console) 可以顯示所有操作的狀態情況，呈現錯誤和警告 (error and warning)，以便了解底層 (the hood) 操作的線索 (clue)。工作空間概覽圖 (outline) 提供了整個工作流程的全貌，可以視覺化，即時了解所有節點的位置。在輸入和輸出端口會因不同工作流程而有不同端口 (port) 種類，例如：數據端口 (data port)、數據庫端口 (database port)、PMML 端口等。數據端口：是以白色三角形呈現，它將平面數據 (flat data) 表從節點傳輸到另一節點。數據庫端口 (database port)：可透過程式命令 (commands) 的節點 (nodes, database connection reader) 來存數據庫，它是以棕色方塊呈現。PMML 端口：數據挖掘節點透過一個藍色方形 PMML 端口，學習一個傳遞給引用預測器節點 (decision tree learner) 的模型。色彩管理 (color manger) 器節點：將定義數據視圖 (data views) 中的顏色。統計節點 (statistics node)：計算統計最小值、最大值、平均值、標準偏差等。文件讀取器節點 (file reader)：擷取 CSV 文件，並用散點圖節點 (scatter plot node) 來創建圖表，如圖 11-12。

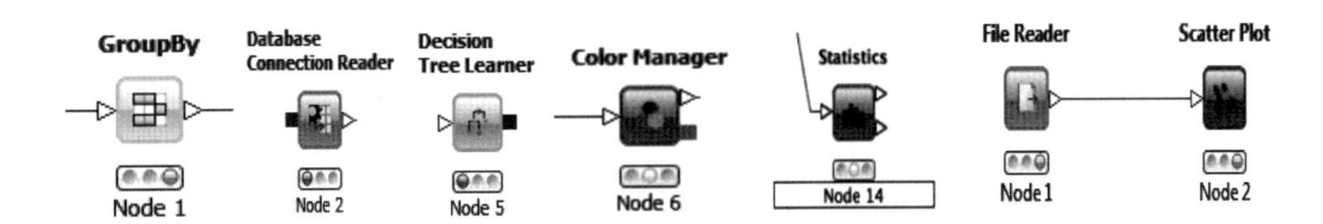

圖 11-12 KNIME 區域工作內容節點
（資料來源：https://www.knime.com/）

工作流程主要是做數據挖掘中數據的抽取、轉換、加載 (extract-transform-load) 操作。CRISP-DM (cross industry standard process for data mining) 是一個數據挖掘解決方案的跨產業標準流程，它包含了以下五個階段：業務理解 (business understanding)、數據理解 (data understanding)、數據準備 (data preparation)、建模 (modeling)、評估和部署 (evaluation and deployment)。(1) 業務理解：它是初始階段的開始，也是業務需求的來源，並從此業務理解將它轉化為數據挖掘的問題定義，然後建構具有標準標記的決策模型。(2) 數據理解：有了商業理解後，接下來是收集初始數據和識別數據問題。(3) 數據準備：將收集初始原始數據轉化為建模工具中的數據，包括表格、記錄和屬性選擇，以及抽取、轉換、加載 (extract-transform-load) 操作將數據萃取和清理。(4) 建模：是利用選擇和應用各種建模方法論，並利用不斷進行的數據準備過程、參數校準技巧和數學演算法運作來達到最佳分析值，以便符合模型目標。(5) 評估和部署：以數據分析方式來審查和評估其建構模型是否實現業務目標，若評估認為有達到數據挖掘的期望結果，則後續就部署此模型，也就是發展需要執行的操作步驟。

過程挖掘 (process mining) 是欲從其流程執行日誌 (logs) 中，萃取有關業務過程的有價值知識，例如：審計追蹤、數據庫和業務日誌等內容，而這些內容包括時間戳、資源、交易訊息和數據屬性等關聯註記，透過挖掘知識來建構模型（例如：Petri 網或 BPMN 模型），進而發現、監控和改進業務營運過程。在客戶訂單處理的業務流程，運用過程挖掘方式來發現精實的最佳化業務流程模型，過程挖掘是數據挖掘中最重要的領域之一。而在運作過程挖掘方法時，其噪聲（noise，指異常值和罕見的活動）、不完整性（缺失的事件）、事件相關性差距等改善，乃是過程挖掘方法的關鍵所在。在 ProM Tools 組織中，提供過程挖掘 ProM 工具，它可將營運工作流管理 (WFM) 轉換成 Petri Net 類型的過程模型，由此產生的 Petri 網，將描述所選業務過程的精實改善。ProM 工具使用特定類型的文件 MXML（mining extensible markup language，挖掘可擴展標記語言），作為交換格式。根據 ERP/CRM 系統事件日誌和其他事件記錄，可自動創建出真實過程（未知）的過程模型（抽象），它是依演算法生成過程模型的呈現表示，進而發展出流程的結構化視圖。它是簡化呈現出抽象真實的過程，以作為決策洞察力行為，如此可使用此過程挖掘監視流程偏差，也就是偵測到的現實事件與預先定義的業務規則是否符合，如圖 11-13。

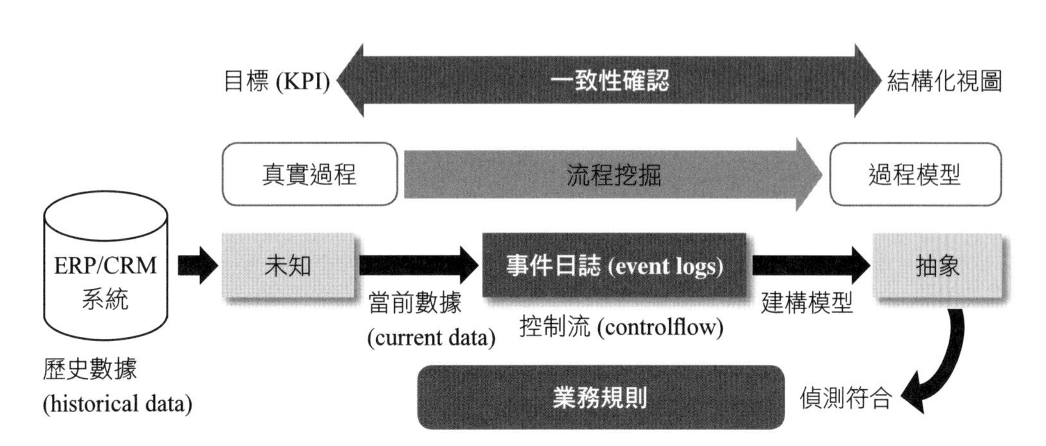

圖 11-13 過程挖掘架構

挖掘算法：包括 K 平均值集群、Fuzzy c-Means 集群、決策樹、關聯算法。

Aprior riarket basket analysis：從某時段的客戶交易數據庫，挖掘到一組頻繁 (frequent) 項目，分析可能從頻繁模式 (patterns) 導出的關聯規則 (association rules)。

數據視圖 (data views)：包括箱形圖 (box plots)、直方圖 (histograms)、餅圖 (pie chart)、散點圖 (scatter plots)、分散矩陣 (scatter matrix) 等。

使用產品描述 (CSV reader) 的工作流程來查找產品的含義，如圖 11-14。

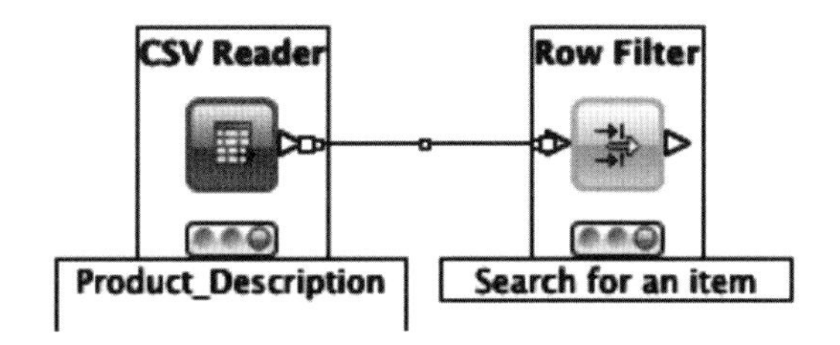

圖 11-14 產品描述

（資料來源：https://www.knime.com/）

客戶分類 (customer segmentation)：一個賣場的一組客戶的 RFM (recency, frequency and monetary value) 測量數據集，使用 K 平均值找到一個群集 (cluster)，並分析說明此群集客戶行為。以下是 KNIME 系統常用功能，如圖 11-15 至圖 11-20。

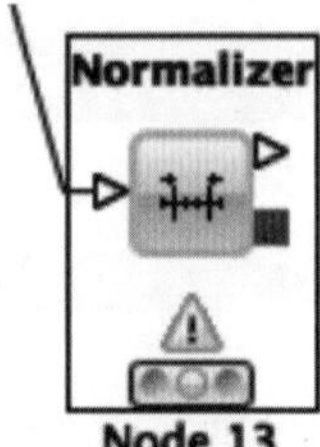

圖 11-15 數據標準化 (data normalization)
（資料來源：https://www.knime.com/）

圖 11-16 分層聚類 (hierarchical clustering)
（資料來源：https://www.knime.com/）

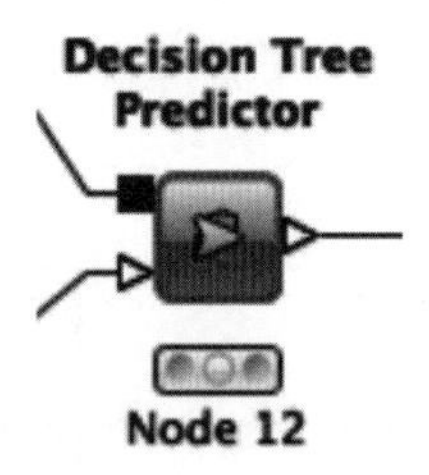

圖 11-17 按決策樹進行分類
（資料來源：https://www.knime.com/）

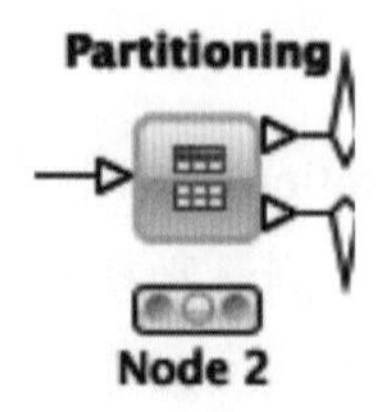

圖 11-18 在訓練和測試集中對數據進行分區
（資料來源：https://www.knime.com/）

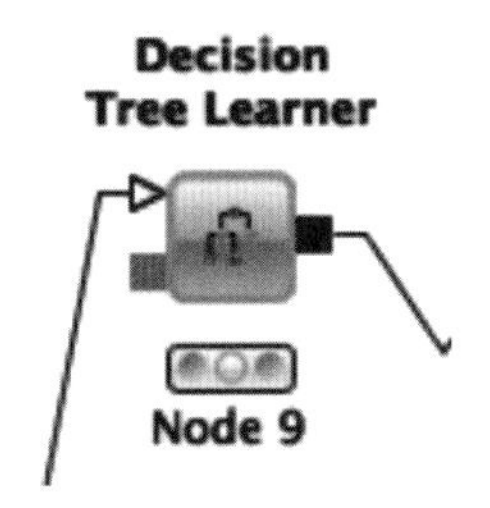

圖 11-19 在應用學習者的訓練集上
（資料來源：https://www.knime.com/）

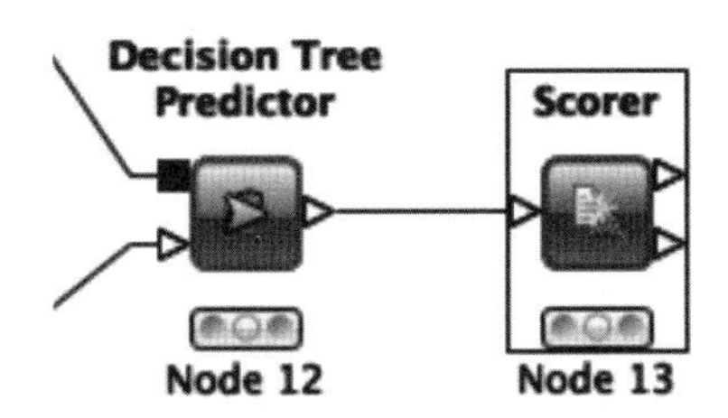

圖 11-20 在應用預測變量的測試集上
（資料來源：https://www.knime.com/）

11-3 客戶資訊作業整合平台

「客戶資訊作業整合平台」案例說明：首先整理出案例模組的功能架構，可分成四大模組功能：市場情報管理模組、營業及費用預算管理模組、經銷體制（客戶）服務模組、新產品開發管理模組等，分別說明如下。（見圖 11-21、11-22）

一、市場情報管理模組

以網頁式平台規劃建置市場情報管理模組，讓海外子公司及總公司相關人員可以前端介面層的 Web 線上機制來交換格式化、數位化之市場情報資訊，和運作海外子公司及總公司的作業，並逐步建構市場情報的知識管理 (knowledge management) 平台，主要包含三個子功能：

(一) 收集及整合市場情報

透過格式化、數位化之電子表單和自動化作業流程，來引導海外子公司市場運作流程及客戶透過前端介面層來收集及整合市場情報。

(二) 市場資訊交流與回饋作業

將市場情報資訊關聯化、連接化，以利分類、擷取、分析流通、加值。

(三) 市場情報資訊資料庫

將上述收集及整合市場情報的資訊，建構成一個資料庫。

二、營業及費用預算管理模組

以網頁式平台規劃建置營業及費用預算管理模組，讓海外子公司及總公司相關人員可以前端介面層的 Web 線上機制來查詢、新增、修改、覆核資料表單及報表，主要包含三個子功能：

(一) 整合與教育作業

整合各營業及費用預算，實體與網路並行教育、推廣營業及費用預算管理作業。

(二) 預算編製作業

將所有海外子公司的基本假設資料統一編製、修正、審查與公告，營業及費用預算 Web 線上覆核、彙整、修正、審查、公告。

(三) 績效評估及考核作業

將所有海外子公司的實績與預算做統計比較、差異分析、線上查詢與追蹤考核、Web 線上預算達成績效活動與獎懲公告。

三、經銷體制（客戶）服務模組

主要包含四個子功能：

(一) 彈性報價作業

針對不同地區、不同客戶採行個別彈性報價之定價模式，運用網際網路平台資訊整合功能，讓各據點、客戶、地區同步進行與互動。

(二) 庫存及帳款資訊管理作業

透過網際網路平台，即時查詢、追蹤、整合各海外子公司產品、備品庫存及帳款資訊，即時提供管理、支援及必要資訊揭露。

(三) 產品技術支援作業

透過網際網路平台，將跨多個據點的大、中盤商、工程公司、上游製造業、下游進出口經銷商、貿易商等通路，提供產品技術資料的公告、搜尋、訊息、討論、交流、文件下載、FAQ……支援作業，並可結合市場資訊交流與回饋作業。

(四) 售後服務管理作業

藉由網際網路平台，可即時統計、整合各海外子公司之維修零件需求及庫存資訊、客戶投訴原因及分析，並可結合市場資訊交流與回饋作業，逐步建構知識管理 (Knowledge Management) 平台。

四、新產品開發管理模組

主要包含四個子功能：

(一) 協同專案作業控管

針對公司新產品開發的各專案，與其相關跨各據點角色成員，共同透過網際網路平台來執行專案作業，包括專案組織角色、時程進度、連接技術文件等。

(二) 新材料及廠商承認作業

將因新產品所需的新材料規格、文件、核可等承認作業，和供應廠商共同透過網際網路平台來執行，以達到雙方認定的正確性、即時性及作業運作的整合性。

(三)工程變更作業流程控管

工程設計變更作業不但影響未來生產，也影響正在生產的零組件、庫存件、組裝件以及其他零組件，工程設計變更可謂影響層面深遠，針對每一種狀態的零件實體和圖案都必須可以對應的版本，予以管制。

(四) 模具開發作業

將模具開發的規格、文件，和廠商透過網頁式化平台，共同確認、追蹤作業內容及時程，以達到需求目的的正確性、一致性、即時性。

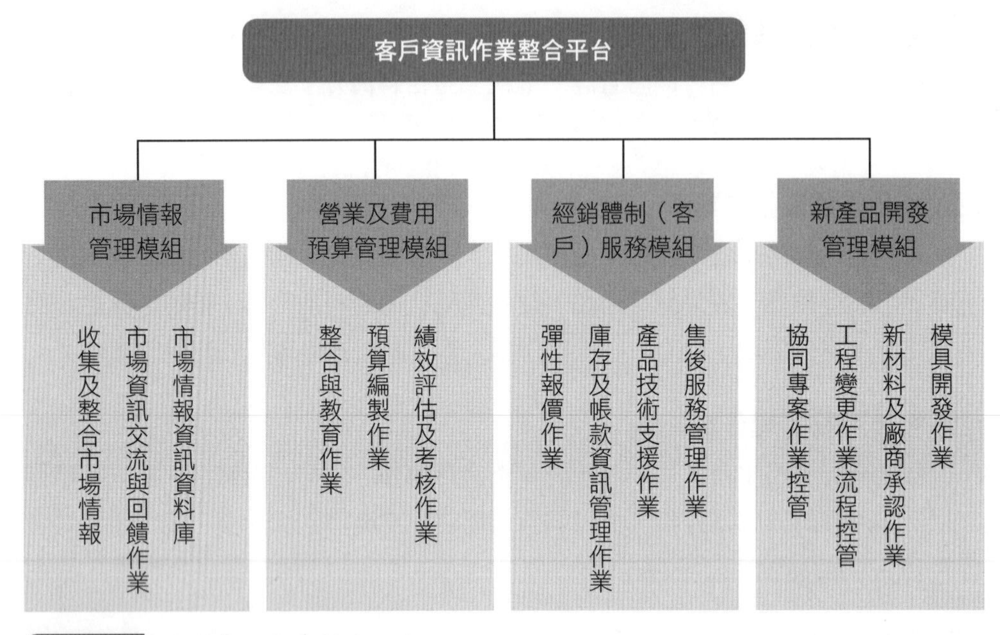

圖 11-21 客戶資訊作業整合平台

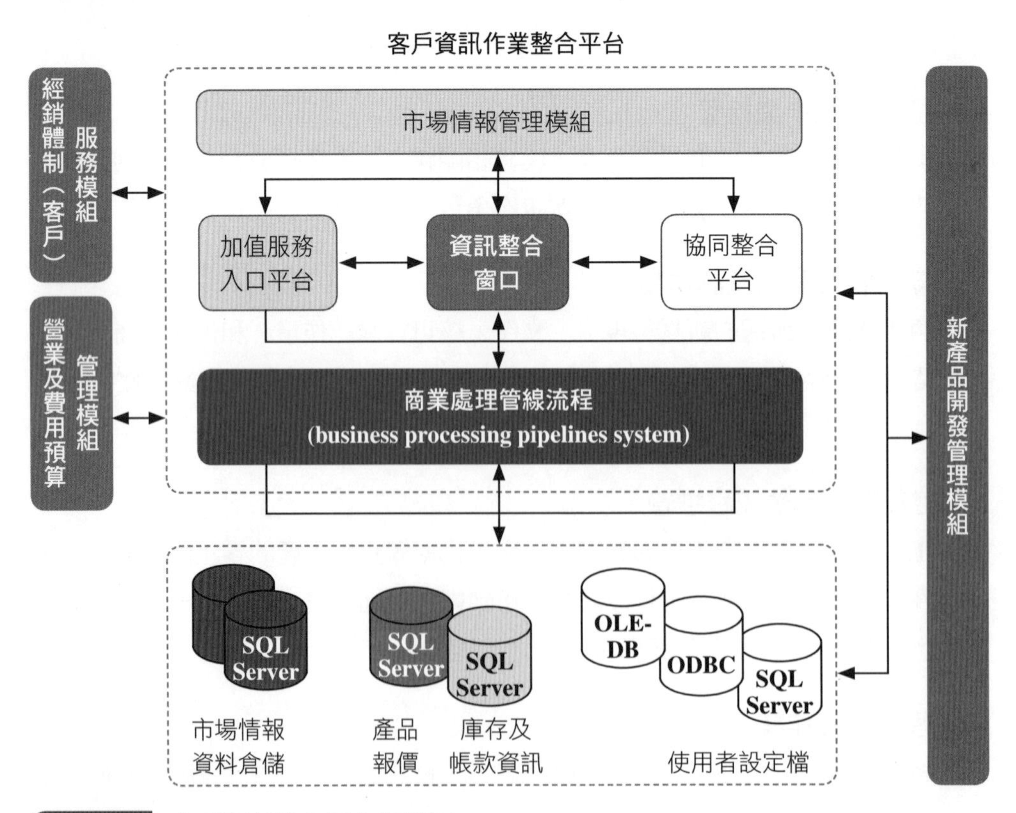

圖 11-22 客戶資訊整合平台架構圖

案例研讀

問題解決創新方案→以上述案例為基礎

問題診斷

問題 1.

在利用電腦自動列印日期時的方法，並沒有考慮和企業營運管理重點（指如何管理列印日期的合理邏輯）做結合，導致只知列印日期程序自動化，但卻忽略它的合理正確性。

問題 2.

當在執行產品列印作業時，只考慮到此作業自動化和效率化，因此採用電腦作業，但卻忽略應以顧客角色來思考此作業程序，可為顧客帶來什麼價值，也就是列印日期可滿足顧客對於掌握產品可能壞掉的訊息需求。

問題 3.

當欲利用資訊來輔助支援企業作業程序時，應訂定資訊作業程序，而本案例並沒有訂定，所以，當資訊程序錯誤時並不知曉。

創新解決方案

根據問題形成的診斷結果，以上述本文內文，提出本案例之實務創新解決方案，包含資訊策略對企業策略結合等。

資訊策略與企業策略結合

陳老闆聽完管理顧問對資訊策略的分析後，才恍然大悟，深知資訊化影響企業經營之深遠，從此事件中，也知道企業策略應轉換成資訊策略，有了資訊策略後，才可發展資訊戰術方法，再根據此方法，進行資訊作業的技術，進而再反映在營運作業程序執行上，如此可回饋至營運戰術方法，進而對應企業策略，這樣的運作就成為迴路控管的迴圈，如此可使得企業策略和資訊策略緊密相扣，以達到企業經營資訊化的成效。

實務解決方案

從上述的應用說明後，針對本案例問題形成診斷後的問題項目，提出如何解決的方法。茲說明如下：

1. 資訊顧問說：「公司有規劃顧客購買力的企業策略，但沒有相對應提出在資訊化上顧客購買力的資訊策略，也由於沒有資訊策略規劃，使得資訊戰術（方法）沒有依循策略方向，進而使得在資訊化執行時，就沒有資訊化方法可控管，這就是導致此事件的主因，而客服人員處理不當只是導火線。」
2. 在此事件上，就 Porter 提出五力分析中的顧客購買力策略，用於資訊化的策略規劃，應提出顧客對購買資料在購買力的影響因素，這是購買資料上應考量資訊化影響的因素。在此事件上，就是購買產品資料採取產品生命週期策略，也就是在管理資訊系統上對於購買產品資料，可運用 IT 技術設計出產品記載資料不能違反產品生命週期的邏輯。而根據此策略方向，提出資訊化戰術方向，也就是防呆 IT 方法，亦即利用 IT 程式將產品生命週期邏輯寫入檢核公式中，以便當輸入製造日期時，可自動檢查日期合理性。
3. 擬定資訊程序 SOP，讓執行人員有此 SOP 做依據標準。在此 SOP 做依循標準下，SOP 應明定注意事項和作業稽核要點，以強化該重視事件和防範錯誤弊端。

管理意涵啟發

企業策略規劃是源頭，由此源頭展開資訊策略。資訊策略的規劃在企業策略規劃中是很重要的，它扮演著資訊系統是否能確實對企業營運有效益。因此，資訊策略須視為企業各部門主管所需了解的運作發展，此時各主管須將本部門營運管理和資訊策略所展開的方法結合。

個案問題探討

本個案在運用五力分析於資訊策略時，所考量的因素有哪些？

實務專欄（讓學員了解業界實務現況）

構面一、企業運用 CRM 系統目的

1. 都是以企業內部營運流程為優先導入的系統，例如：CRM 或進銷存系統，主要目的是解決繁瑣、大量人工作業的自動化效益。

2. 其營運流程自動化主要是解決作業程序、交易運作的作業層面，並期望以資訊系統來增強作業流程的效率化。

構面二、企業在 CRM 系統發展都是以目前所需的功能來考量

1. 目前企業所需的 CRM 系統功能，往往都是以 IT 功能來思考，鮮少會以整體企業綜效來評估。
2. 以軟體產品廠商而言，往往為了期望增加營業額，則會對客戶企業提出較完整的所有資訊系統，而不是客戶目前較急迫的需求而已。

習題

1. 何謂 KNIME 系統？
2. 請說明客戶資訊整合平台的系統功能。

Chapter 12

區塊鏈 CRM 系統

「知識時代早已來臨，但也早已在不知不覺中消退中，

因為智慧時代已悄然在現在既是未來的趨勢下，

進而滲透至時光倒流中。」

學習目標

1. 探討什麼是區塊鏈和其相關技術
2. 分析區塊鏈運作概念
3. 探討什麼是智慧合約和其相關技術
4. 說明區塊鏈 Open API
5. 說明區塊鏈對於 CRM 的應用影響和改變
6. 探討區塊鏈 CRM 應用模式
7. 探討什麼是 AIoT 區塊鏈和其相關應用
8. 探討 Blockchain-based 企業應用系統的精髓
9. 分析區塊鏈 CRM 應用案例

案例情景故事

在普及化商務下，企業到底要有多少個應用資訊系統？

在客訴下游問題對綠色設計的需求，除了以代理人導向系統來建構對綠色設計的需求外，還有就是對綠色設計的需求資訊如何在不同角色之間整合。例如：假設要建立一個客訴下游問題回饋的整合網站，網站提供的服務包括客訴問題資訊查詢、問題原因的診斷、客訴處理狀況查詢等，將來只要找到提供這些的服務，然後將它們整合到網站中即可。店面、經銷商、製造廠等角色就不需要再花費時間和成本，個別去維護一個包含了客訴下游問題對綠色設計需求的資料庫，更不需要再自行建立和各角色之間的聯繫及進度追蹤機制等。要達到這種功效，就必須用網頁服務 (Web services) 技術。在以往傳統的網頁程式處理完資料後，結果是存在伺服器內，雖然這些結果可以用網頁的方式呈現在 client 端，或是以 FTP、email 的方式來傳送，但是在 client 端，無法立即使用這些資料且須花費很大的時間來重建資料，雖然後者可省去重新鍵入的時間，但是交易頻繁時，這種非即時處理和沒有資料結構化的模式，嚴重影響到作業流程的效率和正確性。

企業案例背景

ZZ 公司是生產運動鞋的供應廠商，其產品的生產製造都是客製化的多樣大量訂單型式，且如此多樣化的產品設計，在現代講究綠色環保的設計概念下，如何將鞋子的研發設計融入綠色設計的作業流程，就變得非常重要。該 ZZ 公司設計了一套可隨時收集整個鞋子產品的使用及形成週期過程之平台，此平台可收集記載及追蹤其鞋子產品從研發設計、產品製造、銷售通路、消費者使用、丟棄、回收、再製造等整個產品形成及使用週期流程。從此平台的週期流程運作來看，可知此平台的資訊系統設計必須以普及化商務的結構來設計，也就是此平台的系統功能可在任何時間、任何地點被相關管理者或使用者做整個產品形成週期的運作流程。

1. 企業經營管理如何運用區塊鏈知識思維來再造轉型？
2. 區塊鏈如何和 CRM 系統結合應用？
3. 區塊鏈如何應用於產品在供應鏈運作過程追蹤？

前言

區塊鏈是一種分布式帳本新興技術，它以分布式鏈接網絡來管理整個供應鏈中涉及的所有利益相關者之間的交易，並利用具有軟體程序功能的智慧合約來執行事務交易合約，且以透過 root hash 的階層運算，和結合共識機制的共享帳本，來驗證大量資料等特性。故區塊鏈可應用於 CRM 系統功能和資料庫的整合基礎平台，也就是結合 CRM 的銷售、行銷、服務的營運功能。區塊鏈是平台，故其營運仍須回歸經營管理的思維和運作上，因為平台是智慧科技，非需求效用，而經營管理才是需求效用。因此，本章節從經營管理角度來探討 AIoT 區塊鏈和區塊鏈 CRM 的應用例子。

（以地圖方式來引導學員系統性閱讀）

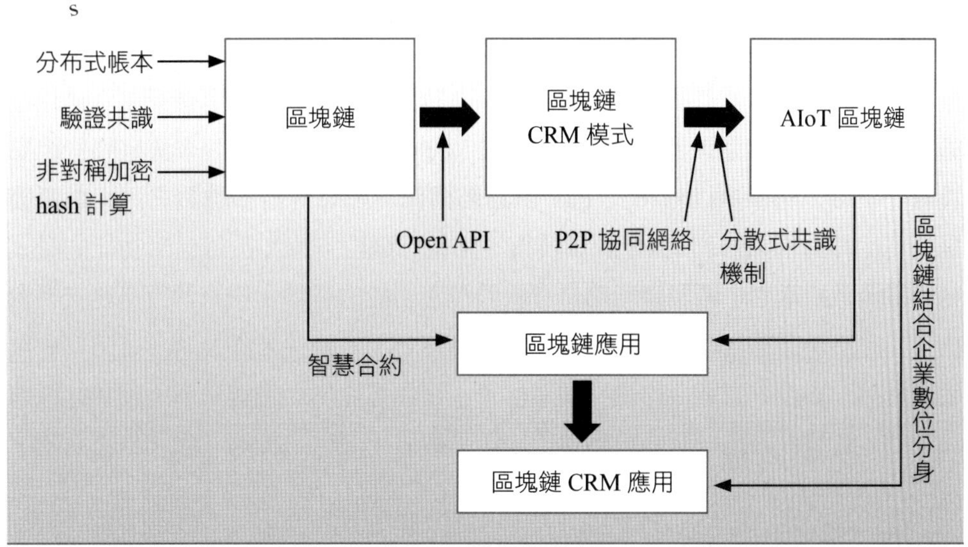

12-1 區塊鏈和智慧合約概論

區塊鏈是一種新興技術，它運行分布式帳本，以便在電腦程式機制中實現交易。區塊鏈是金融服務和其他非金融行業領域的廣泛應用，可用於驗證所提供的交易，以及受信任的機器使用礦工的程序化共識方法。礦工利用區塊鏈網絡中的特定鏈接節點來驗證某些交易。由於這些鏈接的節點，區塊鏈需要透過點對點的方式，對每個事務交易以不同時間戳的分布式數據庫進行分布式系統 (Nakamoto, 2009)。對於上述驗證的共識，每個事務需要挖掘過程以透過演算法 Merkle 決策樹中的 hash 運算來進行驗證 (Merkle, 1980)。區塊內的這些經過驗證的事務，使用一致性共識演算法來呈現數據不同狀態的機器，以便避免數據複製成為雙重花費 (double spend)(Schneider et al., 1990)。因此，區塊鏈也是一種狀態機。狀態機透過時間順序與前一個區塊一起追蹤這些事務在一個區塊中，就如同鏈一樣連接在一起。同時，區塊鏈本身提供鏈接的事務歷史記錄，該歷史記錄與分布式網絡中的加密內容鏈接在一起，如此分布式鏈接網絡可管理整個供應鏈中涉及的所有利益相關者之間的交易。此外，區塊鏈是依賴於此網絡成為點對點 (P2P) 協議。P2P 的核心是一個分散的數據庫，用於存儲交易的虛擬和物理數據，上述區塊鏈運作可參考圖 12-1 的概念圖。

區塊鏈是按照時間順序來記錄一系列區塊 (block) 中的事務，存在於分布多台電腦（也稱為節點）上的數位分類帳，而每個新區塊都會鏈接回先前的區塊，以達到無法竄改的效益。故在供應鏈營運則可用區塊鏈記錄每個階段的產品移動狀態。例如：在產品召回階段下，區塊鏈可以查看產品生產批次以及誰購買了它們。區塊鏈平台系統可分成數據層、網絡層、共識層、誘因層和應用層。應用層是整個區塊鏈應用於企業運作所需的效果。誘因層是促發參與者進行區塊鏈挖礦的引導機制。共識層以共識演算法（例如：POW、權利證明）來決定哪些節點具有記帳權。網路層以分布式 P2P 網路結構作為區塊傳播和驗證之用。數據層是指利用非對稱加密和 hash 計算技術，來執行數位簽章和數位信封功能的鏈式結構區塊數據產生。區塊鏈利用具有軟體程序功能的智慧合約來執行事務交易合約。如此使得智慧合約可以從分類帳中當事務交易的條件被滿足時，這時就會自動觸發另一事件。智慧合約是一種黑盒子，可運算產出供應鏈營運所需要的數據和功能，智慧合約是一個能自動執行的產品與服務交付之權利、義務自主系統。

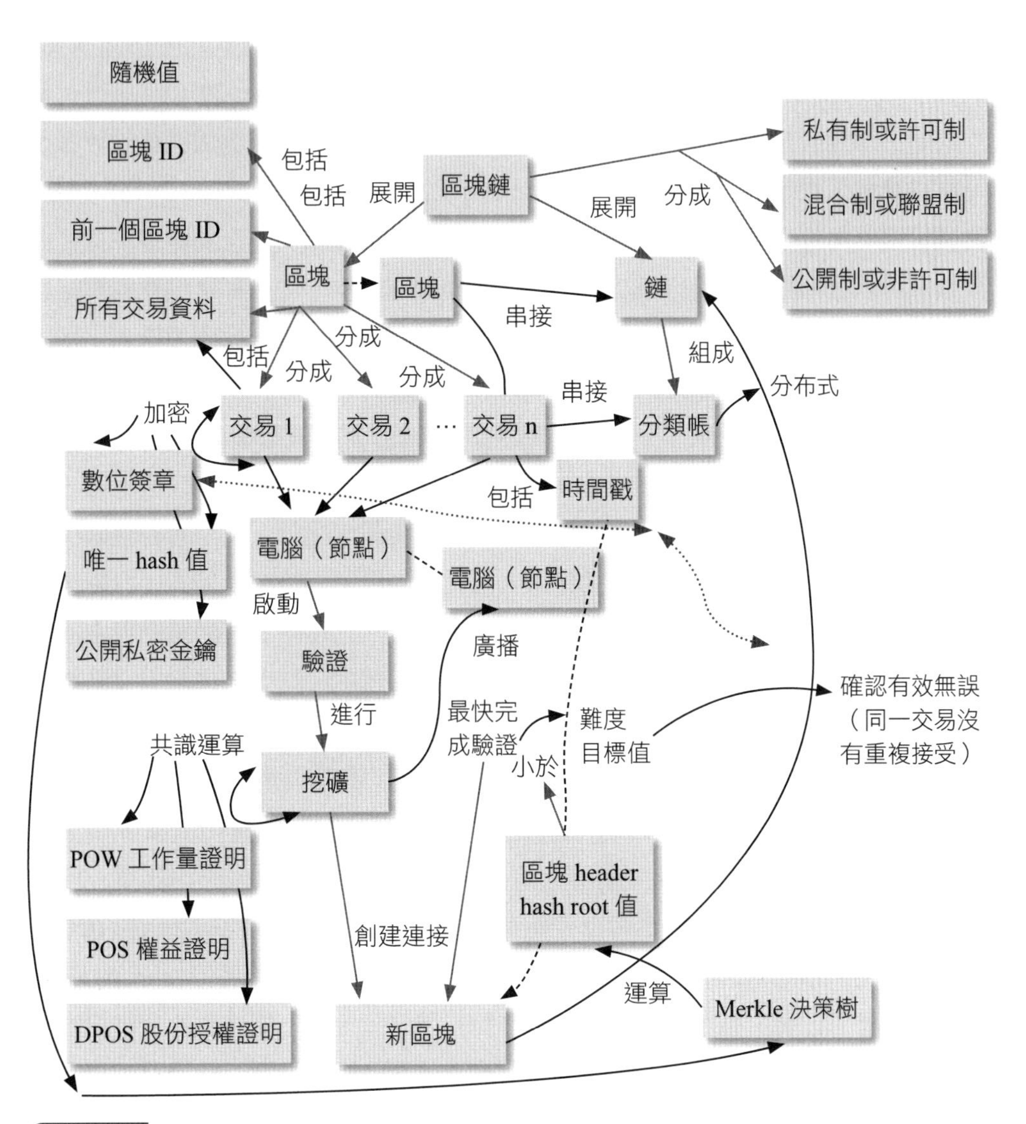

圖 12-1 區塊鏈運作概念圖

在事務交易形成加密類型記錄，並將它們發送到所有其他節點。這樣的節點使用鏈接方式將區塊建構成分布式網絡。在這樣的網絡中，區塊鏈可以一起生成加密鏈接的區塊，以表示供應鏈運作流程。在區塊鏈的網絡中，它使用區塊鏈的特徵，例如：一致性算法、Merkle 決策樹、hash 算法、軟體程式、PKI（公鑰基礎設施）等。這些特徵導致新的供應鏈網絡，而不是傳統的供應鏈網絡。供應鏈網絡主要依賴於網絡特徵，例如：地理位置分散、大規模數據性質和多層供應鏈利益相關者的網絡複雜性，這些利益相關者不僅與競爭相互作用，而且還與合作相互作用。這種供應鏈網絡已經應用於各種行業，例如：汽車工業 (Sun et al., 2017)、葡萄酒行業 (Mohsen et al., 2017) 和新鮮食品行業 (Apte, 2010)。由於行業不同，供應鏈網絡將因工業特點而進行不同的設計。因此，供應鏈網絡設計必須考慮供應鏈管理的不同優化模型 (Hamid et al., 2016; Govindan et al., 2014)。從供應鏈管理的角度來看，需要即時追蹤供應鏈運作的數據和物理交易數據。這種追蹤機制可以提高服務品質、減少庫存、運輸和營運成本。這些都是供應鏈網絡設計的目標。但是，良好的供應鏈網絡對營運績效有很大影響，故應考慮到水平供應和垂直供應的合作供應鏈網絡，如此優化供應鏈網絡來進一步強調緊密和分層的網絡特徵，例如：閉環、多階段、多目標、多模式需求 (Ardalan et al., 2016)。如上所述，供應鏈網絡側重於組織間協作，它可以解決庫存移動、設施位置、分散決策營運效率的時間問題。它透過協作來發展資訊流驅動，以串聯在整個供應鏈中的每個利益相關者之間的流動作業。因此，供應鏈網絡須有如同區塊鏈技術來即時依賴，包括端到端追蹤交易系統的平台概念。它不同於在網絡結構中運行供應鏈交易的人工操作資訊系統，因為此種資訊系統由於缺乏自主擷取交易數據而須人為輸入操作，故傳統的資訊系統很難透過端到端的追蹤交易來處理分布式供應鏈網絡，特別是在分布式帳本中。區塊鏈透過可擴展性和透明性特徵，可有助於消除供應鏈中的欺詐和錯誤、改善庫存管理、減少運輸費用、減少作業延誤、快速識別事件狀態、減少結算或清算時間、增加夥伴的信任等效益。目前區塊鏈應用於供應鏈網絡上已有很多產業例子，例如：澳大利亞聯邦銀行 (CBA) 使用以太坊網絡建造的私人區塊鏈追蹤杏仁食品。例如：沃爾瑪 (Walmart) 在美國發展「智慧包裝」應用程序專利，此智慧包裝嵌入各種不能修改的資料記錄，例如：包裝內容、環境條件、包裝位置、產品生產過程、物流流轉過程、銷售過程等資料，它與一般商品包裝不同，這些資料過程都被清晰地儲存在第三方的區塊鏈平台上。

結合上述區塊鏈和供應鏈網絡的討論，其智慧追蹤系統方面提出了一種區塊鏈的新型供應鏈營運運作網絡，其重點在於透過區塊鏈的網絡，作為供應鏈網絡平台能夠可視化交易處理在供應鏈中的整個營運歷史。先前已有文獻探討在區塊鏈網絡上作為平台的應用，例如：比特幣網絡 (Gobel et al., 2016) 和分類帳網絡 (Abeyratne et al., 2016)。基本上，基於區塊鏈的網絡努力已經克服了供應鏈協作的許多信任和 P2P 需求，但區塊鏈仍然是軟體程式而不是物聯網 (IoT) 解決方案。最近，區塊鏈將物聯網與實體物理性質的供應鏈結合，而提出新興解決方案。例如：先前的文獻提出了諸如物聯網中的分布式或集中式控制管理 (Ouaddah et al., 2017)、協同物聯網平台 (Michael et al., 2017)、網絡資訊生態鏈 (Xu et al., 2016)、基於物聯網的可視化平台 (Bi et al., 2016)，以及互向操作網絡 (Bello et al., 2017)。因此，本章節提出了物聯網的區塊鏈供應鏈網絡方法。

區塊鏈在技術應用上有六大挑戰：整合、效率、運算、隱私、規模和安全。區塊鏈的資料無法被竄改 (immutable) 之資訊安全技術是以機器透過數學運算，在眾多系統之間共同證明和同步儲存，如此做法也使得其歷史資料來源、流程過程都可被追溯。其數學運算是以公私鑰、雜湊函數 (hash) 和 Merkel 決策樹運算，將資料轉為一連串數列，並透過 root hash 的階層運算，結合共識機制的共享帳本，來驗證大量資料的完整性及加密性、正確性、簡化性、不可逆、擁有性、匿名性、單一性、永久保存等特性。

區塊鏈的安全技術強調的不是非百分之一百不能被竄改，而是竄改代價的機會成本。區塊鏈技術應用是不斷隨著相關科技發展而有所演變，例如：區塊鏈 1.0 是指加密數位貨幣、區塊鏈 2.0 是指智慧合約、區塊鏈 3.0 是指 AIoT 物聯網等。在早期區塊鏈技術方案的發展中，Linux 提出開放原始碼 (Open Source) 以及開放治理 (open governance) 的開源區塊鏈方案——超級帳本 (hyperledger)。如此可強化制定產業應用的開放標準 (open standard)，包括底層編碼標準，進而能創造出更多在不同產業中的區塊鏈應用。但 Hyperledger 是屬於需要經過用戶審查及認證的私有鏈，它透過憑證頒發機構 (certificate authority, CA) 和 PKI 加密機制來發行實名制的帳戶認證，其中 R3 聯盟旗下 Corda 區塊鏈平台也參與此 Hyperledger。

區塊鏈 Open API

區塊鏈不只在於供應鏈營運運作，也因為如此，其區塊鏈已成為支持企業營運的基礎平台系統，它以在分散式營運流程中用共識方式來驗證不可改變交易的數據訊息，故可發展出適應性業務流程執行的業務目標配置，而此適應性業務流程是跨企業的供應鏈營運。為了達到此跨企業的營運平台系統，則 Open API 就是最佳的技術。Open API 能在如此跨不同系統雲端的區塊鏈平台，發展出串聯各應用程式的產業整合和共享協作，協助企業流程能在不同應用功能之間無縫互通，從而快速達成創新流程的目標。API 是一種在建構軟體時的應用程式介面，它允許作為異質系統互動的介面，而不用在每個系統都須從頭開始編寫軟體程序。在此 API 可使用預定義的函數，以便每個系統都可以專注於自己專屬的應用功能，如此易於學習和使用 API，故 API 具有第三方和開放的特性，因此在區塊鏈平台系統就可善用第三方提供 API，在開放和其他應用系統做連接，以達到快速整合的業務目標。第三方 API 須具有開放靈活性，才能連接各個不同系統的介面，從而創建區塊鏈網絡效果，如此可允許所有應用系統能無權限地提交參與驗證所有交易，但其中只有授權的私有參與者才能驗證交易的數據訊息。故在供應鏈營運的供應商、製造商、合作夥伴和客戶等利害關係人，就可使用區塊鏈 Open API 網絡之間的彼此實現信任，來發展提高營運效率和降低生產成本的全球顧客價值鏈。

在區塊鏈 API 可利用結合 App-Driven 應用驅動的方式，發展出更廣泛的區塊鏈應用，例如：共享汽車服務（如 Uber 和 Lyft）。在共享汽車的運作可連接利用區塊鏈功能技術，來強化其在資料驗證儲存和追溯使用汽車服務的應用，更重要的是，使用者在使用這些服務時，可用一種直覺即時的操作方式，也就是「所見即所得」（WYSIWYG，你所看到的就是你所使用到的），更加速發展出客戶需求的服務，其中主要在於 Open API 有鬆散耦合 (loosely coupled) 的技術特性。耦合指的是一個軟體元件與另一個軟體元件的直接關聯程度，鬆散耦合提供資訊系統中的軟體服務元件互聯，但也不產生互相牽掛綁定的問題，如此有需要協同運作時就很容易互聯，但若不需要時，也很容易分散而不影響彼此的本身功能，故它可發展一種網際網路中彼此依賴服務組件整合系統。

將供應鏈組織繁瑣的流程，以區塊鏈形式來呈報供應鏈的細緻度和即時運作步驟視圖。供應鏈流程可以透過區塊鏈上的智慧合約 (smart contract) 來驅動在滿足合約條件時，能觸發自動執行的功能，如此可簡化進行運作的步驟，例如：在付款條件滿足下，就可自動執行支付交付功能。智慧合約是在供應鏈流程運作的多方交易協議，包括各種業務邏輯和作業模型，故可將商業邏輯嵌入智慧合約內，內涵用程式代碼實踐其功能和數據來呈現其狀態的集合，此協議可用預編程式方式來達成未來執行的運作內容，也由於能以程序編寫代碼方式，故容易達到客製化流程運作的設計。以太坊區塊鏈提供一種合約導向式程式語言 Solidity 作為智慧合約的開發平台，智慧合約是區塊鏈從自動化轉換成自主性機制的殺手級應用。智慧合約是由電腦計算機網絡在分散式節點執行，因此更可應用在供應鏈分散式組織的繁瑣流程控管，以達到敏捷、精實的供應鏈作業。智慧合約主要在於能以自動化方式來執行作業邏輯處理，例如：自主性執行電子商務交易作業，結合自動駕駛卡車、無人機等運輸至最終消費者的管理，其中也包括貨幣支付運費和資金結算的金融科技之應用。從上述可知，區塊鏈結合智慧合約可使供應鏈作業中的數位權利實現出實務上運作，進而達成將企業營運成果轉化成數據資產的成效。

12-2 區塊鏈 CRM 模式

中本聰 (Satoshi Nakamoto) 區塊鏈以組織形成角度可分為三種：(1) 公有鏈 (public blockchain)：所有人可以參與存取；(2) 聯盟鏈 (permissioned blockchain)：適合機構間交易、結算或清算；(3) 私有鏈 (private blockchain)：單一用戶權限控管，例如：NASDAQ 用的 Linq，使重複扣款問題迎刃而解。比特幣在 2140 年將達到預定的 2,100 萬枚上限，而每個區塊記著前面區塊的 ID，網路上的各節點都有完整的從無到有的所有交易記錄帳本備份，形成一鏈狀的資料結構，寫進區塊鏈的資料無法再被竄改，須有 51% 攻擊運算能力才能侵入，並可用密碼學確保資料庫的安全。

區塊鏈對於 CRM 運作，可說是其系統功能和資料庫的整合基礎平台，也就是 CRM 的銷售、行銷、服務營運功能，會在區塊鏈平台上發展作業交易、追溯流程、數據管理等機制。但這些機制背後欲連接 CRM 管理功能，仍須回歸至 CRM 系統來處理，故原本 CRM 系統仍須存在，只是須增加能和區塊鏈平台銜接的程式功能，但這種做法也改變了 CRM 的知識和運作方式。首先在作業交易機制上，只要是 CRM 功能發生作業時，就會在區塊鏈執行交易區塊，此時，交易記錄、驗證、保全等軟體功能，就會被區塊鏈執行，如此交易正確性、完整性、共識性、保密性、安全性等作業品質就可產生，例如：發現和避免雙重支付、虛假交易等安全性問題，這是以前 CRM 系統做不到的。區塊鏈能透過社交媒體和數位貨幣進行發展忠誠度獎勵計畫，忠誠度獎勵計畫的獎勵金額可用數位貨幣（虛擬貨幣）來實現，如此設計出銷售和行銷策略的客製化作業，進而提供在客戶生命週期管理上的無縫客戶體驗。當 CRM 產生行銷競賽活動時，其活動交易就在區塊鏈執行，故活動名稱相關資料就會被記錄連接至區塊鏈，以及其資料庫上，並透過各節點電腦互相啟動共識演算法來驗證其真實行為，且轉換成加密資料以確保廠商和客戶雙方的保全意義。接下來，在追溯流程機制上，由於所有 CRM 作業交易都會被記錄且鏈接成有時間先後關聯的流程鏈，並確保客戶數據隱私和安全，故可從此追蹤至以往作業交易的狀況，如此更能強化 CRM 管理功能。承上例，當此活動由不同時間所產生的新增活動、客戶報名活動、參與活動、活動結果、活動結束等不同交易，如此透過追溯功能可了解控管其行銷競賽狀況，尤其是在跨企業組織不同利害關係人中，以利有效達成其管理品質和成效。這樣運作對於未來的平台生態式商業模式趨勢，更是順應其優勢競爭力。CRM 系統集成客戶見解，並利用客戶上下文驅動 (context-driven) 方式，在 CRM 系統中啟動基於關係的功能，以便了解客戶行為和偏好而產生服務，並進一步將具有相似特徵或行為的客戶分類，這就是一種客戶洞察 (customers insight)。故區塊鏈 CRM 結合技術也創造出新保險科技 (InsurTech)、法遵科技 (RegTech) 在客戶應用的管理上：也就是說，區塊鏈技術驅動創新的金融商業營運與管理等面向，因此企業不可採用傳統思維，否則將遭淘汰，例如：Sophia TX Blockchain 將交易區塊鏈連接到 ERP / CRM系統，並用 API 提供允許開發加密和解密數據包的方法。

AIoT 區塊鏈

區塊鏈是平台，故其營運仍須回歸經營管理的思維和運作上，因為平台是智慧科技，非需求效用，而經營管理才是需求效用。區塊鏈技術若運用在企業應用系統，主要是資訊加密、區塊流程鏈、分散式共識機制、智慧合約、P2P 協同網絡等。但它主要是在於和利害關係人互動的交易流程，故它是一種產業資源規劃的應用系統，而原本各自企業應用系統（ERP、CRM、SCM 等）仍存在，只是這些系統的技術應用會有創新上的改革，也就是將 Blockchain 利用事件引擎 (event business rule engine) 做法來和企業應用系統整合串接。例如：加入區塊鏈和 AIoT 的創新應用。在資訊加密上，是將交易性資料以非對稱式密碼學方法加密，如此若經過非法擷取，則仍無法得知其真實內容，因為它呈現的是一堆亂碼，故若要編輯更正其資料，須先經過合法解碼才能執行。上述加密後資訊須和傳統軟體資料庫結合，才能達到加密和儲存關聯應用的效益，但若所有資料都如此運用，則勢必影響資料處理的效率。一般資料可分成交易性資料（例如：訂單、生產工單或會計傳票單據）和基礎性資料（例如：客戶或供應商名單）等，根據上述區塊鏈說明，可知資訊主要是針對利害關係人之間的交易，故交易性資料比較適合用此資訊加密的效用，例如：客戶訂單資料，但生產工單因主要是企業內部交易所需的單據，就不適用。因此資訊加密是欲滿足資料流通於不同企業在跨異質系統時的保全措施，而企業內部資料本身已在具有安全防護的區域網路內，且不須流通至外部，故就不適用。

在區塊流程鏈上，是欲將某些交易資料依照時間戳 (timestamp) 在同一時間內組成一個區塊 (block)，而這一區塊和前後區塊都有關聯性識別記錄來鏈結成一串區塊鏈，這對於企業應用系統主要是在於創建監控稽核、追蹤追溯、推測預知這三個機制之整體營運流程，有利於創造更有競爭優勢的企業經營績效提升。例如：訂單運輸的物流作業，可知客戶購買的商品目前運輸在何處？此商品的生產履歷狀況？ 訂單和出貨單互相勾稽的真實交易證明？ 推測未來可能要多久時間送達目的地以及成功機率？以上這些功能在以前各企業應用系統是很難達到或是難以整合，而這正是基於區塊鏈之企業應用系統的成效。

在分散式共識機制上，其重點是欲將分散在各地或各系統平台的營運流程，在各電腦節點共識認同下能執行交易資料的雙向確認作業，這可解決此交易是否具合理性、承認性和避免重複存在等問題，具有可解決的功效，尤其在不同企業主體的利害關係人運作下，更是重要的議題。

在智慧合約上，主要是針對當交易發生時，代表雙方無形中已建立一個合約，而此合約包括交易成立、商業邏輯、權責利益等內容。以往這些內容執行都須耗時耗費，是不利於經營競爭的，若能將這些合約內容程式化，進一步利用彈性和運算的客製化程式設計，讓交易合約在區塊鏈平台上快速執行，對於企業應用系統可提升至智慧營運，也就是將智慧化軟體功能寫在程式化合約內，以便執行交易流程的智慧化功效。例如：某批發商的一批存貨商品批發至某零售店面，這時當商品運輸交貨且驗貨至店面完成後，就代表交易流程已達銀貨兩訖狀態，故此店面就必須支付商品款項（也許是現金、行動支付、應付票據等不同金額形式），而在區塊鏈運作下是可立即達到上述成效，而且能確保交易是經過雙向認同合約內容明確；更重要的是，能自動化執行目前合約內容作業，以及後續當達到某商業規則時，可自動執行下一步作業，例如：某店面有資金週轉需求時，可利用此存貨商品來向銀行做融資，也就是當此店面融資條件符合銀行要求的商業規則時，則下一步融資作業就被自動化驅動其作業流程。

在 P2P 協同網絡上，由於它可達到點對點的直接溝通效率，跳過中間冗長時間和成本，這對於企業應用系統的精實流程之實踐有很大助益。尤其是在跨企業因各自利害不一致所造成的無效率和競爭優勢之營運流程問題，更能提出良好的解決方案，其方案關鍵就在於產業協同網絡，透過區塊鏈內各自的節點（代表某企業的營運據點），可以協同方式來進行交換資訊、產生交易、驅動行為等商業流程，如此達到立即溝通、安全保密、分散控管的精實流程。

從上述對企業應用系統的區塊鏈技術各自說明後，這些技術是互通整合的，例如：P2P 協同網絡的產生交易功能，是和資訊加密的安全防護功能一起整合的。智慧合約的程式化商業邏輯功能，會和分散式共識技術的共識演算功能結合，來確認此交易作業所驅動的商業邏輯行為是所有利害關係人認同的，如此不會產生爭議、糾紛的問題。

從破壞式創新資訊科技來再造經營管理思維，再從此破壞式創新管理思維來真正強化企業競爭優勢。故以往企業經營管理的知識思維必須再造轉型，朝向 AI 和 IoT 結合的營運模式。基於區塊鏈之企業應用系統的精髓，在於流程優化、智慧商業、產業協同、安全鏈結、精實實踐等。

在流程優化上，區塊鏈本身就是利用每一個區塊（包括多個交易，即步驟項目）結合成一條鏈 (chain) 的流程，而在流程執行效率考量點，不外乎有步驟本身實踐、步驟之間銜接、流程執行價值等三項。「步驟本身實踐」是指探討此步驟是否應存在、實踐效率如何執行安全防護等內容，而這些探討內容都可用區塊鏈技術解決之，包括區塊交易真實性、P2P 交易實踐、區塊交易加密等功能。「步驟之間銜接」是指探討無縫銜接的鏈結關係等內容，同樣的，由於區塊鏈結技術，包括每一區塊都記錄前後區塊 ID 識別碼、時間標記、內含交易記錄等技術，也都解決這些內容需求，如此使得整個流程銜接得以有監控和追溯能力。「流程執行價值」是指探討流程各步驟連接所發展出的價值內容，這個內容呈現區塊鏈除了虛擬貨幣支付的主要機制外，其真正精髓是在經營企業營運流程的價值實踐，例如：生鮮食品生產履歷追溯之價值、珠寶／黃金／古董的真品交易成交之價值、學歷畢業證書核發和證明之價值等，這說明為何區塊鏈會在未來扮演破壞式創新平台的理由。茲以 LINE 公司為例，LINE 公司發展出三層式的 LINK 區塊鏈技術架構（去中心化的 DApp 應用服務層、區塊鏈分散式 DApp 應用的 LINK 框架和 API 模組與智慧合約、LINK Network 產生區塊驗證交易的技術底層），LINK DApp 應用可利用公開智慧合約來撰寫並執行業務邏輯機制，例如：智慧合約結合 API 模組來開發檢查區塊數位錢包帳目和資訊的 API。

12-3 區塊鏈 CRM 應用

以下是區塊鏈 CRM 應用例子：Adjoint 利用智慧合約建構一種經過數學驗證的加密技術之共識協議。Bitfury 發展出以區塊鏈方式可快速轉移和驗證數位化資產之解決方案。BlockVerify 發展以區塊鏈方式於產品供應鏈運作過程追蹤位置，以便驗證產品唯一標識的購買來源，這是一種以區塊鏈方式進行的防偽解決方案，例如：鑽石起源 (Provenance) 認證和追蹤其交易正當性，以防止保險欺詐和鑽石盜竊行為。在金融行業方面，區塊鏈提供具有可審計性和合規性的透明度、隱私和信任之加密 KYC 識別客戶作業，以及降低匯款成本和減少交易結算後處理的成本。例如：SDK.finance 發展出一種可縮短至幾秒鐘和免除手續費的跨境交易。IBM 以區塊鏈建構連接全球食品生態系統中的零售商、批發商以及供應商們的食品追溯平台 (IBM Food Trust)，而相關的數據資料可利用區塊鏈的分散式帳本科技 (distributed ledger technology, DLT)。區塊鏈也結合人工智慧的科技應用，透過自然語言的識別技術、深度學習訓練和 GPU 的平行運算能力，來發展創新營運模式，例如：區塊鏈智慧保單，可計算出客製化個人合理保費。英國工作室共享平台 Vrumi 與保險新創公司 SafeShare 發展出一種區塊鏈技術整合式保險，提供全天服務。NASDAQ 發展其私有市場的交易記錄數位化之區塊鏈帳本。UBITQUITY 用區塊鏈記錄土地所有權。區塊鏈可使醫療病歷能跨不同醫院儲存作業。英國 Barclays 銀行區塊鏈平台技術執行原本需 7 天，縮短到 4 小時完成金融跨國交易作業。美國作曲家、作家和發行商協會 (ASCAP) 用區塊鏈打擊網路盜版。APPII 發展出一種能立即查驗證書真偽的數位履歷系統。BiiLabs 結合 IOTA 基金會發展出能將物聯網平台的感測器數據連接資料即時同步到區塊鏈上，這是 BiiLabs 所提出的「空氣盒子」，此做法可確保數據不被竄改，例如：福斯汽車利用 IOTA 技術，在車聯網平台上加密自動駕駛數據資料。RabbitJets 發展出「全球智慧旅遊生態系共享平台」。租賃式智慧 Automated Guided Vehicle (AGV) 大數據加值服務生態之營運模式。Visa 推出「Visa B2B Connect」B2B 跨境交易計畫。CARPOST 結合奧丁丁公司推出全球區塊鏈二手汽車直接交易網站。上述將物聯網和區塊鏈整合之模式，可創造具有安全儲存交易數據的分散式帳本之數據市場 (data marketplace)。

區塊鏈是強調供應鏈的整合，故在區塊鏈欲應用 CRM，須考量供應鏈的客戶需求之整體競爭力。在目前全球化極致競爭下，個別企業生存和競爭能力已不夠成為在產業發展下的關鍵因素，因為單一企業是供應鏈產業的個別組織，而且必須和其他企業一起協同運作，才能達到營運績效目的。例如：一家智慧手機製造廠若沒有面板零組件供應商的產能，其製造廠也無法有銷售營收，故供應鏈競爭能力才是產業發展的真正關鍵因素。因此，如何了解監控供應鏈流程的運作狀況和績效營收，則是提升其競爭力的起點，而利用追蹤機制則可達到其目的。然而，如何讓此追蹤機制真正實踐，就必須依賴智慧科技，在此以區塊鏈和物聯網為其供應鏈追蹤平台。首先，因為在供應鏈營運主要是以實體流程為主，故如何呈現實體物品自主性行為，而消弭人為作業，來進行智慧供應鏈營運，則須以物聯網科技來執行。再者，供應鏈追蹤作業主要會產生關聯資料流程鏈接的整合，因為上、中、下游企業營運之間緊密鏈接，才能提升其績效。因此近年興起的區塊鏈平台，剛好可應用於供應鏈流程和資料追蹤機制的基礎平台。綜合上述，其實就是虛擬數位和實體物理的整合，它們之間即時映射對應，可發揮即時追蹤整個供應鏈流程，進而在人工智慧演算下，創建智慧型追蹤機制，這就是企業數位分身模式。總而言之，在上述背景形成下，促成欲發展區塊鏈和數位分身的智慧供應鏈營運追蹤之績效探討，這其中也包括供應鏈追蹤資訊系統和智慧化預知推理發展。例如：Oracle 推出區塊鏈雲端應用程式，包括：智慧追蹤和追溯 (intelligent track and trace)、血統及起源追溯 (lot lineage and provenance)、智慧冷鏈 (intelligent cold chain)、保固及使用追蹤 (warranty and usage tracking)。

以往在掌握企業營運績效時，都是以之前營運狀況和靜態財務報表作為評估根據，然而這種掌握做法有下列三項問題：

1. 只是代表過去績效，並不能立即追蹤現在、未來的執行實踐狀況，而真正要評估決策績效是未來不是過去。
2. 往往都以靜態式財務報表作為評估依據，但財務報表只是營運結果的最終呈現，若期望提早掌握營運狀況進而因應改善，這是很難達到的。
3. 在目前企業之間緊密協同整合需求效益下，其追求單一企業競爭力已不能讓企業生存和獲利，必須提高供應鏈整體競爭力，才是企業關鍵績效。

根據上述問題，作者提出相對性解決思維：

1. 以追蹤機制來監控了解供應鏈目前和未來營運流程狀況，使之當有經營風險徵兆時，就可及早因應。在此提出以區塊鏈平台來建構追蹤預知系統的解決方案，但由於區塊鏈主要在於追溯 (trace)，而不是追蹤 (track)，故結合物聯網感測技術，以達到追蹤能力。

2. 不是以靜態財務資訊為追蹤標的，而是以企業在供應鏈的營運流程作為追蹤標的。在實體營運流程和其產生資料，以往大部分都是人為輸入在資訊系統上，但會有人為失誤和低效率的缺失，因為在實體營運流程，很多資料源頭都是來自於實體本身運作產生的，故在此提出企業數位分身資料庫模式，它是以商品為數位分身的資料主體，能將實體流程和物理資料即時映射對應到數位流程和數位資料，如此，由此模式即可做數位加值應用，以動態式掌握營運風險狀況，進而提早因應。
3. 企業因產品服務運作而得以有營收來源，但這些運作須串聯在供應鏈流程中，才能真正實踐其營收，故在此提出供應鏈追蹤績效指標機制，來分析串聯整體營運績效，其績效是指以企業之間互相影響來創建，因此，利用經濟部主計處的產業關聯表和政府開放資料（企業營運財務）的內容，作為分析供應鏈追蹤績效來源。

上述解決思維能達成以下研究目的：

1. 以微軟 Azure Blockchain Workbench 來實踐建置提出區塊鏈為基礎的供應鏈追蹤營運預知平台雛形，並規劃設計平台系統架構和功能。
2. 發展直覺模糊案例式推理演算法的追蹤預知機制，包括供應鏈經營指標 KPI 結合企業營運財務績效的轉換公式，並撰寫智慧合約程式邏輯來做上述平台預知功能。

一、區塊鏈應用模式案例——客戶需求導向之供應鏈追蹤

供應鏈是從零組件供應商、製造商、OEM 和售後市場供應商到銷售商等多個參與者的高度複雜營運流程，因此如何透過分析業務流程來提供安全性、機密性和授權許可的客戶價值解決方案，是供應鏈追蹤作業的關鍵效用。供應鏈包括物品流、資訊流、資金流三個流程，它透過鏈接網狀結構，來整合整體所有企業運作過程，而各個企業的營運績效都會互相影響，故追蹤擷取市場資訊與即時準確反饋等快速回應作業，就成為供應鏈營運績效的基礎所在。在供應鏈過程所產生的數據，因為無法有互相操作性的整合，故往往都會成為「數據孤島」，造成利益相關者無法共享數據，如此難以確保產品在供應鏈下的營運資料完整性。在

最終消費者角度上，期望供應鏈過程在透明度追蹤下，能掌握產品起源的整個生命週期，在供應鏈營運流程中會有缺乏透明度和複雜的資料記錄，以及欺詐／偽造、產品移動等問題，而在區塊鏈結合傳感器和 RFID 標籤的供應鏈是可解決這些問題的。物聯網 (IoT) 傳感器可以整合區塊鏈技術、智慧合約應用程序可管理追蹤全球供應鏈營運流程，以及產品在供應鏈的實際位置。

目前已有很多區塊鏈應用於供應鏈的案例，唯鏈 (VeChain) 平台提出區塊鏈技術的藥物和疫苗可追溯性之全球帳本雲平台，利用啟動 DApps 來做資訊交互協作。Waltonchain 是一個結合嵌入 RFID 晶片實體物品和區塊鏈的軟體，在無需信任交易運作下，來進行供應鏈協作的價值物聯網 (VIoT)。Ambrosus 在以太坊協議上，開發分散式區塊鏈和物聯網整合平台，可發展以下功能：供應鏈優化、物流追蹤、品質保證、反假冒等。例如：目前汽車製造商假冒零配件市場問題。Adents 結合微軟 Azure 機器學習和區塊鏈供應鏈追蹤平台 (Ardents NovaTrack)，可作為身分管理和端到端的可追蹤機制。基於物聯網的能力過程創新 (Yu et al., 2016) 和物聯網的可視化平台 (Bi et al., 2016)，以及透過整合物聯網追蹤技術 (Heng et al., 2016)，如此可發展出智慧追蹤系統。供應鏈協作使利益相關者融入供應鏈中的營運資本 (Soosay & Hyland, 2015; Gibson et al., 2016)。

食品可追溯性是區塊鏈應用於供應鏈的重要案例。Gandino 等人 (2009) 提出一個評估農業食品行業可追溯系統的框架，並分析 RFID 的可追溯系統效率。Maitri 等人 (2011) 使用 EPCIS 框架和 UML 狀態圖，作為在管理食品可追溯性訊息中的應用。Hu 等人 (2013) 提出統一建模語言模型，以實現可追溯性及一組合適的模式。Alfredo 等人 (2014) 提出一種基於 Web 服務和 RFID 的新型可追溯性系統架構。Juan 等人 (2018) 提出運用區塊鏈技術在透明度流程下，確保食品供應鏈的可追溯性和真實性。Wattana 等人 (2018) 提出在工業 4.0 的 BPM 系統中，利用區塊鏈技術來傳輸和驗證企業與合作夥伴的可信度。從上述討論中，可知如何實現可追溯性效率和基於 CPS 的智慧追蹤是至關重要的。良好的食品追溯系統有助於透過基於價值流程來減少供應鏈中的不安全或劣質產品。這種基於價值的過程，應注重於將可追溯性活動與物流、技術方面相結合，以實現可追溯性效率。因此，在可追溯性方面，包括兩個模塊，即追蹤 (track) 和追溯 (trace)。追蹤意在了解和控制產品的下游路徑，以控管供應鏈中的追蹤能力。追溯旨在獲取和鏈接特定產品的原產地與特徵的上游記錄，例如：物種、國家／漁業區域、生產方法等。然而，由於缺乏量化衡量來控制可追溯性效率，根據文獻綜述，可追溯性衡量可以提供四個數量，如廣度、深度、精確度和獲取速度 (McEntire et al., 2010; Golan et al., 2004)。「廣度」是鏈接到每個可追蹤對象的已識別訊息量。「深度」是正確地追溯追蹤供應鏈上游或下游的層次。「精確度」是準確確定特定產品狀態和特徵的保證程度。「速度」是對供應鏈利益相關者中已識別訊息的回應時間。

二、區塊鏈應用模式案例——供應鏈追蹤預知區塊鏈平台系統

在企業經營管理中，流程的運作是扮演經營成效的關鍵之一。以企業經營層次來看，其流程可定義為「為達成經營目標之一連串有相關動作或事件之排列組合」。因此，經營目標的價值性會影響到流程的意義和內容。流程的意義主要在於追求流程內作業的合理化、效率提升與彈性。而流程的內容是為了顯示流程的意義所在，進而發揮整體綜效，亦即能在流程運作內有一致且協調的動作。一般經營目標和利害關係人是有顯著影響，例如：利害關係人是客戶，則流程的意義和內容就會依客戶所要的價值，來設計這一連串企業內部程序。為了達成客戶價值，流程就必須創新，亦即創新的重點是要創造出「顧客價值」。例如：以顧客角度來思考商品設計，包含哪些商品功能可滿足其客戶需求，或是哪些顧客服務作業可解決其客戶問題，進而能即時、即地的提供產品與服務之解決方案，這就是顧客價值。因此，透過流程創新，就可使流程作業合理化、效率提升與具彈性，進而創造出 DDVN (demand-driven value network) 的「顧客價值」。但要實施這些流程運作，必須利用資訊系統來進行流程管理，方可發揮流程的整體綜效，如圖 12-2。故本章節以流程創新結合區塊鏈發展出鏈結創新，鏈結創新主要是探討企業活動之間的關係，其關係是以鏈的形式而結合的，結合的目的在於轉移和產生更有利潤的價值鏈。

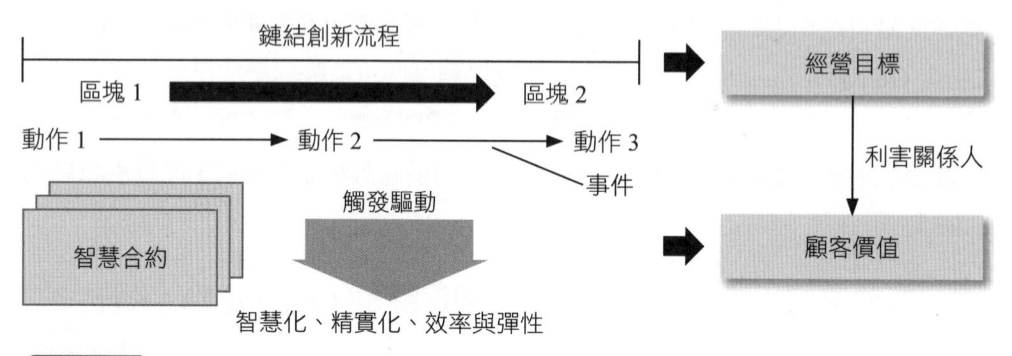

圖 12-2 流程之鏈結創新架構

在上述以需求 DDVN 導向之鏈結創新的供應鏈流程，將以 SCOR 為其架構。SCOR 將供應鏈流程分成五大類型：計畫、來源、製造、交付和退貨。SCOR 模型由供應鏈理事會和全球領先製造公司共同發展。計畫是指探討總需求和總供應的平衡流程，並提出符合業務規則的行動方案。來源是指依據需求計畫來規劃執行採購商品和服務流程，包括物品和供應廠商。製造是指根據需求計畫目標，將零組件半成品轉換為已完成狀態的流程。交付是指在製造完成後，執行訂單、運輸和分銷流程，提供成品和服務以滿足需求計畫。退貨是指在交付完成後，因為任何原因使得產生退回或接收退回產品之相關流程。

根據上述 DDVN-based SCOR，本案例利用微軟區塊鏈平台來規劃設計供應鏈追蹤預知平台系統，包括系統架構和功能、資料庫。而在微軟區塊鏈有以下功能：Application Insights 是用來偵測診斷問題、追蹤 Web 應用程式中的使用情況。Web 應用程式是用來發展任務關鍵性。Azure SQL Database 是用來儲存關聯式資料庫雲端服務。Azure 監視器是用來即時精密監視任何 Azure 資源的資料。Azure 事件格線是用來運作大規模事件傳遞。在微軟區塊鏈是先利用 IoT Hub 作為路由配置，以將供應鏈交易訊息擷取發送，並轉換為 Azure Blockchain Workbench 格式和服務，接著由 DLT Consumer 獲取交易訊息數據，發送到 TransactionBuilder 來簽署此交易，此交易將被路由到區塊鏈 (Private Ethereum Consortium Network)，接著由 DLT Watcher 來執行對區塊鏈的交易驗證，之後儲存連接到數據庫（Azure SQL 數據庫）成為分類帳，最後再使用 Power BI 分析可視化訊息，以及促發事件將傳遞到事件網格執行服務行動方案。而在此當供應鏈交易狀態超出業務規則範圍時，此時就滿足智慧合約訂定之條件，如此就會觸發下游的事件執行，智慧合約將存在於區塊鏈中，而這種運作就是要利用智慧合約設計其預知營運風險的程式邏輯功能，最後建立 Web 用戶介面更新分類帳，並觸發智慧合約的執行。上述功能將作為本計畫預知平台系統的建置參考來源。

再者，在預知營運風險的程式運算邏輯功能方面，本章節提出直覺模糊案例式推理 CBR 演算法為追蹤預知行為的運算，其資料以 SCOR 架構的五大階段供應鏈串聯營運資料為主，並就供應鏈經營能力 KPI 指標（內容如表 12-1）作為相似性函數的變項，以其針對傳統 CBR 依賴於專家或數據挖掘中的相似性函數來看，本章節將直覺模糊和模糊隸屬函數應用於 CBR 方法，即直覺模糊 CBR 系統。

表 12-1 供應鏈作業參考模式五個管理流程的 KPI

規劃 (plan)	整體生產能力	存貨規劃準確度	製造規劃準確度		
	需求計畫準確度	配送規劃準確度	物料產能規劃準確度		
採購 (source)	原物料存貨周轉率	準時交貨率	單位價格	成本占銷貨百分比	
	存貨報廢率	請購至採購完成所需時間	採購成本		
製造 (make)	設備停工時間	生產作業週期時間	出貨退回	呆滯物料金額	
	存貨報廢率	單位成本	不良率	庫存成本	存貨持有成本
配送 (deliver)	完成訂單數	存貨供應天數	總運送天數	平均運送時間	
	訂單週期時間	倉儲成本	交貨率	交貨失誤率	顧客訂單回應速度
退貨回收 (return)	顧客退貨數量	保固成本			
	間接物料 (MRO) 數量	包裝材料回收比率			

本案例是針對供應鏈效率的需求價值驅動為主，來促成供需媒合最佳化，並朝向智慧型營運來規劃設計系統平台，這對供應鏈資訊系統的發展和應用，是非

常重要的。而本案例提出以追蹤機制來實踐供應鏈營運優化的思考框架，包括追蹤流程可達成即時處理全貌可視化整體流程，和透明化關聯性鏈接自主性監控等功效，以及發展實體虛擬化，且可轉換成數位數據，進而利用數位數據來創造更多營運上加值應用。

以往供應鏈長鞭效應，使得各企業無法看透整個供應鏈營運問題，如此造成封閉決策，最後常常發生存貨積壓或不足，故本案例提出此平台方案，可在供應鏈上產生端對端無縫精實作業，並且確保資料機密安全以及以去中心化的效率來降低中間成本，進而強化實踐執行能力，上述為本案例成果對供應鏈營運的影響，此影響可提升供應鏈競爭力。另外，從資訊系統應用角度的影響來看，本案例是欲發展結合區塊鏈和數位分身的 AIoT（物聯網和人工智慧）企業應用系統，其中架構規劃設計可作為未來發展 AIoT 應用的案例和參考，尤其是本案例提出智慧追蹤演算方法，如此對供應鏈資訊系統更有前瞻性應用之影響。

三、區塊鏈應用模式案例——企業數位分身商品區塊鏈 BOM 模式

其數位分身的相關定義和知識請參看本書第十三章，本案例以區塊鏈商品 BOM (bill of material) 模式來建構企業數位分身軟體平台的情境程序。

情境程序包括設定營運流程目的、規劃追蹤實體流程功能與相對應供應鏈經營能力 KPI、設定物聯網技術擷取資料、監控映射實體追蹤流程的相對應營運數據和流程、發現營運流程缺陷和瓶頸、計算 KPI 與營運財務利潤成本、提出在研究目的下的追蹤解決方案比較此情境解決方案和基準解決方案、發現最佳實踐流程、優化提高營運流程效率等。在企業數位分身模式結合供應鏈資產生命週期流程和數據如下：產品設計（材料、BOM、設計、手冊）、生產（設備、製程、品質、產量）、銷售行銷（客戶、產品、市場、通路）、運輸（物流、後勤）、服務（合約、保固、備件、售後）、財務（資產成本、營運成本、營業額）等。在考慮供應鏈追蹤業務目標下，連接實體產品的數位分身（設計、生產、交付、使用和服務等產品生命週期），以及連接產業供應流程的數位分身（從生產工廠、運輸、零售店等上、下游網絡）。而從產品和產業供應流程這兩項來建構商品 BOM 結構，如圖 12-3，因為 BOM 就是產品的設計生產來源，也同時是消費者商品的零組件半成品結合，而這些零組件半成品也對應到產業供應的上、中游各企業。故本章節以此商品 BOM 結構模式為主，來儲存商品在供應鏈營運過程中的流程和其產生資料，這些流程和資料是轉換成數位化格式，並

相對應至實體產品和實體流程，這種模式就是本章節提出的，以商品 BOM 模式之企業數位分身，如此就可對應至供應鏈各企業的營運資料，可提供監控對資產狀態或營運流程的即時可視性，並結合人工智慧來預測識別和改善，以及進一步模擬數據驅動的經營財務能力的基礎。而這樣的 BOM 數位分身模式，也是以消費者需求為驅動的供應鏈追蹤機制，並且上述 BOM 資料也將以區塊鏈平台方式來儲存其營運交易流程和產生資料，如此就是數位分身和區塊鏈的整合，如圖 12-3。最後，以 Software AG 公司的 ARIS 企業數位分身軟體平台和 SQL 資料庫來建構此 BOM 資料方案。

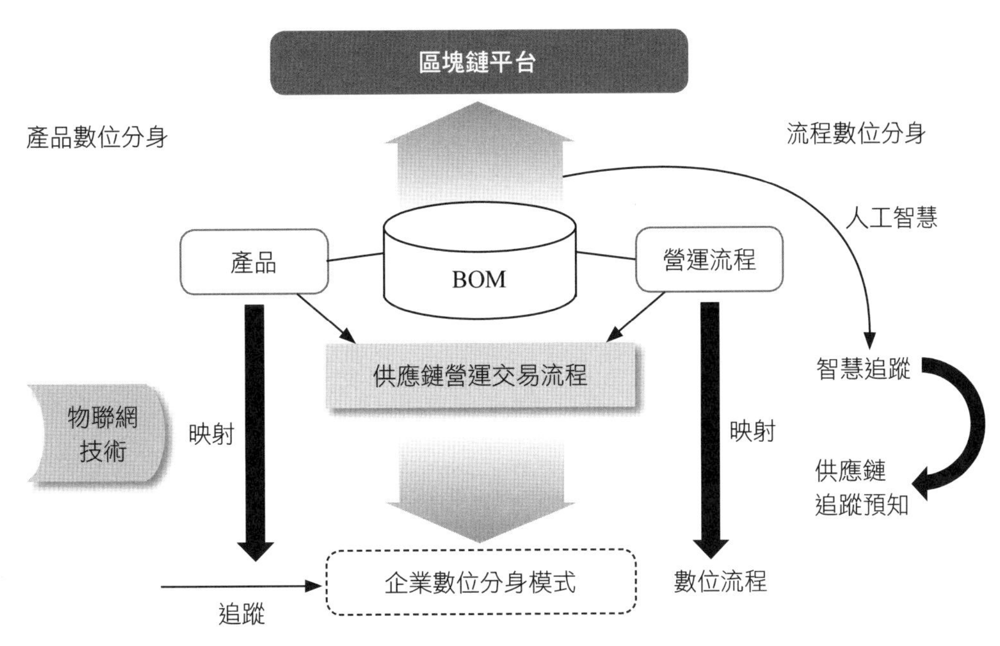

圖 12-3 商品 BOM 結構數位分身模式

案例研讀

問題解決創新方案→以上述案例為基礎

問題診斷

從決策系統的模組化來探討普及化商務系統的建置，普及化商務的平台如何安裝多少應用系統或是以系統模組化方式來建置？

創新解決方案

由於普及化商務系統是散落在各個地點及不同使用者來進行無時無刻的操作，因此不適合以一個完整的資訊系統來建構普及化商務系統，應將一個原本完整的資訊系統以模組化設計的概念，將普及化商務所需應用的功能分割成多個模組化功能，再將此模組化功能設計成一個個模組化系統，而這些眾多的模組化系統利用介面設計的概念，將彼此之間的關係連結起來，也就是這些模組化系統變成了一個完整的系統，如此完整的系統就是一種分散式結合的系統。因此，普及化商務系統並沒有所謂的到底包含多少個資訊系統之問題。

管理意涵

透過普及化商務的分散式模組系統，可達到普及化商務的決策應用和分析。根據上述的綠色設計平台，也就是鞋子產品的使用及形成週期過程之運作流程，在這樣的週期流程運作中，就可利用普及化商務的決策系統，來達到如何決策出具有綠色設計概念的鞋子產品研發之設計。

個案問題探討

請探討普及化商務和 IoT 的關聯為何？

實務專欄（讓學員了解業界實務現況）

構面一、企業運用區塊鏈系統的目的

1. 以企業內部營運流程為優先導入的系統，例如：數位簽章、區塊數據加密、分類帳，因主要目的是解決繁瑣、大量人工作業的自動化效益。
2. 營運流程自動化主要是在解決作業程序、交易運作的作業層面，並期望以資訊系統來增強作業流程的效率化，例如：防偽、追溯、認證、打擊盜版等。

構面二、企業在區塊鏈 CRM 應用系統發展都是以目前所需的功能來考量

1. 目前企業所需的 CRM 系統功能，會開始請各部門評估購買，而且往往都是以 IT 功能來思考，鮮少會以整體企業綜效評估之。

2. 以軟體產品廠商而言，往往為了期望增加營業額，而會對客戶企業提出較完整的所有資訊系統，而不是客戶目前較急迫的需求。

習題

1. 區塊鏈平台系統如何發展出供應鏈追蹤預知作業？
2. 說明區塊鏈 CRM 模式和其應用例子。

Chapter 13

AIoT 數位轉型

「在無法因應目前未來的趨勢變化下，
過度沉迷經驗是阻礙創新改變的絆腳石。」

學習目標

1. 數位轉型的定義和概論
2. 數位轉型和以往資訊化差異
3. AIoT 數位轉型的定義和概論
4. 實體數位化 digital twin 和 Web of thing
5. AIoT 數位轉型模式概論
6. 物聯網於訓練評核品質的創新性影響
7. AIoT 數位轉型規劃輔導程序

案例情景故事

汽車電子業的跨領域產業行銷

S公司是從事於汽車品牌設計、生產、代理、維修服務的大公司，不僅生產設計自有品牌，還代理國外知名汽車，並且企圖以維修通路優勢，展開各地經銷商的強勢行銷，可說是一家非常專業和創新的好公司，S 公司擅長以創新手法來捉住消費者對汽車產品的需求模式。Web 2.0 就是 S 公司最近使用的創新行銷模式。行銷方法從網路行銷、科技行銷一直到 Web 2.0 行銷，在在說明網際網路技術和科技管理深層地影響到行銷本質，這是一個無法避免的趨勢。在 Web 2.0 行銷中，S 公司之前先建構了 weblog 行銷（部落格），它利用社群分享 weblog 方式，讓消費者發表對汽車使用的觀感、心得，甚至是顧客的抱怨心聲，這些心聲就成為 S 公司在產品改善和創新上，以及行銷服務模式改變的資料依據。S 公司將這些資料建構成關聯式資料庫，以便做再利用處理及分析之用。經過部落格行銷方法後，使得公司有更多收穫，但如何建立真正 Web 2.0 網站，作為不只是行銷目的而已的經營網路，可說是 S 公司下一步要做的事。

Web 2.0 經營網站加入了 RSS 和 Ajax 軟體技術。RSS 主要是在做客戶資料交換，其中包含新產品展示、操作手冊、回應客戶等訊息，期望不只是以網頁方式和客戶溝通，而是以跨過網頁方式和客戶做永久連接的溝通，這需要依賴 RSS 技術。而 Ajax 主要是在和客戶做網頁介面溝通時，可讓客戶同時做很多事，不需要在點選網頁某部分內容一次後，就須等待伺服器回應，才能再做其他事，這會使得 S 公司和顧客少了很多溝通機會，而這需要依賴 Ajax engine 功能，而且可透過 Ajax engine 功能，在網頁背景後面獨自做一些運算邏輯，而不會打擾顧客的介面使用，如此就更能掌握銷售時機，例如：當顧客點選汽車產品特性時，Ajax engine 就可收集這些特性條件資料，偷偷傳送給伺服器，運算出何種產品是符合這些條件，進而主動呈現給顧客，讓顧客覺得貼心和滿足客戶需求。

企業案例背景

汽車電子應用領域在引擎／傳動系統中，其主要運用於包括引擎管理、動力分配匯流排、點火開關、噴射控制等；在底盤／懸吊系統中，其主要運用於包括電子牽引及懸吊系統等；在安全系統中，其運用的產品線包括 ABS 及安全氣囊控制等；在車身電子中，其運用的產品線包括胎壓監測器、空調控制、電動椅、電動窗、防撞雷達、停車輔助系統等；在駕駛資訊系統中，其運用的產品線包括汽車音響、車用娛樂系統、導航系統、Telematics〔車用資通訊系統（由 telecommunication 和 informatics 縮合而成）〕、旅程電腦等。目前全球汽車電子技術主要發展國家，以美國、日本及德國為技術領先國。汽車電子產品的發展已進入系統整合階段，國際大廠因具有核心技術，故能有效地將眾多系統整合成一個系統，適時滿足消費者多元化的需求。開發汽車電子控制軟體有助於控制軟體的標準化，主要集中在電子控制煞車、發動機燃料的應用。IBM 的「普及運算」也積極運用在車用電子。微軟成立汽車事業部後，積極與 OEM 廠商合作，開發以視窗為核心的 Telematics 方案。國外汽車電子供應商已積極介入中國潛在的巨大汽車電子市場，對汽車電子產業鏈形成了壟斷。車用感測器即是汽車電子控制系統中重要訊息的來源，為汽車電子控制單元的關鍵零組件。

1. 企業如何利用 AIoT 技術來做數位轉型？
2. 數位實體化和實體數位化對數位轉型有何影響？
3. 企業如何運作 AIoT 數位轉型規劃輔導程序？

在虛實整合環境下，欲成功的商業營運模式，就必須考量此環境下所需求的經濟活動，數位轉型是促成此經濟活動的必要發展過程，而人工智慧認知運算更是其中智慧科技，它創造出數位分身的新商業營運，進而形成 WoT (Web of thing)。這樣的 WoT 已衝擊到各行各業，也影響到各種管理知識，企業也已朝向數位化作業管理。

閱讀地圖（以地圖方式來引導學員系統性閱讀）

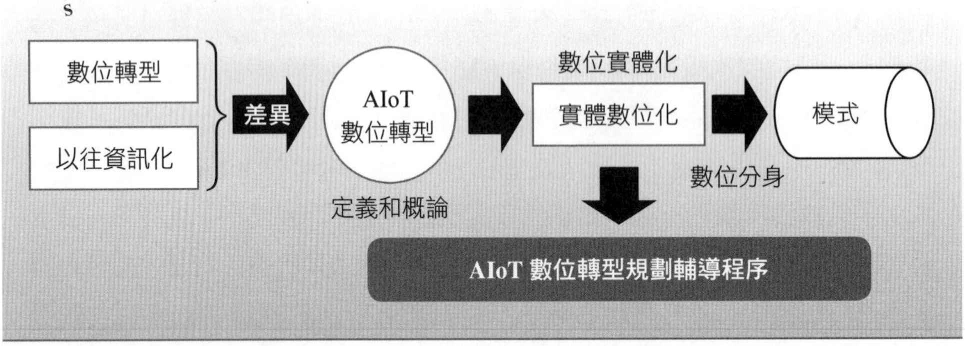

13-1 AIoT 數位轉型概論

以往企業面對現實實體環境下，創造了非常多實體經濟活動，包括實體商品和服務，當然也提升、擴增整體經濟利潤，然而，這並不能滿足人類欲望需求，故接下來虛擬資訊化環境的創造形成，使得在虛擬環境下經濟活動儼然蓬勃發展，進而也創造另一營運利潤的全新市場。但曾幾何時上述實體和虛擬經濟活動已有成熟飽和的往下趨勢，而在此天空劃破之際，另一創新趨勢數位科技橫空出世，此刻，虛擬和實體整合環境將儼然成形，它融合之前章節所提的 O2O2R2P 模式，而這正是新一代數位化營運，它將創造另一嶄新的經濟活動，這是有別於上述之前兩個經濟活動，當然也連帶影響到其他作業，例如：人才職能消費行為生產方式等改變。綜合上述，可知其經濟活動創造的癥結點在於環境的形成，也就是說，「環境」內可有很多的商業活動和利潤，例如：形成雲端虛擬環境，創造出非常多的商機；伺服器電腦軟體程式系統等需求大增。同樣的，在現今、未來虛實整合環境下，欲有成功的商業營運模式，就必須考量此環境下所需求的經濟活動內容，而這正是企業欲做數位轉型的發展基石。從上述可知，現今數位轉型和以往資訊化一樣，茲整理六個差異處如下，並彙整如表 13-1。

表 13-1 數位轉型和以往資訊化差異處

以往資訊化	單向虛擬化	資料庫基礎	人工自動化運算	企業資源規劃	知識化營運	企業流程再造商業模式
數位轉型	雙向虛實整合	大數據基礎	人工智慧認知運算	產業資源規劃	智慧化營運	持續性和客製化創新商業模式

1. 數位轉型是雙向虛實整合，資訊化是單向虛擬化

將實體作業流程轉換成數位流程，而這兩個流程是不一樣的；也就是說，數位流程步驟和執行方式與實體流程不可照抄，因為一旦轉成數位流程，會將數位科技元素融合於流程內，導致流程步驟有所改變，例如：原本在零售速食店是在櫃檯點餐結帳，現改為讓客戶自己事先在 App 軟體系統執行此數位流程。以往資訊化只是將原實體流程照抄至軟體流程內，並不包含數位科技元素。再者，數位轉型另一差異處就是將數位流程轉連至實體流程，其重點在於「連接」和「轉換」。「連接」是指透過數位科技元素來驅動實體運作，例如：當穿戴式裝置感測（數位科技元素）到心臟數據（數位流程）異常時，立即驅動連線到醫生的智慧型手機，並做後續處理（實體流程）。而「轉換」是指數位流程數據轉換至串流於實體運作，例如：雲端平台數位化數據，可在智慧音箱上運作資訊串流功能，包括客戶對著智慧音箱詢問明天天氣資訊。

2. 數位轉型是大數據基礎，資訊化是資料庫基礎

數位轉型是以數據價值創造商機的過程來引導企業改革，故大數據的商業洞察分析程序和應用是將企業營運流程匯總成經營認知成果。在大數據的資料模式分成結構化、半結構化、非結構化三種，以前資訊化主要是在結構化資料，虛擬實體環境則包括前者三種模式，所運用軟硬體技術相較之下就更加複雜，包括傳統的 ETL OLAP 和現今的 NOSQL 等技術，再加上資料挖掘等應用分析，為了加速挖掘分析成效，其記憶體儲存及晶片即時運算等硬體科技也都因應發展。綜合上述，如何收集、過濾、處理、儲存、加值、分析、洞察等數據發展程序，是企業在執行數位轉型的基石和關鍵。其實，數據化就是映射出作業流程的價值所在，它可點石成金，將企業營運發揮到最佳化績效，例如：「成長駭客」資訊化運作方式，就是在虛擬網站作業中，試著找出那些網頁功能操作狀況，並挖掘這些操作裡的內容使用狀況和偏好，進而洞察出客戶的真正需求，促進客戶購買產品或服務。

3. 數位轉型是人工智慧認知運算，資訊化是人工自動化運算

數位化運作涵蓋收集處理資料、運算加值分析、認知應用成效等三大發展項目，因此如何認知運算成效是其數位轉型的關鍵。在此以人工智慧所呈現的認知運算，可發展出智慧型營運，這正是現今數位轉型的精髓，它直接讓人為作業跳到策略決策階段，而執行作業和管理分析兩個階段，原則上將由 AIoT 企業應用系統來取代人為和資訊系統互動應用作業。例如：商品推薦風險預知客戶分類等智慧功能，由此可知，在規劃數位轉型時，如何產生智慧型作業是其目標，也就是強調事先預知、預測、預防等主動式運作，而不是事後管理補救解決等被動式運作。因此，它將利用模擬人類自主學習能力，包括監督式學習和非監督式學習兩個方式，前者是已知某些資料標記和答案，進而推測欲達成的新對象和目標。而後者是未知某些資料標記和答案，進而挖掘不可知的新對象和目標。以往人工自動化運算，已事先設定好人為作業邏輯程序，或是加上規則條件判斷公式，再把這些轉換編碼成程式化，故其新對象和目標的成效脫離不了既定結果。上述這兩種不同思維成為目前新的數位轉型。

4. 數位轉型是跨企業的產業資源規劃，資訊化是單一企業資源規劃

當企業在規劃設計數位流程時，往往都是以企業內部流程為主。但對於客戶而言，要的是最後整體流程最佳化成效，故其流程應是跨企業組織的異質流程；也就是在設計流程時，必須結合其他不同組織資源的流程，而此運作是不容易的，但這反而就是競爭力所在。在目前未來生態平台式商業模式崛起下，其數位轉型更須朝產業內資源規劃最佳化來發展，而以往資訊化只重視在企業內部資源規劃最佳化，故跨企業協同合作就是數位轉型的實踐方式。因此在建構數位科技平台時，有關整體流程的各個步驟都應考量，以及如何連接異質軟體系統，也就是利用 Open API。另外，在作業制度管理機制的規劃，須納入不同利害關係人的需求角度，進而在同一目標下，追求綜效雙贏的局面。

5. 數位轉型是智慧化營運，資訊化是知識化營運

企業因為有營運作業流程在實踐，進而產生資料形成過程，也就是從資料、資訊到知識。以往資訊化是利用知識結果來強化自身競爭力，例如：如何解決呆料存貨的知識方案，但現今數位轉型是著重在智慧，也就是知識轉換成智慧。同上例，如何事先預防避免呆料存貨產生的智慧方案，因此所有數位流程都必須朝向智慧方案來規劃設計，這就是智慧化營運。它首先把在作業流程中的資料形成過程轉變成智慧模式，接著，設計創造出一套智慧方案，再利用此方案進行一連串自主性訓練洞察認知學習等行為，之後，根據上述行為做出決策或策略性結果。同上例，首先將進銷存流程轉變成預防呆料存貨模式，並設計一套存貨營運智慧方案，進而將現在營運流程套入此模式，以訓練學習和認知洞察在未來可能發生哪些商品是呆料，進而調整改善營運流程的智慧方案，最後，決定智慧型存貨控管的策略結果。

6. 數位轉型是持續性和客製化創新商業模式，資訊化是企業流程再造商業模式

企業再造是數位轉型的根基，包括組織再造、流程再造、商業模式再造等三種。以往資訊化著重在企業流程再造 (BPR)，但現今強調企業再造，尤其是創新的商業模式，因為它是一種真正破壞式創新，欲從紅海市場轉移至藍海市場，創造出差異化競爭，並因應時代潮流順勢發展，讓所有參與者雙贏。然而，商業模式再造將影響資源重分配和其不同需求，會造成企業大變動，導致不安和動盪的風險，因此如何以企業經營管理來克服解決是非常重要的議題。創新數位科技則是可實踐此議題的智慧科技，但為了有差異化優勢競爭力，某客製化商業模式是關鍵所在。所謂客製化，是指客戶個別需求、細分重組功能、端對端無縫等三種運作。客戶個別需求是指生產買賣商品可依照個別客戶需求來訂製，也就是少量多樣的客製化或個人化營運模式。細分重組功能是指將運作功能分割成更細緻的子功能，並且可互相組合成另一其他功能，以照顧到細小需求的營運模式。在端對端無縫是指將需求者和供給者在無仲介及第三方的作業程序中，直接快速且無浪費的串接，以利精實化的達成供需滿意的營運模式。

一、實體數位化和數位實體化

現今數位轉型的運作，不是以往的資訊化或電子化的型式，是融合實體的另一種數位化。以往資訊化著重在數位格式資訊，並將此資訊透過電腦演算法進一步做資訊和加值，最後成為企業應用功能，但此運作的根本問題是，誰來產生第一手數位格式？一般都是依靠人為判斷後，輸入所謂資訊系統，此時數位格式數據就創建產生，但運作會造成無效率、人為疏失等弱競爭力。因此現今數位化須能摒除這種做法，其解決方式就是讓產生第一手資料來源可自主將資料轉換成數位格式，並傳輸連接到所有需求的軟體系統，如此，數位化方式就是欲將實體數位化和數位實體化等整合，這才是數位轉型的精髓。

實體數位化就是讓實體物品本身物理性資料和其運作作業資料，依靠本身自主性能力，將這些實體行為資料轉型成可在軟硬體設施執行的數位匯流機制，其應用方式有擴增實境相關辨識技術、數位分身、企業數位分身、WOT，而數位實體化有虛擬貨幣硬體錢包等。從上述這兩者的整合思維，才能發展出數位轉型的架構和運作程序，茲說明如下。

(一) 擴增實境相關辨識技術

因應全世界創新資訊科技對產業營運作業的衝擊，進而改變對企業職能的供需狀況，在學校教育將因應培養數位化企業管理人才。而「智慧零售體驗場域」就是一種數位轉型運作程序，此場域是欲發展如何在運用創新數位科技下，使得零售通路的營運作業具有智慧化應用功能。在此主要有三項主軸功能方向和其應用科技工具：(1) 微定位商圈行銷：NFC、iBeacon、人臉辨識科技；(2) 擴增實境商品宣傳：智慧型 AR 眼鏡科技；(3) 環境空間導航偵測：無人空拍機科技。因應上述三項主軸功能方向，提出以下做法。

1. 微定位商圈行銷

iBeacon 是利用藍牙提供提醒的提示訊息，包括靠近商店的產品促銷資訊，以提供互動式訊息給消費者。iBeacon 可主動「因時因地制宜」，提供適合的服務和訊息。在商品店面入口處放置 iBeacon，當客戶接近商品店面入口處時，手機就會和 iBeacon 互動，包括用 App 程式提醒和宣傳資訊，例如：使用者目前所在商場的商品目錄，以便提升客戶的樂趣和參與感。使用智慧標籤（NFC 標籤）商品訊息的商機行為，在設備上使用 NFC-based 商品訊息標籤，可讓客戶利用手機方便且迅速得知其消費或其他公告訊息，撮合廠商欲推廣的廣告行銷活動至客戶需求，收集使用智慧 NFC 標籤的狀況，進而利用大數據分析訊息廣告的使用頻率，以便了解商品的商機活躍程度。

2. 擴增實境商品宣傳

製作、設計產品型錄和拍攝影像 demo 使用說明；應用於創新教學，增強學生與課堂的互動體驗；線上與線下融合的零售體驗；提供辨識目標貨架和其資訊、精確路線、路況資訊的智慧物流作業；擴增實境和無人機虛實整合行銷可實踐驗證應用課程的成果，以及提升學生的人工智慧應用與實務能力。

3. 環境空間導航偵測

整合無人機系統於廣告行銷活動，並運用不同的創新思維，創造出新廣告文宣行銷商機，加深使用者的使用體驗，進而應用於休閒娛樂市場。行銷環境空間特色與提供遊客旅遊照片，無人機結合 QR Code 在會場展翅宣傳行銷，以達到分眾市場消費者和精準行銷。

(二) 數位分身

CPS (cyber-physical systems) 是指在協作環境中與上、下游行業中的周圍實體物理對象進行計算操作。其功能包括物理分布式設備／機器和嵌入式傳感器網絡，並配備資訊運算系統。CPS 可以進行通訊，以無縫連接和遠程方式來控制生產過程。CPS 利用物聯網 (IoT) 和雲計算可用的訊息服務，來發展生成智慧計算，例如：自主預測管理、自我診斷／維護機制以及業務績效的協同生產計畫等。從上述可知 CPS 是可建構於複雜的供應鏈網絡系統，包括多種類型的物理系統和多種運算、通訊模型，可分成三個層次：物理層、網絡層、服務層等。首先，物理層是嵌入物理數據於實體流程中的網絡功能，網絡層結合更多實體物理對象用於獲得更強大的網絡，以及服務層提供包含大量分布式的作業服務。另外，有學者定義 CPS 為五個層次〔連接 (connection)、轉換 (conversion)、網絡 (cyber)、認知 (cognition)、配置 (configure)〕架構 (Lee et al., 2015)。也有學者提出在網絡物理系統 (CPS) 架構下，發展出數位分身模式 (Lee & Bagheri, 2015)，其中 CPS 架構包括連接到物理機器、將物理數據轉換為數位訊息、所有訊息匯總到數位分身模式內等，如此以認知方式來深化數據的洞察力。MindSphere 是一種將實體裝置與程序傳送至數位分身（智慧虛擬模型），它可準確地設計、模擬、驗證最佳化未來產品和服務的方法，藉此提升智慧決策，它可包括數位分身產品 (digital twin product)、數位分身生產線 (digital twin production)、數位分身性能 (digital twin performance)。

數位分身 (digital twin) 由 Michael Grieves 博士於 2001 年提出，重點是作為製造內容的虛擬呈現，如此可透過其虛擬呈現來作為工程設計改善比較，並進而優化生產作業。他把數位分身分成數位分身雛形 (digital twin prototype, DTP)

（例如：產品 3D 模型）、數位分身實例 (digital twin instance, DTI)（例如：產品受到傳感器擷取的當前操作狀態）、數位分身聚合 (digital twin aggregate, DTA)（例如：多個 DTI 的聚合）等。數位分身是一種集成的多物理性質運作 (Boschert & Rosen, 2016)。Koren 等人 (2017) 提出數位分身來模擬可重構製造系統 (reconfigurable manufacturing system)。數位分身模式是在虛擬和物理層面上運作，透過感知技術來互相控制物理性實體設備，因此實體設備成為具有運算能力的傳感器和執行器 (Almada-Lobo, 2015)，它也是一種 CPS，如此可將物理系統虛擬化和數位化映照對應實體，進而可用於即時同步掌握營運作業的數據，最後利用模擬技術預知未來的績效結果 (Negri et al., 2017, Uhlemann et al., 2017, Rosen et al., 2015)。從上述可知數位分身模式內涵真實空間中的物理對象、虛擬空間中的虛擬對象、匯聚物理和虛擬系統的數據及訊息連接等三種元素。Lu 與 Xu (2018) 提出了具有資源虛擬化框架的數位分身模式之智慧工廠。Angrish等人 (2017) 提出將數位分身數據存儲在可擴展且彈性的 MongoDB 數據庫中，並發展虛擬製造機器 (virtualization of manufacturing machines, VMM) 的交動架構。

(三) 企業數位分身

Hermann 等人 (2015) 提出網絡物理系統 (CPS) 和物聯網 (IoT) 技術是促進智慧工廠的基礎。物聯網 (IoT) 促進數位分身的發展，它使企業營運能跨越物理世界和數位世界的整合。數位分身模式能深入了解分析和改進企業營運數位化業務模式，驅動外部客戶如何與內部關注的業務相互運作，進而提供利益相關者的價值，上述就是一種 Twin-of-Things。故企業資產／設備／產品可透過建構數位分身來模擬這些物體在各種條件和配置中的當前和未來行為，以便提早預測故障和最佳作業模式。根據上述，若將數位分身擴展至企業營運整個生命週期後，就成為終身數位流程 (digital thread)。終身數位流程是指可透過連接資產／設備／產品數位分身 (digital twin)，來規劃在一個貫穿設計、建構、作業和報廢的整個生命週期內管理運作，故供應鏈可在產品訊息鏈接到終身數位流程，實現企業營運層級的數位分身模式。在終身數位流程觀念下，使之前以設備數位分身為主的做法，延伸擴充至企業數位分身模式，例如：Software AG 的 ARIS 系統。Software AG 的 ARIS 可用來建構供應鏈企業數位分身模式，端到端供應鏈流程的可視性和透明度，包括來自不同供應鏈企業營運的傳感器和執行器之間的互向操作性，以連接將產品生命週期數據與供應鏈流程對應 (Kim et al., 2015)。在上述供應鏈企業數位分身模式，則可發展出以需求驅動的商業價值網絡 (demand-driven value networks, DDVN)，旨在優化整個供應鏈流程最大化價值，來感知和協同跨企業利益相關者和夥伴的多個網絡營運需求 (Tao et al., 2017, Lee et al., 2013)，例如：物料接收、倉庫管理、運輸供應，以改善整體營運績效指標，以及確保實現目標業務成果。使用企業數位分身來映射業務營運流程，並發展即時狀態監控，進而從追蹤營運來深入了解各個流程的 KPI，如此可為各個流程設定目標標竿 KPI，將目標標竿 KPI 和實際流程 KPI 績效做比較分析，以分析供應鏈追蹤流程之績效。

在企業數位分身雛形平台中，其資訊系統架構設計主要分成事件模組、物聯網擷取模組、API 串接模組、流程挖掘 (process mining) 模組、決策分析模組，說明如下。

1. 事件模組：從實體流程傳感器收集營運數據作為事件數據，來反映流程的當前狀態和行為。其功能包括應用程序、資源運作，例如：冷凍運輸車中的溫度傳感器擷取生鮮食品溫度，同時獲取當前車輛交通流量狀況作為送貨控管事件運作的效率化。
2. 物聯網擷取模組：實體流程資料收集和驅動管理，以及連接到數據和事件的適配器和支持業務流程的可視化分析，並將業務營運狀態與實體實際數據對應相關聯，例如：連接物流車輛或貨物所產生的交易數據。
3. API 串接模組：同步串接 SAP 系統應用功能，以及連接其他資訊系統。
4. 流程挖掘模組：在實現流程中執行的功能頻率、時間、流量、成效的預期變化和流程實例分析的持續流程改進，以及分配的資源或相應的作業成本，如此發展端到端供應鏈的可見性和透明度之即時回應作業。
5. 決策分析模組：根據業務規則和觸發事件來發展決策分析，以及模擬未來運作狀況，進而控制實體流程並持續改進。

(四) Web 物聯網 (Web of Thing; WoT)

如今，物聯網正在透過轉移智慧對象，開發物理事物的協作平台。智慧對象是基於 Web 的對象，能夠彼此相互連接到物聯網中的網絡。愈來愈多的設備將促進智慧對象之間的連接任務，以加強設備讀取器之間的操作。例如：智慧手機設備的 Web App 處理、用於購物的智慧自動售貨機。Web 應用程序是一種強大的功能，可加速 Web 上的物理操作，以便在物聯網方面進行人機互動。此外，

Web 服務嵌入傳感器等智慧設備是關鍵點 (Alexander et al., 2011)。目前，最重要的是實現網絡物聯網所謂的 WoT。

(五) 虛擬貨幣硬體錢包

比特幣相關資料和金額數位資料儲存於硬體資產內，可和區塊鏈數位平台的加密貨幣私鑰連接，而其硬體錢包公司 Ledger 的「Nano X」產品，可使用「手機藍牙連線」來做數位資產的管理，這就是虛擬貨幣硬體錢包，也是一種冷錢包，是一種數位實體化的做法。

13-2 AIoT 數位轉型模式

現今數位化衝擊到各行各業，也影響到各種管理知識，例如：生產作業管理。此管理議題已朝向數位化作業，因此本計畫欲讓學生也能學習到最新全球趨勢議題，包括工業 4.0、智慧製造、智慧服務、產品服務系統等，並以價值流程圖應用於企業營運流程，且以數位化概念和技術，來設計作業管理，進而實踐於生產流程和服務流程，如此完成精實作業，也就是精實生產和精實服務。精實作業是創新科技應用於營運管理的關鍵能力，因此本計畫除了提供課程講授錄音的自我學習之數位教材外，也相對提供數位化流程設計和軟體實作，能讓學生學習更加有成效。世界經濟論壇 (WEF) 對於數位轉型的定義是：「指透過各種數位科技整合運用，改變產生全新數位化的產品服務、營運流程及商業模式的新商業機會過程。」利用數位科技轉型成新商業營運模式，數位化正在改變各種產業的營運模式，而營運模式也改革作業流程。流程是指投入 (input) 轉換成產出 (output) 的所有活動，透過企業流程再造 (business process reengineering, BPR)，不但會衝擊到組織的變動，也會影響到企業員工的工作作業模式。另外，企業流程的重新定義，也是呈現企業管理功能的改變，亦即不是只有流程步驟的順序改變或項目關聯，它最主要是因應企業環境的變化，導致企業管理模式創新，進而使企業流程重新定義。就如同企業流程電腦化一樣，不只是從人工作業計算換成電子計算機處理的過程，而是透過電腦化機制整合企業流程的功能，使其更有效率，以達到數位變革作業流程的精實 (lean management)。它使企業驅動 (business drivers) 融入數位化流程，並優化實體流程，而價值流程圖 (value stream mapping; VSM) 是一種精實流程。豐田公司提出價值流程圖技術，它是一個系統化、可視化的服務流程與資訊方法論，並進而獲得顧客需求的附加價值。聯合技術公司 (UTC) 提出 ACE，獲取競爭優勢 (achieving competitive excellence) 營運體系。在數位轉型的運作下，須發展出數位化策略的科技方向，包括社群媒體 (social)、行動 (mobile)、數據分析 (analytics)、雲端 (cloud)、數位分身，以及物聯網 (Internet of Things)，從這些科技可達到數位轉型的功能作業，包括狀態監控、分析數據可視化、資訊透明度、數據即時分享、資源分配最佳化、作業最佳典範，以及自動學習、順序模式、偵測警報、趨勢預測、多維 KPI 監測、需求預測等。研究機構 IDC 提出內嵌式數位企業 (embedded digital business)，也就是將數據做收集、分析、業務邏輯、應用、價值的商業資訊化，創造出新的市場競合模式，將產業營運整體生命週期數位化，而成為實際活動和流程的營運生態系統，以及整合客戶解決方案生態系統〔例如：蘋果生態圈 (apple eco system)〕。此生態系統包括合作夥伴生態、諮詢輔導合作夥伴、應用程式開發者、系統整合商、基礎設施即服務 (IaaS) 供應商、科技提供者等，從這些夥伴生態的運作，可產生挖掘客戶需求偏好數位創新者 (digital innovator)，可分析出獨特而客製化的核心產品組合，形成全通路銷售平台，進而發展出產品即服務系統平台。此系統平台利用數位科技翻轉企業和客戶的夥伴關係，並打造數位能力來整合資料、流程與系統的客戶，以及改變了消費行為的創造價值方式。這種數位化作業，同時有數位去媒介化和再媒介化的效用，也改變了商場對手界線模糊的形勢，因此如何利用在跨平台多面貌裝置之產業雲端基礎下的數位化元素（包括數位神經、無縫匯流、隨選所需、數位化流程、產品數位、數位資源整合），協同來優化業務流程和創造新的藍海市場營收獲利，以及提升員工生產力、滿足客戶需求等運作，才是數位轉型的根本。從上述可知，其營運模式從以前是賣產品為主，再到產品之加值服務，現今已跨入產品連結 (connected product) 延伸性服務，未來將朝向利潤就是服務 (profit-as-a-service) 營運模式，這就是改變人類數位經濟生活方式的顛覆性技術。例如：在各大超商與手機 App 串聯使用 Line Pay、機場以 Beacon 追蹤行李、UPS 以無人機運送人道救援物資、Cleveland Clinic 將監測設備的生理數據在人工智慧平台執行醫護作業。實體店面置入 AR、虛擬實境設備等，原以消費者驅動的需求鏈融入數據導向 (big data) 與使用者體驗 (user experience, UX)，來發展出差異化體驗旅程。沃爾瑪導入微軟的 AI 聊天機器人 (ChatBot) 和非結構性資料的自然語言處理，來實現追蹤客戶訂單視覺化。西門子透過開放式物聯網雲端平台 (MindSphere) 運作應用程式介面 (API)，結合第三方服務供應商來提供數位服務。在開放原始碼業界標準雲端應用平台 Cloud Foundry 上，Cloud Foundry 提供建構開發人員框架和應用程序服務的平台即服務 (PaaS) 模式，它將基礎設施抽象化，以專注於應用程式，包括 Amazon Web Services、Microsoft Azure、SAP Cloud Platform 及 Atos Canopy。在虛擬金融下，數位銀行發展出以大數據為基礎的虛實整合應用，包括數位通路、網銀服務、證券業電子下單、保險險種線上投保、直接線上開戶、申辦小額信貸等。利用機器感測器生成的數據，提前預測產品品質或機器故障、原物料溯源管理、通路上防止過期產品，並運用生產節拍時間 (takt time) 傳遞供應鏈至客戶需求端之間的供需協調。綜合上述，可知數位轉型結合網路虛擬通路和實體通路，利用數據分析平台在雲端平台運算或邊緣平台運算，便可即時從這兩個平台獲取訊息，進行各種彈性機動回應，如此來聚焦產業升級與附加價值，但這時也須考慮到是否造成企業通路結構衝突的問題。

茲舉 AIoT 應用於訓練評核品質運作的數位轉型模式如下。

物聯網於訓練評核品質的創新性影響

這是一篇須先暫時摒棄舊有思維習慣來細品思考的文章，也是將 TTQS 運作再造轉型成智慧營運的想法，更是期望 TTQS 應放在全球競爭基礎上來建置運作的開始。

(一) 動機

在目前網際網路、物聯網、機器人等高科技席捲全球趨勢議題下，各企業和其運作模式莫不朝此創新趨勢進行不斷持續改造和發展，因現在不做未來就被淘汰。這可從最近金融業（金融科技）、製造業（工業 4.0）不斷改變可窺其端倪，所以 TTQS 教育訓練品質系統運作模式也更須因應此趨勢做結構化和創新性的再造。本篇主要是指在物聯網環境下，以訓練評核品質如何受到 TTQS 運作績效影響其成效構面來做探討。

(二) 問題探索

在評核 TTQS 運作過程中，最主要項目之一是查核其「說、寫、做」一致性和完整性，以及不斷持續改善機制落實性。因此，評核委員必須在約定時間內去翻閱查核業者單位在簡報所提及訓練作業表單是否有確實做到，並留下完整記錄。然而受限於單位在資料記錄的文件分類和歸檔方式，往往大部分都難以在短時間內迅速連接對應到欲查核內容，更遑論全部訓練過程的所有完整文件，導致都是採用抽樣舉例式查核。至於持續改善查核部分，其在課後檢討並提出改善的過程中，欲連接對應到相關表單文件也是重重難關。從上述可知，這些因 TTQS 運作不良所造成問題，都會影響到訓練評核品質，而其關鍵原因就在於如何確實即時地串聯掌握 TTQS 運作過程中的文件表單資料。以往人工式的資訊化方式是無法達到的，而在物聯網、機器人、大數據趨勢下，其智慧營運已是任何運作的競爭之道，當然 TTQS 運作更須如此。故本篇提出物聯網化的追溯、追蹤機制，來解決上述關鍵原因的問題，以下簡述步驟。

(三) 解決方向

1. 建立 TTQS 雲

在雲端運算平台中，建立可儲存各單位在 TTQS 運作過程中的文件表單平台，這些文件表單是自動化互相連接勾稽，並可自動檢核出其一致性、連接性、落實性的差異。這 TTQS 雲的系統架構上，是依照 PDDRO 程序來設計，並且會有十九項指標分類項目和其要求條件準則的勾稽。更重要的是，可彈性設定彼此之間的連接性和關聯性。有了 TTQS 雲，各單位在存取文件時，就可做到隨選所需績效。故在 TTQS 要求資料分類和歸檔系統的條件下，完全可交由 TTQS 雲來規劃和建置，不須由各企業各自建立，以及減少所造成的麻煩和高成本。另外，此TTQS 雲也可自動建立單位在運作辦訓過程中的歷程記錄，如此可追蹤辦訓實際進度狀況，進而也可用此進度狀況資料作為評核基準，而不須只在評核當日才做評核基準，這就是從點改成線的評核思維，「點」是指評核當日，「線」是指辦訓運作期間，而從「線」的方式去評核，才是更客觀、實在、競爭的。

2. TTQS 運作過程大數據分析

將上述 TTQS 雲所收集資料數據，運用大數據分析，來達到智慧營運。例如：預測分析某單位在現有運作和其資料基礎下的可能評核等級，指出「說、寫、做」一致性何處不足，如此可讓單位自行了解，並及時因應後續如何改善。另外，也可利用文字挖掘技術來分析偵測其 Word 文件的內容和評核基準要求內容是否一致性，以及分析達到評核等級不同分數的程度狀況。例如：指標 17d 要求訓練成果條件是否有在單位上傳的 Word 文件內容裡（例如：證照、競賽等字眼），以及這樣內容應是在多少分左右，如此就可精準達到「說、寫、做」評核品質。

3. 實體文件賦予智慧機制

以課程為模組單元，將此課程所有實體文件都封裝成一具有 RFID-based 晶片辨識物件，此晶片儲存該課程唯一身分碼和基本屬性資料，並且可連接至 TTQS 雲，進而產生可追溯之前運作資料。例如：在 TTQS 雲，有之前上傳指標 17d 內容記載學員訓後證照，此時就可透過 RFID 技術，連接至此實體課程文件是否有真正存在，這種做法可追溯確保「說、寫、做」一致性。另可再連接運用大數據分析的優化流程功能，追蹤單位後續 TTQS 運作執行進度狀況。例如：在指標 5 要求訓練規劃須能呼應連接至企業策略行動方案內容，此時可用物聯網擷取此方案內容資料，進而連接至使用在 TTQS 雲儲存的訓練規劃內容，並運用大數據分析來優化這個連接流程的精實狀況。此做法是要確實訓練品質能提升經營績效，而不是只為訓練而訓練、為評核而評核，這才是真正的實際競爭能力。

4. 跨組織 TTQS 協同運作

在 TTQS 運作過程中會牽涉到不同企業組織作業，例如：訓練機構、單位本身、政府部門、管顧公司等組織，而這些組織內部作業和對外溝通作業的效率，會影響到 TTQS 運作的績效。例如：管顧公司提供的合約內容是否符合評核要求，或是講師提供教材和此課程目標是否切合等，這些都是不同組織協同作業，但如何讓協同作業效率化呢？以前做法是靠資訊系統，但現在未來競爭須物聯網結合資訊系統，也就是新一代 IoT (Internet of thing-based) 資訊系統，利用它可使跨組織 TTQS 協同運作具有效率化，而更重要的是營運智慧化。例如：訓練機構上課教室安排以及設備消防安全檢核等作業，都可在無人為介入下，精準完成這些作業，尤其是在跨組織運作情況下，協同效率化和最佳化是難達成的，能達成就是智慧化，這是全球競爭趨勢，更是生存之道。

5. 訓後成效鏈結產學績效

TTQS 運作角色主要有企業機構和訓練機構兩者。在企業機構內，其訓後成效最主要是期望能針對工作生產力和營收成長有直接助益，但往往該機構雖聲稱有這些助益，卻無法提出鏈結哪些課程，這對於訓後成效就難以認定其真正實質價值所在。另外在訓練機構內，其訓後成效最主要是期望能讓學員在就業市場有所助益，包括找到適合工作職位、在原公司獲得升遷加薪等，但同樣的也不易鏈結至哪些課程，當然其價值也難以彰顯。該如何解決呢？若以傳統人工式資訊系統方式，則很難落實鏈結成果，因為只要有人為介入，其疏失和高成本就可能發生。因此，應以物聯網技術來執行鏈結，例如：在工業 4.0 模式的生產方案，可自動偵測其生產力提升，進而判斷是某位工程師在製程改善的貢獻，再進而分析該工程師之前曾受訓學習工程改善課程，如此就可將訓後成效鏈結產學績效，這才是價值。唯有價值才有競爭，只有成果或產出都是不夠的。

(四) 總結

從上述步驟，可知其物聯網化追溯、追蹤機制，可達到如何加強訓練評核品質成效，因為在 TTQS 運作過程中並追求其績效目標下，已經在這種機制內，可自動化執行大部分評核作業，進而促使「說、寫、做」一致性和完整性，以及持續改善落實性等成效。根據上述，評核委員做什麼呢？就是辦訓作業實質內容的評核，例如：單位提出課程設計單或規劃書，以往現場評核都是先看有沒有執行和記錄，很少切入其內容實質專業性和品質性，因 TTQS 系統是一個很好運作模式，但這就好比提供全套食譜模式，讓廚師依此模式來烹飪，但一定可確保菜色美味和健康品質嗎？關鍵就在於實質內容。故唯有真正評核辦訓作業的實質內容，才能讓各單位透過 TTQS 運作來提升組織因訓練學習而強化其營收成長的競爭之道。例如：「課程前、中、後檢核單」，若此檢核單實質內容設計不專業和不精準，只為填寫表單而填寫，則就失去 TTQS 運作績效目的。如同一開始所言，其智慧營運已是全球競爭趨勢，因此 TTQS 也應該朝智慧營運再造，而不是只有程序資料文件和方法標準化的檢核，這是一個很關鍵的思考轉換。說到此，也許有人會問建立這樣機制成本是否太高？這是另一議題，將另撰文再說明之，但就如同本篇一開始強調的創新，請各位讀者以創新思維來研讀這篇精髓所在。

13-3 AIoT 數位科技化輔導程序

AIoT 數位科技化輔導重點是在於提供專業整合資訊科技、人工智慧、經營管理的智慧營運解決方案。一個 AIoT 企業應用系統規劃導入，攸關企業經營績效，故應以經營管理整合資訊系統運作方式來協助客戶解決問題，而不是為了導入資訊系統而導入，這不是單純導入的成本問題而已，更重要的是，所投入的時間精力和機會成本。

一、AIoT 數位轉型規劃輔導程序

AIoT 數位轉型規劃輔導程序是在虛擬和實體環境下，以企業管理創新思維，來進行一連串數位化診斷、策略、分析、規劃、設計、建置、評估等步驟，見圖 13-1，茲說明如下。

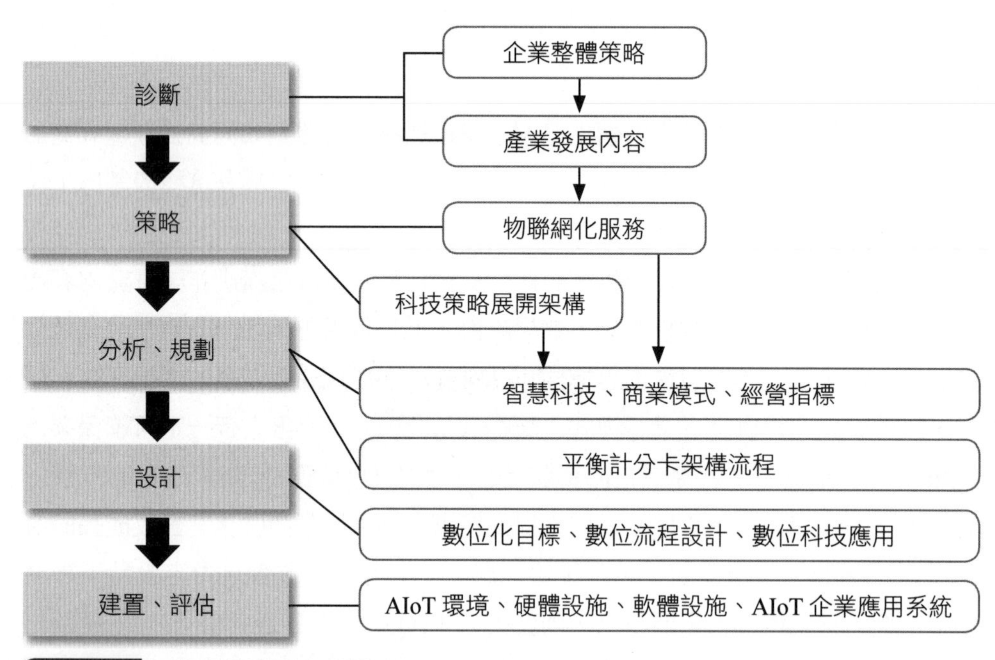

圖 13-1 AIoT 數位轉型規劃輔導程序圖

(一) 診斷

包括公司簡介、文化願景、背景沿革、產業特性、產品服務、經營脈動、經營特色、領導風格、組織彈性、產品與服務、營業項目、策略客戶、營業據點、服務定位、組織運作、營運流程、數位服務、挑戰衝擊、因應變革等的企業基礎內容，並搭配產業定位、營運範疇、產業關係、產業成員、地理位置、互補資源等的產業發展內容，來運作數位轉型診斷作業。

(二) 策略

數位轉型策略作業是以物聯網化服務為根本，根據作者在另一著作《物聯網金融商機》一書所提及：「物聯網化的服務是指將企業和消費者等利害關係人之

生產銷售產品或使用裝置等物體連接成物聯網，並以此網絡可快速感知和匯集物體變化資訊，再以各利害關係人的需求，提供主動需求的數位匯流之解決方案服務。」例如：土石流的監測、環境溫度的變化、辦公室的空調和燈自動打開關閉、動物的追蹤行為，以提供各種客製化、平價、便捷、安全的服務。故在物聯網化的服務型態下，其數位轉型策略是發展科技創新策略三構面，包括科技策略、創新管理、網路行銷三構面方法論，從此三構面交叉運作可得出新的商業模式，此商業模式必須能滿足消費者的最終需求，而此需求必須回歸至人類的最根本人性欲望，以下說明三構面的組成內容。

在科技策略應用上，包含研發能耐（產品設計、核心技術、組織學習）、網絡結構（核心位置、協同型態、網絡定位）、技術獲得（授權、外包、分割開發）三個部分，如圖 13-2 所示。

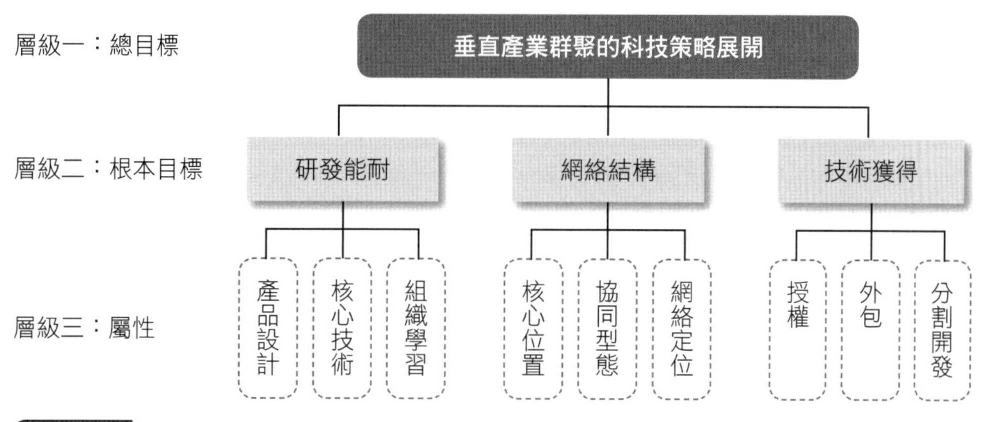

圖 13-2 科技策略展開架構

在創新管理應用上，其創新管理中的「新穎」是指新穎路徑相依度。技術新穎度發展，通常具有某種特定的路徑相依程度，且會受到特定技術典範 (technology paradigm) 的影響，亦即在某些特定的問題上，基於現有的科技知識所發展出的解決方式，因此新穎路徑相依度會影響企業在發展新的產品或服務時，通常會依循過去在特定技術軌跡所累積的知識經驗。路徑相依度的程度愈高，表示運用過去知識愈多，其創新程度也就愈低。所以，企業在運用創新的服務方案，必須考量當時的環境和配套是否能成熟的應用，這牽涉到創新方案可行性，更影響到企業獲利商機的契機。

1. 隨選所需

就是使用者在任何時地都可隨意選擇需要的服務即可。例如：隨選列印(Print on Demand)。

2. 無縫匯流

在任何空間設備環境中，不因個別廠牌專屬限制條件影響，可以無縫隙的將需求平順的匯集和流通。例如：不管哪種廠牌印表機，只要連上網和傳真機，就可將透過 Internet 擷取的某圖片或文件、訊息直接列印，並經由傳真機傳出去。

3. 跨平台多面貌裝置

Thin client 裝置可以是任何型式的設備或物體，並且能跨越不同軟體作業平台來執行雲端上的應用。例如：手機、PDA、平板電腦、冰箱、印表機、椅子等。

4. 產業基礎

以前企業、消費者都是考量單體的營運，然而在產業價值鏈趨勢下，企業競爭和營運已轉至產業競爭和營運，所以雲端商務須考量整個產業基礎利基來運作，例如：產業聚群行銷。

5. 數位神經

透過雲端運算架構，其在雲端的應用服務都是即時和敏銳的，就如同人體神經般的即時感應和回應。例如：透過雲端印表機可連線上網得知碳粉即將不夠，而即時感應得知，並提早通知經銷商準備出貨。

6. 資源整合

在節能減碳衝擊下，就是資源有限，然而以往資源都是在某企業環境來思考，所以若以產業角度而言，如此就會造成資源過剩、浪費或不足，難以運用資源最佳化，但在產業基礎的雲端商務就可做產業資源整合，即可達到資源最佳化效益。

(三) 分析

在策略發展下分析出企業營收來源的商業模式需求，進而展開數位轉型需求藍圖，如圖 13-3 包括智慧科技、商業模式、經營指標三模組。在智慧科技是欲建立轉型需求所具備的數位科技能力，例如：人工智慧、物聯網、區塊鏈等，而這些科技須依據該企業數位化診斷的階段內容，適時適切的分析出有哪些智慧科技需求。在商業模式是欲建構營運方式、營收方式、資源分配等價值模式，在經營指標是涵蓋企業和產業層級的績效指標，此指標是欲反映企業營運需求的經營績效狀況，以利對應檢核在智慧科技上的應用成效和商業模式的分析，其需求是否正確、完整、適切等目的。

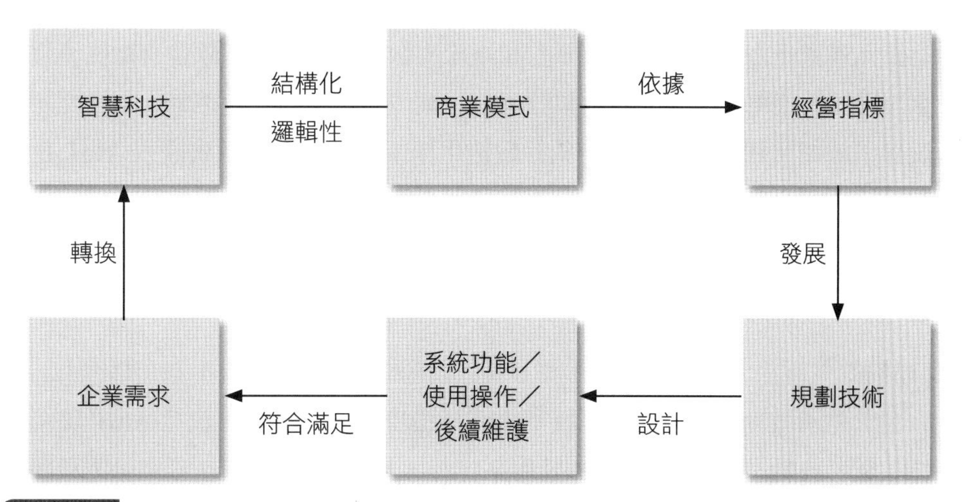

圖 13-3 數位轉型需求藍圖

(四) 規劃

根據分析後數位轉型需求，進而展開規劃轉型方法、工具和設施，以及商轉方式和實踐作業。轉型方法是利用平衡計分卡架構流程來運作，包括：財務、顧客、內部流程、學習與成長四個構面。在工具和設施上可用 Open API，在先前對智慧商業的運作，有其平台生態的創新商業模式，而在如此平台生態模式，為了整合相關利害關係人彼此之間的資料和流程，並且不受到各自封閉資訊系統無法整合問題之影響，則利用 Open API 是最佳的工具，它可開放式的無遠弗屆串聯各自的數位化資訊系統，包括雲端平台和邊緣平台設施、大數據資料庫、區塊鏈平台等。而商轉方式和實踐作業是指如何讓企業商品或服務透過數位化營運模式，得以開創市場和客戶利潤的一種商業化程序，它是利用智慧物品延伸 App 應用方式，來讓商轉得以實踐運作。

(五) 設計

在規劃架構內容裡，提出數位化設計內容，包括數位化目標、數位流程設計、數位科技應用等三大項模組。在數位化目標是指企業為何做數位轉型？期望得到什麼目的？如何將此目標和企業目標做連接整合？如何使數位流程和數位科技應用能連接到此目標？此目標是如何設定和展開後續一連串運作步驟等。數位流程設計是以企業流程再造和精實作業為基礎，設計描繪企業作業流程，內容有流程目的、上下階流程、資料來源、使用角色、執行時間和頻率、程式功能、演算運算、科技元素等，並以 VSM (value stream mapping) 做分析改善和評估，其中科技元素就是指區塊鏈、雲端平台和邊緣平台、大數據等，故會有數位流程設計單、設計明細單和其設計關聯單等運作。數位科技應用是指在其上述目標和流程設計下，如何利用資訊科技來執行數位化作業，它是以模組式嵌入 AIoT 企業應用系統來整合並實踐之。例如：聊天機器人模組、機器人流程自動化模組、區塊鏈模組等分別在 AIoT CRM 的客服功能、銷售自動化功能、消費點數運算功能等，如此可完成企業營運流程，進而達成智慧型精準行銷。

(六) 建置

當上述階段步驟都完成後，接下來就是環境設施的建置，包括 AIoT 環境、硬體設施、軟體設施、AIoT 企業應用系統等。AIoT 環境是指在產業營運和客戶使用的環境，例如：智慧城市、智慧物流、車聯網、智慧家居等，這裡也內含智慧物品物聯網和其相關的人工智慧晶片等，然而其環境的演變有其成熟化程度，故在目前仍是初期形勢下，其企業數位轉型的運作必須適時考量其演變程度，做出因應狀況的改變，但不可因認為局勢仍在混沌不明狀況就不行動，則到時就面臨不進則退的困境。

二、AIoT 企業應用系統課程學習

AIoT 數位轉型規劃輔導作業是和 AIoT 企業應用系統有關的，故如何發展 AIoT 企業應用系統課程學習就成為規劃輔導的重點。以下將說明 AIoT CRM 課程學習的模式，其研究架構如圖 13-4，包括三大階段：探索式學習模式、自適應教學模式、AIoT 顧客關係管理課程內容等。

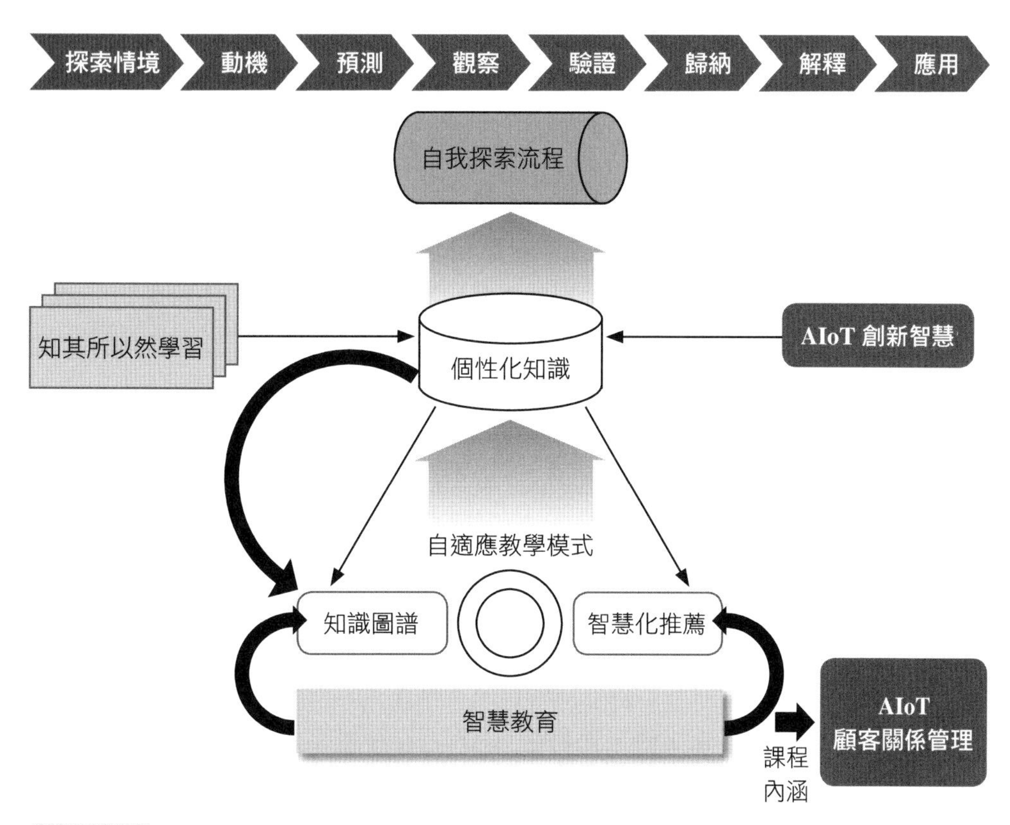

圖 13-4 人工智慧資訊科技之探索式學習教學實踐架構

在此架構（如圖 13-4）是以 AI 探索式學習模式的八個步驟為主軸，讓老師、學生的教學過程在這八個步驟依序進行，此過程中會融入以資訊科技 AR 為輔的沉浸式學習，以及人工智慧機器學習的案例式推理、決策樹和 K 平均值分類演算法，以及 AIoT 智慧運作等三個方法。如此運作下，進一步發展自適應教學模式，此模式欲讓學生透過上述探索式自我啟發，進而可創造屬於學生本身個性化知識的思考，也就是知其所以然學習，這時須藉助知識庫的個性化媒合，其知識庫內容來自於 AIoT 智慧化環境運作，同時也進而儲存呈現為知識圖譜。另外，為了讓學生除了有自身學習的知識圖譜外，此模式也加入智慧化推薦機制，此機制可依學生客製化條件和特質，來自動化推薦適切的知識課程。有了上述運作，就成為智慧教育的教學實踐，並且以 AIoT 顧客關係管理系統為例，來發展相關的教學活動和學習內容。

個案教材內容會以探索式學習八個步驟來編排其章節，而其個案主題來源會以個人在產業實務經驗為主。另外，會製作 AR（用 ARtoolkit 軟體）數位教案，並結合學徒制溝通互動，來產生沉浸式學習效果。

個性化知識庫是欲建構依學生學習路徑脈絡所儲存呈現的軟體資料庫，利用人工智慧機器學習的決策樹和 K 平均值分類演算法，來儲存知識和其關聯內容，進而發展知識圖譜，如此可讓學生本身特質需求和知識課程互相媒合。此知識庫系統建構軟體，會以 Android App 軟體和 WEKA 軟體來設計和運作。

智慧化推薦是欲建構可依學生本身學習狀況，主動、自動預測推薦其可學習的知識課程。它利用人工智慧機器學習中的案例式推理演算法，來進行課程推薦功能，如此可讓學生客製化學習到目前程度的適當性課程。而此課程可媒合來自儲存在個性化知識庫裡。此推薦系統建構軟體會，以 Android App 軟體來設計和運作。

三、科技接受模式的智慧教育行為探討

因本計畫主要以人工智慧資訊科技為輔來進行教學實踐，對於學生是否願意接受科技化的學習，以及其學習成效如何？這都影響到智慧教育的可行性和未來發展狀況。因此，本計畫從研究對象在 AHP 問卷評估資料下，以及 PDDRO 的學習成效 4levels 評估資料下，進行用科技接受模式方法論，來探討研究其智慧教育的可用性和易用性。

AIoT CRM 課程內容主要有機器學習的 CRM 應用與結合 SuiteCRM 軟體系統。AIoT CRM 系統的運作，完全可用 AI 軟體與搭配 IoT 擷取傳輸資料來執行。AIoT 企業應用系統三大趨勢：(1) 結合 AIoT 應用技術；(2) 緊密且彈性整合其他企業應用系統；(3) 從「作業和管理」人為層級提升至「決策和預知」的智慧層級。在本計畫內，AIoT CRM 內容是以機器學習的 CRM 應用為主，它是欲在 AIoT 基礎設施環境下發展機器學習模式於 CRM 的功能，包括案例庫推理、關聯分析（Apriori 演算法）、決策樹等，從這些模式展開資訊系統的機器學習 CRM 功能，包括數據挖掘／過程挖掘、檢測欺詐／客戶流失分析、智慧消費行為分析／產品推薦、客戶分類分群／KYC (know your customer)、購物籃分析等課程內容。

AIoT CRM 與一般的 CRM 差異，主要在於前者是和智慧物品緊密連接，它是一種產生嵌入式智慧的 AIoT 企業應用系統。因為在 AIoT CRM 應用下，智慧物品的營運模式和一般物品是截然不同的；也就是說，前者在於專注智慧化決策和策略，而後者強調在人為判斷下來進行作業執行資訊化的功能，因此前者能創

造出以往著重在人工結合資訊系統作業，而轉換成自動化、自主性的決策行為，如此可為客戶做好精實服務和整個商品使用週期的互動管理，進而增強客戶忠誠度和回購率。

案例研讀

問題解決創新方案→以上述案例為基礎

問題診斷

汽車業對於資訊科技產業的要求，絕對高於資訊科技對於自己的要求，因為汽車是不容許有過錯的，否則將發生安全問題的事件。汽車電子產業的零組件電子產品之間，就如同元件一般，其各元件之間會有關聯性，這個關聯性會影響到整個零組件電子產品之間的組合。對於最終產品（汽車）的品質，它的影響有正負兩面，正面影響是指零組件產品之間的關聯可增強汽車產品功能或效用，負面影響是指零組件產品之間的關聯會造成汽車產品的失效和不穩定，例如：A 零組件的損壞，造成整個汽車產品問題，並有可能誤以為原本好的 B 零組件也是不良的。例如：馬達控制器零組件本身產品設計不良，導致汽車產品的不穩定，進而誤判馬達控制器設計不良。要解決負面影響的做法，就是運用耦合性和內聚力的概念。廠商要克服的挑戰，包括數位與類比技術的整合、車規於溫度、溼度、耐震、產品生命週期等標準要求嚴格及專利屏障等。

創新解決方案

在汽車電子業盛行趨勢下，將電子資訊優勢和汽車產品結合是未來趨勢，其特色是用電腦模組化設計概念，例如：隨插即用。透過 USB 介面，將任何電子資訊零組件插入汽車產品內，就可達到電子化零組件功能，例如：iPod 電子產品以隨插即用方式，置入汽車儀表板內，即可聽取 iPod 所播放的音樂，甚至還可聽取 FM 交通路況廣播。這樣的科技產品結合，並不只是產品設計的創意性而已，還包含了經營模式的運作；也就是說，透過科技產品的結合，來思考和建構經營運作的過程，這是一個很重要的概念。然而要達到這樣的效益，必須再和 Web 2.0 結合，也就是以電子產品無線上網，來傳輸 RSS 資料。該 RSS 訊息可由客戶在 Web 2.0 網路訂閱，然後傳輸至電子產品，再透過該電子產品來播放訊息或音樂。上述例子是考量在消費娛樂需求上。同樣地，也可考量在安全需求上，例如：無線主動偵測左右方來車的速度，當速度超過合理的車速時，就可在儀表板上顯示或播放警示的訊息，又如：可隨插即用保養控制電子產品，也就是主動偵測汽車重要零組件保養狀況，當水箱在低於正常值時，其保養控管電子產品即可顯示應保養加水的警示，或者里程數超過一定數字後，就主動顯示應加油、換油等保養作業，如此可降低控管的風險。上述保養訊息都可透過本身電子產品無線傳輸到個人化 Web 2.0 網站資料庫上，如此可讓顧客在需要時，利用 Web 2.0 網站來查詢和了解。科技產品的整合，使汽車電子業可在以往個別汽車業、電子資訊業的競爭情況下，再度創造新產業的高峰。

這是一種硬體和軟體整合的模式，也是未來的趨勢，而且最重要的是，利用軟體智慧型機制，使得原本冰冷冷的硬體產品，可活用在人性的生活上，以及活化企業更深層的經營模式。因此，Web 2.0 加上科技產品，及經營資訊化的整合運作，將是企業老闆應重視的顯學。

本案例中的 S 公司陳老闆經過了解 Web 2.0 知識後，發覺汽車業必須和電子資訊業結合，才能和別家企業競爭。然而汽車電子業雖是競爭趨勢，但卻不易經營，尤其原本在不同產業的產品零組件，經過整合後的介面，卻產生產品介面問題，例如：主機板設計為控管引擎傳動系統，透過這種控制系統來引觸馬達發動，當無法發動時，其問題很可能來自於主機板系統，也可能來自馬達，這是因為產品介面所造成的問題，這樣的問題會不斷發生，故 S 公司陳老闆決定改變經營管理模式，以及導入資訊化系統。然而汽車電子業是跨兩個不同產業，因此產業之間也同樣會有介面問題。如同上述產品介面問題，要解決這些問題，就須利用群聚效應，其群聚效應可將各產業供應商為了解決產品介面問題的共同目標結合起來，一起思考如何解決。除了解決方案，就是作業溝通，尤其當作業跨產業時，其如何有效率的溝通就變得非常複雜，因為跨產業領域就是大末端環境，唯有以群聚效應，才能達到大末端的分眾。因此，Web 2.0 平台可解決汽車電子業的產品介面問題，它包含分眾效果和串流效果。分眾效果是指產品零組件來自跨產業的小部分廠商所提出的解決方案；串流效果是指在產品介面問題的溝通上，可如同隨選視訊般的流通，以達成大末端的群聚效應。在產品介面問題解決中，是屬於產品研發範疇，故利用 Web 2.0 不僅在於行銷，也在於研發作業，這就是上述所說的，企業利用 Web 2.0 延伸其經營模式，不是只有行銷。故 Web 2.0 和經營管理結合是重要觀念，在此經營管理若和資訊化結合，就是 BPM 系統，因此 Web 2.0 和 BPM 系統須整合。因汽車電子比傳統汽車更具智慧性，其能達成智慧性功能，在於軟體的邏輯運算，進而驅動硬體產品的功能。

管理意涵

Web 2.0 的企業延伸，從 Web 2.0 行銷延伸到產品研發、客戶服務的經營模式，其經營模式是受到 Web 2.0 資訊化的改變，這種情況是資訊化驅動經濟模式的創新，因此須有同時懂資訊化和管理專業的人才，才能規劃設計此經營模式。

個案問題探討

請探討 Web 2.0 行銷如何和 AIoT 技術結合應用？

實務專欄（讓學員了解業界實務現況）

構面一、軟體開發基礎方式

在業界的軟體開發規劃，若以開發基礎方式來看，可分成三種：(1) 原始程式 (source code) 為基礎；(2) 平台 (platform) 為基礎；(3) 套裝 (package) 為基礎。第一種會用 Java、ASP.NET 等程式工具。第二種以國際知名軟體公司（例如：IBM）所發展的平台 (platform)（指已事先開發好軟體底層處理的功能，只要開發企業應用功能即可）。第三種是以市面上已開發完成好的企業應用系統，只要做部分客製化程式修改即可，例如：SAP R/3。

構面二、在使用者單位的系統分析設計實務做法

在企業使用者公司內的軟體需求變更開發，都是將系統分析和程式開發角色合併在某 MIS 人員，而去做使用者需求分析和程式編碼 (coding)。因此在理論上，軟體專案開發生命週期上，對於實務運作並不需要如此嚴謹的思考運作。

構面三、軟體開發模式以漸進雛形法的土法煉鋼方式

在實務上，除了典型中、大型軟體開發公司，會以理論上完整結構來執行有品質的軟體專案，甚至會自創軟體公司本身的獨特方法外（這對於其業界是很自豪的能力），一般使用者企業或中、小型軟體公司，都是有了軟體開發雛形後，採用邊做邊改的土法煉鋼方式，這種方式很符合理論上的漸進雛形法，但又不完全一樣，是一種實務做法。

習題

1. 何謂 AIoT 數位轉型，請舉例。
2. 請說明企業如何以物聯網化服務發展數位轉型策略？

Chapter 14

機器人流程自動化概論

「知識理解如同大自然般的下意識認知，
智慧預知如同生態演化般的身心悟知。」

學習目標

1. 說明機器人流程自動化簡介
2. 探討機器人流程自動化和企業流程管理 (BPM) 的關係
3. 探討機器人流程自動化模式架構
4. 探討如何發展自主性、自適性的流程優化之模塊
5. 說明智慧型軟體代理人
6. 說明機器人流程自動化的流程再造變革
7. 探討 RPA 系統如何結合流程挖掘系統

案例情景故事

企業的決策需求如何落實於決策支援系統

隨著業務的擴展和客戶量的暴增，除了原始資料和報表外，從系統轉出加值的 Excel 檔案也是一大資訊來源，資料成長速度驚人。各種來源與缺乏彈性的舊式報表，讓使用者必須花很多的時間釐清資料內容。另外，如何將業務資料轉換成有價的資訊，並進行快速綜合處理分析的需求也不斷增長。因為系統發展的時間差距大，抑或是系統不相容及異質資料的產生，使得整合上更加困難。每次資訊都要等到月底才能看到報表，傳統報表又不夠彈性、介面不夠人性化，操作非常麻煩，使得管理者錯失決策的最佳時機。另外，資訊人員必須花更多的時間收集資料、製作及設計報表，不但費時費力，進而導致資訊維護時間與成本高。

企業案例背景

某公司自 2001 年成立，主要行銷各類滾珠軸承、滾針軸承、鋼珠等機械零組件，應用於各傳統產業，例如：紡織、機車、機械等相關廠商。該公司致力於迅速且友善地提供廠商各類工具機及產業機械的設計與製造相關技術和產品服務，該公司除服務各傳統產業製造商，更努力耕耘與各半導體生產設備、電腦零組件生產設備、光電能源生產設備等相關製造廠商合作。

問題 Issue 思考

1. 企業如何應用 RPA 系統於決策分析上？
2. RPA 系統對於間接員工的工作流程有何影響？
3. 企業如何發展流程應用的數位勞動力 (digital labor)？

前言

機器人流程自動化 (robotic process automation, RPA) 為模擬人類在使用電腦過程中的操作內容，它是一種數位化流程營運的顛覆性技術，無須發展侵入原有軟體系統性的自動化程式、不需要編寫軟體程式代碼。而機器人流程自動化模式架構可分成六大模塊，其精髓在於流程再造變革，而不是單純的流程自動化。流程挖掘是一種從營運工作流程中，以機器學習演算法挖掘日誌有價值資訊的一種人工智慧技術。

閱讀地圖（以地圖方式來引導學員系統性閱讀）

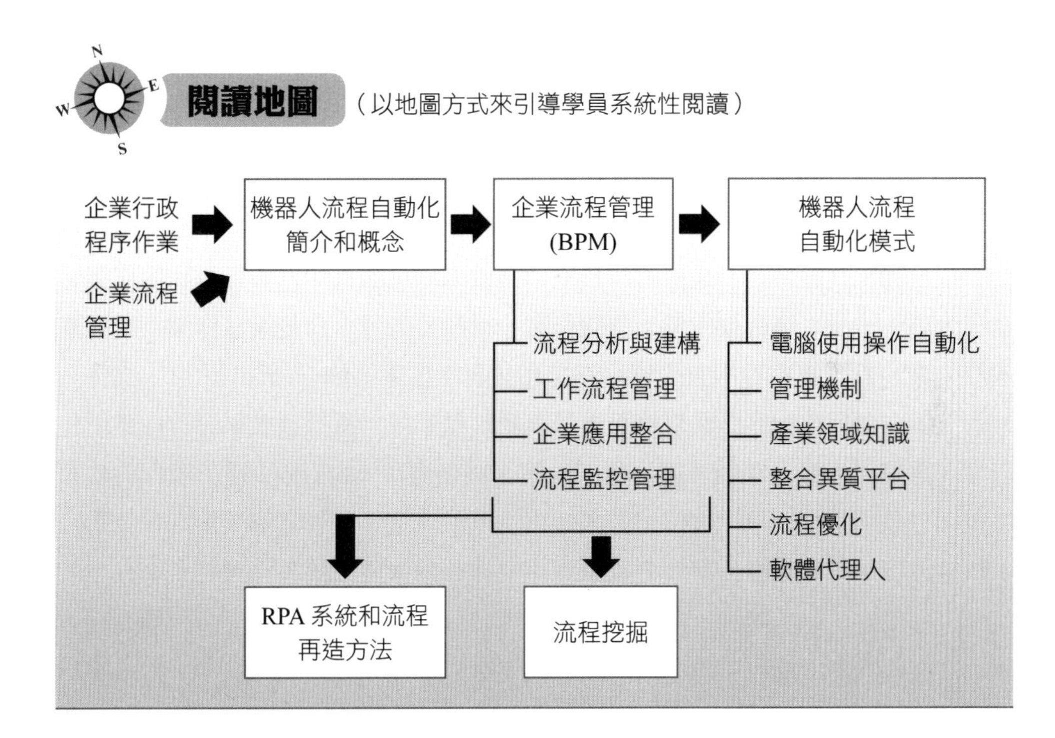

14-1 機器人流程自動化簡介

機器人流程自動化 (robotic process automation, RPA) 是近期興起的一種人工智慧應用於軟體執行的自主性流程運作之智慧營運方法，它以模擬人類在使用電腦過程中的操作內容，進而用軟體代理人方式來取代上述操作內容，可謂是一種企業流程應用的數位勞動力 (digital labor)。如此，人類使用者就不須一直坐在電腦前操作資訊系統，完全由電腦軟體在自主性能力下來完成其資訊化營運流程。此方法可大大降低人為作業及其所帶來疏失；更重要的是，它可利用人工智慧來創造可因應環境改變時所帶來的問題（例如：在自動化防洗錢作業流程上過濾出的可疑名單），甚至及早預測未來營運流程發展的因應方案產生，如比它不僅有自動化、自主性效益外，還有智慧化的營運流程。這對於企業營運是非常重要的關鍵，因為企業為何會有營收，其癥結就在於作業流程的執行，故如何讓其作業流程有效率、具生產力，對其企業競爭力攸關甚鉅。從上述可知，流程執行是其主軸，但其精髓在於流程營運管理，也就是仍須回歸至企業流程管理和再造。企業欲導入 RPA 系統之前，必須先了解和規劃執行其企業流程管理和再造的內容。

一、企業行政程序作業

所謂組織活動是指企業在控管功能的行政程序。企業行政程序是扮演著營運作業溝通上很重要的平台，因此，辦公室自動化軟體系統就變得非常重要。所謂辦公室自動化軟體系統，是針對辦公室作業效率的電腦化。一般行政程序作業包含三大項，一是人事行政作業：請假作業、行政公告等。二是簽核作業：請採購簽核、業務訂單簽核等。三是資訊查詢和分享：檔案傳輸、email 訊息、文件分類等。第一項行政程序作業是應用電子表單軟體系統，將行政表單設計成數位化表單，讓使用者輸入電腦。第二項辦公室作業是應用 workflow 電子流程的軟體系統，它是將簽核流程以數位化方式轉化為電子流程，並設定簽核規則和步驟、簽核權限等。第三項辦公室作業是以應用文件分類管理系統，它是將企業員工的工作文件檔案，以功能別、部門別、作業別做分類目錄，以便員工可分類儲存，進而在查詢搜尋上能更有效存取，並且設定存取權限和透過建構社群平台，讓員工之間可互相學習和分享。若是比較重要的文件，則須再加上版本控管，以確保文件最新的內容狀態。若是具有機密的文件，則須將使用者登錄時間、管道、限制等記錄做控管。

企業行政程序的資訊化可以工作流程 (workflow)、企業流程管理 (business process management, BPM)、協同 (collaboration) 這三種軟體技術不同自動化層次來規劃設計，如圖 14-1。

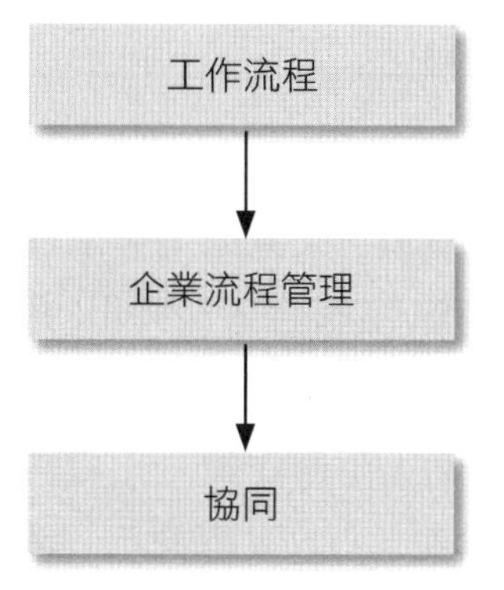

圖 14-1 企業行政程序的資訊化

工作流程是重視工作上作業步驟的進行，故其進度、工作效果、追蹤管理等是其軟體系統上的重點。因此工作流程是依照現有作業流程來探討其作業效率，但就作業合理和價值上來看，其工作流程系統就無法達到成效。這時，就需要所謂的 BPM 來應用，BPM 是重視於功能作業改造的價值，故作業效能、作業再造、結果價值等是其軟體系統上的重點，如圖 14-2 是 IBM 公司的 BPM 產品。因此，BPM 是以企業改造下的作業流程合理化來探討其作業價值。但就跨企業的價值鏈而言，其 BPM 系統就顯得薄弱，須再加上所謂的協同 (collaboration)。

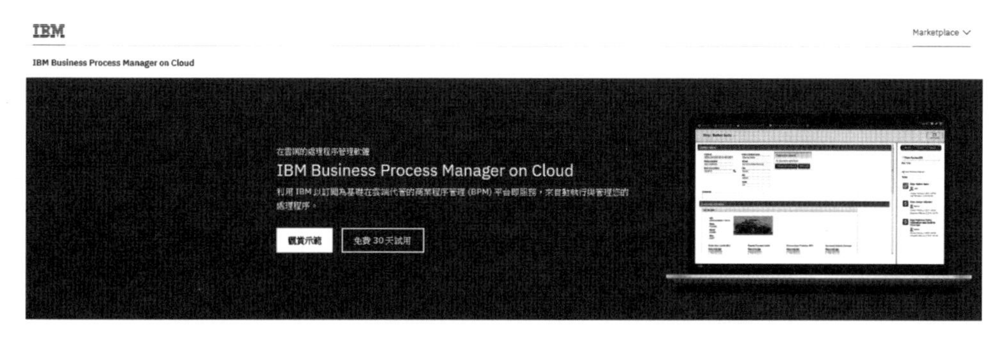

圖 14-2 IBM BPM 產品

（資料來源：IBM）

二、企業流程管理 (BPM)

以往，企業應用軟體市場發展是從大型客製化、套裝軟體的程式結構進行，目前是切入朝向應用服務元件化，使其成為可重複使用的服務，與連結這些獨立元件後，可在動態整合環境下，整合成自動化的彈性流程。Porter (1985) 提出「價值鏈」(value chain) 的觀念，作為分析企業競爭優勢與建構競爭策略的分析工具。價值鏈主要由進料後勤、生產作業、出貨後勤、市場行銷與服務等五項主要活動，以及企業基本設施、人力資源管理、技術發展和採購等輔助活動所組成。價值鏈是指企業創造有價值的產品或勞務與顧客的一連串「價值創造活動」，由於每一個價值活動包含了知識的取得、創新、保護、整合和擴散的過程，因此其直接受到知識管理績效的影響，提高知識管理流程的效率可以同時帶來企業主要價值活動效率以及所創造價值的增加。價值鏈可能創造綜效的關係型態有兩種：

1. 企業在相似的價值鏈之間技術和專業移轉的能力：各事業單位的相似性滿足下列三要件，技術移轉就能帶來競爭優勢：(a) 相似到足以共用專業知識；(b) 技術移轉對競爭優勢具有舉足輕重地位的活動；(c) 所移轉的專業知識或技能，比競爭者能力更高或更具有專屬性。
2. 共享的能力：共享活動的能力是策略上有力的基礎，可藉由共享來降低成本與提高差異化來強化競爭優勢 (Porter, 1985)。

企業流程管理 (business process management, BPM) 的發展可視為企業資源規劃 (ERP) 的延伸，隨著企業規模不斷擴大和產業模式不斷改變，管理的流程模式也隨之變化。企業流程管理技術是一項快速發展的技術，其主要特徵是管理流程 (business process) 的自動化和彈性化，可解決企業規模不斷擴大和產業模式不斷改變所帶來的問題挑戰。所謂企業流程管理是指在一個工作群組中，為了達成某一個共同目的，而需要多人協同以流程方式來共同完成的工作。一個企業中會有很多工作流程，這些工作流程可能是循序或平行過程，目的是要能夠有效的提升企業營運效率、改善企業資源利用、提升企業運作的彈性和適應性等。根據 Gartner 公司的定義，企業流程管理軟體係指一套完整的工具與平台，除提供企業內部工作流程分析與資訊系統的整合之外，也包括企業外部交易夥伴的應用整合，以因應未來企業流程變更的需求。從上述說明，可以了解到企業流程管理也提供了企業績效衡量的最佳資訊管理工具。藉由規劃、執行、監控及調整內部作業流程，使企業的流程作業管理與企業策略目標達成一致。目前在 BPM 系統上，有 SAP 推出整合應用平台 SAP NetWeaver，它能協助企業將所有資源延伸到整個異質資訊系統環境，整合所有技術方案、部門差異和所有人員、資訊及營運業流程。SAP NetWeaver 平台整合了 mySAP 商業智慧，提供各種商業智慧功能，客戶可藉此方案輕易地將資料轉變為資訊，進而制定有效的決策。SAP NetWeaver 是以企業服務為導向的平台，為企業服務架構 (enterprise services architecture, ESA)。ESA 是為了實踐企業的服務導向架構 (service oriented architecture, SOA)，可協助企業用戶跨越不同的企業系統和應用程式，將商業流程自動化，以降低整合的複雜度與成本。在原有 SOA 環境加入新的技術模組，即可漸進式提升 BPM 技術的成熟度。BPM 的範圍內容包含流程分析與建構、工作流程管理、企業應用整合及流程監控管理四大部分，玆說明如下：

1. 流程分析與建構：透過管理流程模式設計、資訊流程設計，使得企業能根據企業的需求，立即建構需求的流程，協同運作整合企業內部資源。
2. 工作流程管理：在系統內定義工作流程、組織規章、權限控管，讓企業內員工能快速了解公司的運作規則和作為日常運作的管理。
3. 企業應用整合：企業流程管理系統的核心為一元件式軟體開發平台，它可整合其他資訊系統。
4. 流程監控管理：在流程管理的過程中，會以自動化方式來監控分析每個流程輸入、步驟、流程輸出及使用者。

企業中有很多異質的套裝軟體，許多問題並不能只靠這類單一模式的套裝軟體來解決，它要有彈性的流程設計，並且能整合這些異質的流程，使得管理階層能夠即時且正確的知道流程目前的作業狀態。企業的經營效益在於企業的整體最佳化，經由這些零散流程的整合，用企業期望的方式來運作，以便提供即時而透明化的資訊，而降低營運成本、改善收益。在資訊系統內，因為程式和流程的相互連結，使得程式改寫的風險非常高，因此在進行修正與升級時，會影響到原本的運行，因此在改變流程的同時，應不要改變原本的系統及簡化改變的系統。Web 2.0 和 BPM 的整合，BPM 的重點主要包含四個項目：

1. 流程分析與建構：在跨產業的大末端分眾，要達到群眾效應，就必須依賴跨產業流程，該流程須依群聚效應來分析設計並建構。BPM 的流程分析須和 Web 2.0 結合，也就是利用 Web 2.0 介面，來凝聚各企業的流程溝通，包含 RSS 訊息及利用 RSS 作為流程溝通橋梁。故在 BPM 系統設計時，就須以 Ajax 和 RSS 為軟體技術，作為其功能元件，並且將企業流程分析成各個功能元件，進而串聯起來，成為具有 Web 2.0 的 BPM 系統。
2. 流程管理：有了流程平台後，接下來就是如何管理這些流程，管理的重點在於流程的功能和資料庫，因為流程過程會產生資料，故如何管理這些流程和資料就變得非常重要，而為了管理運作，該子功能也會產生管理報表和績效分析。同樣地，該子功能也具有 Web 2.0 的特性，其中資料庫管理就是包含 RSS 訊息管理，功能管理就是包含 RSS 訂閱和溝通管理。
3. 應用整合：由於群聚效應的發展，使得跨異質系統成為 Web 2.0 和 BPM 結合系統須考量的，這也就是應用整合，從來自各個不同地區和系統的整合，包含資料、流程、協同的整合，尤其是協同整合，它不僅有溝通 (communication) 和發現 (discovery) 的機制外，還包含多對多機制。這對於大末端的分眾應用是個關鍵，因為分眾是同時來自於各個不同的小部分群眾，而這就是多對多，因此如何使多對多的供需交易達到群眾效益，這就需要有自動協同的整合。
4. 流程追蹤監控：經過流程運作執行後，接下來就是要了解流程進度和狀況，這就是一種追蹤和監控，以便可及時做修正，並回報相關查詢。另外就是作業流程稽核和程序檢核，因為企業流程除了講究效率外，還有內部控制的管理，這須依賴流程監控。而有關檢核點的邏輯就可以 RSS 方式來呈現，進而在流程運作中達到監控目的。

協同 BPM 是適用於跨組織的作業流程整合，這和之前所提的 BPM，其差異在於 BPM 是強調企業內，但協同 BPM 強調跨企業。「企業內」和「跨企業」最大差異之一是，跨企業須考慮到各企業的目標、作業流程方式是不同的，而且最重要的是，各有其最高執行長，這在作業協調和整合上就會產生困難，因此協同 BPM 應注重在異質介面、共同價值、作業整合上的軟體功能。異質介面是指不同企業會有不同軟體系統和資料庫，這對於協同作業是無法整合的，必須設計一個跨軟體系統的平台來自動化整合。共同價值是指跨企業內的各企業應有共同價值來讓每個參與企業都有其效益，如此才會使得各企業願意協同合作，因此協同 BPM 軟體系統在規模設計時，就須分析出有共同價值的功能效益。作業整合是指各企業之間的作業流程能自動化的快速正確執行，所以作業流程和其交換資料的標準化就變得非常重要，因為透過標準化才可使得作業整合有其成效。

三、機器人流程自動化

機器人流程自動化是一種數位化流程營運的顛覆性技術，它無須發展侵入原有軟體系統性的自動化程式、不需要編寫軟體程式代碼、網頁式的伺服器軟體、不須改變現有系統架構、具隨插即用 IT 特性、不須系統升級、以外掛串接程式來和任何資訊系統整合。目前大部分 RPA 系統的運作環境是在虛擬網際網路環境下，來運作其數位化流程，其中數據資料來源都是以網際網路平台為主，故其機器人流程自動化的運作就會受限於只在網際網路的作業流程，但企業營運的基礎是在實體環境上，尤其資料來源在於實體物理性資料，故在實體物聯網環境下，其機器人流程自動化整合物聯網更是未來欲發展的藍海商機。其詳細說明將在下一章節 15-3 中介紹。

14-2 機器人流程自動化模式

RPA 系統能自動完成 ERP 系統人為操作此系統的功能任務，主要是指取代間接作業人員的生產力，也就是針對機械化、高準確率、24 小時工作、高重複性、可規則性的人為操作資訊系統之作業流程。機器人流程自動化模式架構可分成六大模塊，如圖 14-3，第一是某資訊系統的電腦使用操作自動化，主要是以自動化軟體程序取代原本人為操作電腦系統的流程步驟執行；第二是在第一模塊基礎上實現人為結合資訊系統的管理機制，包括審核、稽查、確認分析等營運行為；第三是發展自主性、自適性的流程優化，它以人工智慧機器學習演算法，運算出如何執行最佳化流程步驟和其流程改善，進而發展出智慧流程的營運，包括運用認知運算 (cognitive computing)、語言圖片辨識、自然語言處理、視覺識別和深度學習技術，並整合「雲計算＋大數據＋物聯網＋區塊鏈＋人工智慧」多種科技，而發展出混合型 RPA，例如：AI-CPS OS 智慧機器人流程自動化平台；第四是發展一個整合異質平台的資料運作和資料庫，包括擷取網際網路和物聯網的資料形成過程之運作、嵌入不同資訊系統的流程控管和整合（例如：API）、存取客製化的資料流程行為之資料庫／知識庫／模式庫等三大子模組；第五是建構一個智慧型軟體代理人，此軟體代理人可在網際網路、物聯網整合環境的平台下，扮演其整個串聯在營運流程的執行溝通和協同作業，故它也串聯上述四大模塊的整合和運作。最後第六模塊是結合產業領域知識 (domain knowledge)，它是因應 RPA 系統並非只是一般性管理流程的實踐，而是能融入不同行業本身專屬作業特性，如此才能適合該行業、該企業的經營能力之績效。目前市面上都是以上述一至四大模塊為主，只是運作能力程度有所高低而已，但在第五和第六模塊仍尚待發展。

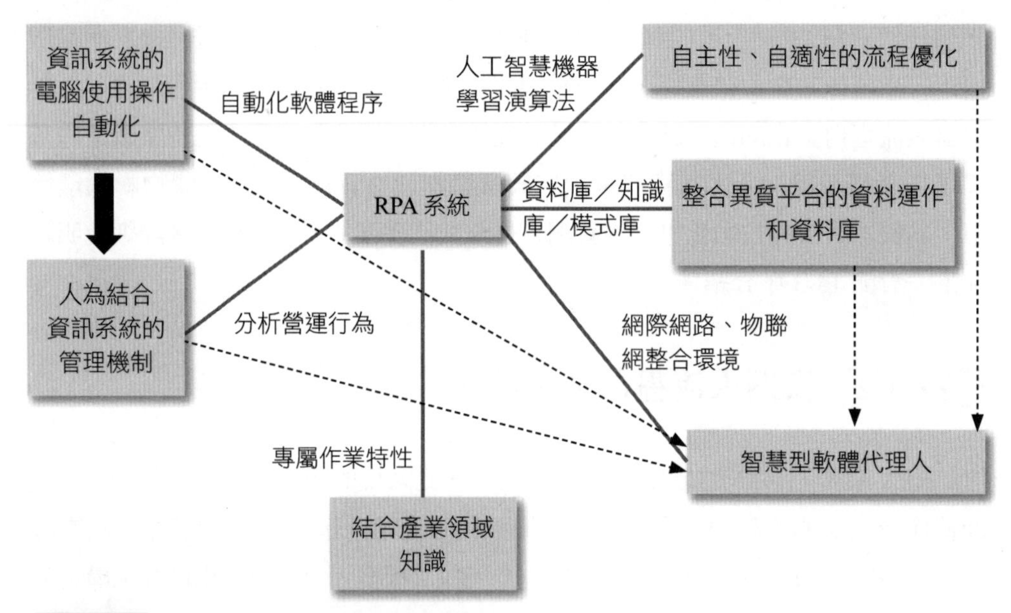

圖 14-3 機器人流程自動化模式架構

茲分別說明 RPA 系統模式架構的六大模塊如下：

一、資訊系統的電腦使用操作自動化之模塊

RPA 系統是針對高重複性、容易出錯、複雜麻煩、耗時、勞力密集與低效率的行政工作，來進行自動化流程執行，著重在「自動點擊軟體」與「外掛機器人程式」的概念，在資訊系統前台服務與後台作業中進行，它以步驟錄製功能、流程圖的設計介面、拖曳方式手動設計等方式來開發自動化流程功能，也就是以圖案式拖拉且視覺化的方式，來客製化設計企業專屬的 RPA 自動化流程，其自

動化流程是來取代以往人為作業在資訊系統功能的操作，例如：資料抓取 (data scraping) 快速且容易擷取網站大量資料、光學字元辨識 (OCR) 技術將資料轉換數位格式。

茲整理以往人為作業在資訊系統功能操作之項目，如表 14-1。

表 14-1 人為資訊系統功能操作項目

程序構面	登入網站應用程式	電子郵件操作及其附檔作業	檔案及目錄處理移動	連接到系統 API
資料構面	各式資料的獲取、處理、輸入、回應、通知與儲存	網頁擷取、資料抓取 光學字元辨識 (OCR)	使用者名稱密碼的自動輸入	不同應用程式間的資料共享
檔案構面	pdf/doc 文件和網頁表單內擷取內容	存取讀寫資料庫	FTP 自動化	大量檔案轉換與資料上傳
運算構面	驅動流程步驟	邏輯運算	資料比對	資料抓取

RPA 的軟體自動操作特徵（可分成動作、串聯、模式），整理如表 14-2。

表 14-2 RPA 自動操作特徵

動作	鍵盤操作	滑鼠操作	自動輸入	定時執行	支援遠端操作
串聯	跨異質系統的資料串聯、流程整合	管理跨多個異質 RPA 系統	批量處理	–	–
模式	識別讀取畫面的文字、圖形內容	應用程式的自動啟動、自動關閉	基於規則的任務流程	–	–

二、實現人為結合資訊系統的管理機制之模塊

就企業經營在資訊系統的應用角度來看，其管理機制是流程運作的基礎目的，包括控制、排程、監看、分析效能、稽核等流程管控功能，故 RPA 系統也須能達成此管理目的，才能顯示其基本效益。也就是說，流程作業的執行並不

是營運目的，它是一種「知其然」，其作用在於能發展出管理機制，故管理機制是一種「知其所以然」，而從此點可作為在愈來愈多企業投入 RPA 系統營運之差別的競爭所在。在 RPA 系統的管理機制，應具有學習能力的功能，從中能發展出嵌入某企業應用系統功能的搭建，因為之前已說明 RPA 是一種獨立自主的流程運作系統，故它應串聯企業原有某些企業應用系統內的需求功能，將此需求功能的執行從人為操作企業應用系統的功能，轉移成由 RPA 系統自動化軟體執行。但 RPA 系統應串聯哪些企業應用系統的功能，須由其系統能自主學習到應該串聯何項功能，如此才算是符合人工智慧的機器人流程自動化之精髓。例如：在 ERP 企業應用系統的訂單處理作業流程內，RPA 系統應學習到執行此 ERP 系統的功能。接著，在學習到這些眾多系統功能後，為了更能發揮自動化的效益，則其 RPA 系統應具有批量處理這些系統功能上資料的同步執行效用。從管理機制來看，RPA 系統是欲達到簡化作業、標準化資料收集處理程序、作業審核、作業流程等處理品質，以及優化作業流程內控績效、加速作業效率、減少用戶等待時間、改善用戶體驗、隨需求擴展、提升營運彈性等管理機制。故管理機制 RPA 系統和使用操作自動化 RPA 系統是不一樣的，它融入流程運作時，須考慮流程運作在管理上的績效，例如：核保流程與開戶作業流程、AML 洗錢防制作業、個金貸款流程、信用卡盜刷申報處理等。RPA 系統在銀行調節表自動化產生流程，首先從銀行系統下載 Excel 格式的帳目明細表，接著以人工方式比較核對支票票號及金額等資料，進而分析須調整的帳務明細和製作其調節表，最後上傳至銀行系統。例如：在一些大型酒店預訂中介平台（Agoda 和 Booking.com），已有利用 RPA 技術來完成自動化酒店預訂流程。Salesforce CRM 平台軟體也應用 RPA 流程機器人來執行其作業功能。在 CRM 中的潛在顧客評分 (lead scoring)，分析出潛在目標顧客，可運用 RPA 自動發送 email 給此顧客，進而將線索 (leads) 轉換為機會 (opportunity)。

三、發展自主性、自適性的流程優化之模塊

雖然管理機制 RPA 系統有利於達成業務改革、提高生產力、營運效率與控制人力成本和錯誤等目標，但在智慧營運仍須有自主性、自適性的流程優化功能。企業營運流程的核心技術將轉為具有 AI 的 RPA，它將優化內外部流程的執行結構，並且基於企業經營使用者的角色，來設計 RPA 企業應用軟體在創新業務模式和流程的解決方案。發展出產業整個端到端業務流程之無縫實踐營運。

RPA 系統現在和初期階段是以辦公室工作流程為主，但它可擴充至任何需要營運流程的作業，例如：製造生產流程、產品研究設計流程、物流運輸流程等。

機器人流程自動化已朝向人工智慧的認知科技 (cognitive technology) 應用，隨著時代演進從桌上型電腦操作自動化、圖形使用者介面 (GUI) 自動化、操作錄製流程步驟等，發展出人類勞動力轉換成虛擬數位勞動力之間的協同作業。以往資訊化系統號稱具有以軟體自動化取代人力作業的效益，但實際仍有太多須依靠人為作業來完成，以及因人為疏失造成損失，例如：會計傳票登錄資訊系統仍須使用者輸入操作，以及在購物網站上產品型錄定價登錄錯誤，故之前的資訊系統只能說是人為資訊化層次，而在智慧營運時代的競爭下，這是不夠的。雖然早期已有類似 RPA 系統的桌上型電腦操作自動化、圖形使用者介面 (GUI) 自動化等低階機器人運作概念，但仍不脫離人為資訊化思維，RPA 系統真正精髓在於智慧型軟體代理人，也就是以軟體機器人代替人力作業，在虛擬網際網路和實體物聯網環境下，發展營運流程的規劃、執行、審核、稽徵、控制、分析等功能，並模擬人類智慧，自主性因應環境問題挑戰，能學習並創造出即時彈性化，改善營運流程和再造之智慧流程。

四、整合異質平台的資料運作和資料庫之模塊

RPA 系統是以軟體技術來建構企業需求，重點在於「快速建構」和「需求符合」兩大特性，亦就是 RPA 系統成效必須反映落實於企業應用系統內。在此，所謂企業應用系統，是指將企業需求功能轉換成資訊系統的處理，一般企業需求主要在於經過一連串作業需求而產生的結果，因此包含資料編輯、公式運算、作業關聯三項功能。所謂資料編輯包含新增、修改、刪除、查詢等應用，而企業應用系統在處理資料編輯時，就須反映考慮資訊系統上的處理，它包含背景資料自動追蹤、程式除錯回應、SQL 資料的勾稽等系統應用，以下分別做說明。

(一) 背景資料自動追蹤

資料編輯在運作過程中，會儲存最後的資料，然而在這段期間的資料編輯過程狀況就無法掌握，因此在企業應用上須了解和控管需求時，就無法得知。例如：存貨數據的資料異動就是一例。因為當存貨資料出現問題時，就需要追蹤之前的資料異動過程狀況，以了解問題原因所在。所以當影響存貨資料的進貨、銷

貨、調撥等異動，就必須由資訊系統自動記錄這些異動狀況。例如：進貨數據經過新增和修改這兩個異動時，雖然最後會有進貨數據，但這個數據可知是由某事新增和修改的異動計算而來的，如此才可追蹤影響進貨資料的異動過程狀況，進而掌握存貨的異動過程狀況。

(二) 程式除錯回應

使用者在操作企業應用系統時，往往會突然因為資訊系統的錯誤，進而導致系統畫面出現讓使用者不知所措的內容，因而中斷資訊系統的操作使用。所以，就軟體工程角度，應能自動引導處理，讓畫面回應到能夠讓使用者知道發生了什麼事，並且引導到可繼續操作使用的畫面。一般資訊系統錯誤主要分成程式本身錯誤和邏輯需求錯誤兩個。因此，除了上述引導使用者以外，也應能自動記錄發生錯誤的地方，以利後續修改作業。

(三) SQL 資料的勾稽

資料的編輯會經過 SQL (structure query language) 的邏輯運作，最主要在於「關聯邏輯」，也就是透過關聯達到資料一致性的勾稽。例如：有一位學生已註冊選修課程，但後來又休學了，若沒有刪除課程選修資料，這時可能會發生選修課程有這位學生，但卻沒有成績記錄。因此，從 RPA 系統的應用系統來看，可知資料勾稽對於 RPA 系統在企業需求上的重要性。

資料庫系統 (database system) 是一種軟體系統，它是有效率和結構化的資料集合，它將應用系統的資料集中儲存，以備使用者能夠隨時有效率存取使用的系統。資料庫系統的目的是希望透過軟體方式，將資料集中控制、管理，並且當作一個獨立的系統；也就是說，同時要讓應用系統的程式開發和修改，不會影響到資料庫系統的獨立性。資料庫管理系統的優點，包括資料易於管理、安全性高、維護成本低。例如：在資料錯誤的管理上，有資料型態檢查，如宣告為數字的欄位不可輸入文字等。在資料系統安全 (security) 的管理上，機密資料必須做妥善的安全管制，防止不當竊取或修改，故有些電腦資料庫硬碟具備 mirroring 功能；也就是說，在資料被寫入磁碟時，會把相同資料同時寫入另一個磁碟，防止資料毀損和遺失。在整合性檢查 (integrity checking) 的管理上，它是為防止資料庫中不正確或不一致的資料存取。在資料備份 (backup)、回復 (recovery)、委任 (commit)、撤回 (rollback) 管理上，所謂委任是指執行資料異動時，所有運算可以完全執行完畢；所謂撤回是指執行資料異動時，所有的運算不可以完全執行完畢，就須全部還原當初資料狀態。

五、智慧型軟體代理人之模塊

智慧型軟體代理人是以代理人導向程式設計 (agent-oriented programming, AOP) 為基礎所發展的。AOP 是由史丹佛大學教授 Shoham (1993) 首先提出的專有名詞，AOP 可以視為物件導向程式設計的進一步發展，為新一代程式設計典範。Shoham (1993) 認為，AOP 系統必須包含三個要件：

1. 一個有結構化的語法來描述代理人內在狀態的程式語言，這語言必須包含描述作業、傳送訊息等結構。
2. 一個用來定義代理人的程式語言，這程式語言必須和上述的程式語言做關聯性。
3. 一個轉換演算法應用，成為代理人應用的方法。

相較新一代的軟體設計方法，以代理人的角色來開發應用系統，Wooldridge、Jennings 與 Kinny (1999) 提出了代理人導向分析與設計的方法論：

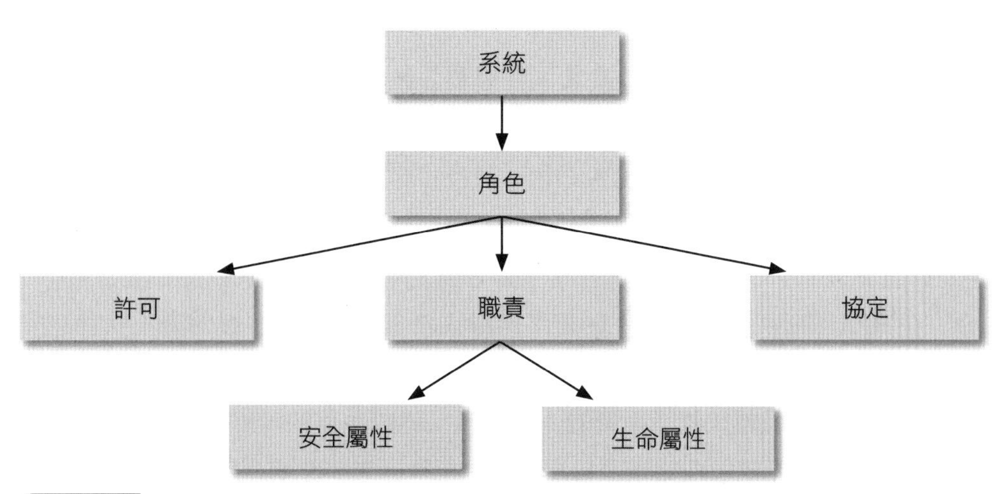

圖 14-4 代理人導向分析與設計的方法論

從圖 14-4 中可知，在代理人導向分析中，角色具有三個屬性：職責 (responsibilities)、許可 (permissions) 及協定 (protocols)。職責屬性定義了這個角色的功能，也就是必須完成的責任，職責具有兩種屬性：安全屬性 (safety properties) 及生命屬性 (liveness properties)，安全屬性是代理人在給定的環境條件下所攜帶的事情狀態，而生命屬性是於執行過程中，一種可被接受的事情狀態被維持著。許可屬性是角色的安全權限，也就是定義角色所能存取、修改或產生的資訊資源，協定屬性則定義了角色之間的互動介面方式。

早期流程資訊化，主要以 workflow 系統為主，它仍是以人為操作資訊系統方式為主，透過由管理者以拖拉式圖形介面來設計其作業流程的步驟，包括表單、步驟、附件、審看、核查、簽結、轉送等軟體運作功能，也和其他企業應用系統整合等方式，而在設定後，使用者就可利用此系統開始操作某作業流程的營運。上述方式可知仍不離人為介入的資訊化框架，但這樣就會有人為疏失問題，故後來就產生期望以事先錄製好的軟體執行自動化，例如：以巨集程式降低人為介入的頻率，這是 RPA 系統早期的雛形。流程資訊化歷程可分成三階段：人為資訊化、軟體自動化、機器人智慧化等，機器人智慧化正是未來 RPA 系統的趨勢。而欲達到此階級，其科技方法要用智慧型軟體代理人的技術和應用。它是以一個軟體機器人為主要中心，來判斷分析和執行在資訊系統上的流程運作，此概念是以軟體機器人來取代人為介入方式，故此軟體機器人就如同智慧型軟體代理人一般，會依照本身具有的人工智慧能力來因應數位軟體環境和平台，而做出判斷後的行動決策，包括獲取資料數據和作業功能執行等運作，並且串流在此環境平台的作業流程，進而達到企業營運目標和效益。如此做法才能顯現自主性智慧化營運，並達成企業流程再造的管理精髓。這才是智慧性 RPA 系統的真正意義，不是為了 RPA 系統而用 RPA 系統，最後才能真正達到企業優勢競爭力。

六、模塊是結合產業領域知識之模塊

在 RPA 資訊系統的運作下，若不能融入該企業的產業領域知識，就會造成只是流程自動化的表象，而不能深入企業痛點問題的解決改善，如此使得 RPA 資訊系統對企業營運成效是不彰的。因此為了達成此目的，就必須在 RPA 資訊系統內建立一套產業領域知識邏輯規則，甚至是一套完整知識庫，而此知識庫是作為企業營運的運作典範，使上述智慧型軟體代理人在執行運作時，有其良好範本依據可循，進而產生更有專屬性、適應性的流程營運績效。上述概念和做法，可作為開發設計 RPA 資訊系統的方案廠商參考，是可開發出各行業管理營運的流程案例之 RPA 腳本，亦即是專屬某種營運流程的 RPA 資訊系統，例如：自動理賠 RPA 機器人、財報彙整 RPA 機器人、車險登錄 RPA 機器人、稅務申報

RPA 機器人等。故 RPA 的流程再造必須融入企業的領域知識，而非只是一般性流程。

14-3 機器人流程自動化的流程再造

機器人流程自動化的精髓在於流程再造變革，而不是單純的流程自動化，但以往流程再造是在人為操作資訊系統環境下，故人為全面深入運作 BPR 過程是有其必須性的，但也因如此，其人為員工的抗拒和隔閡，也造成了相對上的推動困難度。而如今 RPA 系統的流程再造，是在於不須人為介入的自主性資訊系統平台上，故若能由 RPA 系統環境自行運作流程再造的系統面，更能發揮智慧營運管理的成效，消弭人為員工阻礙作業。依據上述流程再造變革的定義和範疇，可知其組織面和流程面仍會影響企業員工作業結構，這是人為考量因素，在系統面至少可不因人為介入因素，而更能加速其流程再造的效率，也由於流程再造的運作環境是在 RPA 系統上，反而必須考量 RPA 系統的本身因素。

因此，要達到運作 BPR 功能可將 RPA 系統、流程再造方法和其軟體結合，如流程挖掘 (process mining)。因此 RPA 系統應具備流程挖掘的能力，例如：UiPath 收購流程挖掘供應商 ProcessGold 就是一例。

流程挖掘是一種從營運工作流程中，以機器學習演算法挖掘日誌有價值資訊的一種人工智慧技術。例如：從 CRM 系統的工作流程日誌中，預測建構出銷售工作流程偏好模型。

ProM Tools 是現今著名的流程挖掘系統，一般而言，RPA 系統結合流程挖掘系統，可產生以下流程再造功能，包括自動化流程發現、營運流程一致性確認、流程績效分析、流程可視化、流程改善和監控、流程瓶頸等功能，茲說明如下。

1. **自動化流程發現 (automated business process discovery, ABPD)**：在流程挖掘過程中，是欲在自動化業務流程，能發現在流程中的事件日誌，這些日誌可作為後續追蹤應用程序的依據。
2. **營運流程一致性確認 (business process conformance checking)**：當營運流程一旦設計確定後，就成為 SOP 標準化作業流程，故其流程執行應依照此 SOP 進行。然而當因環境改變或問題產生，可能使此 SOP 營運有偏差，這時其 RPA 系統須能從分析事件日誌，及早自主偵查到其正在執行的流程和

SOP 內容不一致，以及是否符合流程模型，這就是一致性確認機制。

3. **流程績效分析 (performance analysis)**：在 RPA 系統不是為了流程而流程，它必須以流程執行是否有價值和績效，來規劃 RPA 系統的需求。在自動化流程運作時，其績效考量可利用在事件日誌中執行流程挖掘，以了解其績效分析模式。因為可從工作任務中了解其作業效率，在此模式可以事件、記錄、任務、員工、成果、KPI、時間、成本、異常等因素項目所建立的關聯圖來分析其績效狀況，如圖 14-5。

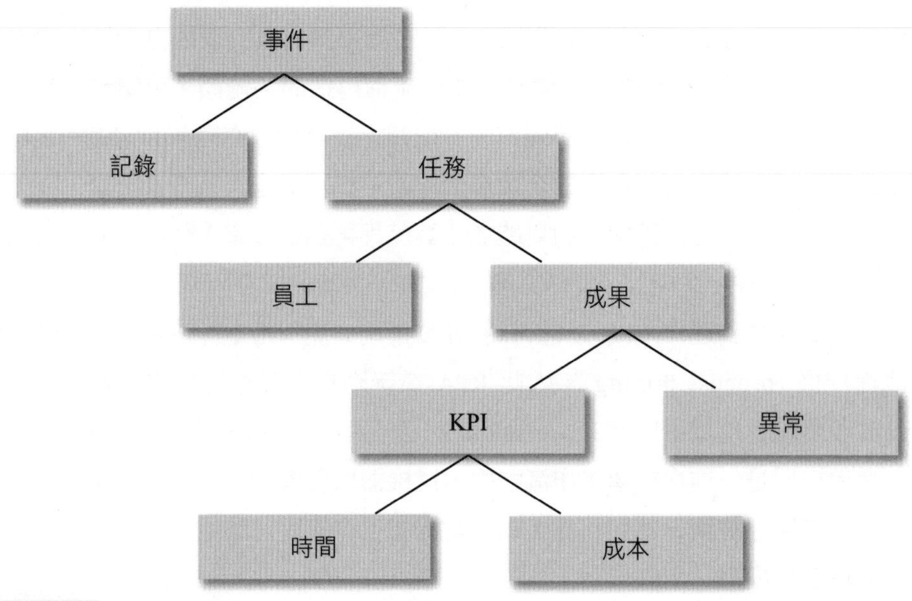

圖 14-5 績效關聯圖

4. **流程可視化 (process visualization)**：在 RPA 系統執行過程中，雖然都是自動化沒有人為介入，但在營運決策和策略上，仍需要人為判斷和決定，故企業員工如何了解流程運作的全貌狀況，對於營運流程績效掌控是很重要的，因此 RPA 系統須有流程可視化的功能。所謂流程可視化，是指整體流程運作可以全貌式圖像視覺化效果，採匯總資訊方式清楚地呈現在決策輔助上的應用。一般而言，其重點有追蹤、追溯等特性。整個流程中的可追溯性是利益相關者在向前和／或向後的方向上，追蹤和追溯整個供應鏈中的產品能力。追蹤是指在流程運作中，沿著下游路徑前進的能力。追溯是指確定特定流程起源和上游路徑的能力。

5. **流程改善和監控 (process improvement and monitoring)**：RPA 系統透過流程可視化運作後，即可達到監控作業成效，故監控自動化流程執行的狀況，是 RPA 系統後台管理的重要功能，可用檢核點和 KPI 指標這兩個做法來簡化監控作業和提升其效率。所謂檢核點，是指在自動化流程運作過程中，設定須特別確認的作業點，其中可設計一套作業邏輯來處理，例如：RPA 系統應用在 CRM 系統的競賽促銷活動流程中，其中設定競賽促銷活動總點數達標之檢核點，其作業邏輯是當參與競賽客戶所投入商品點數累積到系統設定的總點數時，其活動將宣告終止傳訊息給客戶，這是一種促銷手法。CRM 系統必須監控此檢核點，否則已達到總點數，但活動仍進行而企業卻不知，如此會影響辦理此競賽促銷活動的目的績效。當然，監控檢核點的功能是由 RPA 系統來執行。所謂 KPI 指標，是指在營運流程中會設定並運算其營運狀況的績效指標，可利用公式來呈現，故 RPA 系統會監控這些 KPI 指標，並且設定異常值，一旦監控發現有異常，會自動發出提醒或警訊讓相關員工得知。例如：RPA 系統應用在 CRM 系統的行銷活動預算創建和登錄作業，其 KPI 指標設定行銷活動的 ROI 指標，其中異常值是活動花費總成本已達到總預算的 80%，當監控發現異常值時，則 RPA 系統就會自動發出提醒或警訊讓相關員工得知。
6. **流程瓶頸 (process bottlenecks)**：當營運流程以自動化方式執行時，尤其是從電腦桌面自動執行提升至跨部門作業流程上，其功能不只是把工作作業操作在電腦軟體上自動化而已，更重要的是，如此作業操作如何呈現其營運流程效率和績效。當有不同流程步驟在先後順序關係下，造成流程進行阻礙時，就成為流程瓶頸，如此瓶頸，在 RPA 系統運作上，必須能事先發現到可能潛在影響，進而從流程挖掘功能上，得知其另一流程調整和瓶頸問題的改善。例如：在 CRM 系統上，於協同型運作的客戶互動功能中，有客戶留言諮詢商品問題，由於此問題較特殊複雜，故須等待系統線下員工離線處理回答，但此時在 RPA 系統結合 CRM 系統的商品促銷功能之自動化流程正在執行中，由於上述客戶留言問題尚未解決，導致客戶端對於已收到此促銷訊息時，仍無法決定欲接受此促銷下單，故此 RPA 系統運作就阻礙在此，無法進行後續下單作業自動化流程。所以，若員工仍不知此狀況，則可知其 CRM 系統執行運作是很沒有績效的。此刻 RPA 系統應啟動流程挖掘機制，自主性感知到其客戶留言問題尚未解決狀況，進而自動呼叫客戶互動功能，以手機簡訊或傳 line 給這位員工立即處理，這就是上述所言得知另一流程來促使執行，如此一旦此問題即刻解決，若客戶接受此促銷的話，則 RPA 系統就可立即進行後續下單作業的自動化流程。例如：在 CRM 系統上，如何挖掘出從行銷作業線索 (leads) 行為到轉換商機活動的流程模式和實例。

從上述流程挖掘在 RPA 系統之說明，可知業務流程挖掘是流程再造的關鍵所在，其中也包括和數據挖掘的結合。流程挖掘和數據挖掘是不一樣的，RPA 系統在以流程的形式行為中，欲從營運流程中事件日誌內挖掘出事件數據，這些數據可作為業務決策的客觀來源，故流程挖掘可促使流程具有可視化效益，以便節省大量作業時間。因此，RPA 系統不只是流程自動化和自主性而已，更是流程再造的企業變革轉型，這時具有機器學習的流程再造機制就更為重要，它可因應環境問題的改變，且能自主性的調整其 RPA 流程功能，進而因應轉換成能解決此問題的流程方案，它會因應感知其環境問題的嚴重影響程度，適當改善其 RPA 流程功能。若已到影響組織層次的流程，將發展出企業流程再造的需求，此時，啟動 BPR 系統專案，針對 RPA 重新規劃設計其資訊系統功能。欲達到上述機制，此 RPA 系統須有自主學習能力，也就是將機器學習運算功能嵌入 RPA 資訊系統內，其重點是讓 RPA 資訊系統能模仿流程再造的創新思考能力，其中就是具有流程挖掘 (process mining) 的運算，如此可因應提出多種不同演算法去完成在營運環境下不同的任務功能。機器學習的資料分析過程需要不斷反覆地嘗試跟測試，若能利用機器學習平台，將有關資料處理運作交給系統平台執行，可節省時間成本和繁雜作業，並讓管理者只要專心在企業流程再造的目標即可，也就是商業需求分析以及結果的解釋與因應策略方案。例如：AutoML 就是一種機器學習的系統平台方案。從上述可知，具機器學習能力的 RPA 系統流程再造資訊系統，是需要整合大數據分析能力，而為了提升 RPA 資訊系統運算能力，則其運作電腦須有發展 GPU 之神經網路的人工智慧能力。AutoML 是一種由 Google 公司所發展的雲端 (cloud) 機器學習套裝軟體產品，它使得使用者不須寫程式碼和深度了解人工智慧演算法的專業知識，只要透過此軟體平台模式，並以易於操作使用的圖形介面，就能訓練、評估、改良和部署符合自身業務需求的客製化機器學習各種模型。在此，Google 已採用先進的遷移學習和神經元架構搜尋技術。而為了獲取訓練資料，此 Google AutoML 也提供人工標籤服務的方案。而上述這種套裝軟體的機器學習方案，的確讓使用者、開發者可很有效率的應用於企業營運流程所需，因此也開始有很多不同方案陸續上市，例如：Auto-Keras 的開源自動機器學習 Python 軟體庫；Amazon SageMaker 機器學習原始碼架構的自動模型；微軟 Azure ML Studio 和機器學習同時提供預先建置且設定的機器學習演算法以及專屬運算平台、SDK 與視覺化介面（預覽）服務。上述所提方案，就是一種機器學習即服務 (MLaaS) 的解決方案。故在人工智慧 RPA 系統平台是可結合上述雲端機器學習套裝軟體方案，能擴大更多好的資源和技術，進而達到規模經濟的應用綜效。

一、BPO 結合 RPA 系統流程再造

業務流程外包 (BPO) 供應商在 RPA 系統流程再造可扮演重要角色，因為業務流程外包供應商，可由 BPO 為其客戶提供以 RPA 系統作為解決問題的方案，如此在部署 RPA 專業能力和維護作業上，就不須自行建立，可專注於本身核心能力，進而提升強化競爭力。對於 BPO 供應商，更能發揮流程外包的營運，來達成雙贏局面。在 BPO 結合 RPA 系統的衝擊下，可能會引發員工在工作中焦慮，故員工須轉型，也可減少在繁瑣、冗長、重複、無趣工作上的處理，以便專注於思考性、分析性、創造性、解決客戶問題的工作。從上述對員工工作的重新定義，可知管理工作的運作方法和本質，可從組織分離成為模組化工作，發展出一種產業工作生態創新系統，它不同於傳統的企業工作方式和內容，可以工作業務外包和合作，並利用分解更細的工作單位來重新執行流程運作。

二、RPA 系統和 BPR 整合

RPA 系統和 BPR 是需要整合的，在導入 RPA 系統前，會評估導入 RPA 系統的成效。既然 RPA 系統和 BPR 是需要整合的，則 BPR 的成效就必須落實於 RPA 系統的成效，但要如何達到呢？這時有一個需要思考的地方，那就是企業為何要流程再造？因為企業知道為何要做流程再造時，就知道 BPR 的成效，當然就了解如何落實於 RPA 系統的成效。以下是企業知道為何要做流程再造的思考，如表 14-3。

- 顧客的趨勢：如同上述說明建立顧客模型方法來推動的流程再造一樣，當顧客需求主導市場時，企業就必須發展能創造顧客價值的流程，亦即顧客滿意為導向的流程設計。

表 14-3 企業流程再造前的思考

企業知道為何要做改造流程的思考	重點	觀念
顧客的趨勢	發展能創造顧客價值的流程	顧客滿意為導向的流程設計
產業的蛻變	企業過去建立的營運流程，在面臨新的環境時，就必須使之重生	變動非常快速的時代
企業營運所需	支援營運策略	企業營業績效
資訊技術之功能	須以流程再造改變使用資訊技術之流程及制度	企業流程的成效
整體最佳化效益	所有部門的協同合作	企業整體最佳化之價值觀
應如何使 RPA 系統和 BPR 整合的方法	1. 在於企業流程的分析，注意不是分割 2. 前者是附加價值的工作設計，後者是就不必要的工作做分割	

- 產業的蛻變：目前時代是變動非常快速的時代，產業的大環境迫使企業不得不改變，而這就是企業的組織老化現象，因此企業過去建立的營運流程，在面臨新的環境時，就必須使之重生。
- 企業營運所需：企業每日營運狀況結果，會影響到企業營業績效，因此企業流程就是來支援營運策略。
- 資訊技術之功能：在導入資訊技術前，須以流程再造改變使用資訊技術之流程及制度，使企業能有效應用資訊技術。若缺乏有效使用資訊技術之能力，則企業流程的成效就會大打折扣，所以當企業要導入某資訊技術之功能時，就須做企業流程的設計。
- 整體最佳化效益：企業是由各功能別的部門所組成的，因此所有部門協同合作，才能使企業發揮最大綜效。故部門最佳化並不是重點，反而會阻礙企業最佳化，須以流程全面性觀點，來建立企業整體最佳化之價值觀。

從企業為何要做流程再造的思考來看，可知資訊科技在 BPR 的角色為核心流程自動化與企業流程執行化。透過流程再造設計後的資料技術，可以改變組織目前工作方式，包含提高員工或單位工作生產力、簡化工作流程和增進組織的協調。從改變組織目前的工作方式，就會落實到員工每日運作程序，而這些程序是以資訊系統功能來呈現，這就是核心流程自動化和企業流程執行化。因此 RPA 系統和 BPR 的整合是互有成敗關係的，這也是企業流程再造的導入案例會不成功的主要因素，因為若企業流程再造不成功，則更遑論 RPA 系統導入的成功。

案例研讀

問題解決創新方案→以上述案例為基礎

問題診斷

如何應用決策支援系統來做決策資料分析應用，如資訊做交叉對比？異質資料整合？追蹤營運活動的進行？

創新解決方案

根據上述問題，公司導入了一決策支援系統，利用此決策支援系統，可立刻找出企業營運所發生的各種問題，精準控制所有行為與流程，在問題發生時，第一時間找到病源，對症下藥。同時保存了原有的系統，使用者還是可以在熟悉的介面上工作，沒有適應與學習的問題，一切流程仍如日常營運般進行。決策支援系統將複雜的資料轉換、製成客戶所期望的資料超市 (Data Mart)，並將原有系統中的資料成功轉至 SQL 伺服器上，使資料呈現交叉分析的方式瀏覽，例如：在「營業分析」裡所設計的「銷售額」、「客戶」、「時間」等維度，匯總了以往分散的作業資料，可將原本零散的資訊做交叉對比，使管理者能綜觀全貌，掌握進一步的關鍵問題。決策支援系統須能滿足對資料儲存、查詢、統計、分析等需求，例如：可讓管理者自動直接追蹤銷售活動的進行，隨時得到最新的即時資訊，使用者可透過 Web、email 等多種查詢方式獲得所需資訊，實現各種資料分析功能，也能更深入了解客戶行為與消費趨勢。透過決策支援系統，成功地將不同資料經過清除、轉換、匯總後做資料整合，移轉至統一的資料庫中，並表現出高度的靈活性和高效率。同時該決策支援系統具可擴充性，以便日後在升級時，不用再負擔昂貴的硬體成本；且可避免在長期且階段性的建置過程中重複建立。

管理意涵啟發

企業的決策需求應落實於決策支援系統，也就是說，將每天的營業資料逐筆系統化記錄，成為最原始的資料，將資料做萃取、處理程序之後，產生有組織、有價值的資訊，使資料的完整性、正確性提高。以便提供中高階主管所需的多維度分析資訊，讓主管人員能利用這些有用的資料，做出正確的決策判斷，所以決策支援系統改變了決策流程及改善組織應變能力，不論是公司內部的員工、主管或外部的客戶、合作夥伴、供應商，都能不受時空地域限制地應用，來進行資料查詢、分析及應用。因此，決策支援系統導入後能改善跨區域的資訊傳遞與組織的溝通模式，是一種以提供決策分析性營運資料為目的而建置的資訊系統。它可以協助企業統計、挖掘與分析隱含在數據資料背後的知識，將相關數據資料轉化為有助於企業決策的有用知識。決策支援系統的組合，包含使用者介面互動設計、資料庫來源、ETL〔萃取 (extraction)、轉換 (transformation) 與載入 (loading)〕設計、資料倉儲設計、資料挖掘方法設計、線上即時分析處理 (on line analytical processing, OLAP) 等功能。

個案問題探討

請探討企業的決策如何利用 RPA 系統？

實務專欄（讓學員了解業界實務現況）

本章在實務上，可從三個構面探討之。

構面一、規劃 RPA 系統的 MIS 單位在企業所扮演的角色和定位

1. 中大型企業會設 MIS 部門層級（經理層級，約 5~7 人），中小型企業則在管理部門、會計部門或總經理室之下設置 MIS 單位（約 2~5 人），所以主管並非 IT 專才人員。
2. 規劃 RPA 系統的 MIS 單位角色扮演，大多是支援企業應用系統工作以及網路／電腦維修保養的工作，但少數中大型公司會僱用 10 幾位 IT 人員做軟體開發企業應用系統工作。
3. 規劃 RPA 系統的 MIS 單位定位，都是被動執行日常固定週期的程序作業，較少有策略性規劃，以及主動規劃出整合企業營運績效的解決方案，頂多是硬體資訊安全和網路服務的規劃方案。

構面二、在企業營運常見的企業應用系統

1. 企業最先導入應用系統的是進銷存財會系統，或稱為 ERP 系統，因為企業日常營運是涉及到人力、資料、作業最繁瑣的工作，所以，會先從此處著手。
2. 除了 ERP 系統外，資料檔案管理、工作流程 (Workflow) 表單、e-mail 郵件等三個小型應用系統也是常首先導入的範圍。企業個人員工所用的 Office、防病毒、資料庫及備份等軟體，則是企業最基本的應用系統。

構面三、規劃 RPA 系統的 MIS 系統及其作業為企業所帶來的效益貢獻

1. 維護企業主要基本軟體和硬體不當機及確保正常運作。
2. 解決非 IT 單位之員工使用電腦軟、硬體的問題。
3. 從企業應用系統提取各部門管理所需的資料，並匯總統計成整合性報表，供各部門管理分析之用。

習題

1. 何謂智慧型軟體代理人？
2. RPA 系統如何運用流程挖掘？

Chapter 15

機器人流程自動化系統

「借勢而起，憑境而出，就風而知。」

學習目標

1. 何謂 RPA 自動化架構
2. 探討 RPA 系統結合流程再造方式
3. 說明 ADKAR 模型為主的變革管理模式
4. 說明 RPA 系統自動化演化各歷程
5. 探討 RPA 平台產品的系統架構
6. 介紹 RPA 廠商所開發的產品系統功能
7. 探討規劃設計 RPA 系統如何和其他企業應用系統做連接
8. RPA 如何整合 BPM、ERP 和 CRM 系統

案例情景故事

資訊管理部門人員的價值

___位已在軟體開發工作職涯上做了 10 餘年，也經歷管理資訊系統部門大大小小工作歷練，此時他也已年紀不小，進入中老年階段。然而就在上次公司人事升遷公開名單後，他仍維持停留在經理層級上，相對於同年紀或年紀比他小的員工，其職位卻比他高，他自己推論認為，一切原因皆在於這些升遷員工是在其他部門工作，而他是在管理資訊系統部門工作，所以當了幾年管理資訊系統部門經理，目前仍是留在原地不動，仍是經理層級。他常想：「混了半輩子，為何仍是經理，難道管理資訊系統部門人員就沒有更高的價值嗎？」有一天，他找上司主管老總抱怨：「為何仍是經理職位？」老總丟了一句話：「因為管理資訊系統部門是支援性部門，而非公司核心能力。」他心中想著：「話雖是對的，但沒有功勞也有苦勞啊！」

經過多次反覆抱怨和掙扎，他已經對升遷一事不抱任何奢想，直到有一天，在某場演講中，他聽到一位主講者說了一句話：「管理資訊系統部門人員的價值不在於管理資訊系統本身知識和歷練，而在於如何以管理資訊系統知識和歷練來經營公司的核心營運。」如同當頭棒喝，他心中一凜，突然茅塞頓開，知道了升遷關鍵在於何處，他心中不由得敬佩那位主講者，雖然主講者年紀必定小他很多。

經過 1 年多後，果然他已升遷成為公司的營運副總，他由衷感謝那位主講者，更體會到「境由心生」之再創生機認知。

問題 Issue 思考

1. 認知學習的 RPA 系統對於企業流程的影響為何？
2. 目前市面上有哪些 RPA 廠商所開發的產品系統功能？
3. 機器人流程自動化系統和其他應用資訊系統整合有何關係？

前 言

RPA 系統是自動化開發系統架構的參考模式。故它包括流程再造子架構、ADKAR 變革管理子模式、企業 RPA 系統成熟子模式、自動化演化子歷程、RPA 系統實施開發導入子方法論等五大子架構模組，其中企業成熟框架包括轉換 (transformation)、標準化 (standardization)、規模化 (Scale)、推動 (enablement) 等。RPA 平台功能主要分成六大系統模組：物件模式模組、流程模式模組、軟體機器人（軟體代理人）模組、型式 (pattern) 模式模組、自主認知運算模組、後台設定管理模組等。企業營運是一個整體整合性的作業流程框架和應用功能範疇，因此在規劃設計 RPA 系統時，必須考量如何和其他企業應用系統做連接的技術和方法，其內容可分成流程面和資料面的技術方法。

閱讀地圖（以地圖方式來引導學員系統性閱讀）

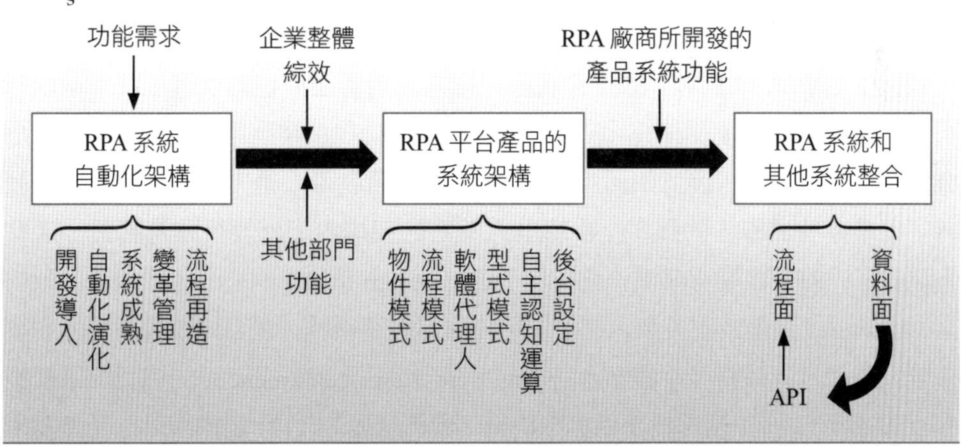

15-1 機器人流程自動化架構

RPA 系統自動化可於非上班時間或 24 小時在軟體系統背景環境下，來執行跨系統資料比對資料建檔、資料整理等作業，能達成如此做法，是因為自動化架構的軟體設計。所謂 RPA 自動化架構，是指在 RPA 系統運作發展中，欲達到自動化成效應有的系統架構，以便能完成其營運流程再造的最終目標。而此架構有利於規劃開發其 RPA 系統的功能設計和規範，如此才能陸續開發出更創新和價值的 RPA 系統功能，其可作為開發系統架構的參考模式，包括流程再造子架構、ADKAR 變革管理子模式、企業 RPA 系統成熟子模式、自動化演化子歷程、RPA 系統實施開發導入子方法論等五大子架構模組，如圖 15-1。在此架構內，首先必須以 RPA 系統目標的流程再造子架構為骨幹來發展，因此做法可發展系統功能在作業執行上能滿足營運流程績效，接著以此應用子架構連結 ADKAR 變革管理子模式，因為流程再造必須在變革管理中實踐，它以ADKAR 模式來呈現和運作，從此子模式來思考其系統功能的實踐程度，如此才可達到作業流程自主性能力。有了上述系統應用架構和自主性能力等系統建立後，其 RPA 系統自動化架構已有了基礎成形，接著是要評估此基礎可否達到某種系統開發成熟的程度？這時須以企業 RPA 系統成熟子模式來評估分析，此子模式可達成開發系統功能是否具有自動化能力的驗證，有了自動化能力後，如此才可表示其 RPA 系統有一定程度的績效，但在此自動化能力是有其程度化的區分，故此時須用自動化演化子歷程的內容設計出系統功能應具備何種自動化程度的能力，同時，其 RPA 系統的智慧化呈現，也是在此來思考其人工智慧運算的能力程度，最後，有了上述五大子模組建構完成後，接下來就是要考慮如何開發和導入的程序化步驟。因為若 RPA 系統不能融入企業營運流程的執行，就會造成為了導入資訊系統而導入資訊系統，導致日後此系統在企業應用上的失敗，當然這會影響到經營績效，因此如何將 RPA 系統實施開發導入子方法論，在系統開發時，須考慮將其導入的程序化步驟融入其系統架構內，就變得非常關鍵，這點也說明了「RPA 自動化架構」是一種 DFX (Design for X) 的觀念思維做法。架構 (Architecture) 是個系統模型，使用它來描述與表達系統，是可以掌握系統的多重觀點，架構是一個將多重觀點合一 (multiple views coalescence) 的模型。這模型有以下特性：(1) 一個系統是由許多結構元素組合成的；(2) 結構觀點，乃是經由結構元素相互聯繫、相互作用產生，並且都存在此架構中。企業架構是多種應用架構的一支，目前企業架構方法有很多，TOGAF 是最主流的，企業重於架構規劃與管理，更甚於技術應用或依賴產品。因此在建立企業架構時，必先全面透析企業的組織結構、功能流程等因素。

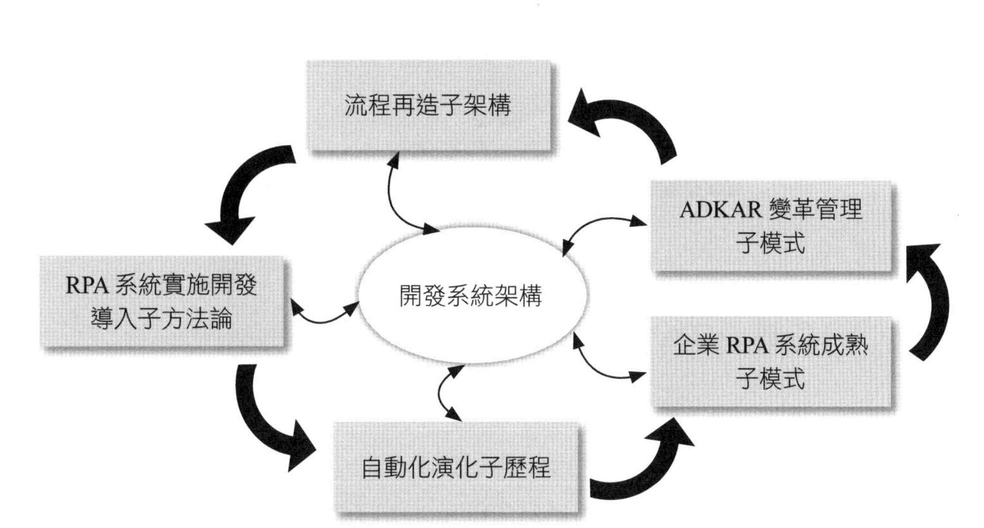

圖 15-1 RPA 系統功能開發架構參考模式

一、RPA 系統結合流程再造方式：ARIS 架構

首先，以模式方法論來探討。就企業流程再造的運作階段來看，無論是要試著了解或是修改一個現有的系統，或是從頭建立一個新系統，其流程再造最大的障礙，就在於無法分析或是溝通企業內複雜的相互往來的影響程序。因為每個人的思考邏輯是不一樣的，所以需要一種以標準結構化的交談語言和圖形，來達成共同溝通的介面，以便可去除其中的不明確性和加速溝通時間及正確性，因此須將事物予以模組化、元件化，以了解事物之邏輯架構及運作方式，例如：利用流程之邏輯架構和表達方式，以增加溝通與了解的成效，這就是模式的好處，剛好可運用在如此複雜的企業流程再造運作內。其透過模式化建構，來分析設計企業流程再造內容，並將其轉換成資訊系統。一般在做資訊化系統時，都是以現有需求來設計資訊系統化，但就模式化建構，則是以再造需求來設計資訊系統化，這個差異重點須澄清。目前模式方法論有 IDEF 和 ARIS，圖 15-2 是系統模式化的示意圖）。

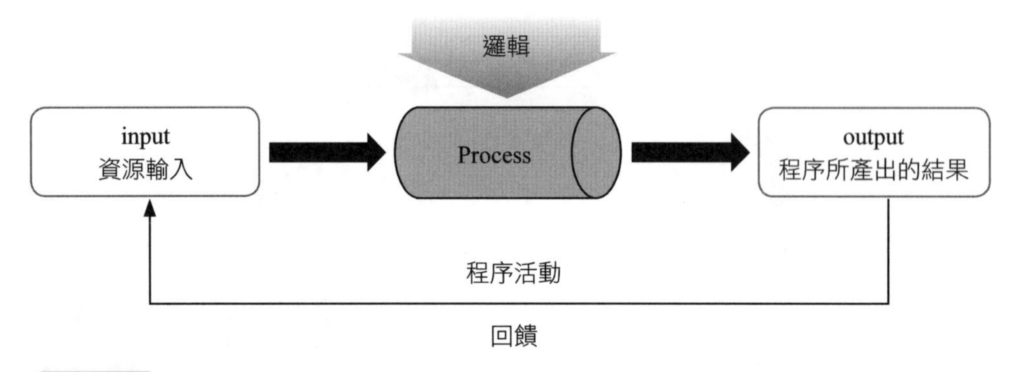

圖 15-2 資訊系統模式化示意圖

何謂 IDEF？IDEF 的全名是 ICAM DEFinitions，其中 ICAM 是指「integrated computer aided manufacturing」，顧名思義，可知它是整合和資訊有關的作業流程定義；其 IDEF 是源自於 Softech 公司的結構化分析與設計方法論，首先應用於美國空軍，而後再由工業界與學術界沿用發展至今。IDEF 是一種國際標準，是一種具有一組明確圖形結構的程序塑模語言，能夠很清楚地定義說明文字與需求表達，並整理成完備且標準化的文件，因此它是一種明確且可重複使用的方法。在企業流程再造分析中，IDEF 主要運用到以下三個模組：IDEF0 系統功能架構工具、IDEF1X 系統資料特性、IDEF3 系統程序行為。因此，IDEF 是執行 BPR 的重要工具，IDEF 提供了一個整合性與高彈性的架構，來幫助企業從事描述、分析與評估企業流程需求。當運用 IDEF 方法論來推動企業流程再造時，會就目前現行的作業流程分析出 AS-IS 模式，再經過分析改善後，會畫出 To-Be 模式，這兩個模式就是往後在流程運作時的基礎比較。

何謂 ARIS？其全名是「architecture of integrated information systems」，它是以系統性方式來呈現企業流程之現況，並作為後續資訊系統建置之依據，以不同模式來描述各種不同現象，其主要有四個構面：組織構面 (organization view)：呈現重要之組織架構；資料構面 (data view)：呈現企業中重要的資料，如顧客、供應商、產品等；功能構面 (function view)：呈現企業重要需求的功能面；控制構面 (control view)：呈現溝通資料、組織與功能的橋梁，即是流程面，其流程分析是由簡而繁，資料定義由粗糙而細節。

再者，以上述 ARIS 和 IDEF 方法論，雖然是很好的工具方法，但卻不容易使用，因此，一些較小的企業，其人員能力素質有一定程度差異，這時就會用其他較簡易和功能較少的方法，例如：最普遍的就是使用專案控管，包含專案定義、追蹤專案規劃、時程規劃、預算編列、專案文件管理、專案進度控制等，當然，其展現的只有專案相關功能，所以，這時可能會再用到結構化流程設計與分析，例如：事件驅動的程序圖 (event-process-chart, EPC)。也有用資訊軟體方法，例如：物件導向分析和設計。當然，這些都比不上 ARIS 和 IDEF 完整功能的方法論來得好。以上工具方法可幫助企業流程再造的推動，但請不要忘記它的重點還是在流程再造。因此，除了善用工具方法外，對於推動的流程再造方法更是需要了解。有關這個議題文獻是非常多的，在此，以企業整體價值鏈的方法來構思企業流程再造，這裡也牽涉到變革管理。就企業整體價值鏈而言，一個新的公司經營型態是介於交易合作夥伴之間運作的，其經營模式須能反映到新市場需求上，這種價值鏈觀念是參考到整個作業鏈活動，被執行在不同分割組織上，以利實踐客戶訂單完成。故價值鏈應重新設計為主動趨近客戶的作業鏈。每個組織專注在自己唯一核心競爭能力，而其他的作業就採取外包或用買的。

二、ADKAR 模型變革管理

ADKAR 模型是以經營目標為主的變革管理模式，它實現五個項目：意識、意願、知識、技能、優化。在 RPA 系統以 ADKAR 模型來實現其流程變革的目標上，首先透過意識 (awareness) 讓企業營運意識到 RPA 系統須先經過流程再造和分析後的一種流程變革，而不是只把之前人為介入資訊系統的流程轉換成自動化流程而已，這是一個起步的關鍵所在。而其軟體技術的實踐，則是利用將流程再造方法呈現於軟體系統（例如：ARIS 軟體），嵌入 RPA 系統的流程介面精靈化功能，以便在設計自動化流程時，可具有流程變革的效益和目標。接著是強化企業所有員工都有強烈意願 (desire) 的變革轉型態度和思維，如此才能對員工工作內容在導入 RPA 系統後，可後續利用此 RPA 系統執行結果，才能獲得決策洞察分析和客戶溝通互動的勞動生產力之提升和轉換。而其軟體技術的實踐是利用 RPA 系統結合人工智慧認知運算之軟體功能，來讓員工融入使用 AIoT-based RPA 系統的智慧認知功能，進而有智慧管理思維和技能，以便員工能獲得變革轉型需求的意願。另外，在此說明 RPA 系統雖然是一套不須人為介入的自動化流程系統，但這並不代表它就跟員工毫無相關。若無法在 RPA 系統導入時澄清和取得共識，其對企業營運績效是會造成在根本上競爭力強化的扭曲和無知。

再者，如同上述員工意願對 RPA 系統實現流程變革的重要性，此時，須依賴員工在流程變革管理上的知識 (knowledge) 學習，因為有了知識才會知道其重要性和如何進行的務實做法。而其軟體技術的實踐是利用 RPA 系統架構內設計有知識庫的應用軟體功能，如此可讓員工結合 RPA 系統來學習其所提供的流程變革之知識。並且此知識庫也可作為 AIoT-based RPA 系統本身的自主性認知學習基礎和回饋機制。接著，有了上述知識學習後，員工和 RPA 系統都具有流程變革管理的技能 (ability)，如此員工才能實施並完成此次變革。當變革後形成的營運流程運作、習慣和成果等內容和文化，不是就此結束流程變革管理，而是仍要持續改善，也就是進入優化 (reinforcement) 階段，亦即須因應環境周遭改變，進行不斷審視和監控，並及早發現可能的未來潛在問題，進而再次推動變革管理，讓營運流程更加優化，也就是強化流程績效，以達到營運最佳化目標。而其軟體技術的實踐，則是利用 RPA 系統的自動化監看、例外狀況處理、後台系統管理、流程生命週期管理、資料數據遷移和管理等功能，並進而再次循環回到 ADKAR 模型的起點，重新發展另一流程再造和變革管理的作業。

三、企業 RPA 系統成熟模式

企業成熟框架包括轉換 (transformation)、標準化 (standardization)、規模化 (scale)、推動 (enablement) 等方面，茲說明如下。

(一) 轉換 (transformation)

RPA 系統不只是軟體技術和科技，更能在有前瞻思維下，創造營運流程再造的轉換契機。其轉換以企業專有需求還是標準架構的 RPA 系統來探討，一般對於不同企業而言，其產品種類、營運模式、需求流程都截然不同，甚至同一個企業不同時間點，其營運模式規模也不同。因此 RPA 系統只有合不合用這段期間的考量，而沒有好壞的考量。若真的要說到系統好壞，那就是系統本身軟體設計的考量。只要依照正規方法開發，且具備標準架構的系統都是好的。

(二) 標準化 (standardization)

RPA 系統是否要建立在較符合目前專有需求，還是標準架構上？在 RPA 系統功能中，有些模組是可標準化的，因為該模組的作業流程是很成熟的，不管哪一家企業都可適用，例如：會計系統的標準較無問題，故在每一種不同廠商 RPA 系統都會考慮到；但是生產製造系統的標準，則非所有 RPA 系統都能做到，因為該模組在不同企業的產品不同，其生產製造的作業流程是不同的。其實，所謂標準化是經過多次實際驗證，並廣為眾人採用的觀念或做法。因此在評估和選擇 RPA 系統時，其標準化和專有性就變成兩難了。

(三) 規模化 (scale)

RPA 系統的需求是會隨著企業規模不同而有所改變，這樣會導致對 RPA 系統的需求彈性要求，而對於 RPA 廠商，就會提供功能升級，這裡所謂功能升級，是指包括新功能及系統修補。資訊科技日新月異，若無法持續升級，很可能導入完畢還來不及使用就已經落伍了。

(四) 推動 (enablement)

在 RPA 系統推動上，應選擇可以同時客製化及升級的系統，並且要能在公司還沒想到未來發展方向時，就已經預留好系統升級的空間與技術，例如：自動化、互向操作性技術。一般在評選 RPA 系統時，會以系統賣得多來作為依據，因為該系統賣得多，表示 RPA 系統的需求可用在企業上。其實，系統賣得多不一定就比較好，就算不錯也不一定適合自己。用戶常常是邊用邊罵，因此應以本身需求來仔細評估，如此才可選擇真正適用的系統。依筆者的顧問經驗，大部分企業客戶會以自己產業的同行做比較，故 RPA 系統最好有產業經驗的融入。

四、自動化演化子歷程

自動化處理階段性做法，包括巨集腳本自動化、IT 軟體自動化、plug-in 隨插即用自動化、UI-based 使用者介面自動化、規則知識庫自動化、人工智慧演算法自動化、自主性學習認知運算自動化等階段。

(一) 巨集腳本自動化

以 Macros 巨集軟體功能來做腳本錄製 (scripts recording) 的功能，可將每一個步驟錄起來，教機器人模仿執行。

(二) IT 軟體自動化

可略分三個階段：第一是電子數據處理階段 (electronic data processing)，重點在資料利用電腦快速計算效益，來做資料處理。第二是管理資訊系統 (management information system)，重點在資料經過整理後，可作為管理上的運用，亦即管理資訊，而非資料處理。第三是決策支援系統 (decision support system)，重點在資料經過處理和管理後，對於資料結果期望能在做決策判斷時有所輔助，亦即決策資訊。

(三) plug-in 隨插即用自動化

在硬體上的隨插即用是指使用者將某設備插上在主機對外連接口，此時可主動辨識偵測出與設備配置相關的資源，如此就可馬上使用，而不需要事先做任何動作和措施，它可以是一種「嵌入式系統」(embedded system)，結合電腦軟體和硬體的應用，成為韌體驅動的產品。嵌入式系統的重點，在於透過軟體介面直接操作硬體。而在 RPA 軟體系統，也可以任何軟體配置連接至企業應用系統或 RPA 軟體系統主架構，而不需要事先做任何程式動作和措施，故可知以軟體為主的嵌入式系統是為特定功能而設計的智慧型系統，因此未來 RPA 軟體系統已逐漸轉為具備軟體嵌入式系統功能。

(四) UI-based 使用者介面自動化

在 RPA 軟體系統上有圖形使用者介面 (graphical user interface, GUI) 的環境工作，它以自主的方式對非結構化數據進行提取和分類，進而使用任何軟體系統功能的應用程序。

(五) 規則知識庫自動化

以 Rules-based processing 基於規則來驅動處理流程運作的「if/then」決策及規則。

(六) 人工智慧演算法自動化

具有人工智慧運作的 RPA 軟體系統，人工智慧型 RPA 包括視覺感知、語音辨識、手勢控制、機器學習和語言處理等，RPA 系統可透過 API 整合具人工智慧認知服務。例如：RPA 供應商將鏈接到 Microsoft Azure ML 或 IBM Watson AI 平台。如此做法可讓使用者利用人工智慧 (AI) 平台，以工具包方式快速建構智慧應用程式的企業功能。例如：Wipro HOLMES 的 AI 平台、Google 雲端機器學習、Azure 機器學習、TensorFlow（開源軟體庫）、RainBird（基於雲端運算的 AI 平台）、Insights Dashboard 洞察儀表板、EdgeVerve 將聊天機器人嵌入 RPA 用戶互動溝通。

(七) 自主性學習認知運算自動化

認知自動化 (cognitive automation) 模式識別 (pattern recognition) 需要有學

習訓練過程，重點在於人工智慧型 RPA 注入自我學習能力 (infuse self-learning capabilities)，如此能自主性從環境學習過程來解決問題。例如：強化學習是一種基於獎罰制度反覆學習的自主學習運算法。

五、RPA 系統實施開發導入方法論

RPA 系統導入過程牽扯到企業的管理制度與作業流程的調整，因此系統導入的過程中，必須有系統、有程序性的導入，亦即需要有 RPA 系統的導入方法論。在做計畫時，須考慮的因素有：關鍵的企業營運差異問題、功能上的需求、條件性的成熟、資源的需求、時間性的需求等。關鍵的企業營運差異問題，是指在系統選擇和評估期時，就須考慮到是否有重大的企業營運差異問題，這是所謂的差異分析。若有分析出重大的差異問題，則該系統就不可購買，但請注意，所謂的重大差異問題，是指用客製化的方式來做程式修改都不可行或須花費太大的時間成本，當然，這需要依賴資深顧問的豐富經驗，才有辦法判斷分析。功能上的需求，是指在系統功能上是否滿足企業的作業需求。條件性的成熟，是指在系統開始導入前，是否一些限制條件已達可行性的成熟度，例如：使用者對 RPA 系統的認知，企業客戶電腦化素質足夠來做 RPA 系統的導入。資源的需求是指在系統開始導入前，相關須投入的人力、物力、金錢資源等，是否已準備完成，例如：金錢方面是否有預算，物力方面是指電腦相關設備是否可滿足新系統的使用和穩定性績效。時間性的需求是指在系統導入的切入時間點和階段性的完成期限，是否可在這段期間內完成。

RPA 系統是以「使用者為導向」來思考如何導入，其方向重點說明如下。

(一) 導入 RPA 系統時，其導入的範圍、順序及時間

因為導入 RPA 系統是動員到公司大部分員工作業，所以是很複雜和繁瑣的，必須分析應優先導入的是哪些功能模組，以及要花多少時間，還包括整個導入 RPA 系統的時間預計要多久？是一年或半年內？如何去分析時間長短和落在哪些月分，須視導入的範圍、企業財務結帳和會計盤點時間點、是否有其他重大作業要進行等影響因子去評估分析。

(二) 企業對於導入 RPA 系統的期望

一般而言，企業對於導入 RPA 系統的期望，最主是在於公司未來願景為何或是帶來何種管理或經營方面的效益，亦即 RPA 系統可否協助公司達成這些願

景和經營管理效益，例如：公司營運規模要擴大、產品線及產品種類會增加、工廠會增設或外移據點的控管、銷售額是否成長、生產率及市場占有率是否可提高等？當然這些期望是需要付出代價的，故有關投資於購置 RPA 系統和未來系統升級、維護成本、預算等，均必須思考。一般以公司未來多少年的營業收入作為基礎計算，來推估購買及導入 RPA 系統之成本應為多少才合理。

(三) 企業是屬於何種產業產品和營運模式

企業的經營型態是屬於哪一種模式，會和 RPA 系統是否適用有關，其實現在套裝 RPA 系統，都標榜適於大部分不同環境運作。不過由於 RPA 系統產品競爭白熱化，故已有一些廠商開發出專屬某產業適用的 RPA 系統，但企業客戶競爭也是白熱化，因此企業經營型態可能不只一種，這些思考都會影響到 RPA 系統成功與否。

15-2 機器人流程自動化功能

在此章節的 RPA 平台功能，主要是介紹目前在全世界較著名的 RPA 廠商所開發的產品系統功能。而為了讓讀者更能了解這些 RPA 平台產品的系統設計，在此筆者提出一般性 RPA 平台產品的系統架構，如圖 15-3，茲說明如下。

可分成六大系統模組：物件模式模組、流程模式模組、軟體機器人（軟體代理人）模組、型式 (pattern) 模式模組、自主認知運算模組、後台設定管理模組等。

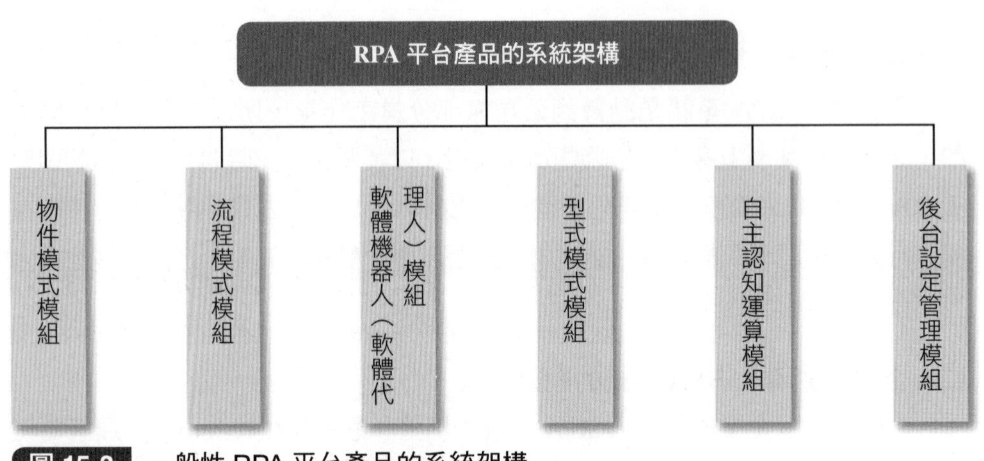

圖 15-3 一般性 RPA 平台產品的系統架構

一、物件模式模組

是指在 RPA 系統平台上有關軟體元件的開發、設計、設定、實例、執行、編碼等六個功能，此物件可分成介面物件、邏輯物件、資料物件等三個種類。若以一個完整流程程序須包含這三個種類，任何欲在 RPA 系統平台執行的應用功能，都可利用此物件種類來規劃設計而達成。首先，以開發功能來說，創建這些物件種類，接著用設計功能的直覺圖案式畫面拖拉操作方式，設計出其畫面呈現方式、內涵方塊、實體資料等內容，例如：欲設計出客戶資訊登錄作業，其物件種類創建為介面物件，故把客戶資訊畫面和表單欄位以拖拉方式，將 RPA 系統平台內已內建完成的各個欄位軟體元件放在此畫面，之後在這些欄位的內涵方塊去做該有的屬性勾選，例如：在年齡欄位方塊，勾選其年齡區間屬性，之後賦予此欄位實體資料，例如：18 歲到 35 歲資料。當完成設計功能後，接著再針對此介面物件，設定其在系統操作上應有的特性，例如：須有授權對象登入才能執行此介面物件，或此物件是在軟體背景上自動化執行。請注意，上述介面物件是一種抽象化類別，也就是它可透過實例化進行，來複製或繼承為另一實例物件。承上例，可創建成新會員資訊登錄介面之實例，或是創建成訪問型客戶資訊登錄介面之實例，這種做法就是軟體系統物件導向技術，其好處是可快速創建、再使用的省時省力，以及軟體品質穩定。當實例化後，再接著將此介面物件和其他物件做連結，例如：邏輯物件和資料物件，以便在 RPA 系統平台上執行其自動化流程。請注意，上述運作都是不須編寫程式碼，但若有專屬客製化需求，則可用編碼功能來完成此需求。

二、流程模式模組

此模組主要是規劃企業營運流程在 RPA 系統執行的方式，包括作業步驟、先行關聯圖、表單及附件、驅動邏輯、事件、串聯等六個規劃功能。茲說明如下。

(一) 作業步驟功能

是依照企業營運流程需求，來決定需有多少步驟，每個步驟都須設定組織單元、員工、作業時間、內容等資料。

(二) 先行關聯圖功能

是欲將各個作業步驟依照營運流程需求，串聯成有先後順序關係，包括同步或平行關係，而步驟之間關聯會賦予關係規則的設定，包含等待時間、條件滿足、異常提醒等資料。

(三) 表單及附件功能

是在作業步驟內設定表單欄位介面（此介面是由物件模組的介面種類所創建的），可用直覺圖案式拖拉出系統內建的欄位元件。此表單若是在 RPA 系統結合其他企業應用系統時，則可對照嵌入該應用系統的原有表單。另外，表單也可設定附加的文件檔案，並能嵌入該檔案的軟體程式。

(四) 驅動邏輯功能

在作業步驟的流程串聯中，可設定彼此之間在滿足某些條件時，就會主動觸發其事件的執行，或是連結至原本無設定好的另一作業步驟，而此條件是以商業規則邏輯來呈現，可關聯到其他流程或其他企業應用系統的資料。一旦觸發成功，則在異常情況時，就會通知在先行關聯圖的異常提醒作用啟動，而其條件滿足作用若也因為此商業規則邏輯是符合的，則先行關聯狀況就會因而改變。以狀態機 (state machine) 開發 RPA 軟體機器人的自主驅動流程，狀態機是可產生事件驅動觸發具有不同狀態的過程，並結合使用多元化介面交互操作，以了解流程運作中的狀態改變，進一步發現流程改革之處。

(五) 事件功能

是建立何種事件內容和運作方式，它所呈現的是企業營運工作內容，因此在事件功能設定上，包括內容、負責人、績效指標、期望成果、執行時機／期間和頻率、執行方式（線上、線下、兩者）等。

(六) 串聯功能

主要是某流程欲連結另一流程的設定，其考量串聯型式有條件觸發式、上下順序式、跨異質系統式、整合流程式、附加嵌入式等。條件觸發式串聯是指當某商業條件滿足成立時，就會主動驅動另一流程。上下順序式串聯是指事先依營運流程需求，來關聯這兩個流程的上下順序之串聯。跨異質系統式串聯是指為了從某應用系統整合至另一應用系統的目的，而作為流程橋梁之串聯。在整合流程式串聯，是指某些流程對於營運目標來看，它們都是子流程，故必須匯總整合成為一個總流程。附加嵌入式串聯是指某流程在進行中，其某步驟有需要呼叫，並展開成某一個流程來進行，而並非只是作業步驟層級而已。

三、軟體機器人（軟體代理人）模組

為了讓 RPA 系統能嵌入各個不同企業應用系統，會將自動化流程執行，以主題導向來設計各種軟體機器人此規劃設計可依不同企業營運流程來客製化發展，為了方便發展，其軟體機器人可設定不同常用型別，包括任務型、監控型、通訊型、分析型、收集型、溝通型等，當然也可從無到有開發全新型別，而這些型別都有軟體代理人特性。茲說明如下。

軟體代理人是具有代理人系統的智慧型機制，所謂代理人機制，是指在流程交易的過程，委由具有可因應外在環境條件變化，而自主性的驅動發生事件，來達到使用者的需求目的，如圖 15-4。因此軟體代理人也同樣有此機制，只是它所觸發的事件是知識物件。

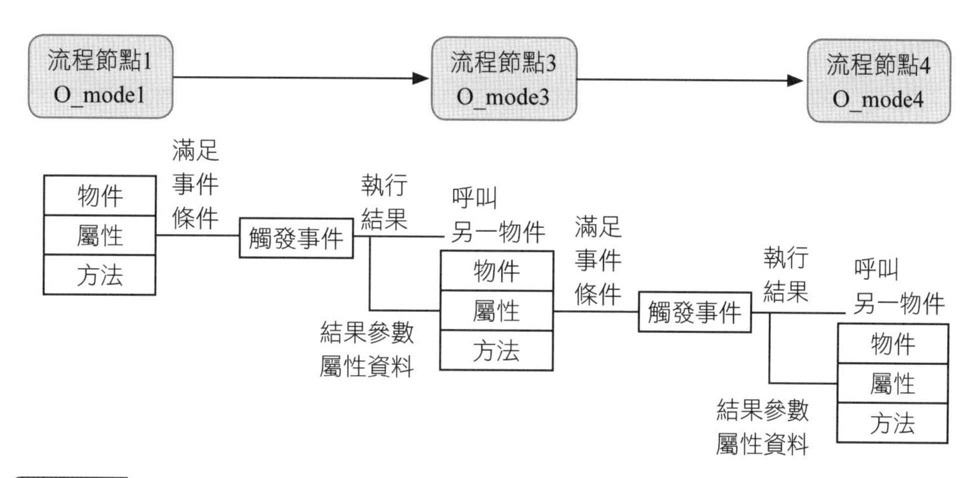

圖 15-4 軟體代理人的機制

四、型式 (pattern) 模式模組

這裡型式是指人工智慧演算訓練過程中的建模，它把流程運作中所產生的行為偏好和資料結構，以一個抽象化型式 (pattern) 來呈現建立。

五、自主認知運算模組

認知學習的 PA 系統，是將模式識別 (pattern recognition) 或語言理解推理應用在營運流程上。例如：以人工智慧的影像識別技術，來分析手寫文件的內容；整合 RPA 和 NLP 來自動解析內容上下文應用邏輯；以物聯網感測器擷取流程運作下的資訊，並進一步以人工智慧演算法來產生營運作業上之運算，如此自主性做法，可自動化取代原本人為操作電腦系統上的工作要素。

六、後台設定管理模組

為了在 RPA 系統能有客製化開發的彈性敏捷，應以參數設定、自我回饋、智慧程式等三個方式作為讓前台更有績效的後台管理之自動化技術，茲說明如下。

(一) 參數設定

為了不因專屬需求而須用程式客製化方式，因此事先設計好全部應有的系統架構和系統設計，並以參數輸入客製化需求的內容，來顯現其專屬自動化流程功能，這可說是一種抽象程度化的框架式軟體 (software framework) 設計，透過此軟體框架可容易快速實現更為複雜的商業業務邏輯應用，並加速開發軟體功能和品質穩定。故利用這種抽象程度高的程式模式，可讓開發人員在此框架內，再以實例化方式，注入某專屬需求的程式功能。這種做法可不斷重複使用這些軟體品質穩定的程式模組，進而整合成參數設定式的軟體框架。而一旦完成，則對於企業流程設計的使用者，就可輕易利用已內建的參數資料來仿效和規劃本身流程需求，這正是一種產業營運典範作業，可作為企業在選擇 RPA 系統時的標準和標竿，如此可使企業導入 RPA 系統快速進入正規日常之營運。但這並不代表所有企業營運模式都一樣，因為每個企業實現流程和資料不同，以及內建參數不同，當然，除了用內建參數外，也可自行輸入不同參數，日後也成為標準化作業。上述參數設定是運用在後台管理的設定上，一般包括使用者管理、權限管理、入口角色客製化功能管理、各模組使用管理、流程管理、物件管理、資料管理、程式管理等。

(二) 自我回饋

作為邁向智慧化且自動化的應用軟體系統，除了主要是運用人工智慧認知運算在 RPA 系統營運流程外，其本身系統在自我維護保固和更新功能層次上，也應具有智慧化系統能量。在 RPA 系統本身，應有自我回饋運作在維護保固和更新功能上，也就是當 RPA 系統前台在執行自動化流程時，其整個執行日誌

(log)，應做即時收集匯總，並以人工智慧演算來分析其執行績效，作為系統功能維護保固和後續增強作業之參考依據，但對於智慧化系統這仍不夠，因仍須程式人員進行這些作業，如果由 RPA 系統本身來自動化執行這些作業，才是智慧化系統，而這就是自我回饋機制。

(三) 智慧程式

RPA 系統在之前時代為何沒有發展，因為那時周遭環境和相關配套都沒有成熟，就好像機器學習演算法，很早就已在學術領域大鳴大放，但為何在產業界沒有很多實務應用？目前智慧營運時代已來臨，在 RPA 系統促進發展下，其軟體程式再次歷經蛻變，成為智慧化程式。在目前 RPA 系統已逐漸進入兵家必爭之地，因此如何以智慧化程式植入 RPA 系統開發內，就成為未來競爭優勢之關鍵。這是非常創新的做法，在此筆者僅說明其概念，智慧程式是指程式自動化開發程式，其中主要是將人工智慧融入程式開發，例如：MIT 發布的機器學習設計 Julia 程式語言、TensorFlow 的 Swift 程式語言、Deep TabNine 程式碼補全工具、自動編輯程式 Bayou 等。

七、RPA 廠商所開發的產品系統功能

詳細內容茲說明如下。

(一) Blue Prism[1]

Blue Prism 具有負載平衡、加密、審核分析和監視系統、工作分配、應用程序工作排隊管理、配置儀表板、系統恢復、錯誤／異常處理的功能，Blue Prism 提供可串聯不同應用程序類型的各種間諜模式 (spying modes)，也可以自動執行 Excel、XML、csv、pdf、圖像，並可支援 VBA、C＃ 與 Java 和支持 Microsoft Azure 和 AWS (Amazon Web Services) 雲部署模式。Blue Prism 對於使用者無須 IT 技能就可實施 RPA 系統設計，可在人機互動性下，整合代理前台和後台自動化，並提供豐富強大的分析套件功能和認證 CyberArk 憑據管理。Blue Prism 提供整合 RPA 與 BPM 端對端的流程視圖，而 Xchanging 使用 Blue Prism 軟體成功實施較新業務流程外包 (business process outsourcing, BPO) RPA。Blue Prism RPA 平台包括 Object Studio、Process Studio、Process diagram、Connected-RPA、數據

1 https://www.blueprism.com/

庫等方案。

Object Studio 是為了創建和管理業務對象，其中 visual business object (VBO) 是創建與其他應用程式互動功能。

Process Studio 可創建和管理 Blue Prism 所定義流程，Process Studio 是一種類似傳統流程圖。在這種流程的行為內，實現了 RPA 機器人業務流程、業務邏輯、控制循環，它實現與多個應用程式進行互動來執行整個流程步驟。

Process diagram 流程圖是為了連接形成邏輯結構各個階段所組成的端到端業務流程，這樣的鏈接方法可用軟體鼠標拖拉設計工具來達成，例如：雙擊、選擇、剪貼、刪除、移動、調整大小、格式化、剪切、複製方式等。

Connected-RPA 方案是一種由先進技術組成互聯 RPA 平台的智慧自動化生態系統，包括無須程式代碼自動化的業務主導 (business-led)、技術控制 (technology controlled) 所支持合規性和 Veracode 安全性標準認證的自動化平台規模、智慧化 (intelligent) 來輕鬆建構和部署有第三方技術支持的 Digital Workforce 等。

(二) Automation Anywhere[2]

Automation Anywhere 提供運用虛擬桌面集成 virtual desktop integration (VDI) 的企業級數位生產力平台，以及自動化端到端業務營運，也是一種 Web-based RPA 與利用自然語言理解分析非結構化數據的 RPA 方案。Automation Anywhere 體系結構具有三個主要組件：Control Room、Bot Creator、Bot Runner 等。

Control Room 是基於 Web-based 的控制自動化伺服器 (server) 電腦平台，它可管理程式碼控制 (source control)，在不同系統之間來共享程式代碼，並透過儀表板 (dashboard) 提供 RPA 機器人的自動化流程執行分析狀況和結果。

Bot Creator 是開發人員利用桌面的應用程式來創建機器人，並將創建自動程序的程式碼存儲在控制室 (control Room) 中。機器人種類包括 Task Bots 是規則的重複性任務機器人。Meta Bots 元機器人是自動化的建構區塊 (building blocks)，它是對機器人進行最少的更改，就會產生應用程式更新。IQBot 是使用在非結構化數據自動化認知技術的機器人。

Bot Runner 是讓機器人執行的功能，它可讓多個機器人同時執行。

2 https://www.automationanywhere.com/tw/

(三) UiPath[3]

UiPath 的功能特徵是託管 (hosting) 雲環境、Web 和桌面應用程式、集中式儲存庫 (centralized repository)、自動登錄功能、先進的屏幕抓取方案、業務流程建模工具、桌面自動化 (desktop automation)、遠程應用 (remote applications)、數據處理技術 (data handling techniques)、Scraping 技術 (techniques) 等。因此 UiPath 提供無須撰寫複雜程式的三個軟體解決方案：UiPath Studio、UiPath Robot 和 UiPath Orchestrator。

- UiPath Studio：一種利用直觀式圖表來規劃不同種類流程工作的自動化過程。
- UiPath Robot：一種執行 UiPath Studio 流程的機器人。
- UiPath Orchestrator：一種 Web-based 機器人管理的應用程式，包括部署、安排、監視、管理機器人和流程。

(四) WorkFusion[4]

WorkFusion 是一種人工智慧 (AI) 驅動的 RPA 認知自動化平台，在配置定義工作上，提供了流程模板、認知和異常處理組件，以更快地實現自動化流程。它有三種版本，包括 Version：Express (community version-free)、Business (30-day trial)、Enterprise。其中 Intelligent Automation Cloud Express 是一個免費版本。WorkFusion 可結合執行在 Citrix、SAP 和 Oracle 應用程式內，並可使用機器學習結合光學字元辨識 (optical character recognition, OCR) 來強化轉換數位格式的數位化 (digitization)、智慧化能力〔就是一種檔案文件數位化 (file digitizing)〕。WorkFusion 以虛擬數據科學家 (virtual data scientist, VDS) 方式，來進行非結構化資料分類和提取，過程中會建立訓練模型，以便自動執行業務流程更加智慧化。WorkFusion 的功能特徵是判斷自動化 (judgement automation)、自動化工作者管理 (automated worker management)、應用自動化 (applications automation)、拖放功能 (drag-and-drop function)。

WorkFusion 提供自動化配置 (automated configuration)，包括自動化配置規則和自動化模板以利於設置自行定義的工作流程，上述客製化自動化規則

3 https://www.uipath.com/

4 https://www.workfusion.com/

(customized automation rules)，是能在 Oracle、SAP 和 Citrix 等應用程式中創建自行定義的自動化規則，這是一種智慧流程自動化 (smart process automation)。自動化模型訓練 (automated model training) 是一種以更快速度進行機器學習算法的訓練模型工具。WorkFusion 發展出智慧流程自動化 (smart process automation, SPA)，它是企業級的流程機器人和認知自動化，包括 Workflow、Robotics、Cognitive (AI)、Worker Management 等功能。WorkFusion 推出免費版小型 RPA Express 方案。

(五) Kofax RPA[5]

Kofax 機器人流程自動化平台包括 Kofax Kapow™、桌面自動化 (desktop automation)、網頁自動化 (web automation)，使用 Kofax RPA 可重複任務和手動流程工作，如此使員工專注於以客戶為中心的溝通工作。Kofax RPA 無須任何程式編碼來獲取網站 (websites)、門戶網站 (portals)、桌面應用程式 (desktop applications) 和企業系統數據。Kofax Kapow 平台利用 RPA 帳戶自動化功能來解決發票審批工作，Kofax Kapow RPA 系統能夠自動收集來自不同電子商務網站的產品價格，並進行自動比較作業。

智慧自動化軟體平台可幫助認知捕獲（cognitive capture，自動化處理文件檔和電子數據，它是一種自動化文件檔掃描、索引和提取軟體解決方案）、流程編排改善客戶旅程價值並流程協作 (process orchestration)、先進分析（advanced analytics，深入營運見解可見性）、數位化操作（digital mailroom，自動執行勞動人工密集型的操作資訊系統過程，包括檢查、輸入、分類、驗證、傳遞等）、全管道捕獲（omnichannel capture，捕獲所有組織創建資訊的類型）、捕獲流程改進（capture process improvement，監視、管理分析改善與營運作業內容相關流程）、統一設計環境（unified design environment，建構機器人即時視覺識別應用程式的自動化工作流程）、認知文件檔自動化（cognitive document automation，基於 AI 的認知智慧學習來處理和分類非結構化文件檔數據）、內建分析和流程智慧（built-in analytics and process intelligence，客製化儀表板獲得其他關鍵流程元素，以便識別並改進流程）、集中式機器人部署和管理（centralized robot deployment and management，在中央虛擬環境中運行的可擴展應用程式）、機器

5 https://www.kofax.com/

人生命週期管理（robot lifecycle management，基於 Git 版本控制系統來管理 RPA 機器人部署）、自動化過程發現（automated process discovery，記錄映射和分析目標業務流程的洞察力）、機器人驅動的 Micro 應用（Micro Apps Powered by Robots，以 Kofax RPA Kapplets 設計參數執行機器人）、可擴展平台（extensible platform，Java、.NET、SOAP 和 RESTful 介面的機器人應用程式）。

此外，RPA 產品公司還包括 Arago 和 Ayehu。另 AutoIt 是一種免費利用 BASIC 的腳本語言，NICE 機器人自動化是一種 RPA 解決方案。IBM RPA 和 BPM 結合 Automation Anywhere 公司 RPA 系統功能。Kryon 是以人工智慧視覺和深度學習技術所發展的 RPA 系統。例如：RPA 以智慧科技解決方案來發展無人值守自動化的 Leo RPA 平台。

15-3 機器人流程自動化和其他系統整合

企業營運是一個整體整合性的作業流程框架和應用功能範疇，它不能偏頗於任何單一或些許管理範圍，故以企業應用資訊系統運作來看，其企業營運的應用資訊系統，包括 ERP/CRM/SCM 等各個系統。這些系統就整體性企業營運而言，需要做無縫的整合，才能真正發展出經營績效，所以在推動 RPA 系統時，必須能嵌入上述任何企業應用系統，因此在規劃設計 RPA 系統時，就必須考量如何和其他企業應用系統做連接的技術和方法，其內容可分成流程面和資料面的技術方法，茲說明如下。

一、流程面連結技術

可分成 API、RPA 系統等，說明如下。

(一) 應用程式介面 (application programming interface, API)

API 是一種以程式庫、應用程式框架和端對端系統開放分享的資訊功能，API 利用在網際網路基礎設施來進行軟體請求和目的地呼叫此應用程式功能。API 具有跨平台功能，API 以程式物件方式的標準化介面，可讓其他開發者進行客製化應用程式串接，以免費提供某應用開發商的 SDK (software development kit) 方式，來撰寫 API 程式碼，但在產業實務上，已針對常用且共同性高的應用功能開發成具有共通性標準化的 API 案例服務，如此可降低程式再開發的作業成本和軟體風險，並且以需求服務導向來串聯目前實質上的營運流程所需。例如：銀行界就推出開放銀行 (open banking)，其中包括開放 API 和開放 Data，進而形成開放創新的局面。目前已有以共通標準來制定「開放 API 開發者平台」，開放創新 (open innovation) 可發展出翻轉新商業模式的契機，透過 Open API 可快速串聯其他公司的資源統合利用，例如：在產業上、中、下游統合其跨企業的流程自動化，進而優化產業鏈的創新價值。Open API 以在某企業應用系統領域中的共同需求功能為主，並在此應用系統中，事先設定好可串聯 API 的介面程式碼。

(二) RPA 系統本身

從上述說明可知，RPA 系統若需要有彈性的應用功能，則須具備開放的 API 機制，如此可快速和其他系統做串聯，以達到更具自動化的流程績效，例如：商品比價的需求服務，可利用 API 技術，將使用者的商品規格、價格需求等資料，以及其他網站系統的資料互相串聯，並進而執行比價流程，如此可使得商品比價流程在 RPA 系統結合 API 技術，能串聯各個不同應用系統得以更具應用程式自動化的效益。前述做法，使得在產業下各企業的各應用系統可達成產業資源規劃系統的效益和趨勢，如此分工互補型的資源共享模式，更能有效增強企業間的協同價值關係。例如：RPA 系統以 LINE API 結合 LINE ChatBot 聊天機器人。RPA（例如：UiPath Studio）利用開發環境前端來實現任何外部應用程式 API。RPA 和 API 是互補技術，例如：RPA 系統的光學字元辨識 (OCR) 可用來獲取本文文檔，並轉換為數位格式，之後結合後端 API，將其數位內容導向至其他業務流程。RPA平台可結合原有 legacy 系統，因為 RPA 是模仿 UI 介面的人工操作資訊系統，也就是模仿人類行為對業務流程進行建模，它和 API 不同之處，在於 API 是在不同企業系統之間串聯彼此互動軟體程序。而 RPA 系統目前將難以處理這些串聯複雜性。RPA 系統可利用 .NET、HTML、Java 等技術所開發出的應用軟體來串聯，配合敏捷式 (agile) 的專案，以無程式編碼、無侵入性的連接方式，以及「外掛」的形式，存在於其他企業應用系統的外部，直接串聯完成多項任務，進而整合來自外部和內部來源的資料。系統整合 (system integration) 是將不同的應用系統整合在一起，成為協同系統，而 RPA 系統利用用戶介面（UI，更好的可視化）和背景程式（高效率利用率、降低人為操作軟體錯誤的可能性），來執行人為操作企業應用系統的方式，以達到系統整合目的，這是一種軟

體系統整合 (software system integration)。

二、資料面連結技術

企業資訊因「使用者地域性語言、文化的差異」、「多據點營運、資訊產生及儲存分散」和「資訊需求動因效率化、效益化、多樣化」，以及資料結構化 Table Schema，例如：數據 JSON 格式、XML，使得資訊收集方式、資訊彙整方式、資訊關聯方式、資訊應用方式等，產生結構性變化，而企業資訊的應用在面對這種產業生態演化時，該如何克服？這和 RPA 系統產品是否考慮到這個結構性變化是有關的，亦即在 RPA 系統產品上，須設計到資訊收集方式、資訊彙整方式、資訊關聯方式、資訊應用方式等四個方式。

(一) 資訊收集方式

將以視覺化、數位化、格式化的畫面呈現，並將企業經營 know-how 嵌入，以引導式欄位／畫面設計來引導企業進行快速資訊、現象收集，該做法將改變企業以往資訊收集方式。以往是口頭式、單點、單向、溝通媒介混用、任意格式形態呈現、各自表述、現象及問題混淆不清，以致造成企業溝通成本高、溝通效率差、組織衝突。

(二) 資訊彙整方式

將以標準化、關聯性、物件導向規則、結構化來開發和設計，其中包含資料格式標準化、企業報表格式標準化，將所有資訊來源做完整的彙整，該做法將改變企業以前資訊彙整方式（以前是非標準化、無一致性、無法串聯相關資訊、資訊彙整歸類無規則性等），因此資訊彙整方式將依據目標管理之資訊需求而統一化。

(三) 資訊關聯方式

透過結構關聯化的彙整方式，整合企業本身報表、檔案、資料庫、作業流程及目標管理資訊需求。

(四) 資訊應用方式

以企業需求服務為導向，來驅動相關收集資訊、邏輯運算等事件，以達到資訊應用的成果。

軟體系統在企業應用下的整合設計架構，例如：企業架構 (EA)、RPA 系統結合其他企業應用系統，是它最具優勢的能力之一，可取代且解決人為操作資訊系統的冗長作業和人為疏失的問題，並且可自動化其應用系統的業務流程，如此可將原本操作此應用系統員工提高勞動生產率，且將工作重心轉移至更具策略決策和人際互動的作業。更重要的是，RPA 系統可串接多個企業應用系統，如此可整合統一相關資料，以確保所有整體性程序正確且一致，這可省去不必要的人為確認檢核之時間成本。上述自動化工作內容，就可由 RPA 系統來執行，而員工可和需要幫助的客戶有更多交談溝通，有利於客戶關係的建立。從上述 RPA 系統結合其他企業應用系統的創新做法，也延伸創造出另一創新應用系統整合模式，那就是原本各自獨立企業應用系統更能融合和達到數位匯流的綜效。雖然以前有 EDI、EAI 等軟體技術來輔助整合，但仍只是串聯和不同系統技術整合思維，然而若 RPA 系統是提升至 AIoT-based RPA 系統時，則透過它整合所有企業應用系統時，其應用系統就不再只是原本的系統，而是一種整體融合沉浸式的應用系統，因為企業營運是強調所有管理功能的融入綜效，如此更能強化企業優勢競爭力。

在網路經濟下，各企業資源是散落在異質資訊平台中，而過去資訊系統由於技術上的瓶頸或成本上的考量，有很多可簡化及強化企業、企業間的資訊整合作業，無法有效在資訊平台上實作。故現今企業面臨資訊散落各處，不同系統不但有不同的資料存取與作業方式，資訊的整合困難、資訊的搜尋與分析不易，皆是一大問題，這對於企業做決策也是一個很大的問題。因為，唯有在客戶與協力體系皆能獲利的情況下，才可使此一產業的經營可長可久。故企業經營應從產品導向，轉為服務解決方案提供者的知識創新型企業，而這正是體系企業間的整合電子化最大目標。

RPA 系統本身是軟體技術的應用，在企業中會考量到該 RPA 系統和其他原本存在系統的整合度，若整合度很差，就會造成軟體系統的孤島。另外一個須考慮的整合重點，即是流程的整合，它必須能夠將各單位的資訊依流程運用的脈絡及控制點，整合在同一個平台上。在異質資訊平台中，如何整合跨作業系統不同據點的資源所產生的企業整體需求服務，而該需求服務是企業本身專注的營運資源所需，並透過此需求服務來取得企業做決策所需的資料。換句話說，就是如何讓即時資料的收集、整理、交換、傳輸都變得非常簡單，亦即和目前分散式系統各自使用不同機制是無關的，並且這些資訊是透過企業本身需求服務機制所成為的有價值資訊，這和 RPA 系統產品是否考慮到這個企業本身需求服務機制是有關的，亦即在 RPA 系統產品，須設計到以網路服務技術，在異質資訊平台中，整合跨作業系統不同據點資源所產生的企業整體需求服務之介面元件，而該介面元件是企業本身專注的營運資源所需，並透過此介面元件來得取企業做決策所需的資料，最後再將此資料以物件導向方式，呈現其資料本身主體和流動性的行為。例如：企業在做有關新產品上市決策時，就必須同時考慮顧客導向和產品創新等資源之間的互動關聯，進而加速及正確地使新產品上市能符合顧客關係的需求。而欲做到這樣的目標，必須建立一套以有價值的資訊為基礎的同步需求服務平台，以利塑造為一個決策形成的資訊基礎，該平台將這些有價值的資訊建置成資料倉儲，並以決策上所需的需求服務為維度。

RPA 是一種「輕量級」IT，因為它不會影響到軟硬體底層的資訊系統。

RPA 介面是以運用圖標拖拉和鏈接方式來表示流程中的步驟，而在運用發展中須有流程專業知識和經驗，如此才能創建好的自動化流程。RPA 系統不會取代 BPM，RPA 須整合 BPM，因為 BPM 是一種企業流程管理，它提出業務邏輯解決方案，並應用於 ERP 和客戶關係管理 (CRM) 系統，而執行流程的自動化，則可由 RPA 系統輔助來執行。因此，RPA 系統運作須有業務營運經驗的人員來進行。若從流程再造角度來看，RPA 系統是依照 BPM 業務邏輯來進行系統自動化流程，故 BPM 系統會創建出企業應用流程，而 RPA 系統是附屬在此企業應用流程的資訊系統，因此 BPM 系統是以業務邏輯層次來結合，是建立在應用伺服端，而 RPA 系統是以介面呈現層次來結合，利用互動客戶端來連接，所以在企業應用流程可將 BPM、RPA 以及資料庫整合成圖 15-5。

另外，RPA 系統和 ERP、CRM 系統可結合一起導入，它們的導入作業都有共同性，RPA 系統導入過程，大約可分為導入的前置作業、導入中運作的實施與導入後維護等三個階段。導入的前置作業，其實就是系統評估和選擇，從 RPA 整合 BPM、ERP 和 CRM 系統圖中，可知企業在導入 RPA 資訊系統時，由於它和企業作業流程、人員作業模式息息相關，因此並不能立即得知採用資訊系統後的效益，往往須系統運作一段時間後，才能產生效益及結果。所以，在 RPA 資訊系統導入運作時，必須將此可能效益及結果考慮在導入系統的成敗評量中，雖然人為主觀判斷是不可避免的，但為了能更客觀分析，故在 RPA 資訊系統的導入期，就必須避免導入系統成功與否判斷的混淆，這時其導入系統就須考量分析其實施效益。以上是有關導入時須思考的方向重點，亦即這些思考的方向重點必

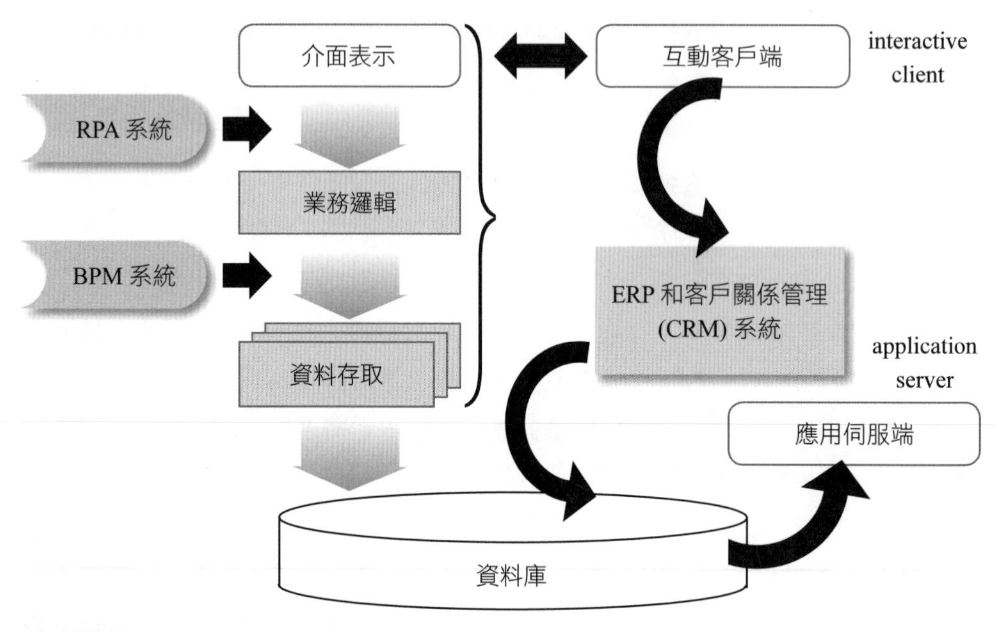

圖 15-5 RPA 整合 BPM、ERP 和 CRM 系統

須明確、正確的訂定，以便導入作業有所依據，才不會亂無章法。茲說明成功管控導入 RPA 系統的因素如下。

首先，最重要的就是讓使用者能真正了解 RPA 系統為何？能對本身工作內容有什麼幫助？因為人是一種習慣性動物，會認為舊系統較熟練、較好，如欄位及報表作業模式都很清楚習慣。若一旦採用新的 RPA 系統，須重新學習，覺得浪費時間，因此進而消極抗拒新系統。同樣的，高階主管員工因為並非是每天作業的執行者，只不過知道公司要導入 RPA 系統，身為高階主管理當支持，但其實大部分都是口頭上支持，實際上行動卻是完全不知。例如：RPA 導入會議時，甚少出席或列席指導而與底下的執行作業人員脫節。這些若無法解決，其 RPA 系統的導入一定失敗，而這一切主要是由於對 RPA 系統認知也有限，以及對 RPA 系統的期望、態度、觀念無法正確地落實，只知其然，不知其所以然，只見局部功能，缺乏整合系統之宏觀認識。

接著，更會影響成功管控導入 RPA 系統的因素，就是對 RPA 系統的期望太高和期望觀念錯誤。一般而言，所有使用者都會認為花了那麼多金錢和人力、時間，這個 RPA 系統應是萬能的，這是一個很大的錯誤。RPA 系統是和企業管理及作業流程成為一個不可分割的整體，亦即企業購買的是 RPA 軟體系統和顧問導入，並非只是軟體系統，而顧問導入就是幫助企業管理及作業流程的最佳化規劃，因此 RPA 系統是不是萬能的，端看軟體系統設計好壞和企業管理及作業流程是否融入員工工作內容中，絕不是只購買一套知名軟體系統那麼簡單。從這個思想可引申出所謂對 RPA 系統的期望重點，一般都會誤認為就是電腦自動化，只要有該電腦自動化的期望重點，就什麼都是萬能的。從上述可知，在導入 RPA 系統時，一定要先做 RPA 系統認知的教育訓練。

案例研讀

問題解決創新方案→以上述案例為基礎

問題診斷

問題 1. 資訊管理系統人員升遷不易

由於資訊管理系統部門在企業的定位是支援性作業，因此在最高職稱上，傳統做法是經理層級的定位，除非是很大的公司和集團，才會有協理級和副總級的層次，所以資訊管理系統部門在整個企業高層主管的重視程度是較弱的，這也間接影響到資訊管理系統相關人員的升遷。若以這種重視程度來看，資訊管理系統人員是難以成為企業未來的重量級經營幹部。

問題 2. 資訊管理系統人力資源發展障礙

資訊管理系統部門在企業整體人力資源發展計畫中，由於其原本傳統定位因素，使得資訊管理系統人力資源發展只能侷限於資訊技術層次，如此發展會產生兩個影響：(1) 資訊管理系統人員的人力資源發展受限於資訊管理系統部門層級，如此將使這些資訊管理系統人力資源發展不易，而造成人心浮動，不易留才，不利於企業人力資源發展策略。(2) 企業人力資源發展的整體制度，會受到資訊管理系統人員本身技術限制，使得公司輪調、擴大工作職能等機制難以施展。

創新解決方案

解決 1. 資訊管理系統人員價值提升和轉換

針對上述問題造成的原因，就在於資訊管理系統人員的價值。傳統上，資訊管理系統人員的價值在於其資訊技術層次，但也因為此價值，反而造成上述問題形成。因此，解決方案就是提升和轉換資訊管理系統人員價值，其新價值就是以資訊管理系統技術來輔助，甚至主導企業經營發展。

解決 2. 資訊管理系統人員價值的人力資源發展

從資訊管理系統人員傳統價值提升到新的價值，如此價值可引導企業在資訊管理系統部門的人力資源發展計畫基礎。資訊管理系統人員的創新價值，就在於企業經營資訊化的價值。因此，以此價值來規劃資訊管理系統人力的培訓、留才、育才，如此資訊管理系統人力就可輪調，甚至提升為企業的經營團隊。

管理意涵啟發

人力資源策略分為兩種類型，分別為最小成本型與最大資源型。

最小成本型的人力資源是將員工視為固定成本的一種「設備」，可透過任何節約方法，以降低成本支出。它適用在古典集權式的組織型態，其所界定的工作範圍狹窄和作業例行性，因此僅須技能水準較低的員工，這樣的類型，造成須嚴密地監督與控制和相對低的工資水準。最大資源型的人力資源，是將員工視為資源、資產的一種「寶藏」，可透過任何激勵方法，以開發知識的潛力。它適用在創新式的組織型態，其所界定的工作範圍寬鬆和作業自主性，因此需要技能水準較高的員工，這樣的類型，使得員工可自行解決問題和具有相對高的工資水準。

個案問題探討

從此個案中，RPA 系統的資訊管理系統人員價值何在？

實務專欄（讓學員了解業界實務現況）

資訊管理系統的人力角色

從事於資訊管理系統的人力角色，在專案運作時，須評估人力資源和分派，進而擬定一些資源方案，以達到人力平準化。所謂人力平準化，是指在專案運作時，每日用人數量的平均程度。網路行銷人力都是比較偏向於創意性人才，因此專業技能和不斷學習就變得非常重要。除了人事管理外，更應該朝著積極發掘人才、著重教育訓練及累積公司重要人力資產等目標。如群組化人才控管，採用嚴密且具彈性的管理功能，可依角色或人員權限查詢資料。

習題

1. 請列舉說明目前 RPA 廠商所開發的產品系統功能為何？
2. 何謂 RPA 平台產品的系統架構？

Chapter 16

機器人流程自動化應用

「現在就是未來，預知未來就是實踐現在。」

學習目標

1. RPA 系統如何和 CRM 系統結合應用
2. 探討 CRM 策略包括哪些構面
3. 說明 CRM 系統資料生命週期和 CRM 系統流程生命週期
4. 探討 AIoT-based RPA 系統的自主學習機制
5. RPA 軟體系統如何結合物聯網科技
6. RPA 軟體系統在企業應用上的 IT 功能和作業流程功能
7. 探討機器人流程自動化結合區塊鏈和物聯網的企業應用

案例情景故事

企業為何導入應用資訊系統會失敗？

一家從事醫療電子器材買賣的代理公司，由於看好醫療體系相關產業，陳董事長召集股東及公司高階主管等人員，將討論擴大投資醫療電子設計、製造及代理國外知名品牌，以及行銷據點和通路經銷，這是一筆大型投資案，約有 50 億新台幣。當然，對於陳董事長角色而言，這項投資案不僅財務預算增加，更是企業經營作業層面的擴大。因此，如何擬定規劃整個營運流程和資訊化應用，就變得非常重要，尤其陳董事長更是重視資訊化應用。某日，陳董事長召開了資訊化應用會議，會議中決議購買國際知名應用資訊系統，並引入顧問輔導和一連串教育訓練，這也是一筆不小的預算金額。然而在導入應用資訊系統大約已過一半導入期時，發生了以下重大問題：「使用者強烈抱怨畫面操作很複雜」、「ERP 系統功能不符合現行作業需求」「該應用資訊系統沒有國內一些較專屬的作業功能」、「顧問由於來自於國外和公司人員溝通不良」、「導入進度太慢，可能無法如期上線」。

綜合上述各種問題，其結果就是嚴重影響應用資訊系統上線日期，這對於企業擴大經營運作產生了阻礙。為此，陳董事長又召開了多次應用資訊系統檢討會議，雖然有些問題已被解決，但對於陳董事長原本期望「藉由國際知名應用資訊系統購買和導入，來加強保障企業經營成效」，是有很大落差的。這樣的經歷，使得陳董事長有一連串疑問：「一個好品質的企業應用資訊系統和企業經營之間，到底有什麼關係？」、「企業導入應用資訊系統為何會失敗？以及失敗的定義到底是什麼？」這些疑問不僅是陳董事長想了解的答案，更是其他公司也想了解的。曾經有一位資深顧問說：「好品質的 ERP 系統要發揮在企業經營成效上，必須依賴人為智慧。」

問題 Issue 思考

1. 企業欲導入 RPA 系統之前，應先認知什麼是 RPA 系統。
2. 企業各部門使用者如何將 RPA 系統功能融入日常工作習慣呢？
3. 產業領域知識 (domain knowledge) 是 RPA 系統應用的精髓所在，但如何發展呢？

前 言

將策略三層次嵌入 CRM 系統功能內，進而由 RPA 系統來實踐之。CRM 策略包括願景目標、客戶關係、活動價值、客戶環境、企業策略整合、運作模式等六大構面，因此規劃設計出 RPA 系統的戰術方法，是結合 CRM 系統來自動化後續相關活動觸發的關鍵，包含提醒功能、運作旅程、運作追蹤等。在 CRM 系統的運作模式部分，若以執行層次角度來看，最主要在於資料和流程構面。在 AIoT-based RPA 系統，須具有自主學習機制。本章節針對實體現場教學上所遇到問題，進而提出如何解決方案的模擬，作為 AIoT-based RPA 系統在未來發展出具有自主學習機制的參考理念，以便使 RPA 系統更能自我發展出 AIoT-based 系統功能。RPA 軟體系統在企業應用上，可分成 IT 功能和作業流程功能這兩大構面。

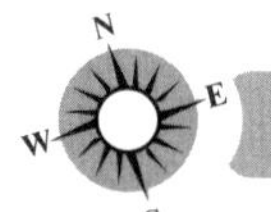

閱讀地圖 （以地圖方式來引導學員系統性閱讀）

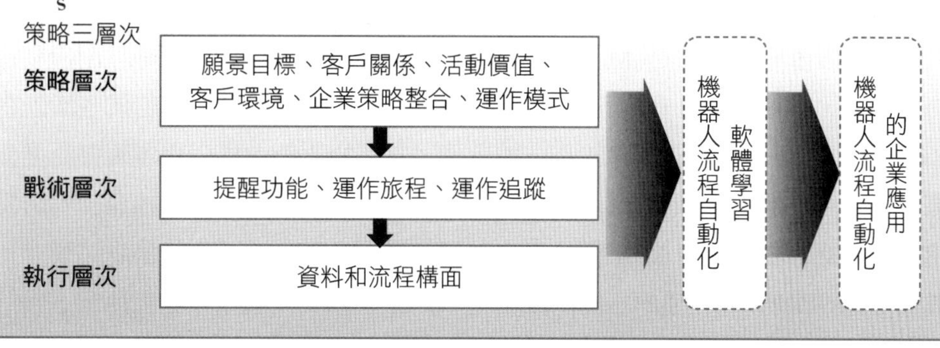

16-1 機器人流程自動化的 CRM 應用

將策略三層次嵌入 CRM 系統功能內，進而由 RPA 系統來實踐之。

一、策略層次

CRM 系統本身須從策略角度來發展起點，因此當 CRM 策略擬定後，就必須思考如何用 RPA 系統來實踐。CRM 策略可包括願景目標、客戶關係、活動價值、客戶環境、企業策略整合、運作模式等六大構面，

首先，CRM 本身願景目標是由企業整體願景目標所展開並連結而來，但它是轉換成以客戶為中心角度的願景目標，故在 RPA 系統導入實踐方式，必須以此 CRM 願景目標為其引導方向；也就是說，須評估 RPA 系統功能在執行運作時，能否滿足此 CRM 願景目標。例如：一家連鎖咖啡店公司，其企業願景目標是提供舒適慢活健康且品味休閒的環境和輕食，故展開該企業的 CRM 願景目標是「發展深度顧客關係於強化忠誠度的隨選所需之客戶滿意目標」。從此願景目標來看，RPA 系統功能其中之一，須具備利用自動化追蹤客戶消費旅程內容和狀態，以利從這些資料數據得知其客戶滿意狀況和忠誠程度。

接著就是探討客戶關係策略構面，在 CRM 系統主要就是發展客戶關係，進行後續一連串銷售行銷服務等作業流程，因此如何定位發展客戶關係就成為 CRM 系統運作主軸，並以此規劃 RPA 系統如何和 CRM 系統結合的功能依據。承上例，該企業欲發展會員等級制的客戶關係定位，在 RPA 系統功能上，其中之一須能執行會員登錄作業、會員下單行為和會員等級的關聯分析、會員等級自動化分類等功能。

再者，活動價值策略構面部分，在 CRM 系統就流程面而言，有銷售、行銷、服務這三個流程作業，它們會以辦理各項活動來運作呈現其流程實踐，而這些活動須付諸於價值成果來決定是否辦理，因為活動執行需要成本代價，因此事先規劃有價值的活動於 CRM 系統內，是 CRM 執行績效的開始。一旦創建設定新活動時，不管是線上、線下或兩者兼具的活動，其 RPA 系統執行這些活動在 CRM 系統內所展開的自動化流程。如上例，為了招收新會員，舉辦舊會員推薦新會員活動，此活動會由員工自行輸入其內容，因為有一些內容須由員工判斷設定，所以此活動無法用 RPA 系統來自動化執行。一旦此活動登錄創建完成後，其在 CRM 系統內所展開的相關功能流程，就會以 RPA 系統來自動化執行，包括

新會員登錄自動化作業。但其前提是，此推薦活動是有價值性的策略意義，如此 RPA 系統才有績效可言。

就客戶環境策略構面而言，不同企業所在行業不同，則其客戶對象和特性就不同。而在 CRM 系統內就有客戶分類的功能，它可由管理者來認定分類之，也可透過人工智慧運算來自動化分類。若是後者，則收集客戶環境的相關資料數據來進行人工智慧運算，就成為在 CRM 須考量的策略構面；也就是欲以什麼客戶環境內容來分類，是會影響到目標客戶的運作績效。承上例，在會員等級自動化分類的運作中，可用 RPA 系統來自動化收集此設定的客戶環境資料，進而以 AIoT-based RPA 來執行人工智慧運算，最後得到客戶分類成果。

就企業策略整合構面來說，其 CRM 系統應屬行銷策略和資訊策略，而這兩個管理功能策略應與其他管理功能策略做整合，且是在企業整體策略展開下的關聯整合，因為企業整體的營運流程最佳化，才是其他管理功能策略的終極目標。因此 CRM 系統在規劃發展的作業流程中，必須考量企業整體策略是否符合或達成，而不是只在系統功能上執行。所以，執行結果若沒有達成策略，則其營運方向及目標就會失真和錯誤。承上例，企業整體策略是擴大市場客戶占有率，因此，如何利用 CRM 系統來獲取新客戶是其策略，而此策略則可由 RPA 系統在 CRM 系統環境的相關大數據來自動化挖掘潛在目標客戶群。

就運作模式策略構面部分，目前當 CRM 系統運作時，都是以雲端平台方式來進行，也就是以 SaaS 雲端服務方式，故使用者在何時何地都可運作，並且自身在軟體、硬體有限資源下，都可以很低價格來取得 CRM 系統使用權。若未來擴大營運，也無須煩惱平台技術擴充上的問題，因為 SaaS 雲端服務會自行依照使用量增加而立即擴充服務規模。若 RPA 系統和此種 CRM 系統結合，則 RPA 系統也須使用 SaaS 雲端服務的運作模式，如此才能整合串聯使用。如前例，可知在連鎖咖啡店各分店據點，都有員工會同時在此雲端 CRM 系統執行，包括同時辦理各店促銷競賽活動，此時，當各店在銷售此活動時，對於總公司而言，需要目前此活動的總銷售營業額分析。所以，如何自動化擷取各店 POS 系統銷售資料，並串聯整合，且彙報到此雲端 CRM 系統，來執行總銷售營業額分析作業，就可依賴此雲端 RPA 系統來自動化執行。

二、戰術層次

戰術層次主要是在探討以何種可行且效率的工具，它是承接於策略層次所展開的，而根據上述 CRM 策略六大構面，分別可展開其戰術方法，但此方法就 RPA 系統結合 CRM 系統的目的來說，須由 RPA 系統來實現。因此規劃設計出 RPA 系統的戰術方法，是結合 CRM 系統來自動化後續相關活動觸發的關鍵，包括提醒功能、運作旅程、運作追蹤等。

整理說明如下。

(一) 提醒功能方法

是指在運作過程中發現異常或潛在錯誤時，就須提早啟動警示提醒功能，以利立即確認和修改，如此才能避免後續問題發生。例如：銀行對帳不平衡提醒、進銷項差額提醒、增值稅驗證提醒、月末入款提醒、客戶可能購買時間提醒等。此時 RPA 系統就會結合另一資訊系統，例如：CRM 系統，可串聯和此作業流程相關資訊。一旦偵測到提醒條件滿足時，就主動觸發提醒警示動作，並切換至其後續應發展的作業步驟。例如：當客戶可能購買時間的提醒條件滿足時，RPA 系統就在 CRM 系統儀表板發出警示訊息，告知行銷人員在登入 CRM 系統後就可看到，而在系統背景作業下同時自動化完成後續相關 CRM 系統的流程功能，例如：自動化發出通知下單的 email 給客戶。

(二) 運作旅程方法

是指將作業流程執行的過程內容依照時間發生順序給予自動化記錄，如此可了解此作業流程的整個事件，以及所呈現的行為偏好，這樣的資料記載可作為決策分析的來源基礎。例如：CRM 系統中的客戶行銷旅程，可讓行銷人員透過此旅程資料來掌握客戶的未來消費動向。此時 RPA 系統就在 CRM 系統中，自動化記載上述運作旅程資料，並且提供 CRM 系統架構中的分析面功能，如客戶消費行為偏好分析的軟體功能，如此自動化串聯出目標客戶的後續促銷活動。

(三) 客戶運作追蹤方法

是指能隨時隨地監看 CRM 系統中，目前客戶相關的運作進度，包括掌握或預知未來的下一步驟內容，上述可說是追蹤 (track) 機制，但此方法也包括追溯 (trace) 機制，也就是行銷人員可回饋、回溯之前客戶行為的運作內容，如此立即查詢運作履歷，有助於作為未來行銷決策的參考基礎。前述追蹤、追溯機制，須由 RPA 系統在 CRM 運作資料庫中獲取，並發展此機制的自動化程式，其結果可作為快速回應客戶諮詢和 CRM 系統其他功能所需資料之用。例如：CRM 系統架構中的協同面與客戶互動溝通介面，其答應讓客戶了解某訂單的出貨訊息和進度狀況，就可由此 RPA 系統的追蹤、追溯功能，在此介面來呈現。

三、執行層次

在 CRM 系統的運作模式上，若以執行層次角度來看，最主要在於資料和流程構面，故 RPA 系統欲嵌入 CRM 系統的整合運作，其作業執行必須建立在這兩個資料和流程構面上，來發展 RPA 系統的流程功能。在執行層次上，將從 CRM 系統資料生命週期和 CRM 系統流程生命週期這兩個概要，來規劃作業執行的資訊系統功能，茲說明如下。

(一) 從 CRM 系統資料生命週期來看

CRM 系統所有功能，都會儲存其功能運作後的資料，也就是以資料來呈現功能執行後結果，故這些資料可說是企業營運在 CRM 流程的重要數據資產。這些資料資產有其如同生命週期般的過程，而會有資料數據的創建、成長、飽和、過時等四大階段，並分成從結構化客戶資料處理到半結構化、非結構化資料等過程。因此，當 RPA 系統在嵌入 CRM 系統功能執行時，若欲串接相關資料數據時，就必須考慮資料獲取是在生命週期的那個階段，因為不同階段資料會使 RPA 系統功能執行的績效有所不同和影響。承上例（指連鎖咖啡店公司），若在 CRM 策略層次的客戶關係策略上，欲找出公司在市場上的客戶定位，如提供客戶休憩養生的極品咖啡環境為其客戶定位。因此 CRM 策略就是提供一群休憩養生同好的客戶溝通聊天平台（這可在 CRM 系統架構中的協同面和客戶互動溝通介面來實踐），接著依此展開戰術層次的方法，就是以運作旅程方法來作為 CRM 系統戰術的考量，亦即建構客戶透過 CRM 系統中的互動溝通功能，例如：群體客戶留言板，此方法可儲存很多溝通聊天的資料記錄，此時再展開至執行層次的運作，也就是 RPA 系統啟動資料生命週期機制，將這些資料記錄、串聯、整合至流程構面 CRM 系統中的促銷活動功能，並利用分析構面 CRM 系統中的商業智慧 OLAP 功能，得出哪些潛在目標客戶對應至哪些促銷活動，進而執行促銷作業。而就此例子，RPA 系統執行會在上述資料生命週期內刪除過時資料，並獲取資料記錄正在成長的客戶群，作為此次潛在目標客戶。

(二) 從 CRM 系統流程生命週期來看

CRM 系統所有功能的運作，都是為了企業營運流程，因為企業有進行流程活動，才可能有營業收入，故流程執行的效率化、價值性對於 CRM 系統在執行層次上是其關鍵，但以往 CRM 系統都是以人為操作資訊系統方式來進行，若人為作業失誤或忘記，則對後續應執行系統功能就會停擺，這對於 CRM 系統績效大打折扣。其實也不能全歸咎於人為作業，因為就是期望企業應用資訊系統來降低人為工作負荷，但卻有很多資料須等待人為來處理，這也是為何 CRM 系統導入和運作不順的原因。若大部分系統功能用 RPA 系統來取代人為作業，則會提升員工使用 CRM 系統的意願，然而一體是兩面的，若如上述做法，員工就要擔心本身工作是否可能被取代。從上述而言，可知如何去管理流程生命週期是很重要的，因此 RPA 系統本身去建構流程生命週期管理功能，在 CRM 系統內自動化執行這些流程功能。此管理功能首先是將流程分類，分類依據是分成銷售、行銷、服務等流程面三大類；接著，再賦予重要性和急迫性的權重，以便 RPA 系統知道哪些流程功能該優先執行，以及屬於何種流程面，如此才能進行相關性的後續流程功能。另外，須再加入時間標記，以利了解此流程功能的開始時間和何時應完成，如此 RPA 系統才能安排自動化流程執行。例如：當 CRM 系統上的潛在客戶商機分數 (lead score) 功能，已呈現可達到轉為促銷活動的主動回應客戶流程，而此回應流程，若是人為作業，則須等待員工操作。若是 RPA 系統，則可立即執行此流程，並且也知道它屬於行銷面流程。若回應完成且客戶確認，就再自動化執行行銷面後續該有的流程功能，因為各流程之間都已設定好鏈接順序的關係。另外，同時此回應流程也會在其截止時間內完成。

綜合上述，透過 CRM 系統策略三層次嵌入 RPA 系統來實踐之，則可強化客戶體驗優化，並以即時速度回應客戶。所以，RPA 系統可讓 CRM 系統更加能創造出營運價值。根據 APQC 研究報告，流程軟體自動化為銷售訂單節省 5~15 美元，銷售訂單週期縮短了 46% 以上。如此做法，可使得銷售人員工作焦點從 CRM 流程操作轉換至專注客戶的互動溝通。例如：Automation Anywhere 對於客戶的機密資料是提供具備精密角色型存取控制 (RBAC) 和職責分離作業，來控管客戶資料運作，並進而自動化擷取銷售訂單、提取銷售訂單資料、驗證銷售訂單資訊等。

在 RPA 平台的運作，主要分成三種執行範圍：模擬且自動化人為操作資訊系統流程、事件自主性驅動一連串步驟、呈現智慧型運算於應用功能的實踐等。而這樣執行範圍會落實於整個資訊系統的運作，包括前台、後台、串接等整合。在前台運作，主要是以使用者執行操作的介面和流程，以往都是人為透過介面來操作資訊系統，但 RPA 以模擬且自動化人為操作資訊系統方式來執行前台，例如：資料輸入、開啟檔案、觀看 email、動作確認、審查內容等。有了前台運作後，就可擷取收集相關資料，這些資料會傳輸至資訊系統的後台管理功能，作為資料綱要 (metadata) 管理、資料勾稽核實、日誌 (log) 管理、使用者管理、權限控管、應用程式設定等功能。這些管理功能運作所產生的結果，會回饋至前台流程運作，致使流程在某事件滿足某些條件或經營規則下，會自主性驅動一連串後續步驟，這正是 RPA 的精髓之一，例如：在簽核流程進行中，若遇到滿足異常條件時，就自動啟發另一流程步驟：預警流程，該預警是邁向智慧營運的管理元素之一，它能預測未來可能發生的問題，進而提早改變後續的作業步驟內容。上述前、後台作業大部分都是由 RPA 軟體系統自動化的運作執行，而在這樣的運作執行，也因在產業資源規劃系統的趨勢發展下，其作業流程也須跨不同異質的系統平台。因此如何串接其他流程軟體系統，也是 RPA 的運作，包括資料和流程的串接，其執行技術有 Open API 和 Open data 等知識。例如：RPA 可透過 API 呼叫其他流程軟體系統，以達成跨不同利害關係人的異質流程之整合，此整合會和前、後台互相呼應，來完成順暢精實的無縫流程。為使此整合具有智慧營運的綜效，其呈現智慧型運算將嵌入這些流程運作的應用功能實踐，如上例預警流程，利用人工智慧的演算運算，得出顧客流失的機率將大為提升，此時，自主驅動 CRM 系統的促銷行銷活動，以使行銷人員利用此 CRM 應用功能，來實踐如何挽留客戶忠誠的一連串執行內容，如此做法，使得能利用 RPA 的智慧功能，整合 CRM 的應用功能，以提升企業的競爭能力。茲以人為輸入資料於 CRM 資訊系統的應用為例，說明如下。

人為輸入資料於 CRM 資訊系統中，RPA 系統的自動化程度可分成三階段，第一是規則性輸入方式，也就是預先在系統內先設定好輸入邏輯規則，其 RPA 系統會依此規則來執行自動化輸入，例如：在電子商務購物網站，其商品型錄的標價輸入，之前可能因人為輸入疏失，使得輸入標價和原期望標價有出入（筆記型電腦商品原期望標價 30,000 元，但卻輸入 3,000 元，差了 10 倍），導致營運損失，故若事先在網站資訊系統上設定好該商品的標價規則（例如：標價範圍和促銷條件邏輯），之後 RPA 系統就可依當時條件獲得資料，並依此規則自動化運算出其正確的輸入標價。第二是演算法輸入方式，當欲輸入標價時，即啟動演算法邏輯的計算，此演算法公式是嵌入 RPA 系統內。就上例而言，此公式可稱為「輸入標價」演算模式，當然它也必須依此演算模式來獲取相關數據資料，以便進而做運算分析，而得出輸入標價的結果，其實這也是一種大數據分析，它應用在第一次原生資料的作業流程。第三是自主性認知運算輸入方式，此方式和前者是類同的，但不一樣之處在於後者具有「非監督式自主學習運算」和「物聯網感測的實體物品物理性資料」這兩項機制，故此第三方式是屬於 AIoT-based RPA 系統，可依外在數位和實體環境問題影響，產生認知性自主學習的運算，並依此運算機制，結合物聯網平台，來感測擷取實體物品物理性資料，以便執行此認知運算，進而解決此環境問題。同樣承上例，當發生該商品因生產運輸端發生問題，導致供貨缺貨現象，此時就不能於此網站再提供該商品銷售資訊揭露，因若有客戶下單，卻發生無法在短期供貨，如此將造成客戶不滿意的損失。故以 AIoT-based RPA 系統的認知運算，則可立即感測且運算出其商品標價應改為「暫不供貨」的資訊，這就是一種智慧營運管理。從例子也說明了 RPA 系統不能只是為了軟體處理自動化，而是需要有智慧營運管理的績效。

16-2 機器人流程自動化軟體學習

AIoT-based RPA 系統須具有自主學習機制，因為要真正達到未來「強勢的人工智慧」生態體系，須由在此生態體系的機器人各角色可自主互動和學習，因應環境條件改變，能夠創造出具競爭力的技能，這就如同在人類社會中不斷學習來提升自我能力是一樣的，故機器人就好像在人類社會的人一樣，能自主學習。所以在人工智慧生態體系內，是不需要人為介入的，這對於 AIoT-based RPA 是否能達成是很關鍵的。基於上述說明，就 AIoT-based RPA 系統的自主學習機制而言，在仿效人類社會的人工智慧生態體系內，是須具有社交學習機制，而在強調智慧型學習上，則須具有探索式學習機制。目前機器人流程自動化 (robotic process automation, RPA) 將提升至認知自動化 (cognitive automation)、社交機器人學 (social robotics) 等智慧層次，故機器人流程自動化軟體應朝向自主式學習，透過自主式學習可使智慧層次的 RPA 系統營運流程也改變了。故在 IoT-based RPA 系統須發展出具有自主學習機制，因此本章節欲針對在實體現場教學上所遇到問題，進而提出如何解決方案的模擬，作為 AIoT-based RPA 系統在未來發展出具有自主學習機制的參考理念，以便能使 RPA 系統更能自我發展出 AIoT-based 系統功能，茲說明如下。

在強調產學實務教學、人工智慧全球化應用趨勢的需求面貌下，學生在現場教學上所遇到的問題可分成三大項目：老師教學內容難以吸收內化、碎片式理論知識難以貫通整合、學生自主學習難以落實實踐等。如何改變其教學實踐運作方法來解決上述問題，就是對於面臨全球智慧科技衝擊下提升競爭力之關鍵所在。茲分別說明如下：

1. 老師教學內容難以吸收內化

在管理學群範疇內，由於管理知識領域的特性，包括管理專業術語呈現容易流於籠統化、表面化、常識化；有絕對標準答案難以說服；理論知識太過於抽象化，難以具體務實表達在產業實務應用方面等特性，使得學生在老師教學內容和方法下，礙於溝通表達互動的受限，很難能將老師教學內容吸收，並轉移內化至學生本人腦袋思維裡，這說明了：「教是一回事，真正懂又是一回事」的現況。因此如何讓學生能真正吸收知識，則是教學實踐運作的重點之一。

2. 碎片式理論知識難以貫通整合

老師在現場教學，往往會輔之以簡報、影片、教材、個案，乃至於互動活動等教學方式，但不論是利用單一或多個上述教學方式，若理論知識內容仍是片面呈現的話，就會造成學生即使努力學習，卻仍不知這麼多碎片式理論知識到底有什麼用途？它們之間有關係嗎？需要整合嗎？若以管理學群範疇而言，就是學生要能知道學了這些知識後，如何應用在企業實務上。如此才能貫通整合，進而讓學生覺得知識學習是有用的，亦即它可用在解決企業實務上什麼樣的問題。因此如何貫通這些碎片式理論知識至一個主題式實務應用，是教學實踐運作的重點之一。

3. 學生自主學習難以落實實踐

目前教學形式大都仍是以老師在台上講解，學生在台下聽課，其實這也是常用和需要的一種常規教學活動，自無不妥之處。若以強調學生自主學習管理的教學模式來看，過多次的課堂教學活動都屬於這種方式，則在管理知識因受限於創新資訊科技影響，不斷創造出推陳出新的應用知識之角度而言，是無法讓學生在教學過程中發展出自我面對創新知識的更替學習，一切都須等待老師講授，才知道有此創新知識的企業管理新應用，這是無法趕上全球化競爭的腳步。因此如何發展落實學生自主學習管理，乃是教學實踐運作的重點之一。

從上述現場教學問題可知，本章節是欲透過解決這三項問題過程，來契合在管理學群上所面對產學合一的實務性現象。因此研究問題的重要性是可呈現於學生在自我探索學習過程中，可清楚理解自己本身在學習什麼，以及是否符合產業職能需求，並培養訓練出問題診斷分析和解決的能力，以及自我學習管理模式；也就是說，教學重點不在於傳授特定知識，而在於讓學生能夠學習到如何思考、探索、驗證、歸納、解釋等，以及探索適合自己的學習模式，以便能主動地搜尋知識和了解知識的過程 (Haury, 1993)。因此在教師教學過程中，應能促發提出探究性問題，來完成系統性學習的個性化需求，這才是真正的競爭能力。

上述研究主題是本章節提出執行的範疇，其執行課程以「作業流程管理」為主，且為因應現今破壞式創新的資訊科技〔大數據、物聯網 (IoT) 和人工智慧 (AI) 結合成 AIoT〕之來臨，此課程也將順勢發展調整為具有 AIoT 環境應用的作業流程管理課程內容，並著重於如何利用大數據分析應用於作業流程管理的轉型，此課程內容設計不僅能符合全球產業趨勢，更可讓學生學習到未來的產業職能需求技能。

從上述說明，可知其研究目的可分成三大項目：

1. 探討如何設計具有主題式教學的「作業流程管理」課程

以參考工研院和勞動部所訂之產業職能為基礎，並結合大數據和 AIoT 最新應用知識，將此課程以專案主題單元方式來設計各項具有實務主題導向的教學模組，並以這些每個單元模組，形成可讓學生每完成一單元模組目標，就能了解知識如何應用於產業實務的成效，並可解決學生從傳統碎片式理論知識串聯成具有實務性主題應用的問題。

2. 規劃研究如何發展以問題啟發自我探索式學習的教學程序和方法

以探索式學習的文獻內容為基礎，結合問題導向的模式，包括問題導向學習 (problem-based learning, PBL) 和本人之前研究創建的問題解決創新方案 (problem-solving innovation solution, PSIS) 模式，進而發展本計畫的教學程序和方法，其內容包括探索式現場教學程序和活動、學生自我學習管理、產業職能實務案例等，而這些教學程序方法都會在上述每個單元模組實踐。因此透過達到這些成果的目的，可促進學生自主參與學習的意願和成果。

3. 研究設計以職能導向之社交情緒學習的學習成效評量表

當本章節在實踐上述兩項目的時，須能時時了解其執行過程中，對學生學習之成效到底如何？故此量表可作為評估衡量其成效結果，並依此結果適當改善回饋機制，進而形成一套自我迴圈回饋系統，如此可強化本計畫教學實踐的成效。為了符合產學合一目標，此量表設計是考量產業職能基準所制定的內容，進而達成實務性教學成果。

16-3 機器人流程自動化的企業應用

科技驅動產業轉型已是現今創新商業模式的起手式，在不斷推陳出新的法令和資訊揭露需求下，其複合型人才愈來愈重要，包括數位技能、商業頭腦、管理能力等，RPA 軟體是一種智慧商業策略、RPA 部署的戰略路徑圖、顧客需求洞察和旅程、一種生產力革命、數位化的營運模式、創造更高客戶價值。在以往具有勞動密集型、重複性高、高頻、長時間、低附加價值的人工操作資訊系統、處理大量資料、非正常上班作業時間、跨平台限制、複雜容易出錯、高處理時間、制式規則邏輯性、行政程序事務性等特性的作業下，可用機器人流程自動化 (RPA) 來取代人力運作資訊系統的做法。RPA 系統是輕量級 IT，可跨越不同異質作業系統與平台，因為 RPA 技術無關平台底層，可在互向操作性 (interoperability) 跨多個應用程式下，於任何資訊科技 (IT) 環境均可執行，且應用在任何行業。

RPA 系統功能目前是針對辦公室人員（間接人員）的事務作業，不受人力時間限制，即可達成全天候運行。在硬體自動化設備和機器人發展下，直接人員的工作機會會受到影響，也減少間接人員的人力資源，使得間接人員的工作任務轉向專注在決策支援和經營管理解決方案。在 RPA 系統功能運作下，員工工作內容和企業求職技能的符合方向，應從傳統工作 (work) 導向的職務 (job) 作業，轉移到問題需求導向的任務 (task) 內涵，並專注在主觀判斷、洞察力決策和創造價值上，也就是績效重新詮釋定義員工工作，而原有人力操作資訊系統，將由 RPA 系統取代，更重要的是，將能超越上述人力資訊系統的智慧化數據營運。RPA 系統可達成經濟規模化來增加數位轉型之商業價值。RPA 系統可實現流程標準化、擴展性、靈活性、高可用性、低成本、安全性和符合性等特性。而在集中 (centralize) RPA 平台的基礎設備之物理設施，可來優化 (optimize) 流程自動化、管理災難恢復和網絡負載平衡、科技治理和架構政策，並以服務自動化來執行資訊系統支援服務營運管理的後台管理 (back offices)。

RPA 軟體主要運作於軟體系統用戶介面上，模擬使用者在運作資訊系統的應用程序，主要可分成操作、輸入、查看、審核、確認、收集、整理、編輯和分析、模板化驅動、編製及申報等一連串步驟。RPA 不是模仿人的行為，而是模仿人運作資訊系統的行為，模擬人機互動的工作步驟。RPA 不會取代 BPM，它也是一種企業級人機協同軟體自動化和虛擬勞動力自主性解決方案，多部門員工協作完成的工作任務組成。RPA 和 AI 結合，將取代廉價勞動力需求和產生影響，RPA 可結合大數據及人工智慧、區塊鏈，然而仍在資訊軟體層次上運作。若欲應用於實體流程上的自動化和自主性運作，則須結合物聯網技術環境，因為透過此技術可驅動智慧物品的運作，例如：物品資料擷取、物品流動狀態等。RPA 軟體系統結合物聯網科技，可創造出物聯網店面分析 (IoT in store analysis)，透過物聯網感測，來擷取客戶在店家消費過程中的物理性資料，而這種在實體流程內的物理資料可轉換且結合成數位資料和數位流程（例如：結合原數位流程 POS 系統結帳），如此就可依這些數位數據來進行大數據分析，進而洞察消費者行為偏好。此時跨實體流程至數位流程，可由 AIoT RPA 自動化執行，並可進一步回饋影響到實體店面的消費作業，例如：重新安排店面物品擺設規劃，最後創造出創新商業模式，如消費者個人化需求推播定位行銷方案。物聯網店面分析 (IoT-based in store analysis) 指擷取店內實體物理性的客戶互動數據，包括偏好清單、過去購買數據和店內行為，如此可利用大數據分析、機器學習來發現消費者偏好行為。例如：一家大型連鎖服務業公司在各地都有分行據點，常常需要招募新員工，因此有許多管理新員工的複雜性報到作業流程，但各地分行部門之間都是以孤立方式和非結構化文件來溝通完成新員工報到任務，如新員工工資單、用戶帳號和登錄等資料，如此做法產生低效率管理新員工流程的執行。此時可用 RPA 系統建立一個自動化流程，來連接各分行據點管理新員工流程。AIoT-based RPA 軟體系統在 CRM 系統的結合運作，可達成顧客需求、洞察客戶偏好，透過智慧化 AIoT-based RPA 平台，即時洞察取得整個行銷旅程的客戶數據視圖，而融入行業的業務驅動，進形成無縫的客戶體驗。

RPA 軟體系統在企業應用上，可分成 IT 功能和作業流程功能這兩大構面，茲說明如下。

1. IT 功能

登錄到應用軟體、用記事簿捕獲數據、模擬透過鍵盤做複製、剪下、貼上等動作、點擊自動化 (automation of clicks)、數據輸入 (data entry)、跨越多個不同的應用程序網站以及 API、文本分析、自動化文件處理 (automated document handling)、圖像處理、文本搜索或光學字元辨識 (optical character recognition, OCR)、自動驗證追蹤記錄、資料識別潛在不符規範內容等，以及提供拖拉 (drag-and-drop) 方式來產生程式碼，包括 screen scraping、API integration、Macros、Scripts 螢幕報廢、API 集成和 Web 抓取 (Web scraping)、模擬鼠標，以及鍵盤操作的過程。網頁抓取 (screen scraping) 是從一個螢幕所呈現應用程序的過程，故可知 RPA 系統在 IT 功能是著重在資料收集整理與比對、勾稽、確保、傳輸、識別、驗證、註冊和重新定向的步驟及業務邏輯判斷，以便作為未來決策的參考依據。

2. 作業流程功能

在流程管理方式上，可用流程生命週期管理來看機器人流程自動化 (RPA) 的運作狀況和績效。在流程生命週期過程中，可監看流程執行進度和狀態，進而追蹤流程運作狀況，以便可及早發現異常之處，而立刻調整修正。若能結合人工智慧運算，則可做到預測功能來預知未來可能發生事項。另外，可依流程回應營運現況改變，自動提取適合流程版本，來執行 RPA 系統中不同自動化流程內容。在流程運作中會產生資料，這些資料是企業營運重要依據，故在機器人流程自動化 (RPA) 的運作中，其資料的形成和處理過程是其自動化程序很重要的內容，也因此資料生命週期的管理運作，是有利於 RPA 系統的運作績效，它呈現資料生命週期的五階段。第一階段是資料的擷取和產生，RPA 系統會從例行性 (routine) 作業來運作，例如：保險表單之資料檢核。第二階段是資料的確認和關聯，RPA 系統會從目標性 (objective) 作業來運作，例如：在兒童保單的目標設定下，其保險表單之年齡資料欄位間的符合狀況。第三階段是資料的判讀和分析，在 RPA 系統會從商業規則 (rule) 作業來運作，例如：在兒童保單的合約規則內容中確保其投保的作業是滿足其商業邏輯。第四階段是資料的價值和創新，RPA 系統會從預測性 (predictive) 作業來運作，例如：用人工智慧 (AI) 演算法來預測保單的保險理賠詐騙資料。第五階段是資料提升為智慧洞察，RPA 系統會從認知性 (cognitive) 作業來運作，例如：用人工智慧結合物聯網 (AIoT)，自主性不斷學習創造出具有預知認知的個人化、情境化 (scenario) 保單作業和費率行為。透過 RPA 流程會比人工作業流程更能提升效益，在 RPA 流程之前，須先做 BPR 流程運作，因為無效率和附加價值工作步驟，是不需要做 RPA 流程的，故須運作工作步驟和低附加價值的作業可由 RPA 流程來執行，但 RPA 流程的精髓在於提高附加價值的流程，而非只是取代程序化作業流程，故人工智慧、物聯網、大數據等科技整合就扮演關鍵能力。

智慧流程自動化 (intelligent process automation, IPA) 以智慧流程自動化的模式核心引擎，創造出精準的流程程序控管和減少作業錯誤率的實現，協助提升報表編製效能，加速企業決策的速度效率，促進資訊優化的決策，縮短客戶端到端的交易作業時間，因此使用機器人流程自動化來改善客戶體驗、精實作業和卓越營運。例如：EdgeVerve 以語音聊天機器人技術，應用於用戶互動啟動 RPA 平台；RPA 可以透過 API 自動連接或嵌入 ERP/CRM 系統。RPA 軟體系統可結合自然語言處理 (natural language processing, NLP)，來辨識判讀處理文件內容，例如：從客戶訂單合約自動化提取重要相關內容和條款，進而自動化勾稽。RPA 軟體系統運用 Watch Dog 機制來監看流程運作，並利用人工智慧運算來發現潛在問題，且馬上可發出即時警告，進而可自動做調整修正和其解決方案。RPA 系統能自動監控流程異常情況和迅速了解即時的數據意義，故簡化流程和即時監控是智慧型交易作業自動化的重點，智慧型交易作業自動化一直是正在數位轉型的客戶需求。例如：自動化內部欺詐調查、智慧錢包（監控和分析用戶的偏好需求）。戴爾公司發展自動全時等效管理 (automated full-Time equivalent software agent, AFTE) 的即時監控系統，使用在業務流程外包客戶上；利用機器學習算法於預測客戶的流失概率以及最小化，以提高忠誠度的顧客數量。在線搜索推薦用於預測客戶偏好行為。推薦引擎主要類型有兩種：即基於內容的推薦和協同過濾推薦。在內容的推薦上，是指分析相關的內容。而協同過濾推薦又可分成客戶和產品的推薦。在客戶協同過濾推薦上，是指興趣用戶相關聯；在產品協同過濾推薦上，是指了解產品相互關聯。

從上述說明可知，RPA 機器人平台可用在各行業管理營運流程，茲整理如表 16-1，並舉例說明如下。用 RPA 機器人平台取代基礎財務會計作業和相關職位的員工，ERP 系統的會計記帳功能是電腦化作業，但實際上，企業中會計人員仍使用大量的 Excel 作業報表來做半人工、半自動化的轉檔、核對、勾稽、設定、比較、溝通、匯總等作業，故以上會計記帳作業，若能適時地透過 RPA 機器人系統的軟體程式協助，則繁瑣的會計記帳作業流程就可化為簡單的工作，當然須在不變更 ERP 系統作業流程與 IT 環境架構內，這就是 RPA 機器人系統的能力。

表 16-1 各行業管理營運的流程案例表

保險金融管理	人力資源管理	稅收管理	財務管理	資料管理	客戶管理
保險承保的自動核保和理賠	員工數據管理	收集和分析大量合適的數據、發票驗證、稅務計算及申報	自動生成日記帳、報表數據彙整	寄發電子郵件	了解你的客戶 (KYC) 流程
銀行對帳調節 (reconciliations)	考勤管理	財務稅務工作簿	財務結帳流程 (close-to-reporting, C2R)	負面新聞蒐證	取得黑名單
貸款處理 (loan processing) 付款處理 (payment processing)	工資表	非財務納稅申報項目	管理報告	資料收集整理與勾稽、比對	客戶入職 (client onboarding)、客戶往來交易查核
鑑定檢查 (identification checks)	福利和個人行政管理、員工入職 (on boarding)	財務數據填寫、納稅申報表	AP/AR 發票處理	作業流程功能：交易處理、數據傳輸、數據比較	公司戶徵信查核、反洗錢 (anti-money laundering, AML)
索賠處理 (claims processing)	人資薪資核對結算、出缺勤記錄與異常管理	增值稅驗證真偽、抵押審批	財會應收沖帳、銀行調節表	數據檢核品質	核保流程與開戶作業流程

表 16-1 各行業管理營運的流程案例表（續）

保險金融管理	人力資源管理	稅收管理	財務管理	資料管理	客戶管理
帳戶金額輸入錯誤	員工人力履歷記錄、搜尋、聘僱作業	信用記錄會計分錄	審計活動日誌 (auditable activity logs)、財務索賠處理	電子表格提取	個人消費金融貸款流程與信用卡盜刷
處理大量電腦桌面自動化作業，自動核保決策	監管合規 (regulatory compliance)、員工編排 (workforce orchestration)			跨系統的報告生成，收集社群媒體之統計數據	CRM 客戶更新記錄、客戶盡職調查 (customer due diligence)

從上述說明可知，RPA 機器人平台有以下效益：避免人為登錄錯誤、面對不斷變化的交易流程，有更快速的反應時間、涉及多個機器人流程、減少手動處理步驟的數量、減少異常率、總時間縮短、減少工時、提高精度、將複雜的工作流程分解成離散的任務、擴展到更廣泛的其他作業流程中。故 RPA 機器人平台可將傳統勞動力模式中的大量非結構化數據和人工操作資訊系統的人為判斷，給予 RPA 機器人來運作。這是一種整合以往描述性 (descriptive)、預測性 (predictive) 和規定性 (prescriptive) 數位化勞動力，提升至機器學習建模方法來優化所需操作資訊系統的認知 (cognitive) 機器人。例如：自動化貸款流程可自動識別借款人能力、提取支票、借款人資料、借據報告等一連串認知 (cognitive) 機器人數位化勞動力。傳統業務流程外包 (BPO) 的價值，在於提供低價勞動力的供給，但這些供給已可交給 RPA 來執行，故傳統 BPO 公司也須轉型，須導入 RPA 系統，它們不是在競爭，而是綜效的發展。例如：Cognizant 外包公司結合 TriZetto；Wipro 創 HOLMES 的 RPA 和 AI 平台；IPsoft 公司使用 RPA 來自動完成抵押貸款或保險代理；Atos SE 使用 RPA 自動完成客戶票據管理；瑞士銀行投資組合監控系統 (advice review tool) 利用 RPA 提供投資組合冒險警訊給客戶。

一、機器人流程自動化結合區塊鏈和物聯網的企業應用

以 RPA 系統和區塊鏈、感知、認知在物聯網金融的顧客應用功能服務發

展做說明。首先，區塊鏈扮演運作平台和資料庫 (repository) 角色。在運作平台上，是以分散式作業鏈和共識機制功能來發展顧客應用，例如：CRM 的 SFA 銷售自動化作業，可接合在分散式據點的角色，包括消費者、商品廠商、運輸業者等，進而以共識機制發展出 SFA 作業鏈，這種做法和以往 SFA 是不同的，主要在於平台環境不一樣。原本 SFA 只是在 CRM 軟體系統環境，而目前創新 SFA 是在區塊鏈平台，並和原本 CRM 軟體系統整合的環境。當然這種做法是比以往更加具有精實效率和追溯效益。

在資料庫 (repository) 方面，首重資料存取和保全的機密控管，利用資料加密、分散共識、區塊鏈結等技術，使其在顧客交易的資料上能達成授權共享和機密保全等雙重效益，例如：顧客交易和行為資料在物聯網環境下，其資料來源不只在於之前數位網際網路所創建的資料，更加上實體物品本身創建的資料。前者雖來自於不同使用者輸入資料，但仍集中在雲端伺服器電腦內，但後者由於實體物品是分散在各地的據點，故其分散式運作更加碎片，因此，顧客交易和行為資料須有分散式運作的機密保全機制，此時，具有區塊鏈機制的資料保險庫正好扮演此解決方案。

再者，在此區塊鏈基礎設施平台上，根據其技術內容和文獻可知，主要在資料流程的端對端即時處理、驗證和機密保全之功效上，但對於產生此資料流程的背後營運流程運作，卻無自動化自主性的智慧型機制，這對於 AIoT CRM 的殺手級企業應用系統而言，是難以用區塊鏈作為基礎設施平台。此時，其 RPA 就扮演自動化自主性的智慧型營運流程機制，例如：在傳統 CRM 的作業運作功能上，原本是使用者利用此資訊軟體系統做資料編輯運作，也就是有些功能動作須由人為作業，才能接續進行。但在 RPA 應用上，有自主驅動行為的功能，不須由人為作業，資訊系統就能自動化完成一連串的營運流程。在此，作者以企業營運三層次概念應用於 RPA 營運流程上的闡述說明如下。

1. 作業執行層次完全由 AIoT-based RPA 來取代，感知擷取資料和流程步驟審核確認接連，例如：會計傳票交易記帳作業以往是人為作業利用資訊系統，來輸運交易的傳票記錄，並作為借貸記帳的產生依據和人為審核此傳票的正確性、真實性。以上作業都須有大量人為作業，是非常耗時和需要龐大作業成本，如此很難在未來極致競爭環境下有生存機會，故須摒棄人為作業利用資訊系統方案，轉型由 AIoT-based RPA 解決方案。因傳票記錄是源自於營運交易的起始，可利用 AIoT 技術感測感應到交易的資料數據，進而再利用 RPA 平台自動將此數據轉為會計傳票記錄，之後啟動 RPA 平台中模擬人為操作資訊系統的自動化程序，來確認審核此傳票記帳的過程正確性，並且因透過上述 AIoT 技術自動擷取交易資料，且匯入區塊鏈以作為資料真實性的驗證，如此整個自動化應用運作可快速且無須人為作業，就完成會計傳票交易記帳作業。

2. 管理分析層次以認知運算 RPA 作為其延伸性平台的擴增價值之發展，從資訊大數據分析的可視化多維度，到流程挖掘的運算。RPA 軟體技術本身有其演變過程，其中在人工智慧 AIoT 趨勢下，RPA 也走向認知運算 RPA 的新一代應用。例如：客戶訂單出貨作業流程，經過作業執行後，會產生相關資料，此時，若以傳統做法則僅在於作業程序的實踐完成，但在認知運算 RPA 的執行下，會利用這些資料分析出具有認知上的管理功能，包括預知商品銷售狀況的可視化多維度，並從中事先調整商品組合，這就是一種模擬人類認知的運算分析，它是嵌入 RPA 的應用管理功能。如此，最大的創新營運流程做法變革，在於透過即時認知運算的管理分析之結果，來反饋作業流程執行的步驟內容改變。如上例可知不同商品可能會有不同銷售狀況，故其客戶訂單執行步驟和方式也應該有所適切性的因應，包括在不易銷售的商品種類上，應採取商品套裝組合的客戶訂單作業之促銷步驟，這樣的創新變革，使得營運作業流程成為具有動態彈性因應的有機體。
3. 決策策略層次以區塊鏈作為基礎來源 (AI-based RPA)，透過人工智慧機器學習演算法來創作決策和策略的智慧營運。在上述所提及的兩個層次，已從人為輸入操作資訊系統方式，轉變成實體物品創建原生資料，進而自主驅動資訊系統方式，因此須人為介入作業執行和管理分析的運作已漸漸被取代。此時，人為的價值就在於決策策略層次上的運作，而其運作欲有成效發展，就必須有作業執行和管理分析這兩個層次所創建的資料形成過程為其基礎來源。從上述可知，這兩個層次已以區塊鏈、AI-based RPA 作為其平台基礎，因此決策策略運用此平台資料數據，以人工智慧機器學習演算法，進而發展出直接在決策和策略上的智慧營運。此決策和策略結果，可因應環境而回饋至作業執行和管理分析的運作，並進而提早修正改善它們的步驟內容；也就是說，作業執行和管理分析這兩層次的發揮空間會減弱，而決策和策略層次的成效會更加被重視。例如：在訂單發出審核出貨作業，會先運作如何找到目標客戶，且利用推銷、行銷手法所引發的作業執行，來促使客戶下訂單。有了訂單發出後，接著是訂單的審核作業執行。若通過審核則進而展開出貨作業的執行。從此例可知，企業必須花費推銷、行銷作業成本以達到識別目標客戶的成效，這是一般傳統營運做法，但若跳過此作業執行，直接進入識別目標客戶的決策，可更具競爭效率。為何能直接立即做出決策？就在於以人工智慧機器學習演算結合大數據來決策誰是目標客戶，既然已知目標客戶，原則上不需要推銷作業執行，此刻可直接讓客戶下單，或以行銷商品組合優惠手法的作業執行，來加速或擴增訂單的完成和營業額。上述行銷商品組合優惠的作業執行，可利用 RPA 來完成，此時人類價值就在於理解和判斷此決策是否要如此決定？當然此決策後所帶來的營運績效或問題，也須由人類來承擔。

從上述可知，RPA 資訊科技在企業應用中所扮演的角色。資訊科技在整體價值鏈中是扮演何種角色？資訊科技綜效是在於能使新價值鏈組織可運作及支援它的功能性。從資訊科技構面來看，整體價值鏈需要完整整合架構 (framework) 和基礎 (infrastructure) 支援，以提供存取整個價值作業鏈。其中需要做變革管理，亦即在整體價值鏈中，其企業關鍵應用功能是不可過時的。因此在前端客戶使用者互動下，其需求必須能快速反應新機會，這個需求在企業流程是彈性且可適應的，並且去改變企業需求。這樣的變更是直接影響到公司競爭。第一：客戶增加他們的個人偏好和需求，使企業改變產品和服務來符合個人化客戶，並且和客戶互動及從每個客戶去回饋其行為；第二：上市時間的重要性：一般新產品上市時間是快且可靠的產品交付，包含客戶期望等待時間；第三：市場機制迫使企業提供產品和服務，須是有競爭性的成本結構。

二、機器人流程自動化未來企業應用

機器人流程自動化是一種企業應用資訊系統，其未來發展和企業需求應用有很大關鍵。在此以探討企業需求應用的內容，作為機器人流程自動化未來發展的參考，其企業需求應用的內容，包括資料在組織部門的整合、企業對於應用資訊系統的需求、行業別的營運模式等。

(一) 資料在組織部門的整合

以組織在企業環境中的展開，可知有企業外部和企業內部的層次。在企業內部層次的再展開，會有工作群組層次，其層次是由個人所組合的。因此，從企業外部、企業內部、工作群組、個人的過程，就會產生對資料不同的演變。以資料主體本身而言，有所謂的資料層次，即是沒有經過整理分類的原始資料。若經過整理分類且呈現某方面的意義，則為資訊層次。若把資訊經過過濾、分享、萃取、累積等過程，再使用後，會成為知識層次，是具有結構化的型態，對於企業是最有幫助的。因此，在 ERP 資訊系統的資料庫方面，期望能做到所謂的知識型資料庫。在個人於企業活動中，所呈現的是工作層次，其具有非結構化的型態，並且是在個人的組織內。因此，從資料、資訊、知識和工作，會產生對資料不同的演變。此資料主體本身演變和企業環境演變，會產生交叉的互動影響。而這個影響，就資訊系統功能層次角度而言，又會產生另一個交叉的互動影響。所謂資訊系統功能層次角度，有 data transformation/transportation 層次（指資料轉換和傳送，包含資料格式和內容在不同平台中傳送）、process control/transaction operation/workflow 層次（指資料傳送是經過作業流程步驟而產生，最主要在於作業流程的控管）、planning/collaboration/management 層次（指協同計畫和管理，最主要在於計畫所產生的資料）、analysis/intelligent 層次（指智慧型的分析，最主要在於分析所產生的資料），從這個層次過程，可知愈後面愈複雜困難，但也愈有成效。

(二) 企業對於應用資訊系統的需求

首先，就企業在產業中所扮演的角色來看，所謂的角色，是指企業是客戶、供應商或通路經銷商。客戶分成最終產品 OEM、ODM，供應商分成製造廠、零組件供應商等。從這些角色分類，可了解兩個狀況，第一是某企業可能同樣是客戶和供應商角色，第二是對某企業而言，有客戶和客戶中的客戶，即第二層客戶。其供應商亦是如此，有第二層供應商，這樣的關係建構了「產業角色」。再者，就企業應用方面來看，分成三種層次：Intranet、Extranet、Internet。所謂 Intranet 是指企業內部的資訊系統應用功能；Extranet 是指企業對外部的資訊系統應用功能；Internet 是指企業和外部之間的資訊系統應用功能。這三種最大差異是，Extranet 是以企業內部為中心，對外角色產生應用功能，而 Internet 是企業和另一企業的交易作業，沒有以哪一個企業內部為中心，這三種層次建構成「層次構面」。最後，以流程方面來看，分成資訊流、物流、金流。所謂資訊流，是指從資訊系統應用功能所運作的過程，在運作下每一個步驟會有資料產生，這些資料在資訊系統中就成為資訊的流動。物流是指通路廠商在運輸過程中的流動。金流是指企業之間和銀行的金額來往。後兩者相較之下，是實體的流動，但金流也和前者一樣都有資訊的流動，這樣的流動關係建構成「主軸架構」。以上「產業角色」、「層次構面」、「主軸架構」就成為立體的 X、Y、Z 三個角度，如圖 16-1。而「主軸架構」和「層次構面」交叉成為需求範圍，所謂需求範圍是指企業的經營管理範圍。主要描述範圍的輪廓和定義。例如：在企業資訊流的主軸架構和 Extranet 的層次構面，交叉得出電子化採購 (e-procurement) 需求範圍。

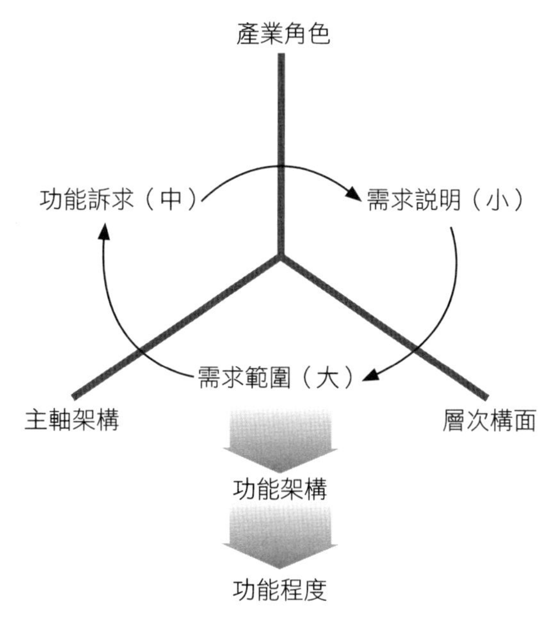

圖 16-1 企業對於應用資訊系統的需求

而「主軸架構」和「產業角色」交叉成為功能訴求，所謂功能訴求是指企業管理的功能展開，是根據前述需求範圍展開，來描述產業角色。例如：供應廠商和客戶，這時兩者會交叉得出彼此的功能訴求；供應廠商和客戶的採購資訊流，請注意這個採購資訊流是在電子化採購 (e-procurement) 需求範圍內，亦即需求範圍版圖大於功能訴求。接著，「層次構面」和「產業角色」交叉成為需求說明，所謂需求說明是指前述的功能展開，再做更細節的說明，包含子功能重點和子功能之間的關聯，例如：以前述例子採購資訊流而言，必須在供應廠商和客戶的產業角色下，來執行運作於 Extranet 層次構面下的採購資訊流各個子功能，包含詢報價、採購單交易等。

請注意這個採購各個子功能是在採購資訊流功能訴求內，亦即功能訴求版圖大於需求說明。因此需求範圍、功能訴求、需求說明三者，成為一個在「主軸架構」、「層次構面」和「產業角色」模式下的循環作業，這個循環作業是經營管理和 ERP 整合的方法，因為這個循環作業是在資訊系統模式內發展的。有了這個循環作業，才能使經營管理和企業應用資訊系統密切，且能因應外在環境變動來動態性的快速回應。這個循環作業必須設計成資訊系統，亦即須分析出功能架構。所謂功能架構是指以資訊系統呈現，來定義各個模組子功能，以便程式設計依此編碼，須注意，雖然都會以程式設計編碼，但其軟體功能自動化程度，會因不同設計而有所不同，例如：以資料交換功能來看，可以是 email 檔案的交換，也可以有不同格式自動對應的功能。茲將以上說明，整理成圖 16-2。圖 16-2 是「層次構面」、「主軸架構」的示意圖。

(三) 在行業別的營運模式

行業別的種類和經營方向，會隨著時間、大環境影響，例如：網際網路的技術興起，使得相關電子商務行業應運而生。半導體的技術興起，使得相關晶片生產製造行業應運而生。這些新的行業興起，可能造成舊的行業沒落，但對於企業應用資訊系統產品規劃而言，最重要的是新的行業興起，會使用到企業應用資訊系統產品，這時企業應用資訊系統產品須能符合該新行業之需求。若當初企業應用資訊系統產品沒有考慮到該行業的營運模式，則無法全部適用。一般而言是無法全部適用，因為它是新的行業需求，所以企業應用資訊系統的未來在這些新行業需求上。

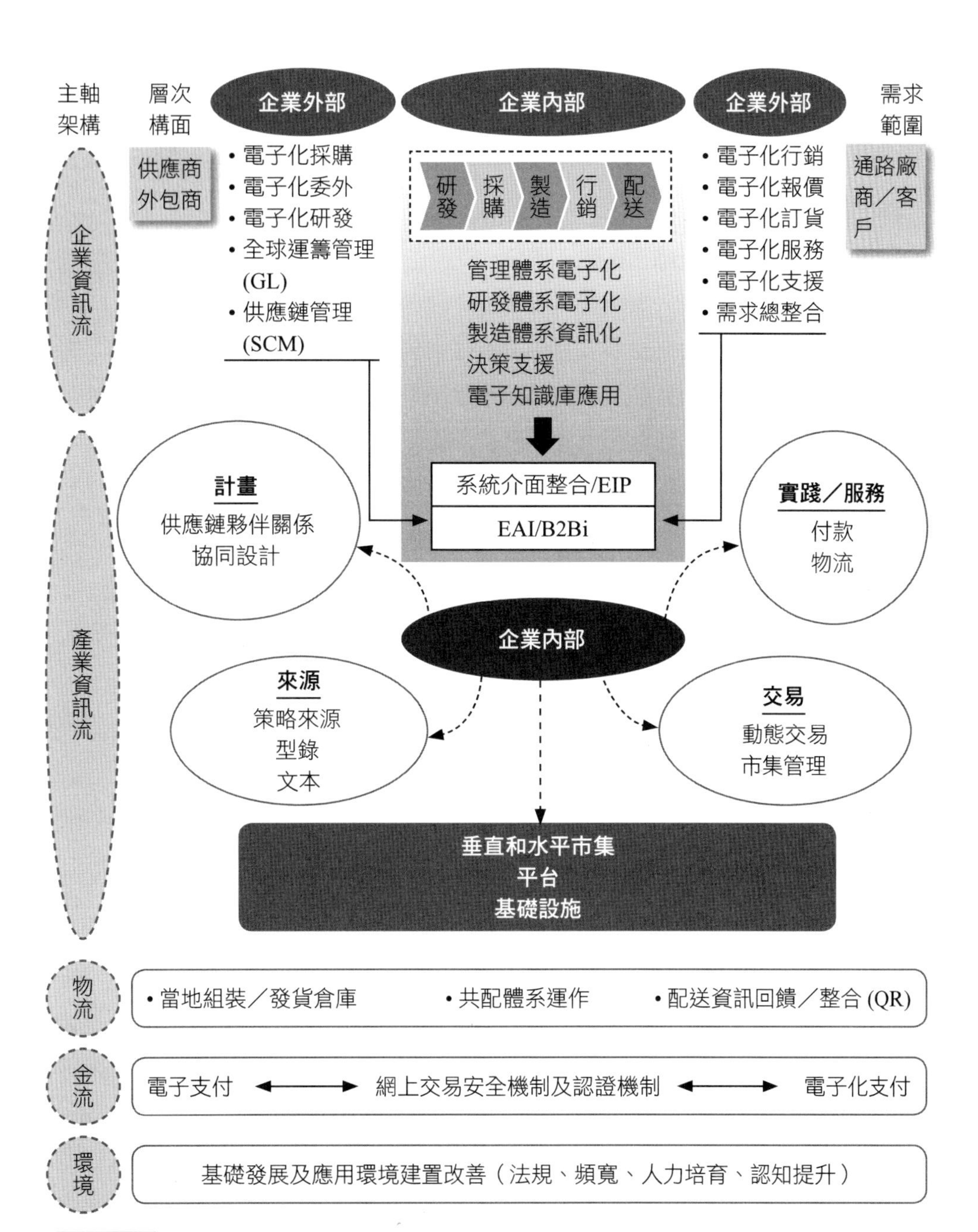

圖 16-2 企業需求分析圖

案例研讀

問題解決創新方案→以上述案例為基礎

問題診斷

問題　應用資訊系統導入失敗

在案例中所採取的應用資訊系統是套裝軟體，所以必須用導入手法，而導入手法成功與否，最主要關鍵在於對產業領域運作熟悉度和專案管理能力這兩者。在案例中提到各項導入問題發生，是在於不知如何引導使用者應用此知名使用資訊系統和對應用資訊系統認知不清，導致沒有將使用者日常工作習慣融合於應用資訊系統功能，這就是上述所提兩者的能力沒有發揮，而發生應用資訊系統導入失敗。

創新解決方案

解決　導入企業資源規劃系統時，其導入的範圍、順序及時間

因為導入應用資訊系統是動員到公司大部分員工作業，是很複雜和繁瑣的，因此必須分析應優先導入的是哪些功能模組，及要花多少時間，還包括整個導入應用資訊系統的時間預計要多久？是一年內、一年半或兩年內？如何去分析時間長短和落在哪些期間、月分，須由導入的範圍、企業財務結帳和會計盤點時間點、是否有其他重大作業要進行等影響因子去評估分析。

管理意涵啟發

在應用資訊系統和企業管理的關係中，是透過應用資訊功能的邏輯檢核，自動做審核及控制，目的是因傳統企業為了確保員工不瀆職，加入許多審核及控制行為。但由應用資訊系統和 BPR 的整合性來看，某部分行為對於 BPR 顧客導向而言，是毫無附加價值可言。因此有關內部控制和應用資訊系統的關係，須在符合附加價值的情況下，才能設計流程的審核及控制，所以應用資訊系統、BPR、內部控制這三者須互相關聯。若沒有同時考慮到 BPR 這三者的關係，則容易造成 BPR 的失敗。一般 BPR 失敗原因為只是試圖去修補流程，而非徹底再造流程。未將焦點放在企業流程上。只注意設計新流程，而忽略了其他配套作業和落實的可行性。把再造時間拖得太長，沒有一個階段的里程碑，以致大家彈性疲乏。應用資訊、系統資訊功能對於企業流程再造，主要是提供管理層面、技術層面可靠及即時的服務，其應用資訊系統呈現的資訊技術基礎建設，可作為企業核心活動流程的改變基礎，並可促進 BPR 打破舊有思想常規，提升新層次的思考模式。為了滿足競爭需求，可將企業流程再造融入應用資訊系統、資訊功能中，以成為最佳典範的應用資訊系統，可作為其他產業值得學習效法的地方，以及藉此訂定流程績效目標。

個案問題探討

請探討企業導入 RPA 系統如何不會失敗？

實務專欄（讓學員了解業界實務現況）

本章實務可從三個構面探討之。

構面一、一般公司都只導入應用資訊系統

在公司欲發展新的應用資訊系統時，都是以軟體系統為主，而忽略了在導入 MIS 系統前就應做 BPR 再造，其原因有二：

1. BPR 再造本身不容易實施。
2. BPR 再造可能會影響現有員工的工作內涵和職責關係。

構面二、BPR 再造工作

一般 BPR 再造工作都是中大型企業才有足夠的資源去實施，而且為了得到門當戶對效用，甚至是在彰顯本身形象的考量下，都會僱用國外知名的大型顧問公司，如此做法也常使 BPR 再造因水土不服而失敗。

構面三、BPR 實施再造工具

一般企業在實施 BPR 再造作業時，都會藉用 BPR 方法論工具，例如：IDEF、ARIS、INCOME 等工具，有助於發展 BPR 過程系統化的層次展開，以便能完整發展出容易控管 BPR 的一種專案程序。

習題

1. 何謂物聯網店面分析 (IoT in store analysis)？
2. 請說明如何建構機器人流程自動化結合區塊鏈和物聯網的企業應用？

國家圖書館出版品預行編目資料

人工智慧決策的顧客關係管理／陳瑞陽著；
－－初版. －－臺北市：五南，2020.05
面；　公分

ISBN 978-957-763-895-3（平裝）
1.顧客關係管理 2.人工智慧 3.決策支援系統
496.5029　109001857

1FRR

人工智慧決策的顧客關係管理

作　　者 — 陳瑞陽
發 行 人 — 楊榮川
總 經 理 — 楊士清
總 編 輯 — 楊秀麗
主　　編 — 侯家嵐
責任編輯 — 李貞錚
文字校對 — 石曉蓉、陳俐君
排版設計 — 張淑貞
封面設計 — 王麗娟
出 版 者 — 五南圖書出版股份有限公司
地　　址：106台北市大安區和平東路二段339號4樓
電　　話：(02)2705-5066　傳　　真：(02)2706-6100
網　　址：http://www.wunan.com.tw
電子郵件：wunan@wunan.com.tw
劃撥帳號：01068953
戶　　名：五南圖書出版股份有限公司
法律顧問：林勝安律師事務所　林勝安律師
出版日期：2020年5月初版一刷
定　　價：新臺幣560元

※版權所有・欲利用本書全部或部分內容，必須徵求本公司同意※

全新官方臉書

五南讀書趣

WUNAN Books since1966

Facebook 按讚

1 秒變文青

★ 專業實用有趣
★ 搶先書籍開箱
★ 獨家優惠好康

不定期舉辦抽獎
贈書活動喔！！！

經典永恆・名著常在

五十週年的獻禮——經典名著文庫

五南，五十年了，半個世紀，人生旅程的一大半，走過來了。
思索著，邁向百年的未來歷程，能為知識界、文化學術界作些什麼？
在速食文化的生態下，有什麼值得讓人雋永品味的？

歷代經典・當今名著，經過時間的洗禮，千錘百鍊，流傳至今，光芒耀人；
不僅使我們能領悟前人的智慧，同時也增深加廣我們思考的深度與視野。
我們決心投入巨資，有計畫的系統梳選，成立「經典名著文庫」，
希望收入古今中外思想性的、充滿睿智與獨見的經典、名著。
這是一項理想性的、永續性的巨大出版工程。
不在意讀者的眾寡，只考慮它的學術價值，力求完整展現先哲思想的軌跡；
為知識界開啟一片智慧之窗，營造一座百花綻放的世界文明公園，
任君遨遊、取菁吸蜜、嘉惠學子！